高等学校计算机基础教育规划教材

大学计算机应用基础

谭斌　易勇　主编

清华大学出版社
北京

内容简介

本书是根据高等学校非计算机专业的培养目标编写的计算机应用基础教材，涵盖了计算机诸多领域的基础知识，主要内容包括计算学科知识、计算思维介绍、计算机新技术介绍、计算机系统基础知识、计算机操作系统、办公应用软件、多媒体技术、计算机网络基本知识、信息安全、云计算及大数据新技术等。

本书条理清楚、内容翔实、概念表述严谨、逻辑推理严密、语言精练，既注重理论知识与计算思维的介绍，又重视应用技术与动手能力的培养。本书深入浅出，配有大量案例和习题。附录中加入了全国计算机等级考试大纲和习题，以方便读者参加全国计算机等级考试。

为了便于巩固和掌握所学知识和技术，本书配有《大学计算机应用操作指导》(ISBN 978-7-302-47919-2)，配合使用效果更佳。

本书可作为高等学校非计算机专业的大学计算机基础教材，也可以作为应用计算机的广大科技工作者与管理工作者的参考资料。

图书在版编目(CIP)数据

大学计算机应用基础/谭斌，易勇主编. —北京：清华大学出版社，2017（2020.9重印）
(高等学校计算机基础教育规划教材)
ISBN 978-7-302-47920-8

Ⅰ. ①大… Ⅱ. ①谭… ②易… Ⅲ. ①电子计算机－高等学校－教材 Ⅳ. ①TP3

中国版本图书馆 CIP 数据核字(2017)第 193503 号

责任编辑：汪汉友
封面设计：常雪影
责任校对：焦丽丽
责任印制：沈 露

出版发行：清华大学出版社
网 址：http://www.tup.com.cn，http://www.wqbook.com
地 址：北京清华大学学研大厦 A 座 邮 编：100084
社 总 机：010-62770175 邮 购：010-83470235
投稿与读者服务：010-62776969，c-service@tup.tsinghua.edu.cn
质 量 反 馈：010-62772015，zhiliang@tup.tsinghua.edu.cn
课 件 下 载：http://www.tup.com.cn，010-83470236
印 装 者：三河市铭诚印务有限公司
经 销：全国新华书店
开 本：185mm×260mm **印 张**：19.5 **字 数**：450 千字
版 次：2017 年 10 月第 1 版 **印 次**：2020 年 9 月第 5 次印刷
定 价：49.00 元

产品编号：075498-01

前言

为贯彻落实《国家中长期教育改革和发展规划纲要(2010—2020年)》,结合“高等学校本科教学质量与教学改革工程”,充分发挥教材在提高人才培养质量中的基础性作用,积极推进高等院校教学改革和教材建设,特编写本书及其配套教材。

本书及其配套教材属于非计算机专业类计算机公共课程教材。本教材主要讲解关于计算机的理论知识,相应的配套教材主要讲解关于计算机的操作知识。

面向非计算机专业学生进行计算机教学的实质是计算机应用,是“以应用为目的,以实践为中心,着眼信息素养培养”的教育,以满足社会对计算机知识、技能和应用能力方面的要求。

本书由计算机基础知识、计算机操作系统及其应用、办公应用软件、多媒体知识和应用基础、计算机网络基础和信息安全6个模块组装而成。全书具体内容安排如下:第1章介绍了计算机的产生、发展、特点、分类、应用、新技术和未来计算机的发展趋势;第2章介绍了计算机系统组成和工作原理,计算机体系结构、冯·诺依曼结构和哈佛结构,处理器体系结构等内容;第3章介绍了操作系统的发展、操作系统的类型和特征、操作系统的基本功能,重点介绍了Windows 7操作系统;第4章~第6章介绍了办公应用软件,包括文字处理软件Word 2010、电子表格处理软件Excel 2010和演示文稿制作软件PowerPoint 2010;第7章介绍了多媒体的有关概念、多媒体技术及其应用;第8章介绍了计算机网络基础知识;第9章介绍了计算机病毒的相关知识以及预防的方法;附录A是关于全国计算机等级考试的内容。

本书力求做到条理清楚、内容翔实、概念表述严谨、逻辑推理严密、语言精练、图文并茂、易教易学,在内容编排上,深入浅出、重点突出,以培养学生应用能力为主线,理论与实践相结合。为了提高读者分析和解决问题的能力,本书各章都配有习题,以巩固所学知识。

本书由易勇教授提出总体架构和创作思路,谭斌负责书稿编写的协调与组织工作。第1章、第8章由易勇编写,第2章、第4章、第9章由刘国芳编写,第3章、第5章、附录A由石理想编写,第6章、第7章由谭斌编写。

“大学计算机应用基础”是一门技术性、实践性很强的课程,为了使学习者能真正掌握有关理论知识和应用技术,在整个教学过程中应至少安排4个以上综合实验,以保证学生有足够的课下思考作业和上机实践时间。

本书凝结了作者多年的教学科研成果和“大学计算机基础”“程序设计基础”等课程的教学经验。在“大学计算机基础”课程的教学过程中，学校领导杨家仕教授特别强调“大学计算机基础”课程教学应注重实用性，这些都反映在本教材中。本书的实验、习题由计算机学院张文、钟声、王谨荣等同学一一验证。另外，清华大学出版社的编校人员也为本书付出了辛勤劳动。在此一并表示衷心感谢。

计算机学科理论与技术发展日新月异，书中疏漏之处恳请广大读者指正。

作　者

2017 年 7 月

目录

第1章

计算机简史

本章学习目标：

- 了解计算机的产生和发展历程。
- 掌握计算机的特点、分类及其应用。
- 掌握计算机思维的概念、特征和应用。
- 了解几种最新的计算机技术。

20世纪40年代诞生的数字电子计算机(简称计算机)是20世纪人类最伟大的发明之一,是人类科学技术发展史中的一个里程碑。随着计算机科学技术的飞速发展,计算机的性能越来越强,价格越来越便宜,应用范围越来越广泛,已经渗透到国民经济与社会生活的各个领域和角落。在21世纪,学习和掌握计算机的相关知识,是每个人都应具备的素质。

1.1 计算机的产生及发展

计算机(Computer)俗称电脑,是一种能够按照程序运行,自动、高速处理海量数据的现代化智能电子设备,由硬件系统和软件系统所组成,没有安装任何软件的计算机称为裸机。计算机可分为超级计算机、工业控制计算机、网络计算机、个人计算机、嵌入式计算机5类,较先进的计算机有生物计算机、光子计算机、量子计算机等。

1.1.1 计算机的产生

有人类文明以来,人类就在不断地发明和改进计算工具,从使用算盘、计算尺、手摇计算器、差分机,直到现在人们使用的电子计算机。电子计算机是人类科学技术上的重大突破,是20世纪最重要的发明之一。电子计算机是一种以存储程序和数据并能自动执行为特征的、对各种数字化信息进行高速处理的电子设备。它的出现有力地推动了其他科学技术的发展,使人们从繁重、复杂的脑力劳动中解放出来,可以说电子计算机就是人类大脑的延伸,故电子计算机又称为“电脑”。

电子计算机的奠基人当首推英国科学家艾兰·图灵(Alan Mathison Turing)。图灵在1936年首次提出了一个通用计算设备的设想,他设想所有的计算都能在一种特殊的机器上执行,这就是现在所说的图灵机。图灵对这种机器只进行了数学上的描述,他更关注的是计算的哲学定义,而不是如何制造一台真实的机器。他将该模型建立在人们计算过程的行为上,并将这些行为抽象后用于计算机器的模型中。图灵机模型证明了通用计算理论,肯定了计算机实现的可能性,它也给出了计算机应有的主要架构;它引入了读写、算法与程序语言的概念,极大地突破了以往计算机器的设计理念;同时,图灵机模型理论是计算学科最核心的理论,这是因为计算机的极限计算能力就是通用图灵机的计算能力,很多问题可以转化到图灵机这个简单的模型来考虑。可以说,正是在图灵搭建的理论基础之上,计算机才有了后来的蓬勃发展。

1. ENIAC

1942年,在美国的宾夕法尼亚大学任教的物理学家约翰·莫克利(John Mauchly)提出了用电子管组成计算机的设想,这一方案得到了美国陆军弹道研究所的关注。当时正值第二次世界大战,新武器研制中的弹道问题涉及许多复杂的计算,单靠手工计算已经远远满足不了要求,急需能自动计算的机器。于是在美国军方的资助下,1943年开始了电子计算机的研制,8月初,美籍匈牙利科学家冯·诺依曼(John von Neumann)作为顾问参加了首台计算机的研制。由于冯·诺依曼的加入,对项目组来说如虎添翼。他为ENIAC的研制过程中出现的各种问题,给出了非常独特的解决方案,使得研制进度得以顺利进行。他首先提出了电子计算机中存储程序的概念,从而确立了现代计算机的体系结构——冯·诺依曼结构,即电子计算机由控制器、运算器、存储器、输入设备和输出设备5部分组成。

1945年春天,经过两年多的艰苦奋战,电子计算机设计制造基本完成,开始了试运行。ENIAC的总成本为48.68万美元,根据功能分为8个基本单元:累加器、触发器、主存储器、乘法器、除法/开方器、门电路、缓冲器以及功能表。累加器是电子计算机基本计算单元,每个累加器由20个寄存器组成,每个寄存器可存储10位十进制数,能实现加法、减法和暂存的功能。这种累加器与现代电子计算机的CPU(Central Processing Unit,中央处理器)类似。

1946年2月10日,美国陆军军械部和莫尔学院共同举行了新闻发布会,宣布世界上第一台电子计算机已由莫尔电子工程学院研制成功,取名为电子数值积分计算器——ENIAC(Electronic Numerical Integrator And Calculator),音译为"埃尼阿克"。当时它的功能确实出类拔萃,例如可以每秒执行5000次加法运算,300次乘法运算,与手工计算相比大大加快,60s射程的弹道计算时间由原来的20min缩短到30s。但是ENIAC也存在着明显的缺点,它的体积庞大,长约15m,宽约9m,质量达到30t占地170m^2,体积90m^3,使用1.88万只电子管,1500个继电器,7万只电阻及其他各类电气元件,运行时耗电量很大,为140kW;它的存储容量很小,只能存储20个长度为10位的十进制数;另外它采用线路连接的方法来编排程序,因此每次解题都要靠人工改接连线,准备时间超过实际计算时间。图1-1为第一台电子计算机"埃尼阿克"。

图 1-1　第一台电子计算机 ENIAC

尽管第一台电子计算机存在很多缺点，但 ENIAC 的研制成功，为以后的计算机科学的发展奠定了基础。每当克服它的一个缺点，都对计算机的发展带来很大的影响，其中影响最大的就是“存储程序”原理的采用，即美国数学家冯·诺依曼体系结构，其主要思想是在计算机中设置存储器，将符号化的计算步骤存放在存储器中，然后依次取出存储器中的内容进行译码，并按照译码的结果进行计算，从而实现计算机工作的自动化。

1945 年，冯·诺依曼对 ENIAC 的设计进行了重大的改进，形成了 EDVAC (Electronic Discrete Variable Automatic Calculator，离散变量自动电子计算机）方案，音译为“艾迪瓦克”。与 ENIAC 相比，EDVAC 的重大改进主要有两方面，一是把十进位制改成二进位制，这可以充分发挥电子元件高速运算的优越性；二是把程序和数据一起存储在计算机内，这样就可以使全部运算成为真正的自动过程。令人遗憾的是在研制 EDVAC 的过程中，以冯·诺依曼为首的理论界人士和以埃克特·毛希利为首的技术界人士之间发生了严重的意见分歧，使 EDVAC 的研制搁浅，直到 1950 年才勉强完成。

1946 年，英国剑桥大学威尔克斯(Maurice Vincent Wilkes)参加了 EDVAC 讲习班，回国后开始研制 EDSAC(Electronic Delay Storage Automatic Calculator，电子延迟存储自动计算机)，音译为“爱德沙克”；EDSAC 于 1949 年 5 月投入运行。它是全世界第一台程序储存程式计算机，采用了二进制和程序存储方式，使用了汞延迟线作存储器，程序和数据输入采用打孔纸带，输出采用电传打字机。直到现在，计算机采用的都是存储程序的方式，而采用这种方式的计算机统称为冯·诺依曼型计算机。

2. 图灵与 ACE

图灵(Alan Mathison Turing，1912.6.23—1954.6.8)，生于英国伦敦，卒于英国曼彻斯特。他是计算机科学的奠基人，是天才的数学家、逻辑学家、密码学家和计算机理论专家，是人工智能之父，他将引领世界计算机“风骚数百年”。图灵 24 岁首创图灵机理论如石破天惊；31 岁参与 COLOSSUS 机研制如豁然贯通；33 岁设想仿真系统如独辟蹊径；35 岁提出自动程序设计概念如仙人指路；38 岁开创人工智能和图灵测试如开山辟路。这一朵朵灵感浪花无一不闪耀着超前的科学预见性，无一不展现着这位天才的过人智慧。著名的图灵机与图灵测试在计算机科学中的巨大影响力至今毫无衰减。

图灵在 1936 年提出的一种描述计算过程的数学模型，后来人们把它称为图灵机。在他的论文中，还提出可以设计一种通用图灵机（Universal Turing Machine）。如果认为图灵机是理想计算机，那么通用图灵机就是通用计算机的原始模型。图灵设想把程序和数据都储存在纸带上，从而比冯·诺依曼更早地提出了"储存程序"的概念。正是冯·诺依曼本人，亲手把"计算机之父"的桂冠转戴在这位英国科学家头上。

1966年，国际计算机学会决定设立"图灵奖"，专门奖励在计算机科学研究中做出创造性贡献，推动计算机技术发展的杰出科学家。它是计算机科学界最负盛名，最崇高的一个奖项，有"计算机科学界诺贝尔奖"之称。2000年，姚期智教授因为对计算理论，包括伪随机数生成以及密码学与通信复杂度的诸多贡献，获得了图灵奖，他是目前唯一一位获得此奖项的亚裔科学家。设立这个大奖，既是为了促进计算机科学的进一步发展，也是为了纪念这位天才的数学家、计算机科学的奠基人。

自动计算机（Automatic Computing Engine，ACE）名称中使用 Engine 一词是为了向查尔斯·巴贝奇的 Difference Engine 和 Analytical Engine 致敬。它是图灵应英国国家物理实验室（NPL）的邀请而设计的一台存储程序的电子计算机。

1945年，图灵开始从事 ACE 的设计工作，基于他1936年的理论工作和"二战"期间的工程经验，于当年的2月19日向 NPL 执行委员会提交了一份详细文档，给出了存储程序式计算机的第一份完全可行性设计。1945年底完成了一份长达50页的关于 ACE 的设计说明书，给出了详细的逻辑电路框图。在这份设计说明书中，最先给出了存储程序控制计算机的结构设计；最先提出了指令寄存器和指令地址寄存器的概念；提出了子程序和子程序库的思想；这些都是现代电子计算机中最基本的概念和思想。令人吃惊的是，在这份设计说明书中，图灵还提出了"仿真系统"的思想。由于图灵签署的保密协议严格禁止他透露 Colossus 的细节，因此他无法详细阐述怎样去实现 ACE 这样的电子设备。1950年制造出 ACE 的一个简化版本，它比图灵设计的规模要小，使用了大约800个电子管，存储器是水银延迟线，它有12个延迟线，每个包含32条32位元的指令或数据，时钟频率为1MHz，这在当时的电子计算机中是最快的。1958年研制成大型 ACE 机。图灵的这份设计说明书在保密了27年之后，于1972年才得以发表。恰恰也是在1972年，人们才研制成功具有仿真系统的计算机。

学习计算机科学的大学生都知道，在计算机基础理论中有著名的"图灵机"和"图灵测试"。图灵是第一个提出利用某种机器实现逻辑代码的执行，以模拟人类的各种计算和逻辑思维过程的科学家。当今计算机科学中常用程序语言、代码存储和编译等基本概念，就是来自图灵的原始构思。牛津大学著名数学家安德鲁·哈吉斯说道："图灵似乎是上天派来的一个使者，匆匆而来，匆匆而去，为人间留下了智慧，留下了深邃的思想，后人必须为之思索几十年、上百年甚至永远。"

3. 冯·诺依曼与 EDVAC

冯·诺依曼（John von Neumann，1903.12.28—1957.2.8），生在匈牙利布达佩斯一个殷实的犹太人家庭，五十多岁时因患癌症在美国去世。冯·诺依曼在数学的诸多领域都取得了突破性进展，是20世纪最杰出的数学家之一。他对人类最大的贡献是在计算机科学技术和博弈论领域进行的开拓性工作。1944年他与经济学家摩根斯特恩

(Morgenstern)合著的《博弈论和经济行为》标志着系统的博弈理论形成，被经济学家誉为"博弈论之父"。1945年他对ENIAC提出了一个新的改进方案EDVAC，奠定了现代计算机的基本体系结构，被西方人誉为"计算机之父"。冯·诺依曼在物理学、化学等领域都有不凡的建树，他是20世纪最伟大的全才型天才之一。

1946年ENIAC投入运行，以它的计算速度震惊世界。但是在它未完工之前，一些科学家就认识到，它的控制方式（利用插线板和转换开关所连接的逻辑电路来控制运算）不适用。如何运用程序自动控制运算是提高电子计算机效率的关键性问题。正当此时，冯·诺依曼在参与"曼哈顿计划"中，原子核裂变的各项数据非常繁杂，他深感现有计算工具速度太慢，使一些重大科研项目进度受到严重影响。另一方面，ENIAC的研制工作停滞不前，使研制者大伤脑筋。冯·诺依曼恰逢其时地来到了宾夕法尼亚大学，投身到新型计算机的设计研制行列，他成为莫尔研制小组的实际顾问。针对ENIAC的不足，冯·诺依曼对其进行了重大改进，1945年6月，冯·诺依曼将自己的思想撰写成一份长达101页的《关于离散变量自动电子计算机的草案》，形成了EDVAC方案。

离散变量自动电子计算机（Electronic Discrete Variable Automatic Computer, EDVAC），它采用了二进制，即计算机中的指令和数据均以二进制形式存储。它由5个基本部分组成：运算器、控制器、存储器、输入装置和输出装置。"存储程序"与"程序控制"相结合的原理，使计算机在程序的控制下自动完成操作。EDVAC是第一台现代意义上设计的通用计算机，这种存储程序控制方式的体系结构一直延续至今，被称为冯·诺依曼结构。

由于种种原因，莫尔研制小组发生令人痛惜的分裂，冯·诺依曼的设想没能在ENIAC上实现，EDVAC也无法被立即研制。1949年5月6日，世界上第一台存储程序的冯·诺依曼结构计算机由英国剑桥大学的莫里斯·威尔克斯（Maurice Vincent Wilkes）领导、设计和研制成功，该计算机命名为电子延迟存储自动计算机（Electronic Delay Storage Automatic Calculator, EDSAC），它使用了水银延迟线作为存储器，利用穿孔纸带输入和电传打字机输出。因此，第二届（1967年）图灵奖授予英国皇家科学院院士、计算技术的先驱莫里斯·威尔克斯。

1946年6月，冯·诺依曼回到普林斯顿大学高级研究院，普林斯顿大学也成为电子计算机的研究中心。直到1952年，冯·诺依曼主持的EDVAC才真正研制完成。EDVAC的结构与现代计算机的结构一致，由运算器、控制器、存储器、I/O设备5个部分组成，实现了存储程序和自动执行的两大功能。整台计算机共使用大约6000个电子管和大约12 000个二极管，功率为56kW，占地面积45.5m^2，重7850kg，它利用水银延迟线作为主存储器，用磁鼓作为辅助存储器，主要用于核武器的理论计算。冯·诺依曼的设想在这台计算机上得到了圆满的体现。冯·诺依曼与他设计制造的EDVAC如图1-2所示。

事实上，"存储程序"的概念凝聚了那个时代先驱们的共同智慧，由冯·诺依曼以非凡的洞察力把它表述出来，从而奠定了现代计算机体系结构的基础。尽管到目前为止所有的计算机依然为冯·诺依曼结构，但是从"存储程序"概念出现的那一天起，人们就在冥思苦想如何超越这一范式。1947年图灵提出的自动程序设计概念，实际上或多或少就体现出这种探索精神。冯·诺依曼晚年致力于人工智能的研究，也有明显想超越自我的意向。

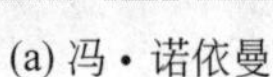

(a) 冯·诺依曼　　(b) EDVAC

图 1-2　冯·诺依曼与他设计制造的 EDVAC

自 20 世纪 60 年代起，人们从两个大方向开始努力，一是创建新的程序设计语言即所谓的“非冯·诺依曼语言”；二是从计算机元器件方面，提出了发明与人脑神经网络相类似的新型超大规模集成电路，即“分子芯片”。前者侧重于软件，后者侧重于硬件。

客观地说，图灵、阿塔纳索夫、冯·诺依曼三人，都是计算机的先驱，计算机科学的奠基人，他们的伟大贡献被永远载入计算机的发展史册。若被称为“计算机之父”，他们都当之无愧。尤其是图灵与冯·诺依曼，他们好似计算机科学浩瀚星空中相互映照的两颗超级明亮的巨星。

在人类研制现代计算工具的历史长河中，出现过许多杰出的天才，他们为计算工具的不断发展和提高做出了突出贡献，正是因为有了以他们为代表的一代又一代科学家的不懈努力和艰苦探索，才有了今天计算迅速、功能强大的电子计算机。

1.1.2　计算机的发展

计算机的发展与电子技术的发展密切相关，每当电子技术有突破性进展，就会导致计算机的一次重大变革。半个多世纪以来，计算机的发展经历了电子管、晶体管、集成电路和超大规模集成电路 4 个时代，目前正朝着新一代计算机智能化方向发展。

1. 电子管时代(1939—1958 年)

第 1 代计算机主要采用电子管作为基本逻辑部件，内存储器采用水银延迟线，外存储器主要采用磁鼓、纸带、卡片、磁带等，每秒只能进行几千次至几万次基本运算，内存容量仅数千字节，没有系统软件，采用低级语言进行程序设计。主要应用于军事领域、科学计算和科学研究领域。这一代计算机体积庞大、可靠性差、运算速度慢、价格昂贵、使用不方便。具有代表意义的第 1 代机有 ENIAC、EDSAC 和 EDVAC 等。

2. 晶体管时代(1959—1964 年)

1948 年，美国贝尔实验室发明了晶体管，10 年后晶体管取代了计算机中的电子管。第 2 代计算机主要采用晶体管作为基本逻辑部件，内存储器大量使用磁性材料制成的磁心存储器，外存储器有了磁盘、磁带等。运算速度提高到每秒几十万次基本运算，内存容量扩大到几十万字。软件技术有了较大发展，人们在使用汇编语言的基础上，开始使用高级语言（如FORTRAN、ALGOL、COBOL等语言）进行程序设计，大大方便了计算机的使用。应用范围由军事领域和科学研究领域扩展到数据处理、事务处理以及工业过程控制等方面，开始进入商业市场。这一代计算机体积变小、能耗降低、价格下降，运算速度和可靠性都有了大幅度提高。典型的第2代机有UNIVACⅡ和IBM 7000系列等。

3. 中小规模集成电路时代（1965—1970年）

随着半导体技术的发展，美国的德州仪器公司于1958年制成了第一个半导体集成电路。集成电路是在几平方毫米的芯片上集中了几十个乃至上百个电子元器件组成的逻辑电路。第3代计算机主要采用小规模集成电路（Small Scale Integration，SSI）和中规模集成电路（Medium Scale Integration，MSI）作为基本逻辑部件，随着磁心存储器的进一步发展，开始采用性能更好的半导体存储器。每秒可进行几十万次到几百万次基本运算。软件技术进一步发展，操作系统正式形成，出现了多种高级程序设计语言。计算机广泛应用于科学计算、信息管理、自动控制等众多领域。这一代计算机的体积进一步缩小、价格进一步降低、功能进一步增强，各方面性能都得到极大提高。典型的第3代机有IBM 360系列和Honeywell 6000系列等。

4. 大规模或超大规模集成电路时代（1971年至今）

随着集成了成千上万个电子元器件的大规模集成电路（Large Scale Integration，LSI）和超大规模集成电路（Very Large Scale Integration，VLSI）的出现，计算机的发展进入第4代。第4代计算机主要采用大规模集成电路或超大规模集成电路作为基本部件，集成度很高的半导体存储器替代了磁心存储器。每秒可进行几百万次甚至上亿次基本运算。操作系统不断发展和完善，面向对象技术与方法、数据库系统与各类应用软件等争相涌现，软件已形成一个新型产业。计算机的应用走出科研院所开始普及，扩展渗透到社会生活的各个领域和角落。第4代机的主流产品有IBM 4300系列、IBM 3080系列以及IBM 9000系列等。

随着大规模集成电路或超大规模集成电路的日趋成熟，使计算机的中央处理器（Central Processing Unit，CPU）有可能集成在一个芯片上，再加上存储器和接口等其他芯片，即可构成一台微型计算机（Microcomputer）。1971年11月，美国Intel（英特尔）公司把运算器和逻辑控制电路集成在一起，成功地用一块芯片实现了中央处理器的功能，制成了世界上第一片微处理器（Micro Processing Unit，MPU）——Intel 4004，并以它为核心组成微型计算机MCS-4。随后，许多公司争相研制微处理器，生产微型计算机。微型计算机以体积小、功能强、价格便宜等优势，显示出强大的生命力。在四十多年时间里，微处理器和微型计算机已经经历了数代变迁，日新月异的发展速度是其他任何技术无法比拟的。

尽管人们早已开始谈论第5代、第6代计算机，但是学术界、工业界认为不要再沿用“第x代计算机”的说法为好，赞成用“新一代计算机”或“未来计算机”来称呼可能出现的新事物。一些专家认为，新一代计算机系统的本质是智能化，它以知识处理为基础，具有智能接口，能进行逻辑推理并完成判断及决策任务，可以模拟或部分替代人的智能活动，具有自然的人机通信能力。事实上，对于什么是新一代计算机，仍然存在着不同的观点和理解。

计算机从出现至今，经历了机器语言、程序语言、简单操作系统和 Linux、MacOS、BSD、Windows 等现代操作系统，运行速度也得到了极大的提升，近代计算机每秒可进行几十亿次运算。计算机也由军事科研发展到个人拥有，计算机强大的应用功能，产生了巨大的市场需要，未来计算机性能应向着巨型化、微型化、网络化、人工智能化和多媒体化的方向发展。

(1) 巨型化。巨型化是指为了适应尖端科学技术的需要，发展高速度、大存储容量和功能强大的超级计算机。随着人们对计算机的依赖性越来越强，特别是在军事和科研教育方面对计算机的存储空间、运行速度等要求会越来越高。此外，计算机的功能更加多元化。

(2) 微型化。随着微型处理器(CPU)的产生，计算机中开始使用微型处理器，使计算机体积缩小了，成本降低了。另一方面，软件行业的飞速发展提高了计算机内部操作系统的便捷度，计算机外部设备也趋于完善。计算机理论和技术上的不断完善促使微型计算机很快渗透到全社会的各个行业和部门中，并成为人们生活和学习的必需品。四十多年来，计算机的体积不断缩小，台式、笔记本式、掌上型和平板型计算机的体积逐步微型化，为人们提供便捷的服务，因此未来计算机仍会不断趋于微型化，体积将越来越小。

(3) 网络化。互联网将世界各地的计算机连接在一起，从此进入了互联网时代。计算机网络化彻底改变了人类世界，人们通过互联网进行沟通、交流(QQ、微信等)，教育资源共享(文献查阅、远程教育等)、信息查阅共享(百度、搜狗)等，特别是无线网络的出现，极大地提高了人们使用网络的便捷性，未来计算机将会进一步向网络化方面发展。

(4) 人工智能化。计算机人工智能化是未来发展的必然趋势。现代计算机具有强大的功能和运行速度，但与人脑相比，其智能化和逻辑能力仍有待提高。人类不断地在探索如何让计算机能够更好地反映人类思维，使计算机能够具有人类的逻辑思维判断能力，可以通过思考与人类沟通交流，抛弃以往的依靠通过编码程序来运行计算机的方法，直接对计算机发出指令。

(5) 多媒体化。传统的计算机处理的信息主要是字符和数字。事实上，人们更习惯的是图片、文字、声音、图像等多种形式的多媒体信息。多媒体技术可以集图形、图像、音频、视频、文字为一体，使信息处理的对象和内容更加接近真实世界。

1.2 计算机的特点、分类及应用

1.2.1 计算机的特点

计算机不仅是一种新型的计算工具，而且是一种人类智力解放的工具。其作用是模拟人脑功能去处理各种各样的数据，弥补人类智力活动的局限。同其他计算工具相比，计算机具有如下特点。

1. 运算速度快

计算机内部的运算是由数字逻辑电路组成的，可以高速准确地完成各种算术运算。当今计算机系统的运算速度已达到万亿次每秒，微型计算机也可达亿次每秒，使大量复杂的科学计算问题得以解决。例如卫星轨道的计算、大型水坝的计算，24 小时天气预报的计算等，过去人工计算需要几年、几十年，而在现代社会里，用计算机只需几天甚至几分钟就可完成。

2. 计算精确度高

科学技术的发展特别是尖端科学技术的发展，需要高度精确的计算。计算机控制的导弹之所以能准确地击中预定的目标，是与计算机的精确计算分不开的。一般计算机可以有十几位甚至几十位(二进制)有效数字，计算精度可由千分之几到百万分之几，是任何计算工具所望尘莫及的。

3. 逻辑运算能力强

计算机不仅能进行精确计算，还具有逻辑运算功能，能对信息进行比较和判断。计算机能把参加运算的数据、程序以及中间结果和最后结果保存起来，并能根据判断的结果自动执行下一条指令以供用户随时调用。

4. 存储容量大

计算机内部的存储器具有记忆特性，可以存储大量的信息。这些信息不仅包括各类数据信息，还包括加工这些数据的程序。

5. 自动化程度高

由于计算机具有存储记忆能力和逻辑判断能力，所以人们可以将预先编好的程序输入计算机内存，在程序控制下，计算机可以连续、自动地工作，不需要人工干预。

1.2.2 计算机的分类

关于计算机的分类方法很多，目前计算机的分类方法主要有 4 种，一是按计算机的用途分类；二是按计算机处理信息的形式分类；三是按计算机的规模分类；四是按计算机的工作模式分类。下面分别进行简单介绍。

1. 按计算机的功能分类

计算机按用途又可分为专用计算机和通用计算机。

专用计算功能单一，需要配置解决特定问题的硬件和软件，可靠性高，在特定用途下最有效、最经济、最快速，是通用计算机无法替代的，但适用性差；例如导弹和火箭上使用的计算机、工业控制计算机、银行专用计算机、超级市场收银机(POS)等都是专用计算机。通用计算机适应性很强，应用面很广，但其运行效率、速度和经济性依据不同的应用对象会受到不同程度的影响，人们日常办公、生活中使用的大部分计算机都是通用计算机。由于按计算机功能分类粒度过粗，因此难以概括计算机的基本特征。

2. 按计算机处理信息的形式分类

按计算机处理信息的形式，又可以把计算机分为模拟计算机、数字计算机和数字模拟混合计算机。

数字计算机是通过电信号的两种状态来表示数据，参与运算的数值用断续的数字量表示，其运算过程按数字的位进行计算，数字计算机由于具有逻辑判断等功能，是以近似人类大脑的"思维"方式进行工作。其主要特点是运算速度快、精度高、灵活性大、便于存储，因此适合于科学计算、信息处理、实时控制和人工智能等应用。人们通常所用计算机一般都是数字计算机。

模拟计算机是通过电压的高低来表示数据，即通过电的物理变化过程进行数值计算的；模拟电子计算机问世较早，内部所使用的电信号模拟自然界的实际信号，因而称为模拟电信号。模拟电子计算机处理问题的精度差，所有的处理过程均需模拟电路来实现，电路结构复杂，抗外界干扰能力极差。其优点是速度快，适用于解高阶的微分方程。由于模拟计算机信息不易存储，应用范围较窄，通用性不强，现在很少生产。

数字模拟混合计算机兼有数字计算机和模拟计算机的优点，既能接收、输出和处理模拟量，又能接收、输出和处理数字量。由于设计比较困难，目前研究和应用领域较少。

3. 按计算机工作方式分类

随着以资源共享为目的的计算机网络的诞生，各种档次的计算机在网络中发挥着不同的作用，这使计算机在网络中的角色发生了变化，计算机由单主机计算模式转变成客户机/服务器(Client/Server，C/S)模式。在这种工作模式中计算机分为两类：服务器和工作站，工作站和服务器都是接入网络的计算机。服务器可以是大型机、小型机和高档微型计算机，一般具有高性能、大容量和可扩展性；其主要功能是为工作站提供服务、完成客户的请求服务。工作站作为客户端，主要由低档微型计算机组成，其功能是向服务器提出服务请求，完成要求的工作任务。

4. 按计算机的规模分类

通常人们又按照计算机的规模，根据计算机的运算速度、字长、存储容量、软件配置、输入输出能力及用途等综合指标，将计算机分为巨型计算机、大型计算机、小型计算机、微型计算机等几类。这些类型计算机之间的基本区别通常在于其体积大小、结构复杂程度、功率消耗、性能指标、数据存储容量、指令系统和设备、软件配置等的不同，下面分别进行简单介绍。

(1) 巨型计算机。巨型计算机是一种超大型电子计算机。具有很强的计算和处理数据的能力，主要特点表现为高速度和大容量，配有多种外部和外围设备及丰富的、高功能的软件系统。

巨型计算机是在一定时期内速度最快、性能最高、体积最大、耗资最多的计算机系统。巨型计算机是一个相对的概念，一个时期内的巨型机到下一时期可能成为一般的计算机；一个时期内的巨型计算机技术到下一时期可能成为一般的计算机技术。现代的巨型计算机用于核物理研究、核武器设计、航天航空飞行器设计、国民经济的预测和决策、能源开发、中长期天气预报、卫星图像处理、情报分析和各种科学研究方面，是强有力的模拟和计算工具，对国民经济和国防建设具有特别重要的价值。

巨型机计算机主机由高速运算部件和大容量快速主存储器构成。由于巨型机加工数据的吞吐量很大，只有主存是不够的，一般有半导体快速扩充存储器和海量(磁盘)存储子系统来支持。对大规模数据处理系统的用户，常需要大型联机磁带子系统或光盘子系统作为大量信息数据输入输出的媒介。巨型计算机主机一般不直接管理慢速的输入输出设备，而是通过 I/O 接口通道连接前端机，由前端机做 I/O 的工作，包括用户程序和数据的准备、运算结果的打印与绘图输出等。前端机一般用小型计算机。I/O 的另一种途径是通过网络，网上的用户借助其终端机(微型计算机、工作站、小型计算机或大型计算机)通过连网来使用巨型计算机，I/O 均由用户终端机来做。网络方式可大大提高巨型机的利用率。

(2) 大型计算机。大型计算机是 20 世纪 60 年代发展起来的计算机系统。经过五十多年的不断更新，其稳定性和安全性在所有计算机系统中是首屈一指的。大型计算机多为通用型计算机，其特点是通用性较强、具有很强的综合处理能力、性能优越和覆盖面广等，主要应用于科研、大型商业、企业、政府管理、计算机网络等领域。正是因为这方面的优点和强大的数据处理能力，到现在为止还没有其他的系统可以替代。由于成本巨大，使用大型计算机系统的一般以政府、银行、保险公司和大型制造企业为主，因为这些机构对信息的安全性和稳定性要求很高。从美国“阿波罗登月计划”的成功，到天气预报、军事科学的发展，以及全球金融业、制造业商业模式的变换，无一离得开大型计算机。在银行业，现在数以亿计的个人储蓄账户管理、丰富的金融产品提供都依赖大型计算机；在证券业，离开大型计算机，无纸化交易是不可想象的。

大型计算机作为计算机种类中的一种，和巨型计算机一样，也是一个相对的概念。一个时期内的巨型的计算机到下一时期就可能成为大型计算机。目前大型计算机的运算速度为 1 亿次每秒到 10 亿次每秒，主存储器为几百兆字节，配有齐全的外围设备和丰富的软件。

大型计算机的著名厂商是 IBM，1964 年诞生了第一台 IBM 大型机 S/360。20 世纪 90 年代，IBM 开发了 ESA/390 以及 ES/9000 System/390 系列大型计算机。2000 年后，IBM 推出 Z/Architecture 架构主机，目前 Z 系列主机的旗舰产品为 Z/990。目前，我国从央行到工、农、中、建四大商业银行，其核心业务平台和正在兴建的全国各地的数据处理中心，其产品使用和设备维护百分之百地 IBM 的产品。

大型计算机体系结构的最大好处是无与伦比的 I/O 处理能力。虽然大型机处理器并不总是拥有领先优势，但是它们的 I/O 体系结构使它们能处理好几个 PC 服务器放一起才能处理的数据。大型计算机的另一些特点包括它们的大尺寸和使用液体冷却处理器阵列。在使用大量中心化处理的组织中，它们仍有重要的地位。然而，由于小型计算机的到来，新型大型计算机的销售已经明显放慢。

(3) 小型计算机。小型计算机可以为多个用户执行任务，通常是一个多用户系统；小型计算机结构简单、设计试制周期短，便于及时采用先进工艺；其特点是可靠性高、价格便宜、对运行环境要求低，易于操作且便于维护；目前小型计算机的主要应用领域有工业自动控制、大型分析仪器、测量仪器、医疗设备中的数据采集、分析计算、企业管理以及大学科研院所的科学计算等。

小型计算机实际上是低价格、小规模的大型计算机，典型的小型计算机运行 UNIX 或者 MPE、VEM 等专用的操作系统。它们比大型计算机价格低，却几乎有同样的处理能力。如 HP 9000 系列小型计算机几乎可与 IBM 的传统大型计算机相竞争。

高端小型计算机一般使用的技术有基于 RISC 的多处理器体系结构，兆字节数量级的高速缓存，几吉字节的 RAM，使用 I/O 处理器的专门 I/O 通道上的数百吉字节的磁盘存储器，以及专用设备管理处理器。它们体积较小并且是气冷的，因此对客户现场没有特别的冷却管道要求。目前生产和销售小型机厂商主要有 HP 和 IBM。

(4) 微型计算机。微型计算机也叫个人计算机(Personal Computer，PC)，是以微处理器为中央处理单元(CPU)组成的计算机。微型计算机比小型机体积更小、价格更低、灵活性更好、可靠性更高、使用更加方便。微型计算机的应用已经渗透到各行各业和千家万户，它既可以用于日常信息处理，又可以用于科学研究。目前，许多微型计算机的性能都已经超过 20 世纪 80 年代前的大型计算机。

1.2.3 计算机的应用

1. 计算机在现代社会中的用途

在现代社会，计算机已广泛应用到军事、科研、经济、文化等各个领域，成为人们不可或缺的好帮手。

在科研领域，人们使用计算机进行各种复杂的运算及大量数据的处理，例如卫星飞行的轨迹、天气预报中的数据处理等。在学校和政府机关，每天都涉及大量数据的统计与分析，利用计算机，工作效率得到大大提高。

在工厂，计算机为工程师们在设计产品时提供了有效的辅助手段。现在，人们在进行建筑设计时，只要输入有关的原始数据，计算机就能自动处理并绘出各种设计图纸。

在生产中，用计算机控制生产过程的自动化操作，例如温度控制、电压电流控制等，从而实现自动进料、自动加工产品、自动包装产品等。

2. 计算机的应用领域

计算机对人类科学技术的发展产生了深远的影响，极大地增强了人类认识世界、改造世界的能力。它不仅能自动地进行高速、精确的运算，而且具有很强的逻辑分析和判断能力，因此得到非常广泛的应用，大至进行空间探索，小到揭示微观世界，从尖端科学技术到日常生活领域几乎都要使用计算机，概括起来大致可分为以下几个方面。

（1）科学管理。科学管理也称为信息管理或数据处理，它是指人们利用计算机对各种信息进行及时的收集、存储、整理、分类、统计和计算，加工成所需要的数据形式。数据处理的特点是原始数据量大，计算过程简单，输入输出格式严格，反复处理频繁等。它在计算机应用中占有重要位置，世界上的经济团体大多数都利用计算机建立庞大的情报网，以便随时获得所需要的经济信息。使用计算机进行经济信息管理，不仅可以节省人力物力，更重要的是能及时获取准确的情报资料，为各种经济决策提供坚实的基础。信息、材料和能源已经构成支撑人类社会活动的三类资源。

（2）科学计算。科学计算也称数值计算，它是计算机应用的传统领域，以自然科学和尖端科学技术为对象，即用计算机来解决科学研究和工程技术中所出现的复杂计算问题。在科学研究和工程技术中，通常需要将实际问题抽象归纳为数学模型，例如线性方程组、微分方程、积分方程或函数关系等，这些数学模型的公式或方程式往往是非常复杂的，计算量大、计算精度要求高，只有利用计算机作为工具来进行计算才能快速取得满意的结果，例如天气预报、地震预测、导弹试验、航天技术、海洋工程等。计算机强大的科学计算能力，可以有效地提高科学研究、工程技术的效率和质量，推动基础学科和尖端学科的发展。

（3）自动控制。自动控制也称为过程控制，它是指利用计算机与其他设备、仪器相连接，并对它们的工作进行控制。实现自动控制可以提高产品质量、降低成本，促进经济建设的发展。特别是对于高温、高空、海底等有害人身健康及有危险性场合，实行自动控制则更有价值。

（4）人工智能。人工智能是指利用计算机模拟人类的智能活动，如感知、推理、学习、理解等。人工智能是计算机应用的一个崭新领域，这方面的研究尚处于初级阶段。人工智能的研究范畴主要包括自然语言理解、智能机器人、博弈、专家系统、自动定理证明等方面。

（5）计算机辅助系统。计算机辅助系统涵盖的内容比较广泛，主要包括计算机辅助设计、计算机辅助制造、计算机辅助教学和计算机辅助创新等方面。

计算机辅助设计（Computer Aided Design，CAD）是指利用计算机及其图形设备帮助设计人员进行设计工作。在工程和产品设计中，计算机可以帮助设计人员担负计算、信息存储和制图等项工作。在设计中通常要用计算机对不同方案进行大量的计算、分析和比较，以决定最优方案；各种设计信息，不论是数字的、文字的或图形的，都能存放在计算机的内存或外存里，并能快速地检索；设计人员通常用草图开始设计，将草图变为工作图的繁重工作可以交给计算机完成；由计算机自动产生的设计结果，可以快速地以图形显示出来，使设计人员及时对设计作出判断和修改；利用计算机可以进行图形的编辑、放大、缩小、平移和旋转等有关的图形数据加工工作。CAD 能够减轻设计人员的计算、画图等重复性劳动，专注于设计本身，缩短设计周期和提高设计质量。在 CAD 中通常以具有图形功能的交互式计算机系统为基础，主要设备有主机、图形显示终端、图形输入板、绘图仪、扫描仪、打印机以及各类软件，所涉及的主要技术有图形处理技术、工程分析技术、工程数据库管理技术、软件设计技术和接口技术等。

计算机辅助制造(Computer Aided Manufacturing,CAM)是指利用计算机进行生产设备管理控制和操作的过程。它的核心是计算机数值控制(简称数控),是将计算机应用于生产制造过程的系统。CAM 系统是通过计算机分级结构控制和管理制造过程的多方面工作,它的目标是开发一个集成的信息网络来监测一个广阔的相互关联的制造作业范围,并根据一个总体的管理策略控制每项作业。计算机辅助制造有狭义和广义两个概念。CAM 的狭义概念是指从产品设计到产品加工制造之间的一切生产准备活动,它包括计算机辅助工艺设计(Computer Aided Process Planning,CAPP)、数控(Numerical Control,NC)编程、工时定额计算、生产计划制订、资源需求计划制订等。这是最初的 CAM 狭义概念,目前,CAM 的狭义概念甚至更进一步缩小为 NC 编程的同义词,CAPP 已被作为一个专门的子系统,而工时定额计算、生产计划制订、资源需求计划制订则划分给 MRPⅡ/ERP 系统来完成。CAM 的广义概念包括的内容则多得多,除了上述 CAM 狭义定义所包含的所有内容外,还包括制造活动中与物流有关的所有过程(加工、装配、检验、存储、输送)的监视、控制和管理。

计算机辅助教学(Computer Aided Instruction,CAI)是在计算机辅助下进行的各种教学活动,以对话方式与学生讨论教学内容、安排教学进程、进行教学训练的方法与技术。CAI 为学生提供了一个良好的个性化学习环境。综合应用多媒体、超文本、人工智能和知识库等计算机技术,克服了传统教学方式中单一、片面的缺点。它的使用能有效地缩短学习时间、提高教学质量和教学效率,实现最优化的教学目标,使学生能够轻松自如地从中学到所需知识。

计算机辅助创新(Computer Aided Innovation,CAI)是新产品开发中的一项关键基础技术,它是以近年来在欧美国家迅速发展的创新问题解决理论(TRIZ)研究为基础,结合本体论(Ontology)、现代设计方法学、计算机软件技术等多领域科学知识,综合而成的创新技术。目前我国市场上比较有影响的 CAI 品牌有 Pro/Innovator、Goldfire Innovator 等。

如果说传统的 CAX 体系是由 CAD/CAM/CAPP 等组成的话,那么可以说 CAI 的出现发展和补充了传统的 CAX 技术,并有力地支持了各方面的创新设计和技术改进工作。传统的 CAX 技术作为详细设计的辅助工具,所解决的只是将思想表达为实际图形或仿真结果,它不可能为设计者提供任何参考设计方案。复杂产品的完整生命周期一般包括需求分析→创新概念构造→产品创新方案→详细设计→仿真分析→工艺→样件→检测→量产→组装→库存→市场销售→使用/维护→报废。从“详细设计”到“量产”各阶段可以基本由 CAD、CAPP、CAM、CAT 等传统 CAX 软件支持;而 CAI 可以支持从“创新概念构造”到“报废”的各个阶段。CAX 体系所提供的为“物化知识”,包括总体布局、外观设计、零件造型、装配、工程绘图、仿真分析、测试结果、说明书、计算结果等;而 CAI 为整个流程提供了“非物化知识”,包括隐性知识、规则、方法、技巧、经验、原理等。物化知识和非物化知识均属于企业的智力资产,而非物化知识的应用更需要强大、易用的计算机辅助系统的支持。由此可以看出,CAI 技术是企业信息化整体解决方案中的重要组成部分,在产品的生命周期中起着举足轻重的作用。由创新知识和产品知识所共同组成的企业智力资产是企业交付最终产品的不竭源泉，也是企业核心竞争力之所在。

CAI技术很好地解决了TRIZ理论的软件化问题。以亿维讯集团的计算机辅助创新设计平台Pro/Innovator为例，它包括问题全面分析、问题求解、创新原理、方案评价、专利查询、智力资产管理和报告生成等功能模块，这些模块相辅相成，共同组成了先进的计算机辅助创新解决方案，运用该平台可以提高研发人员解决技术难题、实现技术突破的效率。根据以往所总结出的一系列创新问题求解的规律和方法，Pro/Innovator能够不折衷地解决各种技术矛盾，使得人们在面对具体的技术难题时，更加有的放矢，避免盲目地"尝试"。

(6) 计算机集成制造系统。计算机集成制造系统(Computer Integrated Manufacturing System，CIMS)又称为计算机综合制造系统。CIMS是综合运用现代管理技术、制造技术、信息技术、自动化技术、系统工程技术等，将企业生产全部过程中的有关人、技术、经营管理三要素及其信息流、物资流有机集成并优化运行的一个复杂大系统。在这个系统中，集成化的全局效应更为明显。在产品生命周期中，各项作业都有其相应的计算机辅助系统，如计算机辅助设计(CAD)、计算机辅助制造(CAM)、计算机辅助工艺设计(CAPP)、计算机辅助测试(CAT)以及计算机辅助质量控制(CAQ)等。这些单项技术都是生产作业上的"自动化孤岛"，单纯地追求每个单项技术上的最优化，它不一定能够达到企业的总目标——缩短产品的设计时间、降低产品成本、改善产品质量和服务质量以提高产品在市场上的竞争力。

计算机集成制造系统就是将技术上的各个单项信息处理和制造企业管理信息系统集成在一起，将产品生命周期中的所有有关功能，包括设计、制造、管理、市场等信息处理全部予以集成。其关键是建立统一的全局产品数据模型、数据管理以及共享机制，以保证正确的信息在正确的时刻以正确的方式传送到所需要的地方。计算机集成制造系统的进一步发展方向是支持"并行工程"，即力图使那些为产品生命周期各阶段服务的专家尽早地并行工作，从而使全局优化，缩短产品的开发周期。

可以看出CIMS的对象是制造业，实现的关键是集成，集成的核心是数据管理，是将自动化程度不同的多个子系统集成在一起，例如管理信息系统(MIS)、制造资源计划系统(MRPII)、计算机辅助设计系统(CAD)、计算机辅助工艺设计系统(CAPP)、计算机辅助制造系统(CAM)、柔性制造系统(FMS)等。CIMS正是在这些自动化系统的基础之上发展起来的，它根据企业的需求和经济实力，把各种自动化系统通过计算机实现信息集成和功能集成。CIMS是面向整个企业，覆盖企业的多种经营活动，包括生产经营管理、工程设计和生产制造各个环节，即从产品报价、接受订单开始，经计划安排、设计、制造直到产品出厂及售后服务等全过程。在当前全球经济环境下，CIMS被赋予了新的含义，即现代集成制造系统(Contemporary Integrated Manufacturing System)。它将信息技术、现代管理技术和制造技术相结合，应用于企业产品生命周期的各个阶段，通过信息集成、过程优化以及资源优化，实现物资流、信息流、价值流的集成和优化运行，达到人(组织及管理)、经营和技术三要素的集成，以加强企业新产品开发的T、Q、C、S、E环境，从而提高企业的市场应变能力和竞争力。

(7) 计算机网络。计算机技术和通信技术相结合，可以将分布在不同地点的计算机连接在一起，从而形成计算机网络，人们在网络中可以实现软件、硬件和信息资源的共享。特别是 Internet 的出现，更是打破了地域的限制，缩短了人们传递信息的时间和距离，改变了人类的生活方式。

(8) 网格计算。随着超级计算机的不断发展，它已经成为复杂科学计算领域的主宰。但是，以超级计算机为中心的计算模式存在着明显的不足。超级计算机虽然是一台处理能力强大的“巨无霸”，但它造价极高，通常只有一些国家级部门才有能力配置这样的设备。随着人们日常工作遇到的商业计算问题越来越复杂，人们越来越需要数据处理能力极强的计算机，超级计算机的价格阻止它进入普通组织的工作领域。于是，人们开始寻找一种造价低廉、数据处理能力超强的计算模式，随着科学技术的发展，一种廉价高效、维护方便的计算方法应运而生——分布式计算。所谓分布式计算(Distributed Computing)就是利用因特网上计算机 CPU 的闲置处理能力来解决大型计算问题的一种计算科学。它是研究如何把一个需要非常巨大的计算能力才能解决的问题分成许多小的模块，然后把这些模块分配给许多计算机进行处理，最后把这些计算结果综合起来得到最终的结果。实践表明，一些较大的分布式计算项目的处理能力已经可以达到甚至超过目前世界上速度最快的巨型计算机。如果想利用计算机的空余时间做点有益的事情，也可以选择参加某些项目以捐赠自己的 CPU 内核处理时间，它对正常使用计算机几乎没有影响，微不足道的付出或许就能使为人类科学的发展做贡献。分布式计算比起其他算法具有以下优点：

① 稀有资源 CPU 共享；

② 平衡多台计算机上的计算负载；

③ 程序将在最适合的计算机上运行。

其中，共享稀有资源和平衡负载是分布式计算的核心思想。

网格计算(Grid Computing)是分布式计算的发展。它是伴随着因特网迅速发展起来的，专门针对复杂科学计算问题的新型计算模式。这种计算模式是利用因特网将分散在不同地理位置的计算机组织成一个“虚拟超级计算机”，其中每一台参与计算的计算机都是一个“结点”，整个计算是由成千上万个“结点”组成的“一张网格”，所以这种计算模式叫做网格计算。这样组织起来的“虚拟超级计算机”有两个优势，一个是数据处理能力超强；另一个是能充分利用网上的闲置处理能力。

可以毫不夸张地说，网格计算是继传统因特网、Web 之后的第三次因特网浪潮，可以称之为第三代因特网应用。传统因特网实现了计算机硬件的连通，Web 实现了网页的连通，网格计算则试图实现因特网上所有资源的全面连通，其中包括计算资源、存储资源、通信资源、软件资源、信息资源和知识资源等。网格计算是把因特网上可利用的资源整合成一台巨大的超级计算机，实现各种资源的全面共享。当然，网格计算并不一定要求非常广大，也可以构造区域性的网格计算，例如中关村科技园区网格、企事业内部网格，甚至个人网格等。网格计算的根本特征不是它的规模，而是资源共享。

网格计算这一术语有三重理解可供参考。

① 为万维网诞生起到关键性作用的欧洲核研究组织(European Organization for Nuclear Research)对网格计算的定义为“网格计算就是通过互联网来共享强大的计算能

力和数据储存能力”。

② 外部网格(External Grids)。事实上,网格计算对分布在世界各地的、非营利性质的研究机构颇有吸引力,进而造就了美国国家超级计算机应用中心计算生物学网格,例如生物学和医学信息学研究网格。

③ 内部网格(Internal Grids)。网格计算对需要解决复杂计算问题的商业公司有着非同一般的吸引力,其目标是将企业内部的计算能力最大化。

网格计算是一种思想,还是一个概念?是一种新技术,还是一类产品?专家的答案都是肯定的。网格计算的概念反映的是一种理念框架,而不是指一个物理上存在的资源,网格计算采用的方法是利用位于分散管理区域内的资源完成计算任务。无论答案如何,网格计算都正在迎面走来,它冲击着人们的思维方式,让人们不得不接受。在网格计算战略面前,人们的思维模式和应用模式都在发生着变化。

现在,网格计算主要被各大学和研究实验室用于高性能计算的项目。这些项目要求巨大的计算能力,或需要接收大量数据。网格环境的最终目的是从简单的资源集中发展到数据共享,最后发展到协作。

① 资源集中。使公司用户能够将公司的整个 IT 基础设施看作是一台计算机,能够根据他们的需要找到尚未被利用的资源。

② 数据共享。使各公司接收远程数据。这对某些生命科学项目尤其有用,因为在这些项目中,各公司需要和其他公司共享人类基因数据。

③ 通过网格计算来合作。使广泛分散在各地的组织能够在一定的项目上进行合作,整合业务流程,共享从工程蓝图到软件应用程序等所有信息。

总的来说,网格计算的实现,可以实现分布式可视化协同工作,用户可以随心所欲共享各种计算资源,网格计算是全球网络的未来。这种“蚂蚁搬山”式的网格计算,看似普通,却有过出色表现。1999 年,SETI@HOME 项目是网格计算的一个成功典范。该项目在 1999 年初开始将分布于世界各地的 200 万台个人计算机组成计算机阵列,用于搜索射电天文望远镜信号中的外星文明迹象。该项目组称,在不到两年的时间里,这种计算方法已经完成了单台计算机 345 000 年的计算量。由此可见,这种“蚂蚁搬山”式的网格计算的处理能力十分强大。世界上许多行业,例如能源、交通、气象、水利、农林、教育、环保等对高性能网格计算即信息网格的需求是非常巨大的,相信在不久的将来,就会看到更多的网格计算应用案例。

网格计算的焦点是放在支持跨管理域的计算能力上,这是它与传统分布式计算的区别。网格计算的主要目标是设计一种具有这样功能的系统:

① 提高或拓展企业内所有计算资源的效率和利用率,满足最终用户的需求,同时能够解决由于计算、数据或存储资源的短缺而无法解决的问题。

② 建立虚拟系统,通过共享资源对公共问题进行合作。

③ 整合计算能力、存储和其他资源,能使得需要大量计算资源的巨大问题求解成为可能。通过对资源共享、有效优化和整体管理,能够降低计算的总成本。

1.3 计算思维简介

科学是运用范畴、定理、定律等思维形式反映现实世界各种现象的本质和规律的知识体系。科学一般包含自然科学、社会科学和思维科学。

科学思维(简称思维)是高级的心理活动形式。是理性认识及其过程,即经过感性认识阶段获得的大量材料,通过整理和改造,形成概念、判断和推理,以反映事物的本质和规律。人脑对信息的处理包括分析、抽象、综合和概括。

科学思维不仅是一切科学研究和技术发展的起点,而且始终贯穿于科学研究和技术发展的全过程,是创新的灵魂。科学思维主要分为理论思维、实验思维和计算思维三大类。

一般认为,理论、实验和计算是推动人类文明进步和科技发展的三大支柱。这种认知不仅被科学文献广泛引用,而且还通过了美国国会的听证,以及美国联邦政府和私人企业报告的认同。

理论源于数学,理论思维支撑着所有的学科领域。正如数学一样,定义是理论思维的灵魂,定理和证明则是它的精髓。公理化方法是最重要的理论思维方法,科学界一般认为,公理化方法是世界科学技术革命推动的源头。用公理化方法构建的理论体系称为公理系统。

理论思维又叫推理思维,以推理和演绎为特征,理论思维以数学学科为代表。

实验思维的先驱是意大利科学家伽利略,他开创了以实验为基础具有严密逻辑理论体系的近代科学,被人们誉为“近代科学之父”。一般来说,伽利略的实验思维方法可以按以下 3 个步骤进行:

(1) 先提取从现象中获得的直观认识的主要部分,用最简单的数学形式表示出来,以建立量的概念;

(2) 再由此式用数学方法导出另一易于实验证实的数量关系;

(3) 然后通过实验证实这种数量关系。

与理论思维不同,实验思维往往需要借助于某些特定的设备,并用它们来获取数据以供分析。以实验为基础的学科有物理学、化学、天文学、生物学、医学、农业科学、冶金、机械,以及由此派生的众多学科。

实验思维又叫实证思维,以观察和总结自然规律为特征,实验思维以物理学科为代表。

计算思维又叫构造思维,以设计和构造为特征,计算思维以计算学科为代表。

1.3.1 计算思维的概念

2006 年 3 月,美国卡内基梅隆大学原计算机科学系主任周以真(Jeannette M. Wing)教授在美国计算机权威杂志,世界计算机学会会刊 *Communications of the ACM* 杂志上给出计算思维(Computational Thinking,CT)的定义是,计算思维是运用计算机科学的基础概念进行问题求解、系统设计以及人类行为理解等涵盖计算机科学之广度的一系列思维活动。

1. 求解问题中的计算思维

利用计算手段求解问题的过程是,首先要把实际的应用问题转化为数学问题,然后建立模型、设计算法和变成实现,最后在实际的计算机中运行并求解。前两步是计算思维中的抽象,后两步是计算思维中的自动化。

2. 设计系统中的计算思维

任何自然系统和社会系统都可视为一个动态演化系统,当动态演化系统抽象为离散符号系统后,就可以采用形式化的规范描述,建立模型、设计算法和开发软件来揭示演化的规律,实时控制系统的演化并自动执行。

3. 理解人类行为中的计算思维

计算思维是基于可计算的手段,以定量化的方式进行的思维过程,是应对信息时代新的社会动力学和人类动力学所要求的思维。利用计算手段来研究人类的行为,即通过各种信息技术手段,设计、实施和评估人与环境之间的交互。

4. 计算思维的本质

计算思维的本质是抽象和自动化。计算思维中的抽象完全超越物理的时空观,并完全用符号来表示,其中数字抽象只是一类特例。

计算思维中的抽象显得更为丰富,也更为复杂。例如,堆栈是计算学科中常见的一种抽象数据类型,算法也是一种抽象,程序也是一种抽象。计算思维中的抽象与其在现实世界中的最终实施有关。

抽象层次是计算思维中的一个重要概念,可以根据不同的抽象层次,有选择地忽视某些细节,最终控制系统的复杂性。在分析问题时,计算思维要求将注意力集中在感兴趣的抽象层次或其上下层,还应当了解各抽象层次之间的关系。

计算思维中的抽象最终是要能够机械地一步步自动执行,为了确保机械的自动化,就需要在抽象的过程中进行精确和严格的符号标记和建模。

计算思维不仅仅属于计算机科学家,它应当是每个人的基本技能。在培养人们的解析能力时,不仅要求人们掌握基本的阅读、写作和算术,并且还应该要求人们学会基本的计算思维。

1.3.2 计算思维的特征

(1) 计算思维是概念化,不是程序化。计算机科学不只是计算机编程。像计算机科学家那样去思维意味着远远不只能为计算机编程,还要求能够在抽象的多个层次上进行思维。计算机科学不只是关于计算机，就像音乐产业不只是研究麦克风一样。

(2) 计算思维是根本的，不是刻板的技能。计算思维是一种根本技能，是每一个人为了在现代社会中发挥职能所必须掌握的。刻板的技能意味着简单的机械重复。

(3) 计算思维是人的，不是计算机的思维。计算思维是人类求解问题的一条途径，但决非要使人类像计算机那样去思考。计算机枯燥且沉闷，人类聪颖且富有想象力。人类赋予计算机激情，计算机赋予人类强大的计算能力，人类应该充分利用这种力量去解决各种需要大量计算的问题。

(4) 计算思维是思想，不是人造品。不只是将人类生产的软硬件等人造物到处呈现给人们的生活，更重要的是计算的概念，它被人们用来问题求解、日常生活管理，以及与他人进行交流和互动。

(5) 计算思维是数学和工程思维的互补与融合。计算机科学在本质上源自数学思维，它的形式化基础建筑于数学之上。计算机科学又从本质上源自工程思维，因为人们建造的是能够与实际世界互动的系统。所以计算思维是数学和工程思维的互补与融合。

(6) 计算思维是面向所有的人，所有领域。当计算思维真正融入人类活动的整体时，它作为问题求解的有效工具，人人都应当掌握，处处都会被使用。

1.3.3 计算思维的体现

计算思维是运用计算机科学的基础概念去求解问题、设计系统和理解人类行为的一系列思维活动的统称。它如同所有人具备的"读、写、算"能力一样，是必须具备的思维能力。

随着时代的发展，科技的进步，计算思维不仅仅是计算机专业学生所拥有的思维方式，它正在慢慢地与学生的读写算能力一样，成为人类最基本的思维方式，成为每个人拥有的最基本的能力。将计算思维作为一种基本技能和普适思维方法提出，就要求不仅要会阅读、写作和算术，还要会计算思维。

当前各个行业领域中面临的大数据问题，都需要依赖于算法来挖掘有效内容，这意味着计算机科学将从前沿变得更加基础和普及。随着计算思维的不断渗透，这些思维对于今天乃至未来研究各种计算手段有着重要的影响。本书认为"0"和"1"、程序和递归三大计算思维最重要。

1. "0"和"1"的思维

计算机本质上是以"0"和"1"为基础来实现的。"0"和"1"的思维体现了语义符号化→符号计算化→计算"0"(和)"1"化→"0"(和)"1"自动化→分层结构化→构造集成化的思维，体现了软件和硬件之间最基本的连接纽带，体现了如何将社会或自然问题转变成计算问题，再将计算问题转变成自动计算问题的基本思维模式，是最基本的抽象与自动化机制，是最重要的一种计算思维。

2. 程序的思维

一个复杂系统是如何实现的？系统可被认为是由基本动作以及基本动作的各种组合所构成。因此实现一个系统仅需实现这些基本动作以及实现一个控制基本动作组与执行次序的机构。对基本动作的控制就是指令；而指令的各种组合及其次序就是程序。系统可以按照“程序”控制“基本动作”的执行以实现复杂的功能。指令与程序的思维体现了基本的抽象、构造性表达与自动化思维。计算机或者计算机系统就是能够执行各种程序的机器或者系统，也是最重要的一种计算思维。

3. 递归的思维

递归是可以用自相似方式或者自身调节自身方式不断重复的一种处理机制，是以有限的表达方式来表达无限对象实例的一种方法，是最典型的构造性表达手段与重复执行手段，被广泛用于构造语言、构成过程、构造算法、构造程序。递归体现了计算技术的典型特征，是实现问题求解的一种重要的计算思维。

计算思维无处不在，并将渗透到每个人的生活中。当计算思维真正融入人类活动的整体时，它作为一个问题解决的有效工具，人人都应掌握，处处都会被使用。

1.4 计算机新技术

随着计算机网络的发展，计算机技术也在发生着巨大的变化和创新，这些技术不仅会给 IT 界带来重大影响，更会对社会的发展起到积极的促进作用。本节主要介绍云计算、大数据、物联网、人工智能、3D 打印、VR 以及 AR 等计算机新技术和应用的相关内容。

1.4.1 云计算

1. 云计算的概念

云计算(Cloud Computing)是由分布式计算(Distributed Computing)、并行处理(Parallel Computing)、网格计算(Grid Computing)发展来的，是一种新兴的商业计算模型。目前，对于云计算的认识在不断的发展变化，云计算没仍没有普遍一致的定义。

中国网格计算、云计算专家刘鹏给出如下定义：“云计算”将计算任务分布在大量计算机构成的资源池上，使各种应用系统能够根据需要获取计算力、存储空间和各种软件服务。

狭义的云计算指的是厂商通过分布式计算和虚拟化技术搭建数据中心或超级计算机，以免费或按需租用方式向技术开发者或者企业客户提供数据存储、分析以及科学计算等服务，比如亚马逊数据仓库出租生意。

广义的云计算指厂商通过建立网络服务器集群，向各种不同类型客户提供在线软件服务、硬件租借、数据存储、计算分析等不同类型的服务。广义的云计算包括了更多的厂商和服务类型，例如国内的用友、金蝶等管理软件厂商推出的在线财务软件，谷歌发布的Google应用程序套装等。

通俗的理解是，云计算的"云"就是存在于互联网上的服务器集群上的资源，它包括硬件资源（服务器、存储器、CPU等）和软件资源（如应用软件、集成开发环境等），本地计算机只需要通过互联网发送一个需求信息，远端就会有成千上万的计算机提供需要的资源并将结果返回到本地计算机，这样，本地计算机几乎不需要做什么，所有的处理都在云计算提供商所提供的计算机群来完成。

2. 云计算的特点

云计算模式如同单台发电模式向集中供电模式的转变，与传统的资源提供方式相比，云计算主要具有以下特点。

(1) 超大规模。"云"具有相当的规模，Google云计算已经拥有100多万台服务器，Amazon、IBM、微软、Yahoo等的"云"均拥有几十万台服务器。企业私有云一般拥有数百上千台服务器。"云"能赋予用户前所未有的计算能力。

(2) 虚拟化。云计算支持用户在任意位置、使用各种终端获取应用服务。所请求的资源来自"云"，而不是固定的有形的实体。应用在"云"中某处运行，但实际上用户无须了解，也不用担心应用运行的具体位置，只需要一台笔记本或者一个手机，就可以通过网络服务来实现需要的一切，甚至包括超级计算这样的任务。

(3) 高可靠性。"云"使用了数据多副本容错、计算结点同构可互换等措施来保障服务的高可靠性，使用云计算比使用本地计算机可靠。

(4) 通用性。云计算不针对特定的应用，在"云"的支撑下可以构造出千变万化的应用，同一个"云"可以同时支撑不同的应用运行。

(5) 高可扩展性。"云"的规模可以动态伸缩，满足应用和用户规模增长的需要。

(6) 按需服务。"云"是一个庞大的资源池，可以按需购买；云可以像自来水、电、煤气那样计费。

(7) 极其廉价。由于"云"的特殊容错措施可以采用极其廉价的结点来构成云，"云"的自动化集中式管理使大量企业无须负担日益高昂的数据中心管理成本，"云"的通用性使资源的利用率较之传统系统大幅提升，因此用户可以充分享受"云"的低成本优势，经常只要花费几百美元、几天时间就能完成以前需要数万美元、数月时间才能完成的任务。

(8) 潜在的危险性：云计算服务除了提供计算服务外，还必然提供了存储服务。但是云计算服务当前垄断在私人机构（企业）手中，而他们仅仅能够提供商业信用。对于政府机构、商业机构（特别像银行这样持有敏感数据的商业机构）对于选择云计算服务应保持足够的警惕。一旦商业用户大规模使用私人机构提供的云计算服务，无论其技术优势有多强，都不可避免地让这些私人机构以"数据（信息）"的重要性挟制整个社会。对于信息社会而言，"信息"是至关重要的。另一方面，云计算中的数据对于数据所有者以外的其他用户云计算用户是保密的，但是对于提供云计算的商业机构而言确实毫无秘密可言。

所有这些潜在的危险，是商业机构和政府机构选择云计算服务，特别是国外机构提供的云计算服务时，不得不考虑的一个重要的前提。

3. 云计算的应用

随着云计算技术产品、解决方案的不断成熟，云计算技术的应用领域不断发生扩展，衍生出了云计算制造、教育云、环保云、物流云、移动云计算等各种功能。对医疗领域、制造领域、电子政务领域、教育科研领域的影响巨大，在电子邮箱、数据存储、虚拟办公等方面也提供了非常大的便利。

(1) 云物联。“物联网就是物物相连的互联网。”这有两层意思：第一，物联网的核心和基础仍然是互联网，是在互联网基础上的延伸和扩展的网络；第二，其用户端延伸和扩展到了任何物品与物品之间，进行信息交换和通信。物联网与云计算的技术类似于应用与平台的关系，物联网系统需要大量的存储资源来保存数据，同时也需要计算资源来处理和分析数据。云计算是实现物联网的核心，促进了物联网和互联网的智能融合。

(2) 云安全。云安全是云计算技术的重要分支，在反病毒领域获得了广泛应用。云计算技术科研通过网状的大量客户端对网络中软件行为的异常监测，获取互联网中木马、恶意程序的最新信息，推送到服务器端进行自动分析和处理，再把病毒和木马的解决方案分发到每一个客户端。

(3) 云存储。云存储是在云计算概念上延伸和发展出来的一个新的概念，是指通过集群应用、网格技术或分布式文件系统等功能，将网络中大量各种不同类型的存储设备通过应用软件集合起来协同工作，共同对外提供数据存储和业务访问功能的一个系统。当云计算系统运算和处理的核心是大量数据的存储和管理时，云计算系统中就需要配置大量的存储设备，那么云计算系统就转变成为一个云存储系统，所以云存储是一个以数据存储和管理为核心的云计算系统。

(4) 云游戏。云游戏是以云计算为基础的游戏方式，在云游戏的运行模式下，所有游戏都在服务器端运行，并将渲染完毕后的游戏画面压缩后通过网络传送给用户。在客户端，用户的游戏设备不需要任何高端处理器和显卡，只需要基本的视频解压能力即可。

1.4.2 大数据

数据是指存储在某种介质上包含信息的物理符号，进入电子时代后，人们生产数据的能力和数量得到飞速的提升，而这些数据的增加促使了大数据的产生。大数据是指无法在一定时间范围内用常规软件工具进行捕捉、管理和处理的数据集合，是需要新处理模式才能具有更强的决策力、洞察发现力和流程优化能力的海量、高增长率和多样化的信息资产。

针对大数据进行分析的大数据技术，是指为了传送。存储、分析和应用大数据而采用的软件和硬件技术，也可将其看作面向数据的高性能计算系统。从技术层面来看，大数据与云计算的关系密不可分，大数据必须采用分布式架构对海量数据进行分布式数据挖掘，这使它必须依托于计算的分布式处理。分布式数据库。云存储和虚拟化技术。

在研究和应用大数据时经常会接触到数据存储的计量单位，而随着大数据的产生，数据的计量单位也逐步发生变化，兆字节(MB)、吉字节(GB)等常用单位以无法有效地描述大数据，典型的大数据一般会用到拍字节(PB)、艾字节(EB)和皆字节(ZB)这 3 种单位。下面对常用的数据单位进行介绍，如表 1-1 所示。

表 1-1　常用的数据单位对应列表

单位名称	数值换算	单位名称	数值换算
千字节(KB)	1KB=1024B	艾字节(EB)	1EB=1024PB
兆字节(MB)	1MB=1024KB	皆字节(ZB)	1ZB=1024EB
吉字节(GB)	1GB=1024MB	佑字节(YB)	1YB=1024ZB
太字节(TB)	1TB=1024GB	诺字节(NB)	1NB=1024YB
拍字节(PB)	1PB=1024TB	刀字节(DB)	1DB=1024NB

在以云计算为代表的技术创新背景下，收集和处理数据变得更加简便，通过各行各业的不断创新，大数据也将创造更多的价值，下面对大数据的应用进行介绍。

(1) 洛杉矶警察局和加利福尼亚大学合作利用大数据预测犯罪的发生。

(2) Google 流感趋势(Google Flu Trends)利用搜索关键词预测禽流感的散布。

(3) 统计学家内特·西尔弗(Nate Silver)利用大数据预测 2012 年的美国总统选举结果。

(4) 麻省理工学院利用手机定位数据和交通数据建立城市规划。

(5) 梅西百货的实时定价机制。根据需求和库存的情况，该公司基于 SAS 的系统对多达 7300 万种货品进行实时调价。

(6) 医疗行业早就遇到了海量数据和非结构化数据的挑战，而近年来很多国家都在积极推进医疗信息化发展，这使得很多医疗机构有资金来做大数据分析。

1.4.3　物联网

物联网是新一代信息技术的重要组成部分，也是“信息化”时代的重要发展阶段。物联网是指通过各种信息传感设备，实时采集任何需要监控、连接、互动的物体或过程等各种需要的信息，与互联网结合形成的一个巨大网络。其目的是实现物与物、物与人，所有的物品与网络的连接，方便识别、管理和控制。物联网通过智能感知、识别技术与普适计算等通信感知技术，广泛应用于网络的融合中，也因此被称为继计算机、互联网之后世界信息产业发展的第三次浪潮。物联网是互联网的应用拓展，与其说物联网是网络，不如说物联网是业务和应用。

物联网用途广泛，遍及智能交通、环境保护、政府工作、公共安全、平安家居、智能消防、工业监测、环境监测、路灯照明管控、景观照明管控、楼宇照明管控、广场照明管控、老人护理、个人健康、花卉栽培、水系监测、食品溯源、敌情侦查和情报搜集等多个领域。下面对物联网的应用案例进行介绍。

(1) 物联网传感器产品已率先在上海浦东国际机场防入侵系统中得到应用。系统铺设了3万多个传感结点，覆盖了地面、栅栏和低空探测，可以防止人员的翻越、偷渡、恐怖袭击等攻击性入侵。上海世博会也与中科院无锡高新微纳传感网工程技术研发中心签下订单，购买防入侵微纳传感网1500万元产品。

(2) ZigBee路灯控制系统点亮济南园博园。ZigBee无线路灯照明节能环保技术的应用是此次园博园中的一大亮点。园区所有的功能性照明都采用了ZigBee无线技术达成的无线路灯控制。

(3) 首家手机物联网落户广州。将移动终端与电子商务相结合的模式，让消费者可以与商家进行便捷的互动交流，随时随地体验品牌品质，传播分享信息，实现互联网向物联网的从容过度，缔造出一种全新的零接触、高透明、无风险的市场模式。手机物联网购物其实就是闪购。广州闪购通过手机扫描条形码、二维码等方式，可以进行购物、比价、鉴别产品等功能。

(4) 与门禁系统的结合。一个完整的门禁系统由读卡器、控制器、电锁、出门开关、门磁、电源、处理中心这8个模块组成，无线物联网门禁将门点的设备简化到了极致：一把电池供电的锁具。除了门上面要开孔装锁外，门的四周不需要设备任何辅佐设备。整个系统简洁明了，大幅缩短施工工期，也能降低后期维护的本钱。无线物联网门禁系统的安全与可靠首要体现在以下两个方面：无线数据通信的安全性包管和传输数据的安稳性。

(5) 与云计算的结合。物联网的智能处理依靠先进的信息处理技术，例如云计算、模式识别等技术，云计算可以从两个方面促进物联网和智慧地球的实现：首先，云计算是实现物联网的核心；其次，云计算促进物联网和互联网的智能融合。

(6) 与移动互联结合。物联网的应用在与移动互联相结合后，发挥了巨大的作用。智能家居使得物联网的应用更加生活化，具有网络远程控制、遥控器控制、触摸开关控制、自动报警和自动定时等功能，普通电工即可安装，变更扩展和维护非常容易，开关面板颜色多样，图案个性，给每一个家庭带来不一样的生活体验。

(7) 与指挥中心的结合。物联网在指挥中心已得到很好的应用，网连网智能控制系统可以指挥中心的大屏幕、窗帘、灯光、摄像头、DVD. 电视机、电视机顶盒、电视电话会议；也可以调度马路上的摄像头图像到指挥中心，同时也可以控制摄像头的转动。连网智能控制系统还可以通过4G网络进行控制，可以多个指挥中心分级控制，也可以连网控制。还可以显示机房温度湿度，可以远程控制需要控制的各种设备开关电源。

(8) 物联网助力食品溯源，肉类源头追溯系统。从2003年开始，中国已开始将先进的RFID射频识别技术运用于现代化的动物养殖加工企业，开发出了RFID实时生产监控管理系统。该系统能 够实时监控生产的全过程，自动、实时、准确地采集主要生产工序与卫生检验、检疫等关键环节的有关数据，较好地满足质量监管要求，对于过去市场上常出现的肉 质问题得到了妥善的解决。此外，政府监管部门可以通过该系统有效地监控产品质量安全，及时追踪、追溯问题产品的源头及流向，规范肉食品企业的生产操作过程，从而有效地提高肉食品的质量安全。

1.4.4 人工智能

人工智能(Artificial Intelligence,AI)是研究、开发用于模拟、延伸和扩展人的智能的理论、方法、技术及应用系统的一门新的技术科学。人工智能是计算机科学的一个分支,它企图了解智能的实质,并生产出一种新的能以人类智能相似的方式做出反应的智能机器,该领域的研究包括机器人、语言识别、图像识别、自然语言处理和专家系统等。人工智能从诞生以来,理论和技术日益成熟,应用领域也不断扩大,可以设想,未来人工智能带来的科技产品,将会是人类智慧的"容器"。

人工智能是对人的意识、思维的信息过程的模拟。从事这项工作的人必须懂得计算机知识,心理学和哲学。人工智能是包括十分广泛的科学,它由不同的领域组成,例如机器学习、计算机视觉等,总的说来,人工智能研究的一个主要目标是使机器能够胜任一些通常需要人类智能才能完成的复杂工作。

人工智能在计算机领域内,得到了愈加广泛的重视。并在机器人、经济政治决策、控制系统、仿真系统中得到应用。例如机器视觉、指纹识别、人脸识别、视网膜识别、虹膜识别、掌纹识别、专家系统、自动规划、智能搜索、定理证明、博弈、机器翻译、自动程序设计、智能控制、机器人学、语言和图像理解、遗传编程等。

其中机器翻译是人工智能的重要分支和最先应用领域。不过就已有的机译成就来看,机译系统的译文质量离终极目标仍相差甚远;而机译质量是机译系统成败的关键。中国数学家、语言学家周海中教授曾在论文《机器翻译五十年》中指出:要提高机译的质量,首先要解决的是语言本身问题而不是程序设计问题;单靠若干程序来做机译系统,肯定是无法提高机译质量的;另外在人类尚未明了大脑是如何进行语言的模糊识别和逻辑判断的情况下,机译要想达到"信、达、雅"的程度是不可能的。智能家居之后,人工智能成为家电业的新风口,而长虹正成为将这一浪潮掀起的首个家电巨头。长虹发布两款CHiQ智能电视新品,主打手机遥控器、带走看、随时看、分类看功能。

1.4.5 3D打印

3D打印即快速成型技术的一种,它是一种以数字模型文件为基础,运用粉末状金属或塑料等可粘合材料,通过逐层打印的方式来构造物体的技术。

3D打印需借助3D打印机来实现,3D打印机的工作原理是把数据和原料放进3D打印机种,机器按照程序把产品一层一层打印出来。可用于3D打印的介质种类非常多,如塑料、金属、陶瓷、橡胶类物质等,还能结合不同介质,打印出不同质感和硬度的物品。

3D打印技术作为一种新兴的技术,在模具制造、工业设计等领域广泛应用,在产品制造过程中使用3D技术打印出零部件。同时,3D打印技术在珠宝、鞋类、工业设计、建筑、工程和施工、汽车,航空航天、牙科和医疗产业、教育、地理信息系统、土木工程、枪支以及其他领域都有所应用。下面对3D打印的应用领域进行介绍。

海军舰艇:2014年7月1日,美国海军试验了利用3D打印等先进制造技术快速制造舰艇零件，希望借此提升执行任务速度并降低成本。

（1）航天科技。2014年9月底，NASA预计将完成首台成像望远镜，所有元件基本全部通过3D打印技术制造。NASA也因此成为首家尝试使用3D打印技术制造整台仪器的单位。这款太空望远镜功能齐全，其50.8mm的摄像头使其能够放进立方体卫星（CubeSat，一款微型卫星）当中。据了解，这款太空望远镜的外管、外挡板及光学镜架全部作为单独的结构直接打印而成，只有镜面和镜头尚未实现。该仪器将于2015年开展震动和热真空测试。

（2）医学领域。2014年8月，北京大学研究团队成功地为一名12岁男孩植入了3D打印脊椎，这属全球首例。

（3）房屋建筑。2014年8月，10幢3D打印建筑在上海张江高新青浦园区内交付使用，作为当地动迁工程的办公用房。这些“打印”的建筑墙体是用建筑垃圾制成的特殊“油墨”，按照计算机设计的图纸和方案，经一台大型3D打印机层层叠加喷绘而成，10幢小屋的建筑过程仅花费24小时。

（4）汽车行业。用3D打印技术打印一辆斯特拉提轿车并完成组装需时44小时。整个车身上靠3D打印出的部件总数为40个，相较传统汽车两千多个零件来说可谓十分简洁。充满曲线的车身由先由黑色塑料制造，再层层包裹碳纤维以增加强度，这一制造设计尚属首创。汽车由电池提供动力，最高时速约64km，车内电池可供行驶190～240km。

（5）电子行业。全世界首款3D打印的笔记本计算机名为Pi-Top。Pi-Top的套件包括一套3D打印笔记本的可定制模板，用户可以选择设计任意的颜色甚至是在笔记本外壳添加姓名浮雕烙印。Pi-Top还包含了一块屏幕和信用卡大小的树莓派主板，可以插在3D成型的笔记本内的卡槽上。

1.4.6 VR与AR

虚拟现实技术是一种结合了仿真技术、计算机图形学、人机接口技术、图像处理与模式识别、多传感器技术、语音处理与音响技术、高性能计算机系统、人工智能等多项技术的交叉技术，虚拟现实的研究和开发萌芽于20世纪60年代，进一步完善和应用于20世纪90年代到21世纪初，并逐步向增强现实、混合现实和影像现实等方向进行发展。

1. VR

VR（Virtual Reality）即虚拟现实，是一种可以创建和体验虚拟世界的计算机仿真系统，虚拟现实技术可以利用计算机生成一种模拟环境，通过多源信息融合的、交互式的三维动态视景和实体行为的系统仿真，带给用户身临其境的体验。

虚拟现实技术（VR）主要包括模拟环境、感知、自然技能和传感设备等方面。模拟环境是由计算机生成的、实时动态的三维立体逼真图像。感知是指理想的VR应该具有一切人所具有的感知。除计算机图形技术所生成的视觉感知外，还有听觉、触觉、力觉、运动等感知，甚至还包括嗅觉和味觉等，也称为多感知。自然技能是指人的头部转动，眼睛、手势或其他人体行为动作，由计算机来处理与参与者的动作相适应的数据，并对用户的输入作出实时响应,并分别反馈到用户的五官。传感设备是指三维交互设备。

虚拟现实技术在医学、娱乐、军事航天、室内设计、房产开发、工业仿真、应急推演、文物古迹、游戏、Web 3D、道路桥梁、地理、教育、演播室、水文地质、培训实训、船舶制造、汽车仿真、轨道交通、能源领域、生物力学以及康复训练等领域有着广泛的应用。

2. AR

AR(Augmented Reality,增强现实技术)是一种实时地计算摄影机影像的位置及角度并加上相应图像、视频、3D模型的技术。增强现实技术的目标是在屏幕上把虚拟世界套人现实世界,然后与之进行互动。VR技术是百分之百的虚拟世界,而AR技术是以现实世界中的实体为主体,借助数字技术让用户可以探索现实世界并与之交互。虚拟现实看到的场景人物都是虚拟的,增强现实技术看到的场景人物半真半假,现场场景和虚拟场景的结合需借助摄像头进行拍摄,在拍摄画面的基础上结合虚拟画面进行展示和互动。

增强现实技术包含了多媒体、三维建模、实时视频显示及控制、多传感器融合、实时跟踪及注册、场景融合等新技术与新手段。AR技术与VR技术的应用领域相似,如尖端武器、飞行器的研制与开发、数据模型的可视化、虚拟训练、娱乐与艺术等,但AR技术由于其具有能够对真实环境进行增强显示输出的特性,在医疗研究与解剖训练、精密仪器制造和维修、军用飞机导航、工程设计和远程机器人控制等领域,具有比VR技术更加明显的优势。

习 题 1

1. 冯·诺依曼型计算机工作的基本思想是(　　)。

   A. 总线结构　　B. 逻辑部件　　C. 存储程序　　D. 控制技术

2. 一个完整的计算机系统应该包括(　　)。

   A. 主机、键盘、显示器　　B. 计算机的硬件系统和软件系统

   C. 计算机和它的外部设备　　D. 系统软件和应用程序

3. 物理器件采用晶体管的计算机被称为(　　)。

   A. 第一代计算机　　B. 第二代计算机　　C. 第三代计算机　　D. 第四代计算机

4. 在电子商务中,企业与消费者之间的交易称为(　　)。

   A. B2B　　B. B2C　　C. C2C　　D. C2B

5. 计算机最早的应用领域是(　　)。

   A. 科学计算　　B. 逻辑思维　　C. 实验思维　　D. 计算思维

6. 下列不属于人类三大科学思维的是(　　)。

   A. 理论思维　　B. 数据处理

   C. CAD/CAM/CIMS　　D. 过程控制

7. 计算机最早的应用领域是(　　)。

   A. 科学计算　　B. 逻辑思维　　C. 实验思维　　D. 计算思维

8. 下列关于计算思维的说法中，正确的是(　　)。

A. 计算机的发明导致了计算思维的诞生

B. 计算思维的本质是计算

C. 计算思维是计算机的思维方式

D. 计算思维是人类求解问题的一条途径

9. 计算思维的本质是(　　)。

A. 抽象和自动化　　B. 抽象和泛化

C. 泛化和自动化　　D. 抽象和判断

10. 计算机的发展阶段主要是按组成计算机的(　　)来划分。

A. 集成电路　　B. 逻辑部件　　C. 电子管　　D. 晶体管

11. 目前广泛使用的人事档案管理、财务管理等软件，按计算机应用分类，应属于(　　)。

A. 科学计算　　B. 科学管理　　C. 自动控制　　D. 人工智能

12. 早期的计算机主要应用于(　　)。

A. 科学计算　　B. 科学管理　　C. 自动控制　　D. 人工智能

13. 计算机最主要的特点是(　　)。

A. 存储程序与自动控制　　B. 高速度与高精度

C. 有效性与可用性　　D. 处理能力强

14. 目前的计算机体系结构都是相同的，被称为(　　)体系结构。

A. 图灵　　B. 阿塔纳索夫　　C. 冯·诺依曼　　D. 巴贝奇

15. 目前制造计算机采用的逻辑部件是(　　)。

A. 中小规模集成电路　　B. 晶体管

C. 超导体　　D. 超大规模集成电路

16. 世界上第1台能存储程序的计算机取名为(　　)。

A. EDSAC　　B. EDVAC　　C. ACE　　D. ENIAC

17. 计算机辅助教学的英文缩写是(　　)。

A. CAD　　B. CAI　　C. CAM　　D. CIMS

18. CIMS是(　　)的英文缩写。

A. 计算机辅助设计　　B. 计算机辅助教学

C. 计算机集成制造系统　　D. 计算机辅助制造

第2章

计算机系统

本章学习目标：

- 了解计算机的基本工作原理。
- 掌握计算机系统的基本组成。
- 掌握计算机硬件系统和软件系统的基本构成。

在当今的信息时代，计算机应用已经渗透到人们日常工作、生活的各个方面，它可以帮助人们获取信息、处理信息、存储信息和传递信息，因此，计算机是一台实实在在的信息处理机。下面从系统的角度，介绍计算机系统的组成。

计算机系统由计算机硬件系统和计算机软件系统两大部分组成，可以简称为计算机由硬件和软件两部分组成。计算机硬件系统由一系列电子类、机械类和光电类器件按一定的逻辑关系连接而成，是组成计算机系统的物理实体，是计算机完成各项工作的物质基础。计算机软件系统是在计算机硬件基础上运行的各种程序、文档资料和数据的总称。图 2-1 为计算机系统组成示意图。

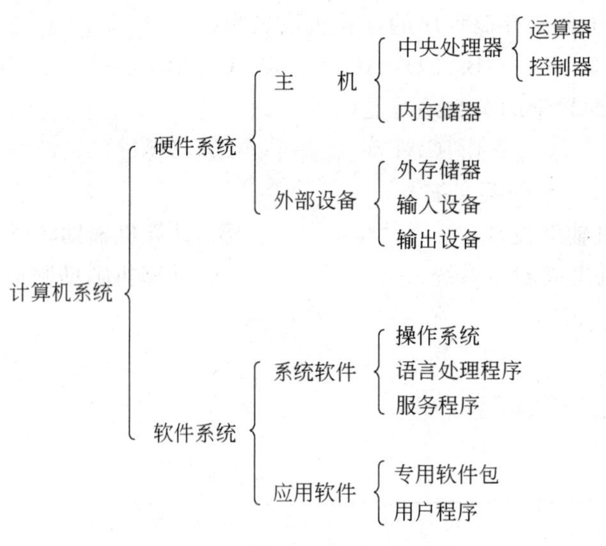

图 2-1　计算机系统组成示意图

2.1 计算机基本工作原理

2.1.1 计算机的指令和指令系统

1. 指令与指令系统

指令和指令系统是计算机系统中一个最基本的概念。指令是指计算机完成某个基本操作的命令，是能被计算机硬件识别并执行的二进制代码。一条指令就是计算机机器语言的一个语句，是程序设计的最小语言单位。一台计算机所能执行的全部指令的集合，称为这台计算机的指令系统。指令系统比较充分地说明了计算机对数据进行处理的能力。不同种类的计算机，其指令系统的指令数目与格式也不相同。指令系统越丰富完备，编制程序就越方便灵活。指令系统是根据计算机使用要求设计的，它决定着计算机的硬件主要性能和基本功能。

2. 指令的格式

计算机的所有操作由控制器控制和执行，指令从存储器中取出，由控制器进行分析并执行指令。因此一条指令应该包括两方面的内容，即操作的性质和操作数据的地址。一条计算机指令是用一串二进制代码表示的，它通常由两部分组成：操作码和地址码。操作码用来指明该指令的操作特性和功能，即指出进行什么操作，例如加法、减法、乘法、除法、取数和存数等；地址码指出参与操作的数据从哪里去取，操作结果存储到哪里去，在一条指令中，根据给出地址形式不同，指令可分为单地址指令、双地址指令、三地址指令，如图 2-2 为指令的一般格式。

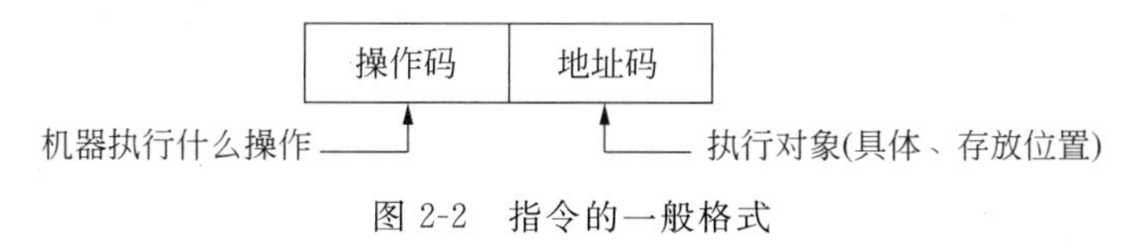

图 2-2 指令的一般格式

下面对指令进行举例说明。假设计算机系统只有 8 种基本指令，那么 8 种基本指令可以用 8 位二进制代码来定义，参见表 2-1 指令的操作码定义。这样指令的操作码部分就变成了二进制，再把地址部分的数据换成二进制，那么一条指令就全部变成二进制代码了。设计算机字长为 16 位，数据和指令存储各占一个字节，那么进行 8+9 运算的指令格式如图 2-3 所示。这是一个双地址指令格式，其功能是将存储单元编号为 03H 的二进制数据 00001000B 数据与存储单元编号为 04H 的二进制数据 00001001B 进行加法运算，运算结果再存放在编号为 03H 存储单元。

指令代码化后就可以和数据一样存入存储器中，如表 2-2 存储器中的指令和数据。存储器的任何位置都可以存放程序和指令，不过一般情况下指令和数据是分开存放的。将解题的程序（指令序列）存放到存储器中称为存储程序，而控制器依据存储的程序来控

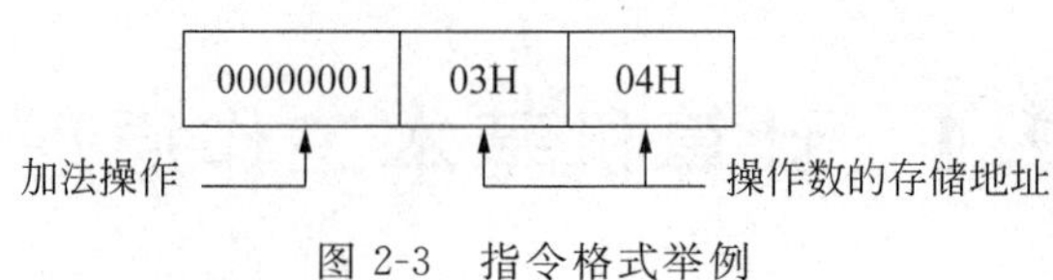

图 2-3　指令格式举例

制计算机协调完成计算任务叫做程序控制。存储程序按地址顺序执行，这就是冯·诺依曼型计算机的体系结构。

表 2-1　指令的操作码定义

指令	操作码
加法	00000001
减法	00000010
乘法	00000011
除法	00000100
取数	00000101
存数	00000110
打印	00000111
停机	00000000

表 2-2　存储器中指令和数据

地址	指令和数据
00H	
01H	
02H	00000001
03H	00001000
04H	00001001
05H	
06H	
⋮	⋮

3. 指令的分类与功能

一台计算机通常有几十种基本指令，从而构成计算机的指令系统。对不同类型的计算机而言，指令系统的指令数目与种类会有很大的差异，一般包括以下几大类指令。一个比较完善的指令系统，应当具有数据处理、数据存储、数据传送、数据控制四大类，具体有数据传送类指令，算术运算类指令、逻辑运算类指令、程序控制类指令、输入输出类指令、字符串类指令、系统控制类指令等。

(1) 数据传送类指令。该类指令的主要用于实现通用寄存器之间、通用寄存器和内存储器之间、内存储器不同存储单元之间传送数据。具体包括取数指令、存数指令、传送指令、成组传送指令、字节交换指令、清寄存器指令、堆栈操作指令等等。

(2) 算术运算类指令。该类指令的主要用于定点和浮点的算术运算，大型计算机有向量运算指令，直接对整个向量或矩阵进行求和、求积运算。这类指令包括二进制定点加、减、乘、除指令，浮点加、减、乘、除指令，求反、求补指令，算术移位指令，算术比较指令，十进制加、减运算指令等。

(3) 逻辑运算类指令。该类指令的主要功能是利用运算器对运算对象进行逻辑运算。这类指令包括逻辑加、逻辑乘、逻辑或、按位加、逻辑移位等指令，主要用于对无符号数的位操作、代码转换、判断和运算。

(4) 程序控制类指令。程序控制指令也称转移指令，主要用于控制程序中指令的执行顺序。计算机在执行程序时，通常情况下按指令计数器的现行地址顺序读取指令，但有时会遇到特殊情况，计算机执行到某条指令时出现了几种不同的结果，这时计算机必须执行一条指令，根据不同的结果进行转移，从而改变程序原来的执行顺序，这种指令称为条件转移指令。除了各种条件转移指令外，还有无条件转移指令、转子程序指令、返回主程序指令、中断返回指令等。

（5）输入输出类指令。该类指令主要用于启动外部设备，检查测试外围设备的工作状态，并实现外部设备和CPU之间，或外围设备和外围设备之间的信息传送。

（6）字符串类处理指令。字符串处理指令是一种非数值处理指令，一般包括字符串传送指令、字符串转换指令、字符串比较指令、字符串查找指令、字符串抽取指令、字符串替换指令等。这类指令应用于文字编辑中对大量字符串进行处理。

（7）系统特权指令。系统特权指令是指具有特殊权限的指令，该类指令主要用于操作系统或一些系统软件中，主要用于管理与分配系统资源。由于指令的权限最大，若使用不当，会破坏系统和其他用户信息，一般不直接提供给用户使用。

（8）其他指令。除上述各类指令外，还有状态寄存器置位指令、复位指令、测试指令、暂停指令、空操作指令，以及其他一些系统控制用的特殊指令。

2.1.2 “存储程序”工作原理

计算机之所以能够模拟人类大脑自动完成某项工作，就是在于它能够将程序和数据装入存储器，由控制器统一协调指挥，完成执行程序和处理数据的过程。那么什么是程序呢？程序就是为完成某项特定任务，用计算机语言编写的一组指令序列。计算机按照程序设定的流程依次执行指令，最终完成程序所描述的工作。指令是指计算机完成某个基本操作的命令，计算机硬件能够识别和执行的每一条指令序列称为“机器指令”，而每条机器指令都规定了计算机所要执行的一项基本操作。由此可见一台计算机必须有以下两个基本能力，一是能够存储程序，二是能够自动执行程序。这就是“存储程序”的基本工作原理，也是前面学过的冯诺依曼型计算机的基本思想，它确定了“程序存储”计算机的五大组成部分和基本工作方法。

“存储程序”基本工作原理如图2-4所示，要求计算机由五大部分组成，必须有一个存储器，用来存储数据和程序；必须有一个运算器，用来进行算术和逻辑运算；必须有一个控制器，用来控制和指挥程序的自动执行；此外还必须有输入设备、输出设备用来输入原始数据和输出运算结果。

虽然计算机技术发展迅猛，但是存储程序的原理至今仍是计算机的基本工作原理。自计算机诞生的那天起，这一原理就决定了人们使用计算机的主要方式——编写程序和运行程序。科学家和科研人员一直致力于提高程序设计的自动化水平，改进用户的操作界面，目的是让人们更方便地使用计算机，可以少编程序甚至不用编制程序来使用计算机，但不管用户的程序开发和使用界面如何演变，存储程序的原理没有变，它仍然是学习和理解计算机系统结构和功能的基础。

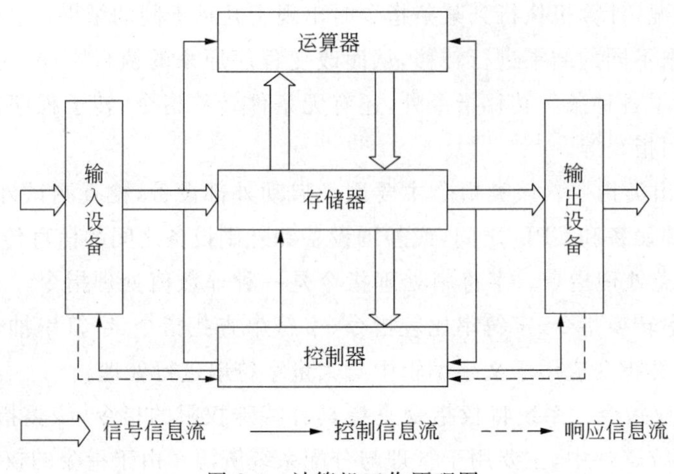

图 2-4　计算机工作原理图

2.1.3　程序的自动执行

按照存储程序的工作原理,程序和数据必须首先装入内存储器,在作为计算机的“神经中枢”——控制器的统一指挥下有条不紊地工作。计算机在工作过程中,主要有两种基本信息:数据信息和控制信息;数据信息包括原始数据、临时数据、结果数据等;原始数据由输入设备输入到内存储器,数据信息流主要在存储器、运算器之间流动,最终结果由存储器传送到输出设备。控制信息以数据形式存储于内存储器中,程序执行时计算机将其读入控制器,控制器对指令进行分析和解释后,向各部件发出控制命令,指挥各部件协调地工作。

计算机的工作就是执行程序,程序的执行是在控制器的控制下自动完成的。程序是完成指定任务的一组指令序列,每一条指令是计算机能识别并能执行的一组二进制代码。程序执行时,控制器负责从内存储器中取出指令,然后分析指令,最后执行指令,从而完成一条指令的执行周期。一条指令的执行过程就是“取出指令—分析指令—执行指令”的过程;程序的执行就是“取出指令、分析指令、执行指令”的循环过程;计算机就是这样周而复始地工作,直至程序运行结束。

2.2　计算机系统的组成

一个完整的计算机系统由硬件系统和软件系统两部分组成。硬件系统是指客观存在的物理实体,即由电子元件和机械元件构成的各个部件。软件系统是指运行在硬件上的程序、运行程序所需的和数据以及相关的文档的总称。硬件为软件提供了运行的平台,软件使硬件的功能充分发挥,两者相互配合才能完成各项功能。

2.2.1 计算机硬件系统

根据冯·诺依曼计算机存储程序的基本原理,计算机硬件系统主要由运算器、控制器、存储器、输入设备和输出设备5个基本部分组成。下面介绍计算机硬件系统各组成部分的基本功能和结构。

1. 运算器

运算器是对信息或数据进行加工处理的部件,其功能是进行算术运算和逻辑运算。运算器主要由存放中间结果的寄存器组、累加器以及连接各部件的数据通路组成,运算器又称为算术逻辑运算部件(Arithmetic logic Unit,ALU)。图2-5为运算器结构示意图。

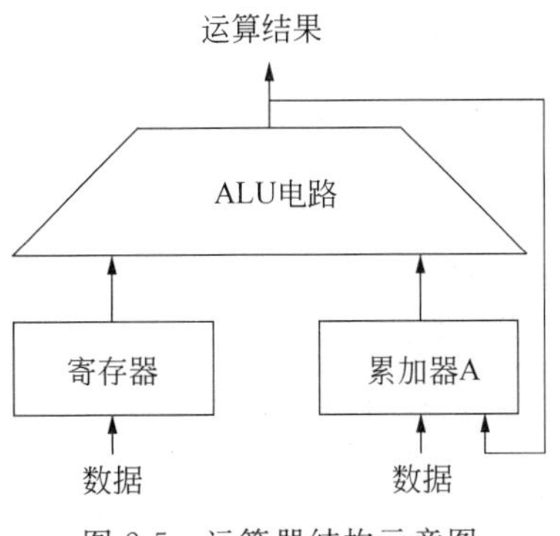

图2-5 运算器结构示意图

人们习惯于十进制数的运算,但是考虑到电子器件的特性,计算机中通常采用二进制数。二进制数是以2为基数来计数,也就是"逢二进一"。在二进制中,只有"0"和"1"两个数字。"1"和"0"可以用电压的高低、脉冲的有无来表示。这种电压的高低、脉冲的有无,在电子器件中很容易实现。

二进制的"算术运算"非常简单,是按算术规则进行的运算,例如加、减、乘、除等。"逻辑运算"一般指非算术性质的运算,例如比较大小、移位、逻辑加等。在计算机里,各种复杂的运算往往被分解为一系列的二进制的算术和逻辑运算,然后由运算器去执行运算。在运算过程中,运算器不断得到由主存储器提供的数据,运算后又把结果送回主存储器保存起来。整个运算过程是在控制器的统一指挥下,按程序编排的操作顺序自动进行的。

二进制和十进制数一样,在运算中,当数的位数越多时,计算的精度就越高。理论上讲,数的位数可以任意多。但是位数越多,所需要的电子器件也越多,因此计算器的运算长度一般为8位、16位、32位和64位等。

2. 控制器

控制器是计算机系统的指挥和控制中心,它相当于人类的大脑。控制器主要由程序计数器、指令寄存器、指令译码器、时序控制电路和微操作控制电路组成。计算机进行计算时,指令必须按一定的顺序一条接一条地进行。控制器的基本任务就是按照计算程序所安排的指令序列,从存储器取出一条指令放到控制器中,控制器对该指令的操作码由译码器进行分析判别,然后根据指令性质,执行这条指令,进行相应的操作。接着从存储器中取出第二条指令,再执行第二条指令,依次类推。通常把取指令的一段时间叫做取指周期,而把执行指令的一段时间叫做执行周期。控制器反复交替地处在取周期和执行周期中。每取出一条指令,控制器中的指令计数器自动加1,为取下一条指令做好准备,这也就是指令为什么在存储器中顺序存放的原因。因此计算机系统运行时，由控制器发出各种控制命令，指挥计算机系统的各个部分有条不紊地协调工作。

运算器和控制器是计算机系统的核心，一般称为中央处理单元(Central Processing Unit，CPU)。CPU是计算机的心脏，是决定计算机性能的重要技术指标。

3. 存储器

存储器是计算机的记忆装置，其主要功能是用来存放程序和数据。程序是计算机进行操作的依据，数据是计算机操作的对象。为了实现自动执行，各种程序和数据必须预先存放在计算机内的某个部件中，这个部件就是存储器。

注意：不论是程序还是数据，在存放到存储器之前，它们已经全部变成“0”或“1”表示的二进制代码。因此存储器中存放的也全是“0”或“1”的二进制代码，那么大量的数据在计算机中如何保存呢？目前采用半导体存储器担当此任务，半导体存储器中存储二进制的“0”或“1”两个状态的记忆装置称为触发器。一个存储器是由无数个这样的触发器组成。由于存储器的基本单位是字节，即以8个二进制位为读取信息的基本单位，对存储器中的每8个触发器为一组进行编号，这个编号就是存储器的地址，通常用十六进制数表示。图2-6为存储器的结构示意图。

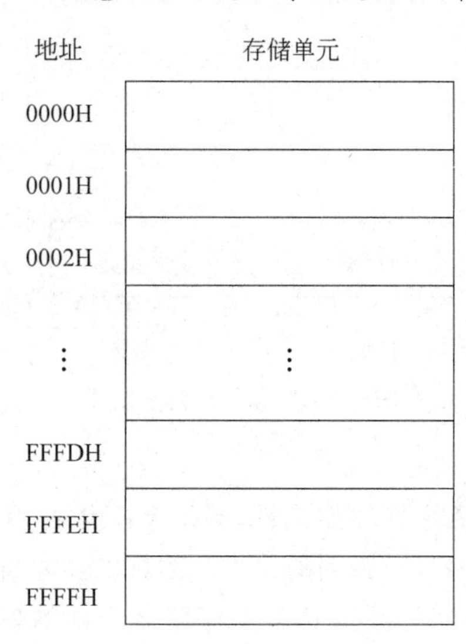

图2-6　存储器结构示意图

假定一个数用16位二进制编码来表示，那么就需要有16个触发器来保存这些编码。通常将保存一个数所需要的存储空间称为一个存储单元，在存储器中存储这个数中需要占用2个字节(2B)，那么第一个字节的地址编号就是这个存储单元的地址。向存储器中存入数据或者从存储器中取出数据，都要按给定的地址来寻找所选的存储单元。存储单元的总数称为存储器的存储容量，常用单位有千字节(KB)、兆字节(MB)、吉字节(GB)，存储容量越大表示存储的信息就越多。

目前根据存储器的功能不同，可将存储器分为主存储器(简称主存或内存)和辅助存储器(简称辅存或外存)两种类型。

(1) 主存储器。主存储器用来存放正在执行的程序和正在加工处理的数据，可直接与运算器和控制器交换信息。主存储器由许多存储单元组成，全部存储单元统一编号，称为存储器的地址。按照存取方式，主存储器又可分为随机存储器(Random Access Memory，RAM)和只读存储器(Read Only Memory，ROM)。只读存储器主要用来存放系统引导程序、监控程序等控制计算机的系统程序和参数表，其存储的信息只能读，不能写，断电后信息不会丢失，其容量约为几千字节至几十千字节。只读存储器实际上是软件的固化形式。随机存储器中的信息既可以读又可以写，用来存放正在运行的程序和所需要的数据，但断电后随机存储器中的信息将全部丢失。由于计算机正常运行主要使用的是随机存储器，因此除了保证计算机稳定的供电，还要养成良好的习惯，随时保存正在编辑的文件。

衡量主存储器的技术指标主要有存储容量和存取时间。目前存储器容量越来越大，其基本存储单位是字节(B)，常用存储单位有千字节(KB)、兆字节(MB)、吉字节(GB)。存储器存取时间是指启动存储器工作到完成读或写操作的时间，常用单位有纳秒(ns)、兆赫兹(MHz)。

CPU 和主存储器是信息加工处理得主要部件，它们通常放在主机箱内，因此将 CPU 和主存储器两部分合称为主机。

(2) 辅助存储器。辅助存储器，也称外存，主要用来保存大量的、需要长期保存的程序和数据；其主要特点是存储容量大，价格便宜，但存储速度相对较慢。外存中的程序和数据不能与 CPU 和输入输出设备直接交换信息，必须先将信息或数据调入内存，通过内存再与 CPU 和外部设备交换信息。外存储器常用存储单位有吉字节(GB)、太字节(TB)；目前广泛使用的外存储器有硬盘、U 盘、光盘等。

4. 输入设备

输入设备(Input Device)是向计算机输入数据和信息的设备，是计算机与用户或其他设备通信的桥梁，输入设备是用户和计算机系统之间进行信息交换的主要装置之一。键盘、鼠标、摄像头、扫描仪、光笔、手写输入板、游戏杆、语音输入装置等都属于输入设备；输入设备是人或外部与计算机进行交互的一种装置，用于把原始数据和处理这些数据的程序输入到计算机中。

现在的计算机能够接收各种各样的数据，既可以是数值型的数据，也可以是各种非数值型的数据，例如图形、图像、声音等都可以通过不同类型的输入设备输入到计算机中，进行存储、处理和输出。目前计算机的输入设备按功能可分为下列几类。

(1) 字符输入设备：键盘。

(2) 光学阅读设备：光学标记阅读机，光学字符阅读机。

(3) 图形输入设备：鼠标器、操纵杆、光笔。

(4) 图像输入设备：摄像机、扫描仪、传真机。

(5) 模拟输入设备：语言模数转换识别系统。

5. 输出设备

输出设备(Output Device)用于将计算机的处理结果传送到计算机外部，按用户需要的方式(例如显示、打印、绘图等)表达出来，提供给用户。常见的输出设备有显示器、打印机、绘图仪、音响等。

输入输出(I/O)设备，统称为外部设备，它们实现了外部世界与计算机之间的信息交换，是人机交换的硬件环境。

2.2.2 计算机软件系统

计算机系统由硬件系统和软件系统组成。软件系统又分为系统软件和应用软件两大类。系统软件是指管理、监控和维护计算机资源的软件;应用软件是指除了系统软件以外的所有软件,它是用户为解决各种实际问题编制的计算机程序及其相关的文档数据等。从整体上研究计算机系统,可以发现计算机系统是按层次结构进行组织的,如图 2-7 所示。人们在计算机裸机上加上一层又一层软件组成不同的计算机系统环境,即内层是外层的支撑环境。内层将复杂的计算实现过程隐蔽,外层为用户提供一个容易理解和便于使用的系统接口界面。每当在计算机上覆盖一层软件,就提供了一种抽象,计算机系统功能就增强一些,用户可用的计算机系统环境就更加友好一点,应用就更加方便一些。在所有的软件系统中,操作系统是核心,它与硬件系统直接接触,是硬件与软件的交界面,属于最低层软件,向下管理和控制硬件资源,向上为其他软件提供支撑服务。

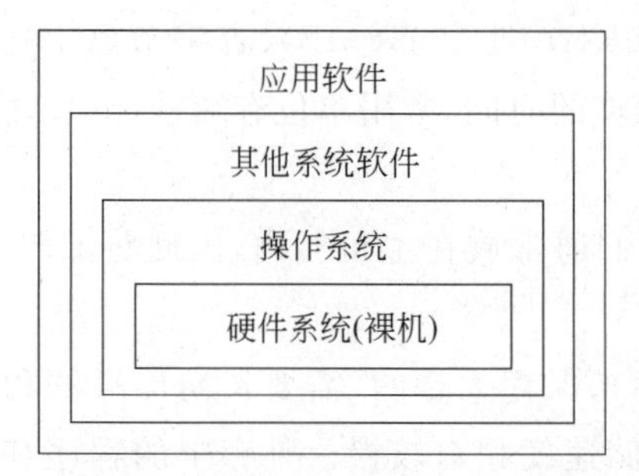

图 2-7　计算机系统层次结构示意图

1. 计算机系统软件

系统软件(System Software)由一组控制计算机系统并管理其资源的程序组成,其主要功能包括启动计算机,存储、加载和执行应用程序,对文件进行排序、检索,将程序语言翻译成机器语言等。实际上,系统软件可以看做用户与计算机的接口,它为应用软件和用户提供了控制、访问硬件的手段,这些功能主要由操作系统完成。此外,编译系统和各种工具软件也属此类,它们从另一方面辅助用户使用计算机。下面分别介绍它们的功能。

(1) 操作系统(Operating System,OS)。操作系统是管理、控制和监督计算机软、硬件资源协调运行的程序系统,由一系列具有不同控制和管理功能的程序组成,它是直接运行在计算机硬件上的、最基本的系统软件,是系统软件的核心。操作系统是计算机发展中的产物,它的主要目的有两个:一是方便用户使用计算机,是用户和计算机的接口,如用户键入一条简单的命令就能自动完成复杂的功能,这就是操作系统帮助的结果;二是统一管理计算机系统的全部资源,合理组织计算机工作流程,以便充分、合理地发挥计算机的效率。

(2) 语言处理系统(翻译程序)。人和计算机交流信息使用的语言称为计算机语言或程序设计语言。计算机语言通常分为机器语言、汇编语言和高级语言 3 类。如果要在计算机上运行高级语言程序就必须配备程序语言翻译程序(下简称翻译程序)。翻译程序本身是一组程序,不同的高级语言都有相应的翻译程序。翻译的方法有以下两种。

一种称为“解释”。早期的 BASIC 源程序的执行都采用这种方式。它调用机器配备的 BASIC“解释程序”,在运行 BASIC 源程序时,逐条把 BASIC 的源程序语句进行解释和执行,它不保留目标程序代码,即不产生可执行文件。这种方式速度较慢,每次运行都要经过“解释”，边解释边执行。

另一种称为“编译”。它调用相应语言的编译程序，把源程序变成目标程序(以.obj为扩展名)，然后再用连接程序，把目标程序与库文件相连接形成可执行文件。尽管编译的过程复杂一些，但它形成的可执行文件(以.exe为扩展名)可以反复执行，速度较快。运行程序时只要键入可执行程序的文件名，再按Enter键即可。

对源程序进行解释和编译任务的程序，分别称为编译程序和解释程序，如FORTRAN、COBOL、Pascal和C等高级语言，使用时需有相应的编译程序；BASIC、LISP等高级语言，使用时需用相应的解释程序。

(3) 服务程序。服务程序能够提供一些常用的服务性功能，它们为用户开发程序和使用计算机提供了方便，像微型计算机上经常使用的诊断程序、调试程序、编辑程序均属此类。

(4) 数据库管理系统。数据库是指按照一定联系存储的数据集合，可为多种应用共享。数据库管理系统(Data Base Management System，DBMS)则是能够对数据库进行加工、管理的系统软件。其主要功能是建立、消除、维护数据库及对库中数据进行各种操作。数据库系统主要由数据库(DB)、数据库管理系统(DBMS)以及相应的应用程序组成。数据库系统不但能够存放大量的数据，更重要的是能迅速、自动地对数据进行检索、修改、统计、排序、合并等操作，以得到所需的信息。这一点是传统的文件柜无法做到的。

数据库技术是计算机技术中发展最快、应用最广的一个分支。可以说，在今后的计算机应用开发中大都离不开数据库。因此，了解数据库技术尤其是微型计算机环境下的数据库应用是非常必要的。

2. 计算机应用软件

除了系统软件以外的所有软件都称为应用软件。它们是软件公司或广大计算机用户为支持某一应用领域、解决某个实际问题专门研制开发的应用程序。例如Office办公套件、各类计算机辅助软件、财务管理软件以及各行各业的管理信息系统等。计算机的应用已经渗透到了各个领域，应用软件的类型多种多样。计算机的推广应用，促进了应用软件的研制开发；应用软件的发展，使计算机的应用简单、方便和有效，进一步扩展了计算机的应用范围，使计算机进入人们工作生活的各个角落。

2.3 计算机常用术语

1. 数据单位

在计算机中的程序和数据是按二进制的形式存放的，其度量单位如下：

(1) 位(bit，b)读作“比特”，是计算机存储设备的最小存储单位，存放的是一位二进制数(Binary Digits)“0”或“1”。

(2) 字节(Byte，B)，读作“拜特”，是表示存储容量的基本单位。8个二进制位编为一组，称为 1 个字节，即 1B=8b。

(3) 字(Word，W)。计算机处理数据时，一次存取、加工和传送的数据称为字。一个字通常由一个或若干个字节组成。

(4) 字长。字长是 CPU 在单位时间内(同一时间)一次处理的二进制的位数，是衡量计算机性能的一个重要指标。不同的 CPU 字长是不同的，常用的字长有 8 位、16 位、32 位、64 位等。字长越长，一次处理的二进制位数越多，速度也就越快。

2. 存储容量

存储容量是指存储设备所能容纳的二进制信息量的总和，是衡量计算机存储能力的重要指标，通常用字节表示和计算。

计算机存储单位一般用 B、KB、MB、GB、TB、PB、EB、ZB、YB、BB 来表示，它们之间的关系如表 1-1 所示。2.8ZB 相当于 3000 多亿部时长 2 小时的高清电影，连着看 7000 多万年也看不完。

3. 运算速度

(1) CPU 时钟频率。计算机的操作在时钟信号的控制下分步执行，每个时钟信号周期完成一步操作，时钟频率的高低在很大程度上反映了 CPU 速度的快慢。以目前 Pentium CPU 的微型计算机为例，其主频一般有 1.7GHz、2GHz、2.4GHz、3GHz 等档次。

(2) 每秒平均执行指令数(IPS)。通常用 1s 内能执行的定点加减运算指令的条数作为 IPS 的值。目前，高档微型计算机每秒平均执行指令数可达数亿条，而大规模并行处理系统(MPP)的 IPS 值已能达到几十亿条。

由于 IPS 单位太小，使用不便，实际中常用 MIPS(每秒执行百万条指令)作为 CPU 的速度指标。

2.4 计算机主要性能指标

计算机功能的强弱或性能的好坏，不是由某项指标决定的，而是由它的系统结构、指令系统、硬件组成、软件配置等多方面的因素综合决定的。对于大多数普通用户来说，可以从以下几个指标来大体评价计算机的性能。

1. 运算速度

运算速度是衡量计算机性能的一项重要指标。通常所说的计算机运算速度(平均运算速度)，是指每秒所能执行的指令条数，一般用“百万条指令每秒”(Million Instruction Per Second，MIPS)来描述。同一台计算机，执行不同的运算所需时间可能不同，因而对运算速度的描述常采用不同的方法。

常用的有 CPU 时钟频率(主频)、每秒平均执行指令数(IPS)等。微型计算机一般采用主频来描述运算速度，如 Pentium/133 的主频为 133MHz，PentiumⅢ/800 的主频为 800MHz，Pentium 4 1.5G 的主频为 1.5GHz。一般说来，主频越高，运算速度就越快。

2. 字长

计算机在同一时间内处理的一组二进制数称为一个计算机的“字”，而这组二进制数的位数就是“字长”。在其他指标相同时，字长越大计算机处理数据的速度就越快。早期的微型计算机的字长一般是 8 位和 16 位，586（Pentium，Pentium Pro，PentiumⅡ，PentiumⅢ，Pentium 4）大多是 32 位，现在的微型计算机大多数是 64 位的。

3. 内存储器的容量

内存储器也简称主存，是 CPU 可以直接访问的存储器，需要执行的程序与需要处理的数据就是存放在主存中的。内存储器容量的大小反映了计算机即时存储信息的能力。随着操作系统的升级，应用软件的不断丰富及其功能的不断扩展，人们对计算机内存容量的需求也不断提高。目前，运行 Windows XP 需要 128MB 以上的内存容量，运行 Windows 7 需要 512MB 以上的内存容量。内存容量越大，系统功能就越强大，能处理的数据量就越庞大。

4. 外存储器的容量

外存储器容量通常是指硬盘容量（包括内置硬盘和移动硬盘）。外存储器容量越大，可存储的信息就越多，可安装的应用软件就越丰富。目前，硬盘容量一般为几百吉字节，有的甚至已达到 1TB。

除了上述这些主要性能指标外，微型计算机还有其他一些指标，如所配置外围设备的性能指标，所配置系统软件的情况等。另外，各项指标之间也不是彼此孤立的，在实际应用时，应该把它们综合起来考虑。

习　题　2

1. 冯·诺依曼型计算机工作的基本思想是(　　)。
   A. 总线结构　　B. 逻辑部件　　C. 存储程序　　D. 控制技术
2. 计算机由五大部件组成，它们是(　　)。
   A. 控制器、运算器、主存储器、输入设备和输出设备
   B. CPU、运算器、存储器、输入设备和输出设备
   C. CPU、控制器、存储器、输入设备和输出设备
   D. 控制器、CPU、寄存器、输入设备和输出设备
3. 一个完整的计算机系统应该包括(　　)。
   A. 主机、键盘、显示器　　B. 计算机的硬件系统和软件系统

C. 计算机和它的外部设备　　D. 系统软件和应用程序

4. 1MB 的含义是(　　)。

A. 1024×1024Byte　　B. 1024×Byte

C. 1024×1024bit　　D. 1024×1024×1024Byte

5. 下列叙述中正确的是(　　)。

A. 计算机必须有内存、外存和 cache

B. 计算机系统由运算器、控制器、存储器、输入设备和输出设备组成

C. 计算机硬件系统由运算器、控制器、存储器、输入设备和输出设备组成

D. 计算机的字长标志着计算机的运算速度

6. CPU 指的是计算机的(　　)部分。

A. 运算器　　B. 控制器

C. 运算器和控制器　　D. 控制器和内存储器

7. 一个完整的计算机系统通常包括(　　)。

A. 系统软件和应用软件　　B. 计算机及其外部设备

C. 硬件系统和软件系统　　D. 硬件系统和操作系统

8. 计算机中存储信息的基本单位是(　　)。

A. 字　　B. 字节　　C. 位　　D. 存储单元

第3章

操 作 系 统

本章学习目标：

- 了解计算机操作系统的发展。
- 了解 Windows 7 的新特征。
- 熟练掌握 Windows 7 的基本操作，文件管理、磁盘管理和控制面板的使用。

3.1 操作系统概述

操作系统（Operating system，OS）是系统软件的核心，管理着计算机的软、硬件资源。操作系统的性能在很大程度上决定了计算机系统工作的优劣。

3.1.1 操作系统的产生

操作系统是计算机最基本的系统软件。操作系统从无到有、从小到大，功能不断增强，随着计算机硬件技术和软件技术的发展而逐步完善的。操作系统的形成过程大致经历了手工操作、管理程序和操作系统 3 个阶段。

在第一代计算机中，由于计算机的运算速度较慢，应用尚未普及，操作系统还未产生，人们采用手工方式使用计算机。显然，这种手工操作计算机的方法很落后，其主要缺点如下。

(1) 资源独占。一旦某个用户开始操作，计算机的全部资源都被该用户单独占用，所以手工操作方式中，计算机的利用率是相当低的。

(2) 操作不方便。操作人员通过操作面板使用计算机，操作步骤烦琐。为了运行程序，用户还必须了解计算机硬件细节，如输入程序的启动地址、用户程序所能使用的内存空间等。

(3) 操作速度慢。这与不断提高的计算机速度极不相称，这些都促使人们寻找一种更有效地管理和使用计算机的方法。

计算机发展到第二代以后，不仅速度有了很大提高，而且存储容量也大大增加，特别是以磁盘为主的外存储器为用户存放程序和数据提供了可能。人们开始考虑能否利用计算机自身的能力管理计算机，具体办法就是编制一个叫“管理程序”的软件，对计算机的软、硬件进行管理和调度。

20世纪60年代中期，计算机进入第三代，计算机的内存容量和外存容量都进一步增大，给操作系统的形成创造了物质条件。在这一阶段，用户程序的批处理方式出现了，在批处理环境中，用户是以提交作业的方式把任务交给计算机去完成。所谓“作业”是指用户提交给计算机系统的一个独立的处理单位，它由用户程序，数据和作业命令组成，批处理系统能够不断接受用户提交的作业，并把它们保存在作业输入队列中，然后系统将自动地调度和执行这些作业。

随着CPU速度的不断提高，系统设计人员又开始考虑如何提高CPU的利用率，因为CPU是计算机中最宝贵的硬件资源。在程序执行过程中，会执行到一些输入输出指令，这些指令要完成内存与外部设备数据的交换。外设通常是一些机电设备(例如键盘、打印机等)，其工作速度与CPU的执行速度是无法相比的，CPU在等待一条输入输出指令完成时会无事可做，因此，CPU在执行一个程序的过程中，并不是一直忙于执行指令，而是会有很多空闲时间，如果让CPU在等待一条输入输出指令的时间里去执行其他程序的指令，将使CPU的利用率大大提高。要做到这一点，就要在内存中同时存放几道相互独立的程序，并使它们在系统的控制下交替运行。当某道程序因等待一个条件(如完成一个输入)而不得不暂停执行时，系统就会将另一道程序投入运行，通过交替执行多道程序，使CPU始终保持“忙”的状态，这就是多道程序系统。

当然，为了实现多道与批处理功能，计算机中的管理程序变得更为复杂，它要负责内存的分区、分配与回收，还要负责多个作业的调度，特别是要实现CPU的动态分配和程序执行的切换，这些功能简单的管理程序迅速发展成为系统软件的核心，这就是操作系统。

多道批处理实现了计算机工作流程的自动化，其不足之处是在程序运行期间，用户还不能进行人工干预，错误不能及时修改。批处理系统不适合联机、交互式程序的运行。为了克服这一缺点，人们又研制了分时操作系统，在这种系统中，用户通过终端向计算机发出各种控制命令，按照自己的安排控制程序的运行。与此同时，系统也会输出一些必要的信息，如显示准备接收用户命令的提示符，报告程序运行状态及错误信息、输出运行结果等，以便让用户根据不同情况决定下一步的操作，这样，用户和计算机就可以进行“交谈”。

装有分时系统的大型机可以和多个终端相连，同时为多个用户服务。分时系统把CPU的运行时间分成很短的时间片，按时间片轮流地把CPU分配给各作业使用，若某个作业在分配给它的时间片内不能完成其计算，则该作业暂时中断，把处理机让给另外的作业使用。由于计算机运行速度很快，作业轮转得也很快，每个联机用户都仿佛是在“独占”一台计算机系统，并可用交互方式直接控制自己的作业运行。

多道批处理和分时系统一般都配置在大、中型计算机上，因为它们对硬件资源都有比较高的要求。此后，由于某些应用的需要，又出现了实时操作系统。实时操作系统常见于过程控制系统(如工业中的过程控制)等。实时操作系统的主要特征是系统响应速度快，它要求计机对输入的信息做出及时响应，并在规定的时间内完成规定的操作。

多道批处理、分时、实时操作系统的相继出现，标志着操作系统的不断完善与功能上的扩充，目前大型计算机上的操作系统都兼有批处理、分时和实时的功能，故可称为通用操作系统。目前多种机型上配置的 UNIX 操作系统就是通用操作系统，而随着计算机网络的发展，网络管理功能融入了操作系统，于是又出现了网络操作系统，例如 Windows NT 等。

3.1.2 操作系统的功能

操作系统的主要功能是资源管理，程序控制和人机交互等。计算机系统的资源可分为设备资源和信息资源两大类。设备资源指的是组成计算机的硬件设备，如中央处理器、主存储器、磁盘存储器、打印机、显示器、键盘和鼠标等。信息资源指的是存放于计算机内的各种数据，例如文件、程序库、知识库、系统软件和应用软件等。

从资源管理的角度来看，其功能通常分为以下 5 个部分。

1. CPU 的控制与管理

CPU 是计算机的核心硬件资源，所有程序的运行都要经过它来实现。由于 CPU 处理信息的速度远快于内存存取速度和外部设备工作速度，因此协调好它们之间的关系才能充分发挥 CPU 的作用。操作系统能够使 CPU 按照预先规定的优先级和管理原则，轮流地为若干外设和用户服务，或在同一段时间内并行地处理几项任务，以达到资源共享的目的，从而使计算机系统的工作效率得到最大限度的发挥。

2. 存的分配与管理

计算机在处理具体问题时，除必需的硬件资源外，还需要操作系统、编译系统、用户程序和数据等软件资源。这些软件资源、用户数据的存放都需要由操作系统对内存进行统一的分配与管理，使它们之间既保持联系，又避免相互干扰。同时，对已分配的空闲存储空间，还需进行及时的空间回收。

3. 外部设备的控制与管理

操作系统具有控制和管理外部设备的功能。它控制外部设备和 CPU 之间的通道，把提出请求的外部设备按一定的优先级排队，等待 CPU 的响应。为了提高高速 CPU 和低速输入输出设备之间并行操作的程度，操作系统通常会在内存中设定一些缓冲区用于实现成批数据传送，以减少 CPU 与外部设备之间交互的次数，提高运算速度。

4. 文件的管理

文件管理是操作系统对计算机软件资源的管理。计算机系统中的软件资源包括程序和数据，它们都是以文件的形式存放在外存中的，根据需要随时把它们读入内存。操作系统负责为用户建立文件、存入、读取、删除、索引文件，以及对文件存取权限进行控制和管理。

5. 作业管理和控制

作业管理是为处理器管理做准备的,包括对作业的组织、调度和运行控制。人们将一次算题过程中或一个事务处理过程中要求计算机系统所完成的工作的集合,包括要执行的全部程序模块和需要处理的全部数据,称为一个作业(Job)。

作业有3个状态:当作业被输入到系统的后备存储器中,并建立了作业控制模块(Job Control Block,JCB)时,即称其处于后备态;作业被作业调度程序选中并为它分配了必要的资源,建立了一组相应的进程时,则称其处于运行态;作业正常完成或因程序出错而被终止运行时,则称其进入完成态。

CPU是整个计算机系统中较昂贵的资源,它的速度要比其他硬件快得多,所以操作系统要采用各种方式充分利用它的处理能力,组织多个作业同时运行,主要解决对处理器的调度、冲突处理和资源回收等问题。

3.1.3 操作系统的分类

对操作系统的分类有各种不同标准,常用的分类标准有以下几种。

1. 按与用户对话的界面进行分类

(1) 命令行界面操作系统。在命令提示符后输入命令才能操作计算机,典型的命令行界面操作系统有MS DOS、Novell Netware等。

(2) 图形用户界面操作系统。在这类操作系统中,每一个文件、文件夹和应用程序都可以用图标来表示,所有的命令也都组织成菜单或以按钮的形式列出,例如Windows 95、Windows 98、Windows NT、Windows 2000、Windows XP、Windows Vista、Windows 7、Windows 8等。

2. 按能够支持的用户数进行分类

(1) 单用户操作系统。在单用户操作系统中,系统所有的硬件、软件资源只能为一个用户提供服务。也就是说,单用户操作系统只完成一个用户提交的任务,例如MS DOS、Windows 95、Windows 98、Windows NT、Windows 2000、Windows XP、Windows Vista、Windows 7、Windows 8等。

(2) 多用户操作系统。多用户操作系统能够管理和控制由多台计算机通过通信接口连接起来组成的一个工作环境,并为多个用户服务,例如Windows NT、UNIX和Xenix等。

3. 按是否能够运行多个任务进行分类

(1) 单任务操作系统。只支持一个任务,即内存只有一个程序运行的操作系统。例如MS DOS就是一种典型的联机交互单用户操作系统,其提供的功能简单,规模较小。

(2) 多任务操作系统。可支持多个任务,即内存中同时有多个程序并发运行的操作系统。例如 Windows 95、Windows 98、Windows NT、Windows 2000、Windows XP、Windows Vista、Windows 7、Windows 8 等。

4. 按使用环境和对作业处理的方式进行分类

(1) 批处理操作系统。早期的大型机通常采用批处理操作系统。在批处理操作系统中,用户要上机,需要准备好作业,包括程序、数据以及作业说明书,然后提交给系统管理员,系统管理员等到作业达到一定的数量后进行成批输入。在作业的运行过程中,用户既不直接和计算机打交道,也不能干预自己的作业运行。

(2) 分时操作系统。分时指两个或两个以上的事件按时间划分轮流使用计算机系统的某一资源。如果在一个系统中有多个用户分时使用一台计算机,那么这个系统就被称为分时系统。分时的时间单位是时间片,计算机系统按固定的时间片轮流为各个终端服务。由于计算机的处理速度较快,用户并不会察觉到等待时间,对每个用户来说,像独占整个系统资源一样。

(3) 实时操作系统。实时操作系统是鉴于对工业过程的控制和对信息进行实时处理的需要而产生的。实时系统一般采用事件驱动的设计方法,系统能够及时对随机发生的事件做出响应并及时处理,并且控制所有实时任务协调一致地运行。简单地说,实时系统具有响应时间快、可靠性高的特点。

实时系统分为实时控制系统和实时处理系统。实时控制系统常用于工业控制以及飞行器、导弹发射等军事方面的自动控制;实时处理系统常用于预订飞机票、航班查询以及银行之间账务往来等系统。

(4) 网络操作系统。随着计算机技术的迅速发展和网络技术的日益完善,不同地域的具有独立处理能力的多个计算机系统通过通信设备和线路互连,组成计算机网络,实现资源共享,计算机网络操作系统应运而生。

网络操作系统除具有一般操作系统的基本功能之外,还应具有网络管理模块。网络管理模块的基本功能包括提供高效可靠的网络通信能力,提供多种网络服务,对网络中的共享资源进行管理,实现网络安全管理,例如 Windows NT Server、Windows 2000 Server、Windows Server 2003、UNIX 和 Linux 等都属于网络操作系统。

(5) 分布式操作系统。分布式操作系统是为分布式计算机系统配置的操作系统。分布式计算机系统也是由多台计算机通过通信网络互连,实现资源共享。各台计算机没有主次之分,任意两台计算机之间可以传递、交换信息,系统中若干台计算机可以并行运行,互相协作共同完成一个任务。

3.2 常用操作系统

3.2.1 DOS 操作系统

DOS 操作系统又称磁盘操作系统,在 Windows 出现之前,DOS 操作系统在 IBM 及其兼容机上被广泛使用。由于 MS DOS 要求用户使用字符命令操作计算机，与用户交换信息，用户必须掌握许多 DOS 命令，因此令许多初学者感到困难。随着 Windows 操作系统的出现，DOS 操作系统逐步让位于 Windows 操作系统。

3.2.2 Windows 操作系统

Windows 是基于图文结构的多任务操作系统，它彻底改变了磁盘操作系统的命令操作方式，为用户提供了更为直观、易用、快捷的操作界面，操作计算机的方法和软件开发的方法也随之发生了巨大的变化。目前 Windows 已发展成为一个大家族。

(1) Windows 的起步。微软公司从 1983 年研制开发 Windows 1.0 版，开始采用图形化界面，但产品本身很不成熟。1987 年推出了 Windows 2.0 版，开始支持多任务、大内存。但当时大多数用户的 PC 性能不佳，内存很小，没有硬盘和图形显示器，而且运行在 Windows 环境中的系统应用程序也不多，因此，没有得到推广。

(2) Windows 3.0。1990 年 5 月发行的 Windows 3.0 版本是 Windows 划时代的发展。它提供了全新的用户界面和方便的操作手段，在性能上也有了很大的增强，突破了 640KB 常规内存的限制，可以在任何方式下使用扩展内存，具有运行多道程序，处理多任务的能力，同时其标准菜单和对话框窗口以及统一的应用程序风格，使程序编制者和使用者都感到十分方便，从而确立了 Windows 的地位。

(3) Windows 9x。1995 年，微软公司推出 Windows 95，开始了操作系统由 16 位向 32 位过渡的 Windows 9x 时代。它在用户界面上有了较大的改进，每个文件、文件夹和应用程序都可以用图标来表示，增加了 TCP/IP 协议、拨号网络、即插即用等功能。

1998 年推出的 Windows 98，是专为个人消费者设计的第一个 Windows 操作系统，集成了 Internet Explorer 4.0，支持 USB、DVD 设备。1999 年推出的 Windows 98 SE 是 Windows 98 的第 2 版，具有内置浏览器 Internet Explorer 5.0，与 Internet 连接更紧密，新增了许多设备驱动程序，增强了系统的安全性，修正了原程序中的 Bug 等。

2000 年，微软公司又推出 Windows ME，它是基于 Windows 95 内核的最后一个操作系统。它是面向家庭用户的 PC 操作系统，增添了一些更易于使用的新功能，加强了多媒体、互联网、游戏、系统还原等性能，但仍然是 16/32 位混合内核代码的系统内核。

(4) Windows NT。NT 的含义是 New Technology。Windows NT 前身是 OS/2，由微软公司和 IBM 公司联合开发，是真正的支持多任务、运行在 PC 上的网络操作系统。Windows NT 4.0 是 32 位网络操作系统，由于其采用了视窗操作和对程序的良好支持，从而受到关注。Windows NT 包括 Server 和 Workstation 两个产品。

(5) Windows 2000。Windows 2000 是微软公司又一个划时代的产品。它集 Windows NT 的先进技术和 Windows 95、Windows 98 的优点于一身，具有低成本、高可靠性、全面支持 Internet、支持 11000 多个硬件设备等特点，成为在当时从笔记本型计算机到高端服务器的各种类型 PC 上的最佳操作系统。Windows 2000 共有 4 个版本：Windows 2000 Professional、Windows 2000 Server、Windows 2000 Advanced Server 和 Windows 2000 Datacenter Server，分别应用于不同环境。

(6) Windows XP。2001年,微软公司发布的 Windows XP 是 Windows 操作系统发展历史上的又一次飞跃。它共分两个版本:一个是 Windows XP Professional,面向企业和高级家庭的计算机;另一个是 Windows XP Home,面向普通的家庭。它彻底抛弃 DOS,是完全基于 Windows NT 内核的纯 32 位桌面操作系统。它提供了更多的通信方式,支持音频和视频功能,使用户在工作中更加有效的合作交流,从而提高效率,富于创造性。2014年4月8日微软宣布停止对 Windows XP 的服务与支持。

(7) Windows Server 2003。2003年,微软公司完成研发并发布的 Windows Server 2003,与 Windows 2000 Server 版本相比,在管理、安全性、可靠性、运行性和 XML Web 等服务方面做了巨大的改进和创新。Windows Server 2003 共有6个版本,其中包括32位的 Web 版、标准版、企业版、数据中心版等四种产品和64位的企业版、数据中心版两种产品。

(8) Windows Vista。2007年,微软公司正式发布 Windows Vista,它是微软公司开发代号为长角(Longhorn)的下一版本操作系统的正式名称。它是继 Windows XP 和 Windows Server 2003 之后的又一重要的操作系统。该系统带有许多新的特性和技术,同时包含更多新的功能。在系统安全方面,微软也做了前所未有的努力,大大提升了 Vista 的安全性。

在各种 Windows Vista 版本中,可以分为家庭版和企业版两大类,分别对应现在 Windows XP 中各个版本。

(9) Windows 7。2009年10月微软公司于美国正式发布 Windows 7,它是 Windows 问世以来变化最大的版本,在以往 Windows 操作系统的基础上,对许多方面进行了重大的改进和更新,使其具有更易用、更快速、更简单、更安全、更高效、更智能等特性,被认为是 Windows 操作系统的又一次重大飞跃。它具有全新的界面、高度集成的功能和更加快捷的操作性能,使用户获得了全新的体验和工作效率。

Windows 7 可供家庭及商业工作环境、笔记本计算机、平板计算机、多媒体中心等使用。Windows 7 包含6个版本,分别为 Windows 7 Starter(入门版)、Windows 7 Home Basic(家庭普通版)、Windows 7 Home Premium(家庭高级版)、Windows 7 Professional(专业版)、Windows 7 Enterprise(企业版)、Windows 7 Ultimate(旗舰版)和 Windows Home Server2011(家用服务器版)。其中只有家庭高级版、专业版和旗舰版在零售市场销售,其他的版本则针对特别的市场,企业版给予企业用户使用,家庭普通版则是提供给发展中国家的基础功能版本。

(10) Windows 8 和 Windows 8.1。Windows 8 是由微软公司开发的,由微软公司于2012年10月26日正式推出,具有革命性变化的操作系统。系统独特的 Metro(一种界面设计语言)开始界面和触控式交互系统,旨在让人们的日常计算机操作更加简单和快捷,为人们提供高效易行的工作环境。

Windows 8 支持来自 Intel、AMD 的芯片架构,被应用于个人计算机和平板计算机上。该系统具有更好的续航能力,且启动速度更快、占用内存更少,并兼容 Windows 7 所支持的软件和硬件。

Windows 8.1 是微软公司继 Windows 8 之后开发的更新包。在代号为 Blue 的项目中，微软将实现操作系统升级标准化，以便向用户提供更常规的升级。

微软公司的 Windows 操作系统系列如图 3-1 所示。

图 3-1　微软公司的 Windows 操作系统系列

如同任何其他事物一样，操作系统也有其诞生、成长和发展的过程。从 MS DOS 到 Windows 8，操作系统的发展宣告了 MS DOS 命令行界面的终结，迎来了图形界面的崭新时代。随着 PC 实现了 16 位向 64 位的升级，计算机用户已经开始使用 Windows 8 操作系统了，如图 3-2 所示。

图 3-2　Windows 8 操作系统界面

Windows 8 的特性如下。

① 采用 Metro UI 的主界面。只需一点即可开启应用，在 Metro 界面和桌面之间进行切换。

② 兼容 Windows 7 应用程序。

③ 启动更快、硬件配置要求更低。Windows 7 运行 32 个进程，占用 404MB 内存，Windows 8 运行 29 个进程，占用 281MB 内存。

④ 支持智能手机和平板计算机。

⑤ 支持触控、键盘和鼠标 3 种输入方式。

⑥ Windows 8 支持 ARM 和 x86 架构。

⑦ 内置 Windows 应用商店。

⑧ Internet Explorer 10 浏览器。

⑨ 分屏多任务处理界面。

⑩ 结合了云服务和社交网络。

3.2.3 UNIX操作系统

UNIX是一个可以应用于各种机型的多任务操作系统。由于UNIX对多用户系统比较理想，因此它在联机工作站或多机系统中的应用十分广泛。

UNIX操作系统是一个交互式的分时操作系统，其特征如下。

(1) 开放性、先进性。UNIX凭借其“开放性”“先进性”以及先入为主的优势，从20世纪70年代开始，就一直站在操作系统的前沿。开放性是指系统遵循国际标准规范，凡遵循国际标准所开发的硬件和软件，能彼此兼容，可方便地实现互连。开放性作为UNIX操作系统最本质的特点已成为20世纪90年代计算机技术的核心问题，也是一个新推出的系统或软件能否被广泛应用的重要因素。UNIX是目前开放性最好的操作系统，是目前唯一能稳定运行在从微型机到大、中型等各种机器上的操作系统，而且还能方便地将已配置了UNIX操作系统的机器互连成计算机网络。

(2) 多用户、多任务环境。UNIX系统是一个多用户多任务的操作系统，它既可以同时支持数十个乃至数百个用户通过各自的联机终端同时使用一台计算机，还允许每个用户同时执行多个任务。如在进行字符图形处理时，用户可建立多个任务，分别用于处理字符的输入、图形的制作和编辑等任务。

(3) 功能强大，实现高效。UNIX系统提供了精选的、丰富的系统功能，用户可方便、快速地完成许多其他操作系统难于实现的功能。UNIX已成为世界上功能最强大的操作系统之一，而且它在许多功能的实现上还有其独到之处。例如UNIX的目录结构、磁盘空间的管理方式、I/O重定向和管道等功能，其中的不少功能及其实现技术已被其他操作系统所借鉴。

(4) 提供丰富的网络功能。UNIX系统提供了十分丰富的网络功能。作为Internet网络技术基础的TCP/IP协议，在UNIX系统上开发并已成为UNIX系统不可分割的部分。UNIX系统还提供一些常用的网络通信协议软件，如网络文件系统NFS软件、客户—服务器协议软件Lan Manager Client/Server、IPX/SPX软件等。并且通过这些产品可以实现在各个UNIX系统之间，UNIX与Novell Netware，以及Windows NT、IBM LAN Server等网络之间的互连和互操作。

(5) 支持多处理机功能。与Windows NT及Netware等操作系统相比，UNIX是最早提供支持多处理机功能的操作系统，它所能支持的多处理机数目也一直处于领先水平。在20世纪90年代中期，UNIX系统已经支持32～64个处理器，拥有数百个乃至数千个处理机的超级并行机也普遍支持UNIX操作系统。

(6) 较多的实用程序。UNIX系中拥有200条命令语言，每条命令语言对应一个实用程序。

(7) 层次结构文件系统。UNIX系统采用树状目录结构来组织各种文件及文件的目录。这样的组织方式有利于辅存空间分配及快速查找文件，也可以为不同用户的文件提供文件共享和存取控制的能力，且可以保证用户之间安全有效地合作。

3.2.4 Linux操作系统

Linux是一个与UNIX相容的操作系统，它具备多人、多功能及跨平台的能力。

自从1990年Linux诞生到现在，由于其具有开放源代码、免费、安全和稳定等诸多优势已经在各个信息技术行业开始了大范围采用。

Linux是一套免费使用和自由传播的类UNIX的操作系统，这个系统是由世界各地的成千上万的程序员设计和实现的。其目的是建立不受任何商品化软件的版权制约，全世界都能自由使用的UNIX兼容产品。

Linux是芬兰的Linus Torvald设计的，当时他还是赫尔辛基大学的学生。他设计的目的是想找一个替代UNIX的操作系统。Linux之所以受到广大计算机爱好者的喜爱，主要原因有两个：一是它属于自由软件，用户不用支付任何费用就可以获得它的源代码，并且可以根据自己的需要对它进行必要的修改；二是它具有UNIX的全部功能和特性。

Linux操作系统在短短的几年之内得到了非常迅猛的发展，这与Linux具有的良好特性是分不开的。简单地说，Linux具有以下主要特性。

(1) 开放性。开放性是指系统遵循世界标准规范，特别是遵循开放系统互连(OSI)国际标准。凡遵循国际标准所开发的硬件和软件，都能彼此兼容，可方便地实现互连。

(2) 多用户。多用户是指系统资源可以被不同用户各自拥有使用，即每个用户对自己的资源(如文件、设备等)有特定的权限，互不影响。

(3) 多任务。多任务是现代计算机最主要的一个特点。它是指计算机同时执行多个程序，而且各个程序的运行互相独立。Linux系统调度每一个进程，平等地访问微处理器，启动的应用程序看起来好像在并行运行，实际上采用的是分时的方式，轮流执行每一个程序，由于CPU的处理速度非常快，从处理器执行一个应用程序中的一组指令到Linux调度微处理器再次运行这个程序之间只有很短的时间延迟，因此用户是感觉不出来的。

(4) 良好的用户界面。Linux向用户提供了用户界面和系统调用两种界面。Linux的传统用户界面是基于文本的命令行界面(Shell)，它既可以联机使用，又可存在于文件上进行脱机使用。Shell有很强的程序设计能力，用户可方便地用它编制程序，从而为用户扩充系统功能提供更高级的手段。可编程Shell是指将多条命令组合在一起，形成一个Shell程序，这个程序可以单独运行，也可以与其他程序同时运行。

用户可以在编程时直接使用系统提供的调用命令，在编程时使用系统提供的界面。系统通过这个界面为用户程序提供低级、高效率的服务。Linux还为用户提供了图形用户界面。它利用鼠标、菜单、窗口和滚动条等设施，给用户呈现了一个直观、易操作、交互性强的友好的图形化界面。

(5) 设备独立性。设备独立性是指操作系统把所有外部设备统一当成文件来看待，只要安装它们的驱动程序，任何用户都可以像使用文件一样，操纵、使用这些设备，而不必知道它们的具体存在形式。

Linux是具有设备独立性的操作系统，它的内核具有高度适应能力，随着更多的程序员加入 Linux 编程，会有更多硬件设备加入到各种 Linux 内核和发行版本中。另外，由于用户可以免费得到 Linux 的内核源代码，因此，用户可以修改内核源代码，以便适应新增加的外部设备。

(6) 提供了丰富的网络功能。完善的内置网络是 Linux 的一大特点。Linux 在通信和网络功能方面优于其他操作系统。其他操作系统不包含如此紧密地和内核结合在一起的连接网络的能力，也没有内置这些联网特性的灵活性。而 Linux 为用户提供了完善、强大的网络功能。

① 支持 Internet。Linux 免费提供了大量支持 Internet 的软件，Internet 是在 UNIX 领域中建立并发展起来的，在这方面使用 Linux 是相当方便的，用户能用 Linux 与世界上的其他如通过 Internet 网络进行通信。

② 文件传输。用户能通过一些 Linux 命令完成内部信息或文件的传输。

③ 远程访问。Linux 不仅允许进行文件和程序的传输，它还为系统管理员和技术人员提供了访问其他系统的窗口，通过这种功能，技术人员可以为远距离的多个系统服务。

(7) 可靠的系统安全。Linux 采取了许多安全技术措施，包括对读、写进行权限控制，带保护的子系统，审计跟踪和核心授权等，这为网络多用户环境中的用户提供了必要的安全保障。

(8) 良好的可移植性。可移植性是指将操作系统从一个平台转移到另一个平台，并能按其自身的方式运行的能力。

Linux 是一种可移植的操作系统，能够在从微型计算机到大型计算机的任何环境中和任何平台上运行。可移植性为运行 Linux 的不同计算机平台与其他任何机器进行准确而有效地通信提供了手段，不需要另外增加特殊的通信接口。

3.2.5 移动终端操作系统

流行的智能手机操作系统有 Symbian OS、Android OS、Windows Phone、iOS、Blackberry 等。按照源代码、内核和应用环境等的开放程度划分，智能手机操作系统可分为开放型平台(基于 Linux 内核)和封闭型平台(基于 UNIX 和 Windows 内核)两大类。

1996 年，微软公司发布了 Windows CE 操作系统，开始进入手机操作系统。2001 年 6 月，塞班公司发布了 Symbian S60 操作系统，作为 S60 的开山之作，把智能手机提高了一个概念，塞班系统以其庞大的客户群和终端占有率称霸世界智能手机中低端市场。2007 年 6 月，苹果公司的 iOS 登上了历史的舞台，手指触控的概念开始进入人们的生活，iOS 将创新的移动电话、可触摸宽屏、网页浏览、手机游戏、手机地图等几种功能完美地融合为一体。2008 年 9 月，当苹果和诺基亚两个公司还沉溺于彼此的争斗之时，Android OS——这个由 Google 研发团队设计的小机器人悄然出现在世人面前，良好的用户体验和开放性的设计，让 Android OS 很快地打入了智能手机市场。

现在 Android OS 和 iOS 系统不仅仅在智能手机市场份额中维持领先，而且这种优势仍在不断增加。作为成熟稳定的手机操作系统，Symbian 仍占有一定的市场份额，有上升的潜力。

而 Windows Phone 7 与其他 PC 端 Windows 系统绑定的优势不容忽视。如果微软公司在手机性能和第三方软件及开发上做出提升和让步，也是市场份额的有力竞争者。

智能手机操作系统是在嵌入式操作系统基础之上发展而来的专为手机设计的操作系统，除了具备嵌入式操作系统的功能(如进程管理、文件系统、网络协议栈等)外，还需有针对电池供电系统的电源管理部分、与用户交互的输入输出部分、对上层应用提供调用接口的嵌入式图形用户界面服务、针对多媒体应用提供底层编解码服务、Java 运行环境、针对移动通信服务的无线通信核心功能及智能手机的上层应用等。

艾媒咨询(iiMedia Research) 数据显示，2012 年中国智能手机市场 Android OS 份额达到 68.6%，占据绝对主流地位。Symbian OS 难抑下滑趋势，份额仅剩下 12.4%。随着 2013 年度消费者对苹果手机追捧热度的减退，iOS 市场占有率相应有所下滑，占比 12.8%。此外，Windows Phone 占据 3.8%。

1. iOS

iOS 是由苹果公司开发的手持设备操作系统。苹果公司于 2007 年 1 月 9 日的 Macworld 大会上公布这个系统，以 Darwin(Darwin 是由苹果计算机的一个开放源代码操作系统)为基础，属于类 UNIX 的商业操作系统。2012 年 11 月，根据 Canalys 的数据显示，iOS 已经占据了全球智能手机系统市场份额的 30%，在美国的市场占有率为 43%。

2012 年 2 月，iOS 平台上的应用总量达到 552 247 个，其中游戏 95 324 个，为 17.26%；书籍类 60 604 个，排在第二，为 10.97%；娱乐应用排在第三，总量为 56 998 个，为 10.32%。

2012 年 6 月，苹果公司在 WWDC 2012 上发布了 iOS 6，提供了超过 200 项新功能。2013 年 3 月，推出 iOS 6.1.3 更新，修正了 iOS 6 的越狱漏洞和锁屏密码漏洞。2013 年 6 月，苹果公司在 WWDC 2013 上发布了 iOS 7，重绘了所有的系统 APP，去掉了所有的仿实物化，整体设计风格转为扁平化设计，于 2013 年秋正式开放下载更新。iOS 的产品有如下特点。

(1) 优雅直观的界面。iOS 创新的 Multi-Touch 界面专为手指而设计。

(2) 软硬件搭配的优化组合。Apple 同时制造 iPad、iPhone 和 iPod Touch 的硬件和操作系统都可以匹配，高度整合使 App (应用)得以充分利用 Retina(视网膜)屏幕的显示技术、Multi-Touch (多点式触控屏幕技术)界面、加速感应器、三轴陀螺仪、加速图形功能以及更多硬件功能。Face Time (视频通话软件)就是一个绝佳典范，它使用前后两个摄像头、显示屏、麦克风和 WLAN 网络连接，使得 iOS 是优化程度最好、最快的移动操作系统。

(3) 安全可靠的设计。设计了低层级的硬件和固件功能，用以防止恶意软件和病毒；还设计有高层级的 OS 功能，有助于在访问个人信息和企业数据时确保安全性。

(4) 多种语言支持。iOS 设备支持三十多种语言，可以在各种语言之间切换。内置词典支持五十多种语言，VoiceOver(语音辅助程序)可阅读超过 35 种语言的屏幕内容，语音控制功能可读懂二十多种语言。

(5) 新 UI 的优点是视觉轻盈，色彩丰富，更显时尚气息。Control Center 的引入让操控更为简便，扁平化的设计能在某种程度上减轻跨平台的应用设计压力。

2. Android

Android 英文原意为“机器人”，Andy Rubin 于 2003 年在美国创办了一家名为 Android 的公司，其主要经营业务为手机软件和手机操作系统。Google 斥资 4000 万美元收购了 Android 公司。Android OS 是 Google(谷歌)与由包括中国移动、摩托罗拉、高通、宏达和 T-Mobile 在内的三十多家技术和无线应用的领军企业组成的开放手机联盟合作开发的基于 Linux 的开放源代码的开源手机操作系统。并于 2007 年 11 月 5 日正式推出了其基于 Linux 2.6 标准内核的开源手机操作系统，命名为 Android，如图 3-3 所示，是首个为移动终端开发的真正的开放的和完整的移动软件，支持厂商有摩托罗拉、HTC、三星、LG、索尼爱立信，联想，中兴等。

Android 平台最大优势是开发性，允许任何移动终端厂商、用户和应用开发商加入到 Android 联盟中来，允许众多的厂商推出功能各具特色的应用产品。平台提供给第三方开发商宽泛、自由的开发环境，由此会诞生丰富的、实用性好、新颖、别致的应用。产品具备触摸屏、高级图形显示和上网功能，界面友好，是移动终端的 Web 应用平台。

接下来介绍几个基于 Android 的移动端操作系统。

(1) Smartisan OS。Smartisan OS 是由罗永浩带领的锤子科技团队基于 Android 深度定制的手机操作系统。图 3-4 所示为手机界面。

图 3-3　Android 操作系统界面

图 3-4　Smartisan OS

2015 年 1 月 18 日，在 2015 极客公园创新大会上，锤子科技(北京)有限公司的 Smartisan OS 智能手机操作系统获得“2014 中国互联网年度创新产品大奖”和“最佳用户体验奖”两个奖项。

SmartisanOS 和其他第三方 ROM 相比变革最大的是在 UI 交互设计方面，Smartisan OS 与其他定制 UI 最大的不同之处是 Smartisan OS 的视觉美感。视觉美感分为很多层面：图标设计、交互设计、字体选用等。

在图标设计方面，现今扁平化的风潮让用户产生了审美疲劳，而 Smartisan OS 的工程师们重绘了大量第三方应用图标，以拟物化为主，这与市场上所有的其他安卓系统有着明显的区别，Smartisan OS 的图标重绘水平在全世界范围内，也属顶尖。

此外，Smartisan OS 的交互动画非常精致，充满了拟物化的设计元素。

Smartisan OS 的字体渲染做得非常漂亮。据官方的说法，他们是改进了安卓的底层渲染机制，这才让字体渲染能够达到他们满意的效果。

“多宫格”模式找应用是 Smartisan OS 最大的卖点，其独有的各种“宫格”显示模式，使得移动图标很方便，也更多地用于查找应用程序。相比于大部分 ROM 找应用必须要滑来滑去，Smartisan OS 直接按菜单键即可呼出“多宫格”模式，可以预览所有的 App。而且由于 Smartisan OS 采用的是拟物化的图标设计，所以即使是缩小到 81 宫格模式下，各个图标的视觉特征也十分明显，很方便查找。

(2) 小米 MIUI 系统。MIUI 是小米公司旗下基于 Android 系统深度优化、定制、开发的第三方手机操作系统，能够带给国内用户更为贴心的 Android 智能手机体验。从 2010 年 8 月 16 日首个内测版发布至今，MIUI 已经拥有国内外 1 亿的发烧友用户，享誉中国、英国、德国、西班牙、意大利、澳大利亚、美国、俄罗斯、荷兰、瑞士、巴西等多个国家。MIUI 是一个基于 CyanogenMod 而深度定制的 Android 流动操作系统，它大幅修改了 Android 本地的用户接口并移除了其应用程序列表(Application drawer)以及加入大量来自苹果公司 iOS 的设计元素，这些改动也引起了民间把它和苹果 iOS 比较。MIUI 系统亦采用了和原装 Android 不同的系统应用程序，取代了原装的音乐程序、调用程序、相册程序、相机程序及通知栏，添加了原本没有的功能。由于 MIUI 重新制作了 Android 的部分系统数据库表并大幅修改了原生系统的应用程序，因此 MIUI 的数据与 Android 的数据互不兼容，有可能直接导致的后果是应用程序的不兼容。MIUI 是一个由中国一班爱好者一起开发的定制化系统，根据中国用户的需求而作出修改，现正处于 Beta 测试阶段，在收集用户意见后每逢周五均会提供 OTA 升级。现时 MIUI 系统由小米科技负责开发，而小米科技在 2011 年 8 月发布推出一部预载 MIUI，名为小米手机的智能手机，2012 年 5 月 15 日发布“青春版”小米手机。小米标志如图 3-5 所示。

图 3-5　小米标志

2010 年 8 月 16 日深度定制的 Android 手机系统 MIUI 诞生，每周五更新。

2011 年 8 月 16 日 MIUI 一周年，同时小米公司也推出第一款小米手机 MiOne 2012 年 8 月 16 日，小米正式宣布 MIUI 中文名为“米柚”，并发布基于 Android 4.1 的 MIUI 4.1 版本，最大特点如丝般顺滑。更安全的操作系统，内置科大讯飞提供的全球最好的中文语音技术，内置由金山快盘提供的云服务，可以在网页上浏览通讯录，发送短信。通过短信和网络找回手机功能，还有大字体模式。

2012 年 8 月 16 日也是 MIUI 二周年，小米手机发布一周年。在今天，雷军在发布小米手机二代时，同时也公布了 MIUI 的中文名“米柚”，并向我们介绍了 MIUI v4.1 的功能。

MIUI 是小米公司基于 Android 原生深度优化定制的手机操作系统，对 Android 系统有超过 100 项优化和改进。MIUI 还是中国首个基于互联网开发模式进行开发的手机操作系统，根据社区发烧友的反馈意见不断进行改进，并在每周更新迭代。从 2010 年 8 月 16 日首个内测版发布至今，MIUI 受到了全球 23 个国家、1 亿手机发烧友的追捧。

小米主要特色如下。

① 绿色简约。MIUI 提供绿色、干净的 ROM 空间，不会集成其他繁杂的第三方应用软件。

② 独特用户体验设计。MIUI 根据中国用户习惯，自主原创了全套的用户体验设计体系。更贴近用户的使用习惯和心理习惯，让用户上手操作更简单、更贴心。

③ 个性操作界面体验。MIUI 全球首创"百变主题"以及"百变锁屏"功能，为用户带来更为华丽、极致个性的手机操作界面感官体验。

④ 更好电话短信体验。MIUI 从电话、短信功能细节入手，对 Android 原生系统进行了多达近百项的深度优化、微创新，努力为用户提供智能手机中最好的电话以及短信使用体验。用户话语权的"活"系统，MIUI 团队开发人员与用户打成一片、组建用户荣誉开发组，将系统功能选择权交与用户。根据用户意见、建议选择功能进行开发，并在每周五进行更新、升级。

⑤ 双版本共存。MIUI 实行独特的开发版和稳定版共存模式，满足不同用户需求：开发版着重于尝鲜和快速更迭，延续原有的模式，每周五升级，不断测试开发新功能；稳定版则着重稳定性，更新周期更长，大约 1 到 2 个月。

(3) Emotion UI。Emotion UI 是华为基于 Android 进行开发的情感化用户界面。独创的 Me Widget 整合常用功能，一步到位；快速便捷合一的桌面，减少二级菜单；缤纷海量的主题，让人眼花缭乱；触手可及的智能指导，潇洒脱离新手状态；贴心的语音助手，即刻解放你的双手；随时随地，尽情愉悦体验。

3. Windows Phone

2010 年 10 月微软公司正式发布了智能手机操作系统 Windows Phone，将谷歌的 Android OS 和苹果的 iOS 列为主要竞争对手。

2011 年 2 月，诺基亚与微软达成全球战略同盟并深度合作共同研发。

2012 年 6 月，微软在美国旧金山召开发布会，正式发布全新操作系统 Windows Phone 8(以下简称 WP8)，系统放弃 WinCE 内核，改用与 Windows 8 相同的 NT 内核。系统也是第一个支持双核 CPU 的 WP 版本，宣布 Windows Phone 进入双核时代，同时宣告着 Windows Phone 7 退出历史舞台。

Windows Phone 具有桌面定制、图标拖曳、滑动控制等一系列前卫的操作。Windows Phone 8 旗舰机 Nokia Lumia 920 主屏幕通过提供类似仪表盘的体验来显示新的电子邮件、短信、未接来电、日历约会等，让人们对重要信息保持时刻更新。它还包括一个增强的触摸屏界面和最新版本的 IE Mobile 浏览器。应用 Windows Phone 平台的主要生产厂商有诺基亚、三星、HTC 和华为等公司。

Windows Phone 有以下特点。

(1) 增强的 Windows Live。

(2) 更好的电子邮件,在手机上通过 OutlookMobile 直接管理多个账号,并使用 ExchangeServer 进行同步。

(3) Offi ce Mobile 办公套装,包括 Word、Excel、PowerPoint 等组件。缺点是只能编辑.docx.pptx……

(4) Windows Phone 的短信功能集成了 LiveMessenger(俗称 MSN)。

(5) 在手机上使用 Windows Live Media Manager 同步文件,使用 Windows Media Player 播放媒体文件。

(6) 不支持后台操作、第三方中文输入法,更换手机铃声可用微软自家的 ringtone maker 或酷我音乐(WP 8.1)。

3.3 Windows 7 基本操作

新一代的 Windows 7 是在 Windows XP 和 Windows Vista 的基础上进行了多项改进,增加了许多新的特征,不仅给用户带来了全新的用户界面体验,还改进了各项管理程序、应用程序和解决问题的组件,从而提高了系统的性能和可靠性。

3.3.1 Windows 7 启动和退出

作为一个全新的操作系统,Windows 7 和以前版本的 Windows 相比,整个界面发生了较大的变化,更加精美、友好和易用,使用户操作起来更加方便和快捷。

和使用其他 Windows 操作系统一样,使用 Windows 7 时,首先需要掌握它的启动与退出方法。

1. Windows 7 的启动

用户在启动 Windows 7 之前,首先应确保计算机主机和显示器接通电源,然后按下主机箱上的电源开关 Power 按钮。如果计算机中只安装了 Windows 7 操作系统,则开机后系统自动启动,如果安装的是双操作系统或多重操作系统,则系统在自检后会出现系统选择菜单,用户需要选择后方可启动 Windows 7。

默认情况下,Windows 7 的启动过程不需要用户干预,但如果用户在安装系统的过程中设置了用户密码,则需要在登录界面输入密码并按 Enter 键进行系统登录。

2. Windows 7 的退出

当用户不再使用 Windows 7 时,应及时退出并切断主机电源。在 Windows 7 中,用户可以选择多种方式退出。

(1) 关机。关机是在结束计算机操作的前提下关闭计算机。关机时不能直接按主机电源，而必须通过操作系统关闭计算机。

在 Windows 7 中，用户退出打开的所有应用程序后，通过单击“开始”菜单中的“关机”按钮，如图 3-6 所示，系统就会自行关闭计算机电源。

(2) 睡眠。睡眠是 Windows 7 提供的一种节能状态，在睡眠状态下，计算机将打开的文档和应用程序全部保存在计算机内存中，并使 CPU、硬盘和光驱等设备处于低耗能状态，达到节能省电的目的，适用于用户较长时间离开计算机的情况。进入睡眠状态后，用户只需单击鼠标左键或者按 Enter 键就能快速的恢复到之前的工作状态。

在 Windows 7 中，通过单击“开始”菜单右下角的按钮，在其弹出菜单中选择“睡眠”命令同，如图 3-7 所示，即可让计算机进入睡眠状态。

图 3-6 “关机”按钮

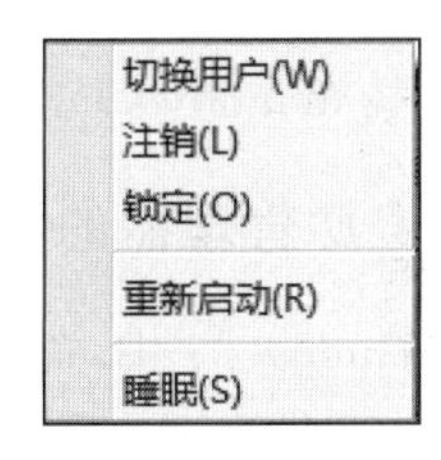

图 3-7 “关机”按钮的弹出菜单

(3) 重新启动。重新启动是指将当前运行的所有程序全部关闭后再让计算机重新启动并进入 Windows 7 的过程。

在 Windows 7 中，通过单击“开始”菜单右下角的按钮，在其弹出菜单中选择“重新启动”命令，即可让计算机重新启动。

另外，当计算机处于死机状态(即使用鼠标或键盘较长时间都无响应)时，可以强行关闭主机电源，此时要按住主机电源按钮约 5s，直到电源指示灯熄灭。强行关机后，再次开机时，系统会执行硬盘扫描程序对硬盘进行检查。

(4) 锁定。锁定就是不关闭当前用户的程序，直接锁定当前用户，使用前需要解锁。单击“用户名”就会解锁。

单纯锁定计算机不会断网，如果启动睡眠模式，既锁定计算机，同时也会断网。

3. 切换用户与注销

Windows 操作系统自 Windows 2000 开始就可以建立多个账户，用于满足多用户使用一台计算机的需要。不同用户可以通过建立自己的账户,分别进入自己的个性化界面中操作。

在 Windows 7 中,通过单击“开始”菜单右下角的▶按钮,在其弹出菜单中选择“切换用户”命令即可回到账户登录界面,转到另一个账户上去工作。如果希望切换到另一个账户上时,关闭当前用户操作环境中所有的程序和窗口,可以单击“注销”命令。

3.3.2 资源管理器

资源管理器是 Windows 操作系统提供的资源管理工具,它显示了当前计算机系统中的驱动器、文件夹和文件的分层结构。利用它不仅可以查看计算机上的所有资源,而且能够清晰、直观地对计算机上文件和文件夹进行管理。

Windows 7 中对资源管理器进行了很大的改进,其界面焕然一新,而且功能更加强大。Windows 7 引入了名为“库”的概念,快速将不同类型文件分类,可以更方便管理不同类型的文件。

1. 打开资源管理器

在 Windows 7 中,用户可以通过以下多种方法打开资源管理器。

(1) 选择“开始”|“所有程序”|“附件”|“Windows 资源管理器”菜单命令。

(2) 右击“开始”按钮,从弹出的快捷菜单中选择“打开 Windows 资源管理器”命令。

(3) 按 Windows+E 键。

2. 资源管理器的组成

在 Windows 7 中,资源管理器窗口主要由地址栏、搜索栏、常用命令栏、导航窗格、窗口工作区、文件夹列表和详细信息面板组成,如图 3-8 所示。

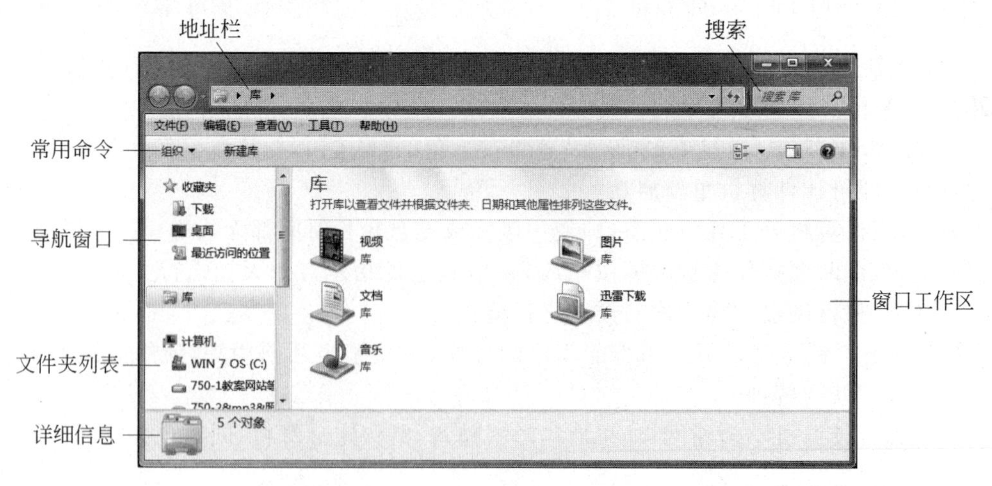

图 3-8 “资源管理器”窗口

资源管理器各部分功能如下。

(1) 地址栏：用来显示用户当前选中文件在系统中的路径，单击地址栏右侧的下三角按钮▾，可以在弹出的下拉列表中选择相应的地址。

(2) 搜索栏：主要用来搜索系统中的文件。

(3) 常用命令栏：用来显示在当前操作窗口中能够执行的一些常用命令，单击某个命令可执行相应的操作。

(4) 导航窗格：用来显示系统中的文件夹列表。

(5) 窗口工作区：用来显示当前文件夹或磁盘中所包含的文件和文件夹，还可以显示计算机内存储器的存储状态，如磁盘、可移动磁盘以及光盘驱动器等。

(6) 文件夹列表：用列表的形式显示硬盘上文件或文件夹所在的位置。

(7) 详细信息面板：提供了当前文件和文件夹的有关信息。

3. 查看文件和文件夹

资源管理器是一个强大的文件管理工具，用户可以在资源管理器窗口中查看文件、打开文件并对其内容作进一步操作。其窗口主要显示两方面的内容，在左窗格中以树状结构显示了系统中的所有资源，在驱动器或文件夹的左边有三角形按钮▷，单击三角形按钮▷可以将它所包含的子文件夹以阶梯排列方式展开。当驱动器或文件夹已经全部展开后，此时的三角形按钮将变成另一种形状◢，单击◢按钮可以将文件夹折叠起来；在右窗格中则显示了文件夹或文件等内容。

在资源管理器中查看文件和文件夹的具体方法如下。

打开资源管理器窗口，在左侧窗格中，单击“本地磁盘”选项前的三角形按钮▷，展开子文件夹，如图 3-9 所示。找到相应文件夹后，单击该文件夹，在右侧窗格中即可显示该文件夹的内容，如图 3-10 所示。

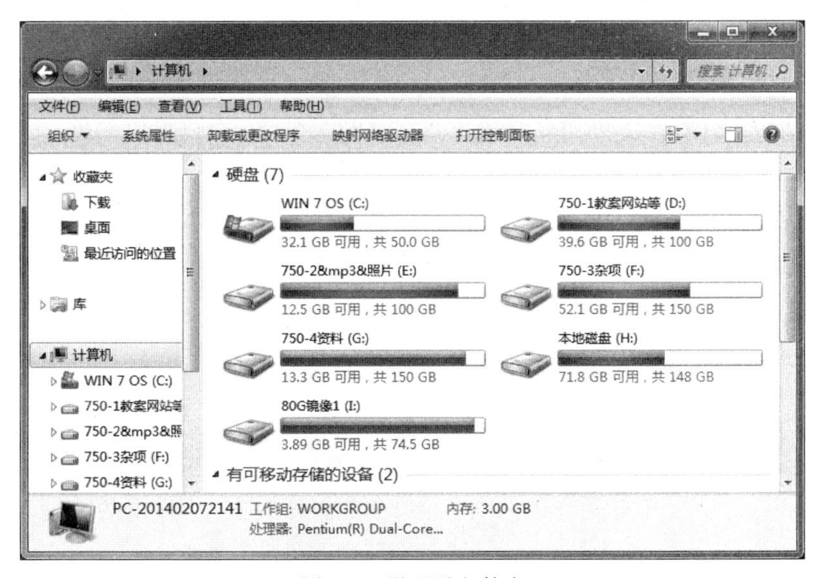

图 3-9　展开子文件夹

图 3-10　显示文件夹内容

4. 浏览文件和文件夹

用户在使用计算机的过程中，经常需要浏览文件和文件夹。在 Windows 7 中，使用“视图”按钮可以更改文件和文件夹的大小和外观，使浏览文件和文件夹将变得非常容易。具体方法如下。

在资源管理器窗口中，单击工具栏上的“视图”按钮旁边的箭头，弹出如图 3-11 所示的“视图”菜单，单击某个视图或移动滑块以更改文件和文件夹的外观。

5. 排序文件和文件夹

在 Windows 7 中，为了更加方便地查找文件和文件夹，用户可以对同一窗口中的文件和文件夹按照“名称”“大小”等规则进行排序。具体方法如下。

在资源管理器中打开需要排序的文件夹，在空白处右击，从弹出的快捷菜单中选择“排序方式”命令，再从其级联菜单中选择“名称”“修改日期”“类型”“大小”“递增”或“递减”命令，从而可将其排序，如图 3-12 所示。

6. 分组文件和文件夹

在 Windows 7 中，用户可以依据文件的名称、修改日期、类型等信息，对文件夹中的文件进行分组，以便于快速地定位文件和文件夹。具体方法如下。

在资源管理器中打开需要分组的文件夹，在空白处右击，从弹出的快捷菜单中选择“分组依据”命令，再从其级联菜单中选择“名称”“修改日期”“类型”或“大小”命令，从而可将其分组归类，如图 3-13 所示。

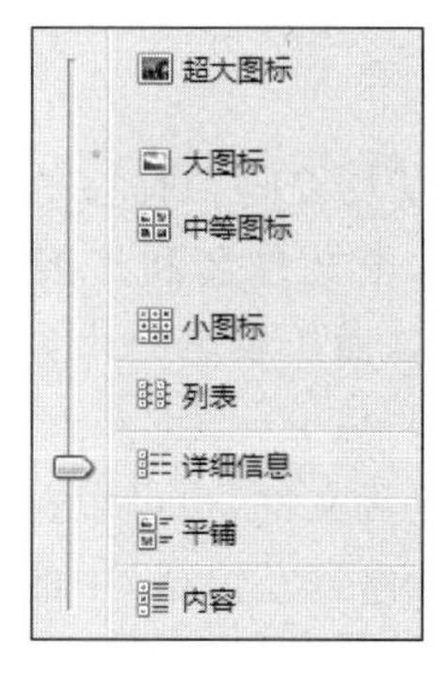

图 3-11 “视图”菜单

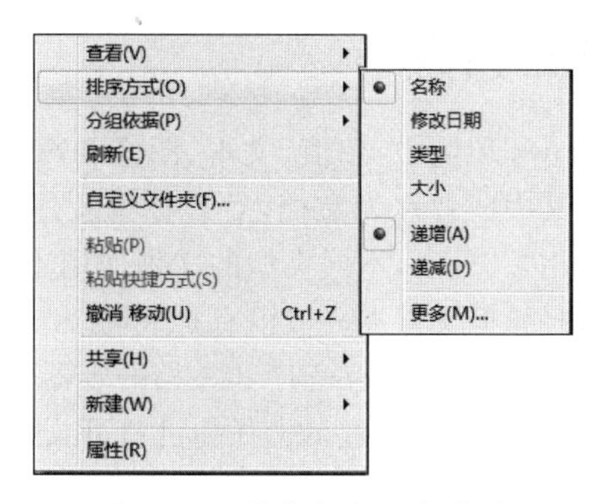

图 3-12 “排序方式”下拉菜单

7. 组织

在资源管理器中，单击“组织”按钮，可以对选定的对象进行“剪切”“复制”“粘贴”等操作，可以对选定对象进行“布局”或关闭资源管理器，如图 3-14 所示。

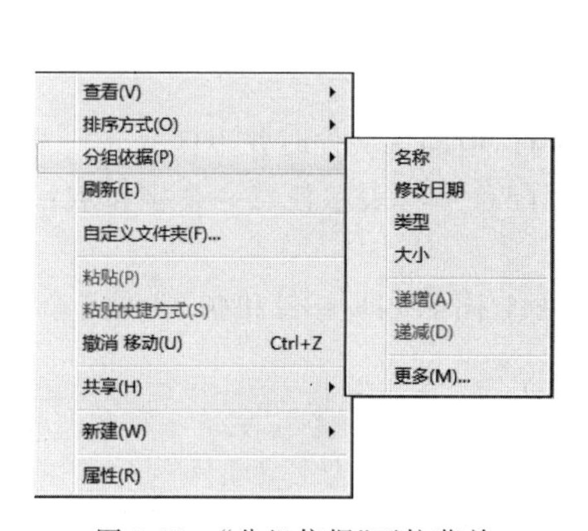

图 3-13 “分组依据”下拉菜单

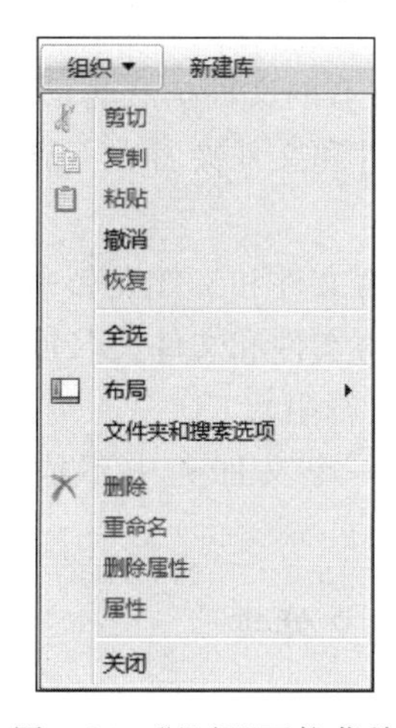

图 3-14 “组织”下拉菜单

3.3.3 文件管理

文件和文件夹是计算机运行和用户使用的基本文件，因此对文件和文件夹的管理就显得非常重要，用户根据需要可以对文件和文件夹进行新建、重命名、删除、移动与复制等基本操作。

1. 认识文件与文件夹

计算机中的信息都是以文件的形式存在，而文件通常都会存放在文件夹中，合理地使用文件和文件夹可以帮助用户更好地保存和快速查找所需的数据。

2. 文件和文件夹

在 Windows 环境中，数值、文本、图像和声音等信息，以及编码和程序等都是以文件形式保存的，其中前者称为文档，后者称为程序。文件名称由文件名和扩展名两部分组成，它们之间用“.”分隔，不同类型的文件使用不同的扩展名，而扩展名是由创建该文件的程序自动添加的，但文件夹一般没有扩展名。

文件夹可以看成是保存程序和文档的容器，它既可以包含文件，也可以包含下级文件夹(称子文件夹)。可以通过单击任何已打开文件夹的导航窗格(左窗格)中的“计算机”来访问所有文件夹。

3. 命名文件和文件夹

在 Windows 中，文件和文件夹都由其名称来标识，用户不能随意为文件和文件夹命名，必须遵循一定的规则。

(1) 支持长文件和文件夹名，最多可使用 255 个字符。

(2) 文件和文件夹名可包含多个空格或小数点，最后一个点之后的字符被认为是文件的扩展名(有的文件扩展名可以省略)。

(3) 文件和文件夹名中不能使用在操作系统中有特殊用途的下列符号：\ / ＜ ＞ “ ；：? *。

(4) 保留文件和文件夹名中的大小写字符，但确认文件时并不区分。

(5) 在对文件和文件夹名搜索时可用通配符“?”(表示任意一个字符或汉字)和“*”(表示任意字符串)。

(6) 同一个文件夹中不能同时存放两个同名(即主名和扩展名完全相同)的文件(夹)。

4. 新建文件夹

用户在使用计算机的过程中，为了方便快速地找到想要的文件，经常需要将同一类型的文件或相关文件存放在同一个文件夹中，此时就需要去创建该文件夹。新建文件夹的方法如下。

在需要新建文件夹的位置处右击，从弹出的快捷菜单中选择“新建”|“文件夹”命令，即可新建一个文件夹，新建的文件夹处于蓝底白字的可编辑状态，此时输入文件夹名称即可。

5. 选择文件和文件夹

在对文件和文件夹进行任何操作之前，必须先选中要操作的文件和文件夹，然后才能对选中的文件和文件夹进行操作。选择文件和文件夹有多种方法。

(1) 选择单个文件和文件夹。要选择单个对象时，只需用鼠标直接单击该对象，被选中后的对象呈蓝底白字显示。

(2) 选择多个不连续的文件和文件夹。要选择多个不连续的对象时，只需先选择一个对象，然后按住 Ctrl 键的同时单击其他要选择的对象即可。

(3) 选择多个连续的文件和文件夹。要选择多个连续的对象时，应先选择第一个对象，然后按住 Shift 键的同时单击最后一个对象，即可将它们之间的所有对象都选中。也可通过鼠标拖曳的方式进行选择，在窗口空白处按住左键并拖曳，此时会出现一个蓝色矩形框，凡被矩形框包围的对象均被选中。

(4) 选择所有的文件和文件夹。要选择当前文件夹中的全部对象时，可按 Ctrl+A 键或单击"组织"按钮，选择"全选"命令即可。

(5) 反选文件和文件夹。当用户在选择对象时，除了几个对象不需要选择时，其余对象需要全选时，就可通过反选来实现，具体方法如下。

首先将几个不需要的对象选中，然后通过"编辑"|"反向选择"命令即可取消原来的选择，而原来未被选择的对象均被选中。

6. 重命名文件和文件夹

在使用文件和文件夹的过程中，经常需要对已有文件和文件夹的名称进行更改。具体方法如下。

选择要重命名的文件和文件夹，右击，从弹出的快捷菜单中选择"重命名"命令，此时其名称文本框处于可编辑状态，键入新的名称，按 Enter 键即完成重命名操作。

7. 删除文件和文件夹

在使用计算机的过程中，用户可将一些不需要的文件删除，以节省磁盘的空间。在 Windows 7 中删除文件和文件夹有多种方法，具体如下。

选择要删除的文件和文件夹，右击，从弹出的快捷菜单中选择"删除"命令，弹出"删除文件(夹)"对话框，单击"是"按钮，即可将该文件(夹)删除；也可在选择文件和文件夹后直接按 Delete 键进行删除；或者单击"组织"按钮，选择"删除"命令进行删除。

默认情况下，被删除的文件(夹)将会被放到"回收站"中，并没有从计算机上彻底删除，系统只是在逻辑上对文件和文件夹进行删除操作，也称其为逻辑删除。如果要将其彻底删除，可以选择桌面上的"回收站"图标，右击，从弹出的快捷菜单中选择"清空回收站"命令，这样，回收站中的所有文件和文件夹都将被彻底删除，也称为物理删除。

8. 恢复误删除的文件和文件夹

用户如果不小心误删除了某个文件和文件夹，可通过回收站的还原功能将其恢复，具体方法如下。

双击桌面上的回收站图标，打开"回收站"窗口，选择需要恢复的文件和文件夹，然后右击，从弹出的快捷菜单中选择"还原"命令，即可将其还原到被删除前的位置。

回收站占用的是硬盘空间，只保存硬盘上被逻辑删除的文件和文件夹，因此不能使用回收站恢复软件或网络中被删除的文件和文件夹。

9. 设置文件和文件夹的属性

属性是用来表示对象的应用特征，选择“文件”|“属性”菜单命令或在快捷菜单中选择“属性”命令，打开属性对话框，如图 3-15 所示，在其中可设置文件和文件夹的属性。文件和文件夹的广义属性很多，而其中最重要的就是“常规”选项卡的“属性”选项，除“只读”“隐藏”以外，还可进一步通过“高级属性”对话框，如图 3-16 所示。在其中可设置存档、索引、压缩和加密属性。

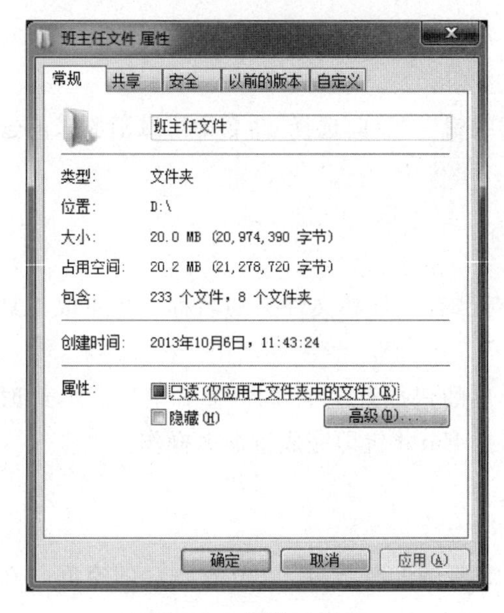

图 3-15　属性对话框

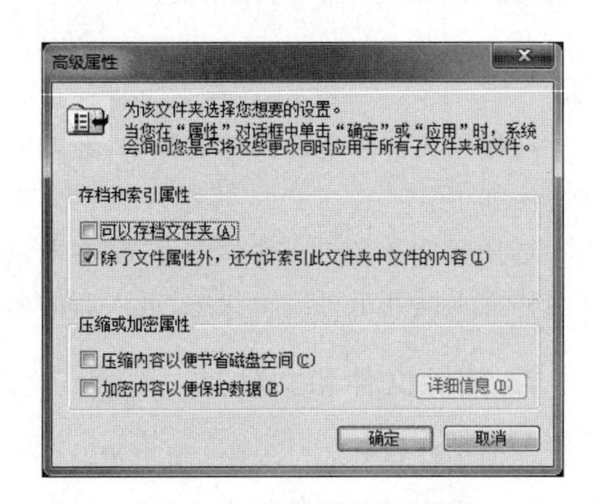

图 3-16　“高级属性”对话框

主要属性的功能如下。

(1) 只读。该文件和文件夹只能被打开，读取其内容而不能修改其内容，即进行修改后不能在当前位置进行保存，通过设置该属性可防止文件和文件夹被更改或意外删除。

(2) 隐藏。设置隐藏属性后的文件和文件夹将被隐藏以来，打开其所在窗口看不见该文件(夹)，但可选择“工具”|“文件夹选项”选项打开“文件夹选项”对话框，在“查看”选项卡中选中“显示隐藏的文件、文件夹或驱动器”，可将隐藏的文件(夹)显示出来。

(3) 存档。不仅可以打开设置为该属性的文件和文件夹并进行读取，同时还能修改其内容并进行保存，多数情况下该项无须设置。

10. 移动、复制文件和文件夹

移动文件和文件夹就是将文件和文件夹从原来的位置移动到一个新的位置，移动后的文件和文件夹在原来的位置将被删除。在 Windows 7 中移动文件和文件夹有多种方法，具体方法如下。

右击要移动的文件和文件夹，从弹出的快捷菜单中选择“剪切”命令，在目标文件夹中右击，从弹出的快捷菜单中选择“粘贴”命令，即可完成文件和文件夹的移动操作；也可单击“组织”按钮，选择“剪切”和“粘贴”命令来完成；或者通过快捷键来进行“剪切”和“粘贴”操作。

复制文件和文件夹就是将文件和文件夹在新的位置重新复制一份，复制后原来的文件和文件夹在原位置不作任何改变。具体操作方法与移动文件和文件夹非常类似，将“剪切”操作改为“复制”操作，实现的就是文件和文件夹的复制。

11. 创建文件和文件夹的快捷方式

用户可为自己经常使用的文件和文件夹创建快捷方式，快捷方式只是将对象直接链接到桌面或任意位置，其使用同一般图标一样，这就减少了查找资源的操作，提高了用户的工作效率。创建快捷方式的方法如下。

选择要创建快捷方式的文件和文件夹，右击，从弹出的快捷菜单中选择“创建快捷方式”命令，即可在与该文件和文件夹同一位置创建其快捷方式。如选择“发送到”|“桌面快捷方式”，则可将该文件(夹)的快捷方式在桌面显示。

12. 压缩与解压文件(夹)

图形、图像、动画、视频和音频文件占用空间很大，为了节省磁盘空间、快速传输文件，经常需要进行压缩，而在使用时又需要解压处理。在 Windows 7 中，内置了一个压缩程序，用户无须安装第三方压缩软件，使用它即可对文件或文件夹进行压缩与解压。压缩文件的方法如下。

右击要压缩的文件或文件夹，从弹出的快捷菜单中选择“发送到”|“压缩(Zipped)文件夹”命令，弹出“正在压缩”对话框，显示压缩进度，压缩完成后即可显示压缩的文件效果。

当用户需要使用压缩文件中的文件时，可将压缩文件进行解压。解压文件的方法如下。

在需要解压的压缩文件上右击，从弹出的快捷菜单中选择一种解压文件的方式，压缩文件会即刻被解压到指定路径下。

3.3.4 任务管理器

任务管理器可以显示当前计算机上所运行程序、进程和服务，是一个非常实用的性能检测工具，利用它可以查看或中止运行程序以及监视计算机性能，了解网络的运行情况等。通过任务栏快捷菜单可打开任务管理器或按 Ctrl＋Alt＋Delete 快捷键，选择“启动任务管理器”，如图 3-17(a)所示，该窗口在 Windows XP 的任务管理器窗口上扩充了“服务”选项卡。

1. “应用程序”选项卡

“应用程序”选项卡显示了计算机上正运行的程序，可将当前窗口“切换至”所选程序，也可将该程序“结束任务”退出运行，还可启动“新任务”。

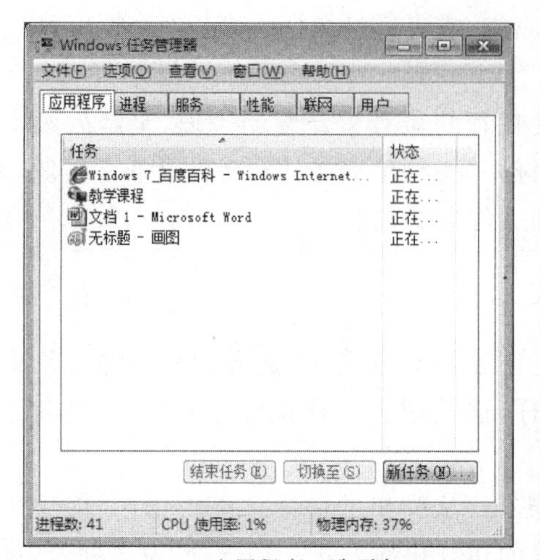

(a) “应用程序”选项卡

Windows 任务管理器
文件(F) 选项(O) 查看(V) 帮助(H)
应用程序 进程 服务 性能 联网 用户
映像名称 用户名 CPU 内存(... 描述
CCC.exe weiwei 00 2,540 K Catalys...
csrss.exe 00 844 K
dwm.exe weiwei 00 212 K 桌面窗...
explorer.exe weiwei 00 15,440 K Windows...
iexplore.exe weiwei 00 5,488 K Interne...
iexplore.exe weiwei 00 13,012 K Interne...
matrix-HI-... weiwei 00 2,292 K 校园数...
mip.exe weiwei 00 432 K 数学输...
MOM.exe weiwei 00 1,812 K Catalys...
mspaint.exe weiwei 00 5,896 K 画图
peer.exe weiwei 00 312 K Grid Se...
taskhost.exe weiwei 00 1,848 K Windows...
taskmgr.exe weiwei 02 2,016 K Windows...
winlogon.exe 00 112 K
显示所有用户的进程(S) 结束进程(E)
进程数: 41 CPU 使用率: 3% 物理内存: 39%

(b) “进程”选项卡

(c) “服务”选项卡

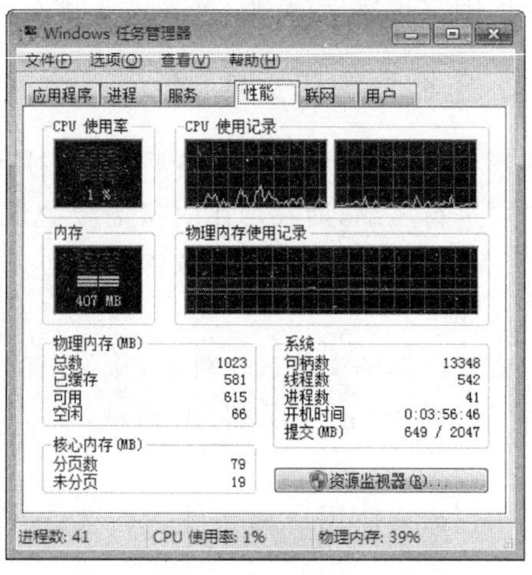

(d) “性能”选项卡

(e) “联网”选项卡

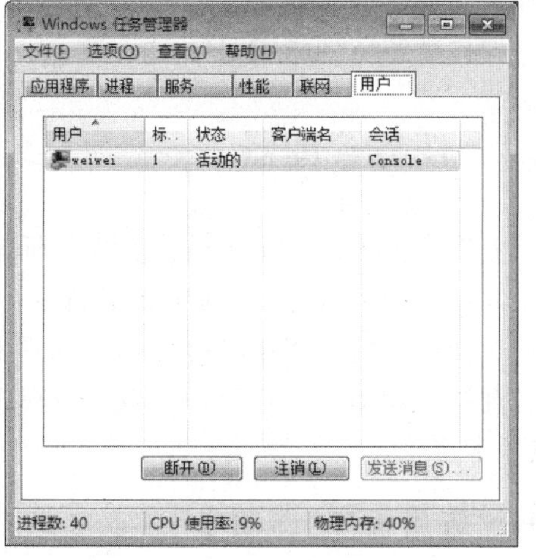

(f) “用户”选项卡

图 3-17 “Windows 任务管理器”窗口

2. “进程”选项卡

“进程”选项卡显示了所有用户正在使用的程序进程，包括系统进程。选择某个进程，单击“结束进程”按钮，即可结束相应进程，如图 3-17(b)所示。

3. “服务”选项卡

“服务”选项卡显示了计算机正在运行的服务。右击某个服务，可以停止或者启动相应服务，如图 3-17(c)所示。

4. “性能”选项卡

“性能”选项卡显示了当前系统 CPU 和内存的使用情况以及所使用的记录，用于查看计算机的动态性能，如图 3-17(d)所示。

5. “联网”选项卡

“联网”选项卡用于查看有关网络连接的信息，包括适配器名称、网络应用百分率、线路速度和状态，如图 3-17(e)所示。

6. “用户”选项卡

“用户”选项卡显示了当前登录到计算机的所有用户，选中某个用户可对其断开或注销，以及发送消息，如图 3-17(f)所示。

此外，用户在使用计算机时经常会遇到程序没有响应，无法正常关闭应用程序，此时可以使用“Windows 任务管理器”结束它，然后再重新启动该程序。

3.3.5 磁盘维护

磁盘包括硬盘、软盘、光盘和 U 盘等，它是计算机软件和数据的载体。通过对磁盘进行维护，可以增大数据的存储空间、保护数据，Windows 7 系统提供了多种磁盘维护工具，如“磁盘清理”和“磁盘碎片整理”工具。通过使用它们，用户能够方便地对磁盘的存储空间进行清理和优化，使计算机的运行速度得到提升。

1. 磁盘属性

磁盘可视为特殊文件夹，查看其属性同文件夹操作相同，选定需要进行属性查看的磁盘驱动器，在右键快捷菜单中选择“属性”命令，打开“磁盘属性”对话框，如图 3-18 所示。通过该对话框的“常规”选项卡可以查看磁盘卷标、设置压缩和索引属性、进行磁盘清理；“工具”选项卡可以开始检查错误、开始整理碎片和开始备份；利用“硬件”选项卡可以查看本机所配置的硬盘情况等。

2. 磁盘清理

在计算机中由于上网或下载安装某些软件之后，往往会产生一些临时文件、Internet

缓存文件和垃圾文件，时间一长，它们不仅会占用大量的磁盘空间，而且会降低系统性能，因此定期或不定期地进行磁盘清理工作，清除掉这些垃圾文件和临时文件，可以有效提高系统的性能。磁盘清理的操作步骤如下。

（1）选定需要进行磁盘清理的磁盘驱动器，如图 3-18 所示，在右键快捷菜单中选择“属性”命令，打开“磁盘属性”对话框，在“常规”选项卡中单击“磁盘清理”按钮，即出现扫描统计释放空间的提示框。

（2）在完成扫描统计等工作后，弹出“磁盘清理”对话框，如图 3-19 所示。对话框中的文字说明通过磁盘清理可以获得的空余磁盘空间；在“要删除的文件”列表框中，系统列出了指定驱动器上所有可删除的文件类型。用户可通过单击这些文件前的复选框来选择是否删除该文件，选定要删除的文件后，单击“确定”按钮即可。

图 3-18 “磁盘属性”对话框

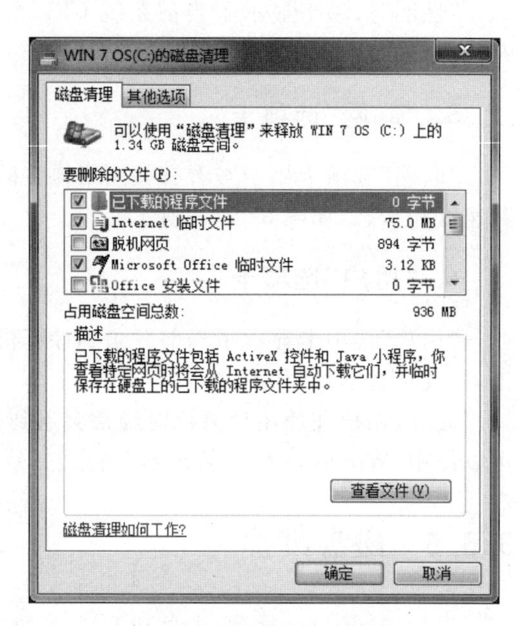

图 3-19 “磁盘清理”对话框

3. 磁盘碎片整理

在计算机系统中，由于频繁地创建、修改和删除磁盘文件，因此会在磁盘中产生很多磁盘碎片，这些碎片不仅会浪费磁盘空间，而且会造成计算机访问数据效率的降低，系统整体性能下降。为保证系统稳定高效运行，需定期或不定期地对磁盘进行碎片整理，通过整理可以重新排列碎片数据，整理碎片的操作步骤如下。

（1）选定需要进行磁盘碎片整理的磁盘驱动器，在右键快捷菜单中选择“属性”命令，打开“磁盘属性”对话框，选中“工具”选项卡，单击“立即进行碎片整理”按钮，打开“磁盘碎片整理程序”窗口，如图 3-20 所示。

（2）在该窗口中选定逻辑驱动器，单击“分析磁盘”按钮，即可对磁盘进行碎片分析，稍等片刻后显示分析结果。

（3）单击“磁盘碎片整理”按钮，系统开始整理磁盘碎片，并显示整理进度，如图 3-21

所示。稍等一段时间,提示磁盘中的碎片为 0,完成磁盘碎片整理。

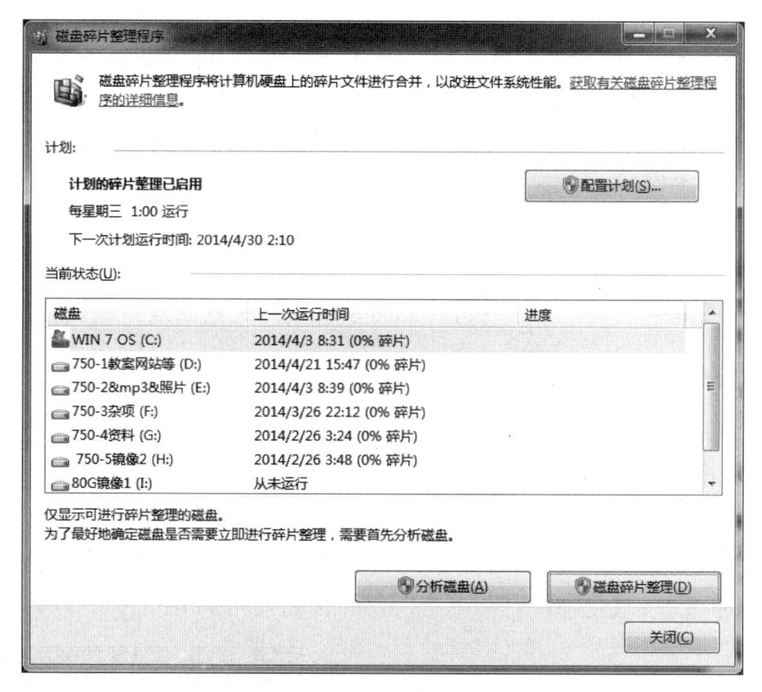

图 3-20　“磁盘碎片整理程序”窗口

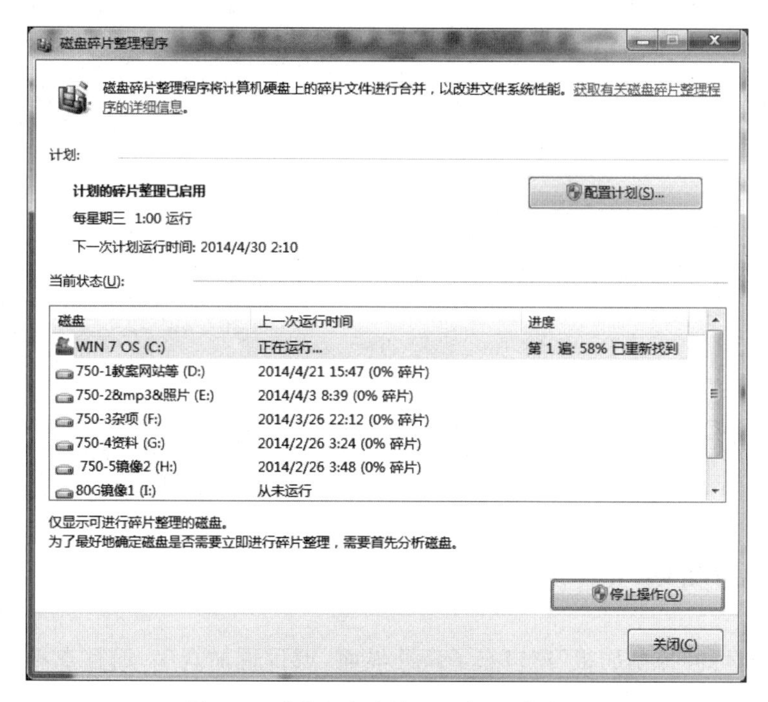

图 3-21　“磁盘碎片整理程序”进度窗口

4. 磁盘查错

使用磁盘查错工具,用户不但可以对硬盘进行扫描,还可以对软盘进行检测和修复。一般来说,用户需要经常利用它来扫描硬盘的启动分区并修复错误,以免因系统文件和启动磁盘的损坏而导致不能启动或不能正常工作。磁盘查错的操作步骤如下。

(1) 选定需要查错的磁盘驱动器,在右键快捷菜单中选择"属性"命令,打开"磁盘属性"对话框,选中"工具"选项卡,在"查错"选项区中单击"开始检查"按钮,打开"检查磁盘"对话框,如图 3-22 所示。

(2) 在该对话框中,单击"开始"按钮,此时系统开始检查磁盘错误,并显示检查进度。

5. 格式化磁盘

格式化就是对磁盘存储区域进行划分,使计算机能够准确无误地在磁盘上存储或读取数据。对使用过的磁盘进行格式化将会删除磁盘上原有的数据(包括病毒),故在格式化之前应确定磁盘上的数据是否有用或已备份,以免造成误删除。

格式化磁盘的操作非常简单,选定要进行格式化的驱动器,在右键快捷菜单中选择"格式化"命令,打开"格式化"对话框,单击"开始"按钮即可,如图 3-23 所示。

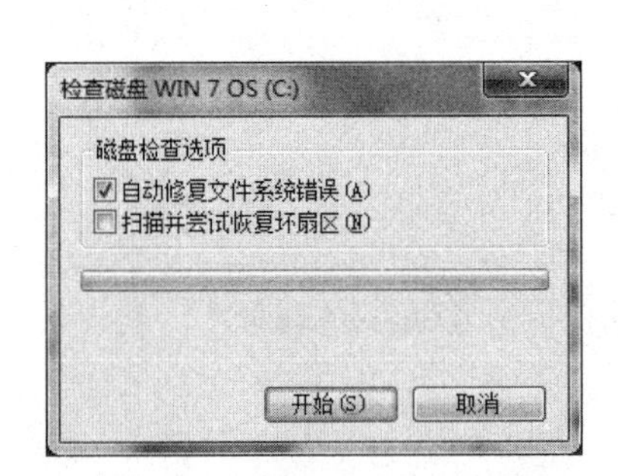

图 3-22 "检查磁盘"对话框

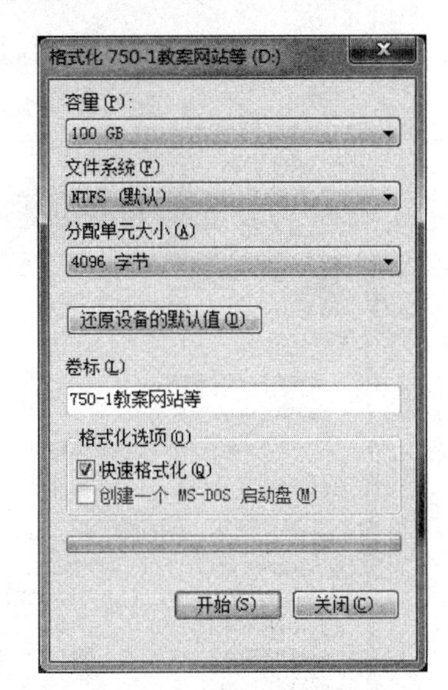

图 3-23 "格式化"对话框

3.3.6 控制面板

Windows 7 的"控制面板"窗口有了新的界面,项目更加众多,而且查看更加清晰,用户可以根据需要进行设置。

(1) 单击"开始"按钮,在展开的菜单中选择"控制面板"选项命令,即可打开"控制面板"窗口。

(2) 在窗口的左侧即可看到,“查看方式”是在“小图标”模式下,如图 3-24 所示。

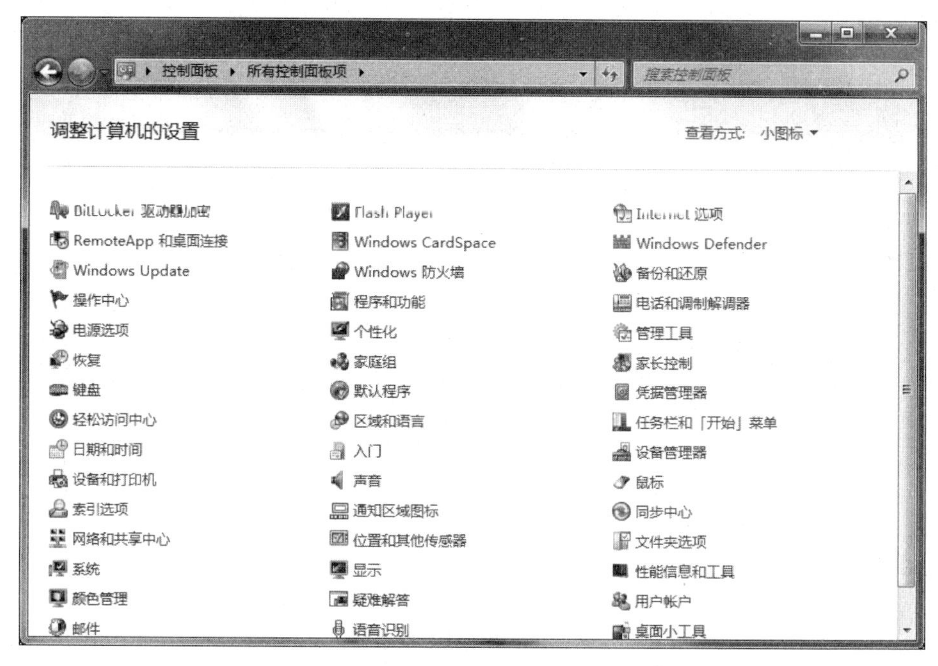

图 3-24 “小图标”查看方式

(3) 单击“小图标”右侧的下拉按钮,展开下拉菜单,可以看到 3 种查看方式,“大图标”查看的方式和“小图标”是一样的,只是图标要大些,查看更清晰,如图 3-25 所示。

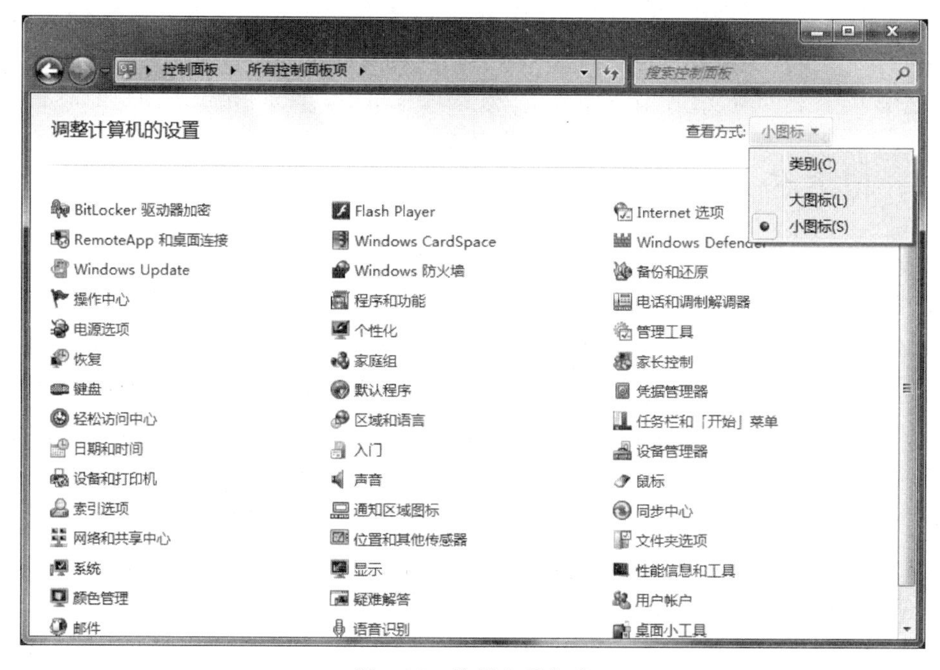

图 3-25 选择查看方式

(4) 选择“类别”查看方式，即可进入到类别的模式下，对各个项目进行了归类，如图 3-26 所示。

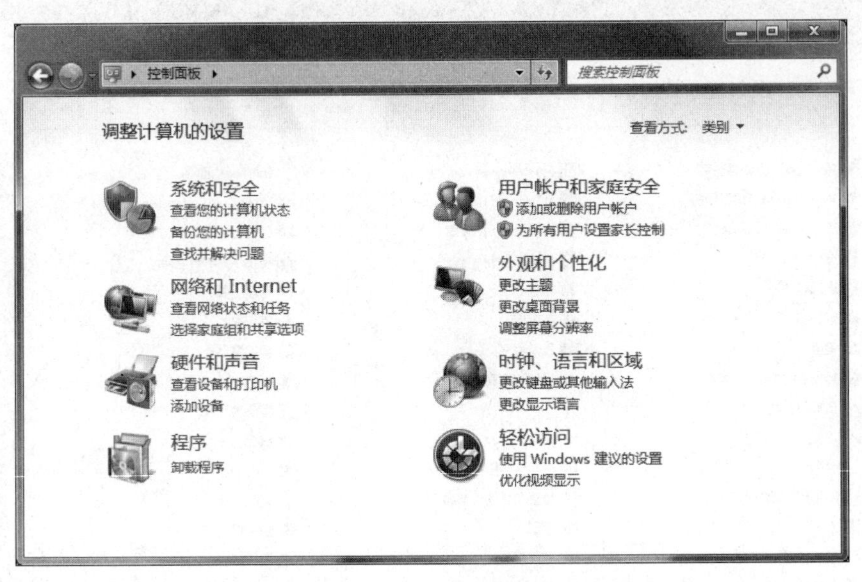

图 3-26 “类别”查看方式

3.4 Windows 7 实用应用软件

Windows 7 为广大计算机用户提供了许多功能相对简单却非常实用的应用软件，这些应用程序被集中在“开始”|“所有程序”|“附件”级联菜单中，可以满足广大用户的基本需要。

3.4.1 记事本

记事本程序是 Windows 7 自带的一个简易的文字编辑软件，和以往的 Windows 系统一样，Windows 7 并未对记事本作多少改进。

选择“开始”|“所有程序”|“附件”|“记事本”选项，即可打开“记事本”窗口，如图 3-27 所示。记事本正文区是输入文本的窗口，通过“文件”菜单可以新建、打开、保存和打印文件；通过“编辑”菜单可对文本进行剪切、复制、粘贴、删除、查找、替换等操作；通过“格式”菜单可以设置字体和自动换行。记事本是纯文本文件的编辑器，通常用来编辑. txt 文件和各种高级程序设计语言的源程序文件，它的使用机会要比写字板多。

3.4.2 画图

早期的 Windows 版本中画图又称画笔，是一个位图绘制程序，包括一套完整的绘制工具和丰富的绘图色彩，适用于创建图形和艺术图案等。特别是能够选择图形的任意矩

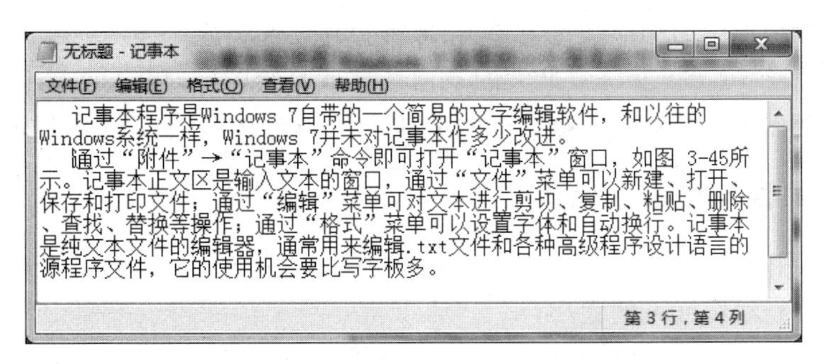

图 3-27 “记事本”窗口

形区域或不规则区域进行裁剪放入剪贴板中共享，并支持 OLE(嵌入和链接)功能，可以将绘制对象插入到写字板或 Word 文档中，弥补了 Word 图形处理的不足。

1. 窗口界面

与之前 Windows 系统中的画图程序比较，Windows 7 对其窗口界面进行了不少改进。选择“开始”|“所有程序”|“附件”|“画图”选项即可打开“画图”窗口，如图 3-28 所示，该窗口包括标题栏、菜单栏、工具箱、前景色与背景色、调色板、绘图区和状态栏。其中，标题栏、菜单栏和状态栏的作用与一般程序基本相同。在绘制图形时，最常用的是工具箱、前景色与背景色、调色板和绘图区等，下面分别介绍。

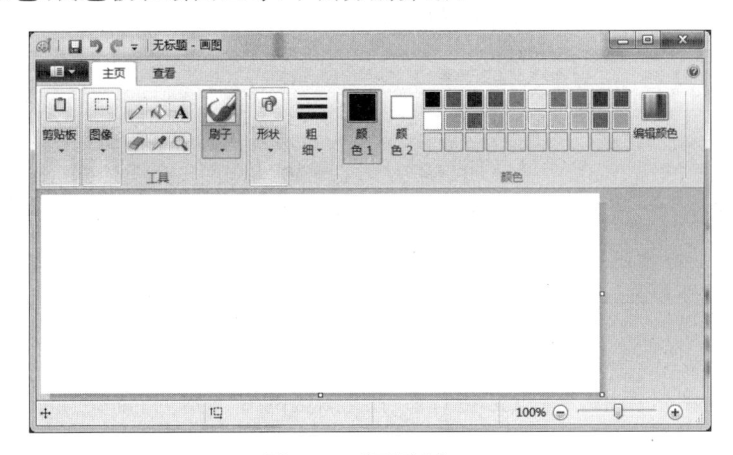

图 3-28 “画图”窗口

(1) 工具箱。工具箱提供了绘制图形时所需的各种常用工具，用户单击工具箱中的工具按钮即可使用相应的工具，单击工具按钮下的 ▾ 可显示当前工具的其他样式。当鼠标指针移到工具按钮上时会即刻显示该工具的名称和作用，方便用户的使用。

(2) 调色板。调色板为用户提供大量的颜色供用户在绘图时选择，除了使用现有的颜色以外，用户也可以通过单击右边的“编辑颜色”按钮，在打开的“编辑颜色”对话框中自定义颜色。

(3) 前景色与背景色。前景色是指使用鼠标左键所绘制图形的色彩，背景色是指使用鼠标右键所绘制图形的色彩。默认情况下，前景色为黑色，背景色为白色。选中前景色或背景色，在调色板中的相应颜色上单击，即可为其设置颜色。

（4）绘图区。“画图”窗口中最大的空白区域就是绘图区，用户可在此绘制图形和编辑图片，用户可先在工具箱中选择合适的工具，然后在绘图区进行相应的操作。

2. 设置页面与绘图区大小

一般在绘制图形之前，需要对页面进行相关的设置，如纸张大小、方向、页边距等属性，同时还需调整绘图区域的大小。

（1）页面设置。在使用画图程序之前，首先要根据自己的实际需要进行画布的选择，即进行页面设置。选择“文件”|“打印”|“页面设置”选项，打开“页面设置”对话框，如图 3-29 所示。通过该对话框可设置页边距及缩放比例，还可设置纸张的居中方式。

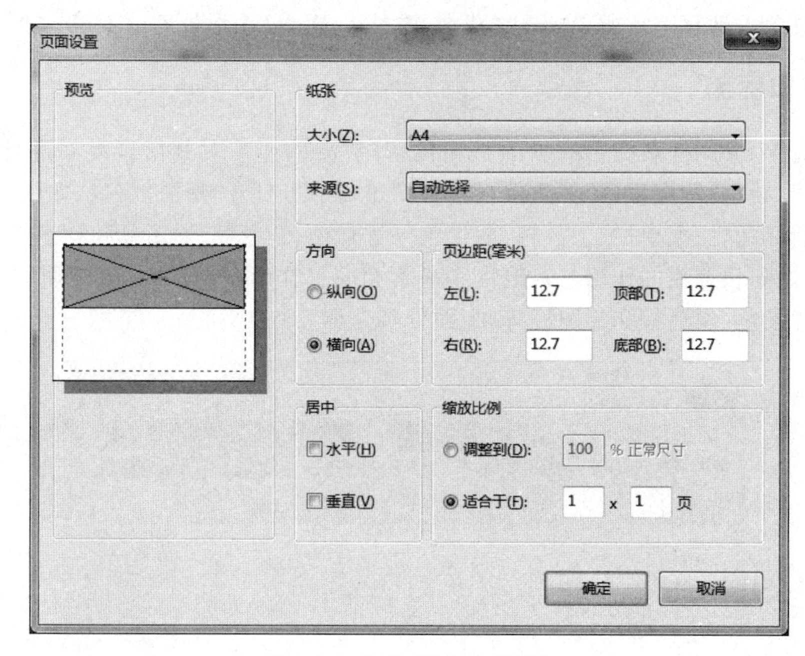

图 3-29 “页面设置”对话框

（2）调整绘图区大小。将鼠标指针置于绘图区的右下角，指针变成双向箭头时，按住左键并拖动鼠标即可调整绘图区的大小，如图 3-30 所示。

3. 绘制图形

设置好页面与绘图区大小后，用户就可以在绘图区中绘制图形了。在绘图区口中既可以画图，也可以写字，但使用的工具及其选项各不相同。要进行何种操作，必须先在工具箱中选择工具，并为其设置好选项和颜色，然后才能在绘图区进行绘制。具体操作步骤如下。

（1）打开“画图”程序，然后从“形状”面板中选取“矩形”按钮。按住 Shift 键的同时，在绘图区空白处绘制一个正方形。

（2）从“形状”面板中选取“椭圆形”按钮，按住 Shift 键的同时，在绘图区正方形下

图 3-30　改变绘图区大小

方绘制两个圆形，还可以给绘出的图形填充颜色，如图 3-31 所示。

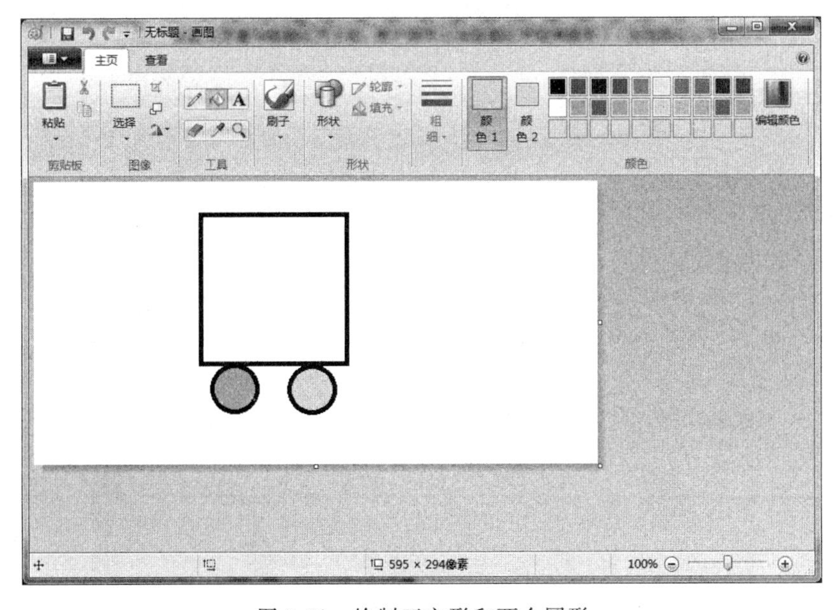

图 3-31　绘制正方形和两个圆形

3.4.3　截图工具

截图工具是 Windows 7 自带的一个小程序，之前的 Windows 操作系统是没有的，是 Windows 7 新增的功能之一。使用截图工具，可以截取当前整个屏幕、对话框、窗口、按钮或区域，并可以将其保存为相应的图片文件。

选择“开始”|“所有程序”|“附件”|“截图工具”选项即可打开“截图工具”窗口，如图 3-32 所示，此时屏幕将变成半透明的白色，鼠标指针呈十字形。在需要截取图像的区域按住左键并拖曳鼠标，绘制一个矩形截取范围，选择合适的区域后释放鼠标，程序自动返回“截图工具”窗口，此时在该窗口中将显示所截取的图像，选择“文件”|“另存为”命令，保存刚才截取的图片。

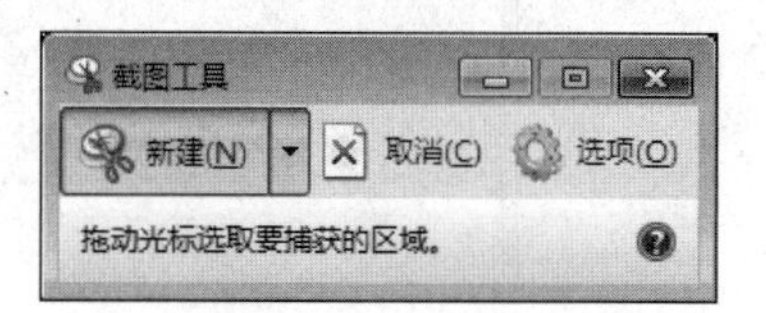

图 3-32 “截图工具”窗口

3.4.4 计算器

计算器是 Windows 系统自带的一个数学计算工具，其功能类似于人们日常生活中使用的小型计算器，可以方便地完成手持计算器完成的各种数学运算。和 Windows XP 相比，Windows 7 中的计算器功能更加强大，除了原有的“标准型”和“科学型”计算模式以外，还提供了“程序员”“统计信息”两种高级运算模式，并且还特别增加了单位转换、日期计算、工作表(抵押、汽车租赁、油耗)这些实用的计算工具。

通过“附件”|“计算器”选项即可打开“计算器”窗口，如图 3-33 所示，通过“查看”|“标准型/科学型/程序员/统计信息”命令可在各种计算器模式之间进行切换。

(a) 标准型

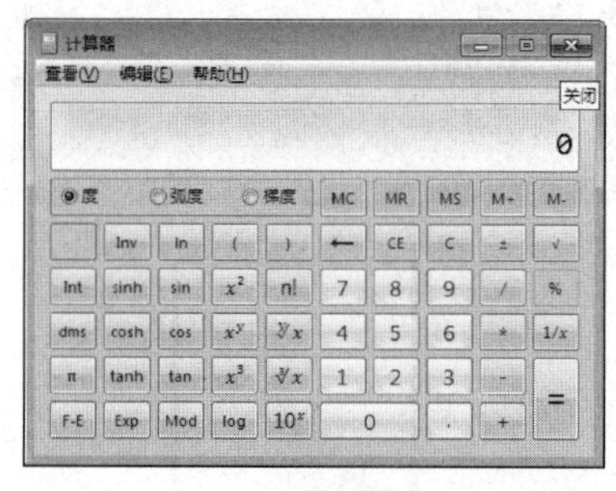

(b) 科学型

(c) 程序型

(d) 统计信息

图 3-33 “计算器”窗口

1. 输入数字和符号

可用鼠标和键盘输入数字和符号,用鼠标单击计算器面板上相应的数字、符号按钮或按键盘上与计算器面板等价的键位,数据或结果便会显示在计算器的荧屏上。

2. 标准型计算器

默认状态下,打开的计算器为标准型计算器,如图 3-33(a)所示,该模式下能进行加、减、乘、除及倒数、平方根等基本运算,具有保存或积累数字的记忆功能。

3. 科学型计算器

科学型计算器除具有标准型计算器的计算功能外,还主要用于复杂的科学运算,如三角函数运算、对数计算以及不同进制间的转换等,如图 3-33(b)所示。

4. 程序员计算器

在 Windows 7 中,使用程序员计算器可以进行进制转化、单位换算等操作,如图 3-33(c)所示。

5. 统计信息计算器

在 Windows 7 中,使用统计信息计算器可以进行如计数、平均数、求和、方差、平方和等一些基本的统计学计算,如图 3-33(d)所示。

3.4.5 录音机

录音机是 Windows 7 提供的一种语音录制设备,该程序在 Windows 之前的版本中就存在。利用录音机用户可以通过各种语音输入设备(比如麦克风)将声音录制为数字媒体文件。但是 Windows 7 中的录音机不支持声音播放功能。使用录音机前,应确保计算机上装有声卡和扬声器,录制声音时,则还需要麦克风(或其他音频输入设备)。

选择“开始”|“所有程序”|“附件”|“录音机”选项,即可打开“录音机”窗口,如图 3-34 所示。单击录音机中的“开始录制”按钮●,即开始录制声音,若要停止录制声音,单击“停止录制”按钮■即可停止录音。在“文件名”文本框中为录制的声音输入文件名,然后单击“保存”按钮将录制的声音另存为音频文件。

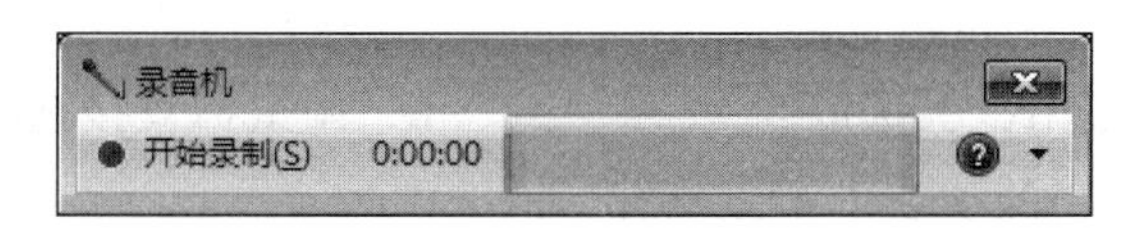

图 3-34 “录音机”窗口

习　题　3

一、单选题

1. 操作系统的主要功能是(　　)。

A. 实现软硬件转换　　B. 管理系统所有的软硬件资源

C. 把源程序转换成目标程序　　D. 进行数据处理

2. Windows 操作系统是(　　)。

A. 分时操作系统　　B. 分布式操作系统

C. 单任务操作系统　　D. 多任务操作系统

3. 在 Windows 系统中,通过任务栏(　　)。

A. 可以显示系统的所有功能　　B. 只能显示当前活动窗口名

C. 只能显示正在后台工作的窗口名　　D. 可以显示窗口之间的切换

4. 在 Windows 7 中,不能用于退出应用程序的方法是(　　)。

A. 双击应用程序窗口左上角的控制图标

B. 按 Ctrl+F4 键

C. 单击应用程序窗口右上角的“关闭”按钮

D. 按 Alt+F4 键

5. 以下关于 Windows 的说法中,正确的是(　　)。

A. 菜单呈浅色说明该功能已损坏

B. Windows 7 可以实现多用户之间的快速切换

C. Windows 7 已经是最高版本操作系统

D. 删除文件必须放入回收站中才能删除

6. Windows 的窗口与对话框,下列说法正确的是(　　)。

A. 窗口与对话框都有菜单栏

B. 对话框既不能移动位置也不能改变大小

C. 窗口与对话框都可以移动位置

D. 窗口与对话框都不能改变大小

7. 在 Windows 资源管理器窗口中,如果想选定多个分散的文件或文件夹,正确的操作是(　　)。

A. 按住 Ctrl 键用鼠标选取　　B. 按住 Shift 键用鼠标选取

C. 按住 Alt 键用鼠标选取　　D. 用鼠标直接选取

8. 以下关于文件名的说法中,不正确的是(　　)。

A. 文件名可以用汉字　　B. 文件名可以包含多个空格

C. 文件名可以有多个小数点　　D. 文件名最多包括 256 个字符

9. 下面关于快捷菜单的描述中,(　　)是不正确的。

A. 快捷菜单可以显示出与选择对象相关的命令菜单

B. 单击操作对象,弹出快捷菜单

C. 右击操作对象,弹出快捷菜单

D. 按 Esc 键或单击桌面或窗口上任意一个空白区域,都可以退出快捷菜单

10. Windows 中,右击文件,从弹出的快捷菜单中选择"剪切"选项,则将文件放到(　　)。

A. 目标位置中　　B. 粘贴板中　　C. 剪贴板中　　D. 复制板中

二、简答题

1. 什么是操作系统?其主要功能是什么?
2. Windows 7 有哪些新特征?
3. 文件命名时,应遵循哪些规则?
4. 删除操作分为哪两种?有何区别?
5. Windows 7 中用户账户的类型有哪几种?有何区别?

第4章

字处理软件 Word 2010

本章学习目标：

- 熟练掌握 Word 2010 文档的创建、输入、保存、保护和打开。
- 熟练掌握 Word 2010 文档的编辑，包括插入、修改、删除、移动、复制、查找和替换、英文校对等基本操作。
- 熟练掌握 Word 2010 文档的文字、段落和页面排版。
- 熟练掌握 Word 2010 表格的创建和对象的插入。

Microsoft Office 2010 是美国 Microsoft 公司提供的一个智能商务办公软件，整个办公自动化套件包括 Word 2010、Excel 2010、PowerPoint 2010、Outlook 2010、Access 2010 等十几种办公软件，本章主要介绍 Office 2010 的重要成员 Word 2010 的基本知识及操作方法。

4.1 Word 2010 基础知识

4.1.1 Word 2010 简介

Word 2010 具有 Windows 的图形操作界面，是目前流行的文字处理软件。它不但具有一整套编写工具，还具有易于操作的界面，使用它可以更快捷地创建和共享具有专业水准的文档。Word 2010 在原有技术基础上改进了用于创建专业品质文档的功能，提供了更加简单的方法与他人协同工作。主要新功能包括：全新的导航搜索窗格、生动的文档视觉效果应用、更加安全的文档恢复功能，简单方便的截图功能，此外，丰富的审阅、批注和比较功能可以快速收集和管理来自同事的反馈信息，高级的数据集成可确保文档与重要的业务信息源时刻相连。

1. Word 2010 的启动

启动一个 Office 应用程序就是将该程序及其工具加载到计算机系统的 RAM(工作内存中)，以便开始工作。在 Windows 7 中启动 Word 2010 主要有以下 3 种方法。

(1) 在“开始”菜单中选择“所有程序”|Microsoft Office|Microsoft Office Word 2010 选项。

(2) 将应用程序名称从“开始”菜单拖动到桌面,创建用于 Word 程序启动的桌面快捷图标,然后双击该图标启动 Word 程序。

(3) 通过 Windows 的资源管理器定位要打开的 Word 文档,双击文档名即可启动 Word 2010 程序,同时打开该文档。

2. Word 2010 的关闭和退出

在 Word 2010 程序完成工作时,可以使用下面方法关闭 Word 应用程序:

(1) 按 Alt+F4 键。

(2) 在“文件”选项卡中单击“退出”按钮。

(3) 单击程序窗口右上角的“关闭”按钮。

如果在退出操作之前,已被修改的文档还没有保存,则在退出 Word 2010 时将会显示一个确认框询问用户是否要保存对文档的修改,如图 4-1 所示。

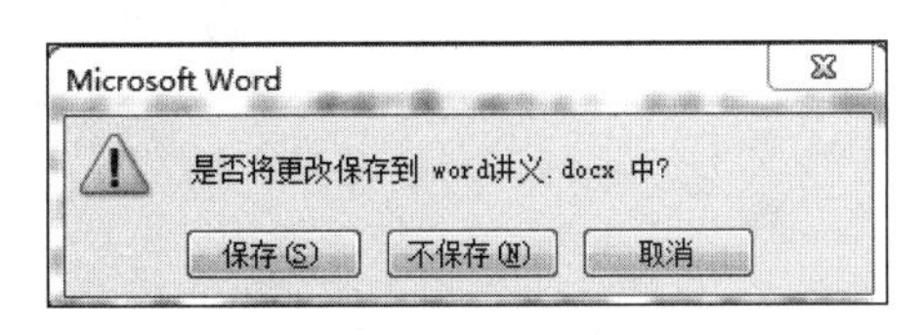

图 4-1 “保存”确认框

单击“保存”按钮存盘退出,单击“不保存”按钮放弃所做的修改,直接关闭当前的文档退出 Word 2010;单击“取消”按钮,则返回到原来的编辑状态。

4.1.2 Word 2010 的工作窗口、文档视图

1. 工作窗口

启动 Word 2010 后,屏幕上就会出现如图 4-2 所示的工作界面,它包括标题栏、快速访问工具栏、功能区、水平标尺、垂直标尺、滚动条、状态栏、动态命令标签等。

(1) 标题栏。位于 Word 2010 窗口的最顶端,它显示了当前编辑的文档名称、文件格式兼容模式和“Microsoft Word”字样。在最右面,是 Word 2010 程序的最小化、最大化和关闭按钮。首次进入 Word 2010 时,默认打开的文档名为文档 1.docx。

(2) 快速访问工具栏。在标题栏的左面就是快速访问工具栏,用户可以在快速访问工具栏上放置一些最常用的命令,例如新建文件、保存、撤销、打印等。快速访问工具栏非常类似之前版本 Word 中的工具栏,用户可以非常灵活地增加、删除快速访问工具栏中的命令项。要向快速访问工具栏中增加或者删除命令,需要单击快速访问工具栏右边向下的箭头,用户可以在下拉菜单中单击选中命令或者取消选中的命令。

(3) 功能区。微软公司对 Word 2010 做了全新的用户界面设计,最大的创新就是改变下拉式菜单命令,取而代之的是全新的功能区命令工具栏。在功能区中,将 Word 2003 原来上千项的下拉菜单命令,重新组织在“开始”“插入”“页面布局”“引用”“邮件”“审阅”“视图”等选项卡中。

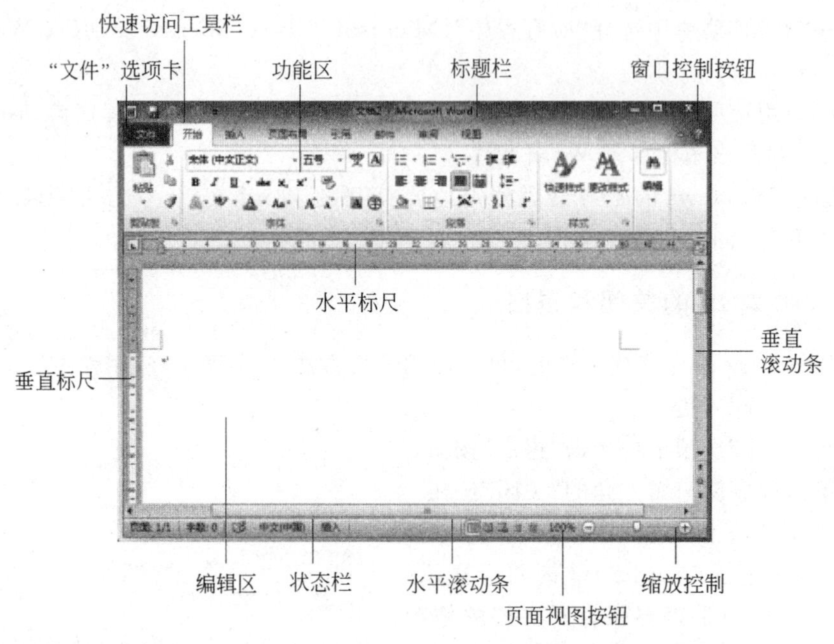

图 4-2 Word 2010 操作界面中各元素的名称及功能

(4) 动态命令选项卡。在 Word 2010 中,会根据用户当前操作的对象自动的显示一个动态命令选项卡,该选项卡中的所有命令都和当前用户操作的对象相关。例如,当用户当前选择了文中的一张图片时,在功能区中,Word 会自动产生一个粉色高亮显示的"图片工具|格式"动态命令选项卡,从图片参数的调整到图片效果样式的设置都可以在此动态命令选项卡中完成,用户可以在数秒内实现非常专业的图片处理,如图 4-3 所示。

图 4-3 "图片工具|格式"动态命令选项卡

(5) 对话框启动器。在 Word 2010 中依然保留了 Office Word 2003 中的一些命令对话框，这样用户可以非常方便地进行一些高级设置。在功能区的右下角有一个小方框的对话框启动器，可以通过单击它来启动对话框。

(6) 文档编辑区。在文档编辑区中，用户可以完成输入文字，插入图形、图片，设置和编辑格式等操作。文档编辑区占据了 Word 窗口的中心区域，也是用户在 Word 操作时最主要的工作区域。

(7) 标尺。包括水平标尺和垂直标尺。在 Word 2010 中，默认情况下标尺是隐藏状态，可以通过单击文档编辑区右上角的“显示标尺”按钮来显示标尺。通过水平标尺可以设置首行缩进、悬挂缩进、左边距、右边距、制表符按钮，通过垂直标尺设置上边距和下边距。

2. 文档视图

要扩展使用文档进行工作的方式，Word 2010 提供了多种不同的工作环境，称为“视图”。要撰写文档并审阅文字和基本文字格式，可以选择快速显示视图“草稿视图”；长文档中尽量不受用户界面干扰地阅读并执行文字编辑，可以使用“全屏阅读版式视图”；如果文档中包含图形、公式和其他非文字因素，则文档设计很重要，可以选用“页面视图”；联机发布文档选择“Web 版式视图”；对于组织和管理文档来说，Word 2010 中的“大纲视图”提供了强大的工具。

(1) 页面视图。“页面视图”用于显示文档的打印外观，是仿真文档打印效果的视图，例如页眉、页脚、栏和文本框等所有定义的文档格式都能呈现出来。“页面视图”还能实现即点即输的功能，如图 4-4 所示。

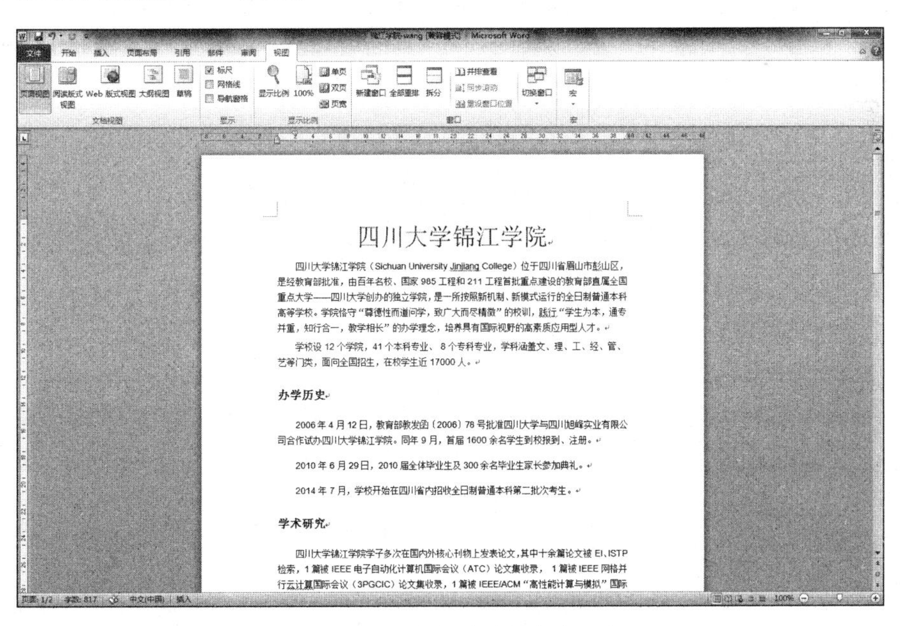

图 4-4 “页面视图”方式

(2) 阅读版式视图。阅读版式是为了方便用户在 Word 中进行文档的阅读而设计的，这种视图不更改文档本身，只更改页面版式并改善字体的显示，以便文本更易于阅读。若要关闭阅读版式模式,可选择其他的视图模式或单击工具栏中的“关闭”按钮,如图 4-5 所示。

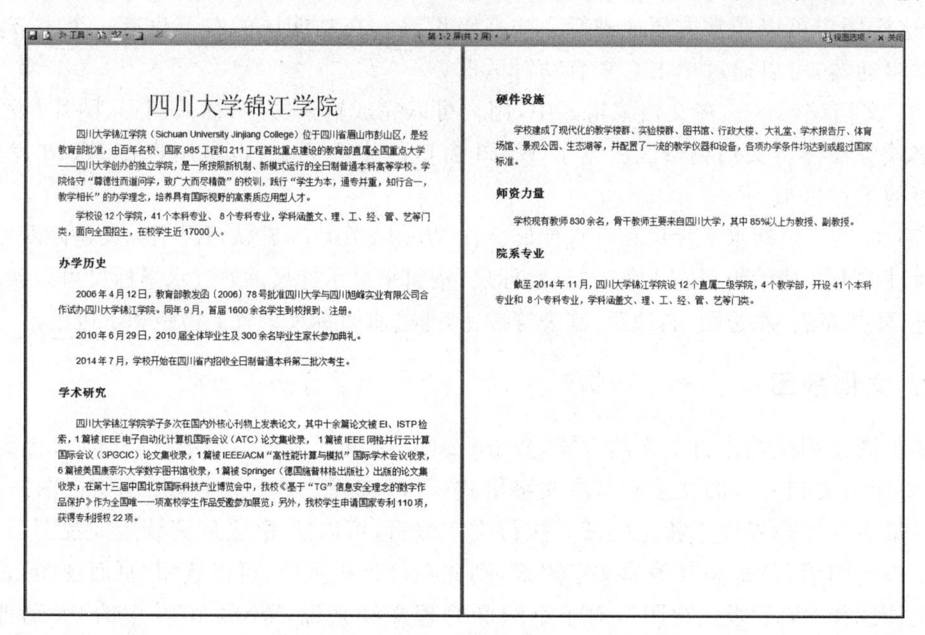

图 4-5 “阅读版式视图”方式

(3) Web 版式视图。Word 2010 中的“Web 版式”视图是专为浏览和编辑 Web 网页而设计,它能够模仿 Web 浏览器来显示 Word 文档。在“Web 版式”视图方式下,可以看到背景和为适应窗口而换行显示的文本,图形位置与在 Web 浏览器中的位置一致。如果文档中包含了超链接,那么将默认加下划线显示,同时,还能显示背景颜色、图片和纹理等,如图 4-6 所示。

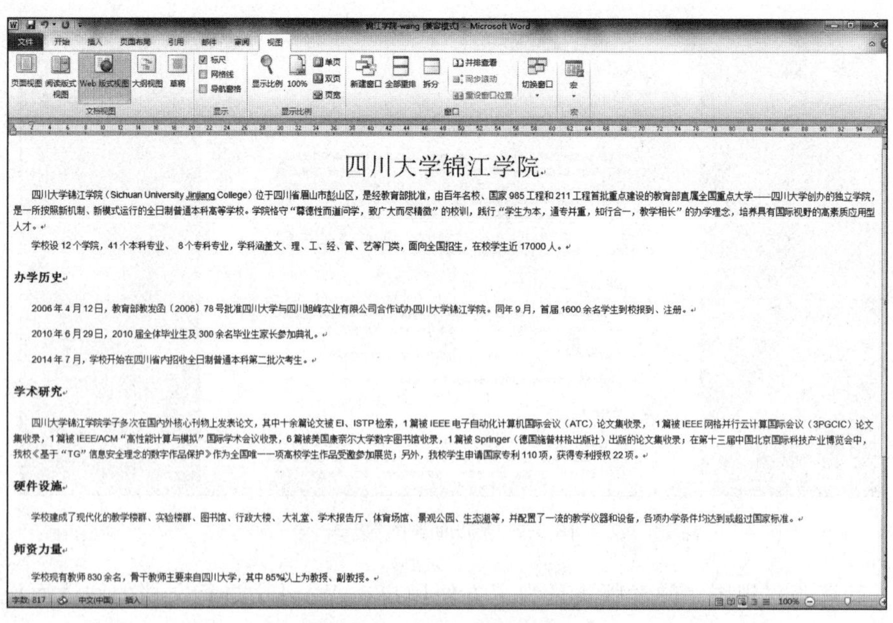

图 4-6 “Web 版式视图”方式

（4）大纲视图。“大纲视图”用缩进文档标题的形式代表标题在文档结构中的级别，在大纲视图中折叠大纲可隐藏标题下的正文和子标题，可以方便地查看、编辑、复制和移动带有大纲格式的文档，如图 4-7 所示。

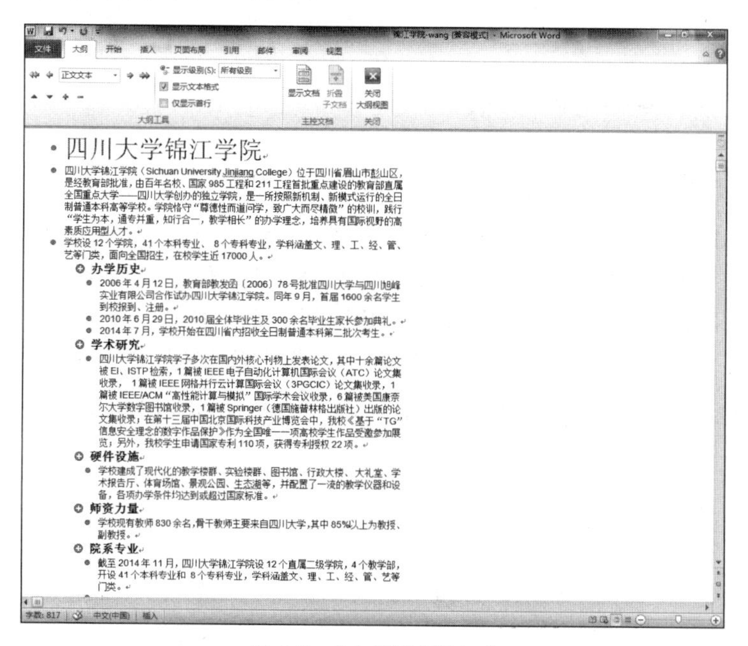

图 4-7 “大纲视图”方式

（5）草稿视图。“草稿视图”是一般的文档编辑视图，不涉及诸如页眉、页脚和页边距等格式。草稿视图不能显示图文内容以及分栏的效果等，当输入的内容多于一页时，系统自动加虚线表示分页线，如图 4-8 所示。

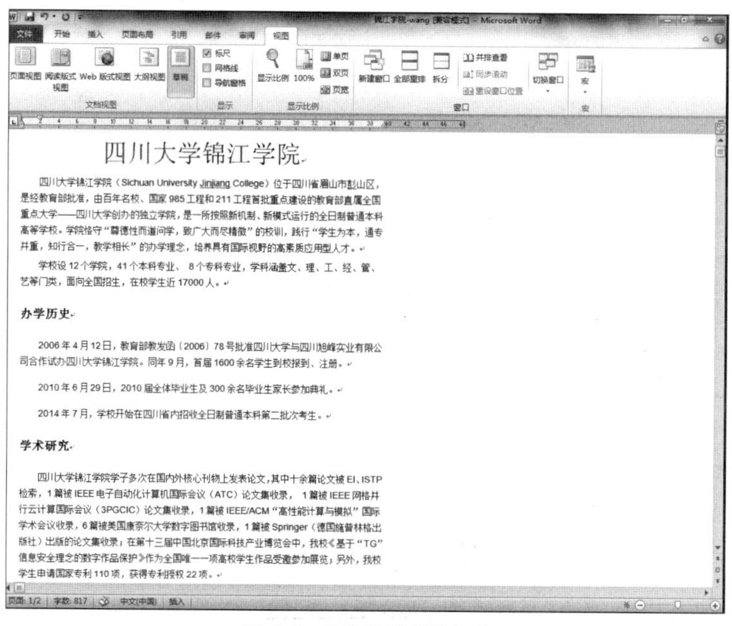

图 4-8 “草稿视图”方式

4.2　文档的基本操作

4.2.1　文档的创建与打开

1. 创建空文档

启动 Word 2010 之后，系统会自动创建一个名为“文档 1”的空白文档，文档后缀名为.docx。可以另外新建其他名称的文档或根据 Word 提供的模板来新建带有格式和内容的文档。如果需要一份空白文档，可以使用下列步骤创建。

(1) 在“文件”选项卡中选择“新建”选项，此时将出现“新建”对话框，如图 4-9 所示。

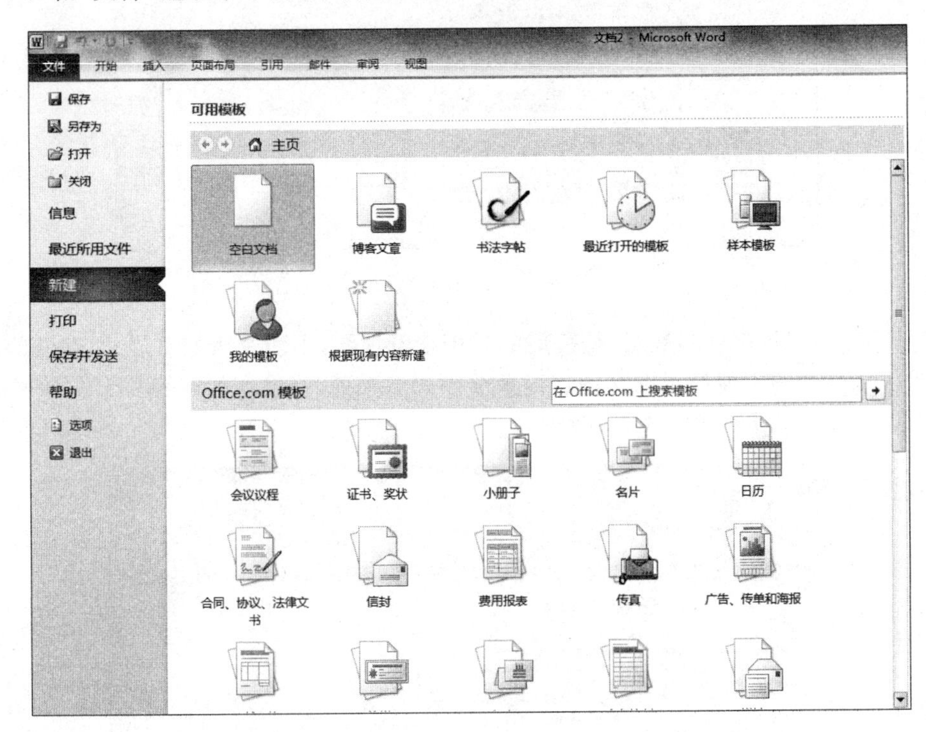

图 4-9　“新建”对话框

(2) 单击“空白文档”图标。

(3) 单击“创建”按钮，出现新的空白文档。

2. 使用模板创建文档

没有必要从零开始创建每个文档，取而代之的是选择一个提供设计设置的模板。“样本模板”是指利用 Word 2010 自带的 55 种文档模板创建简历、新闻稿和基本报表等类型的文档；“根据现有内容创建”是指利用计算机中已保存的文档来新建与之类似的文档，新建的文档既包括套用其中的版式，也可以借用其中部分文档内容；"Office.com 模板"是指 Office 官方网站所提供的众多常用文档模板，包括报表、备忘录、发票、合同、协议、贺卡等，用户可以直接在"新建"选项面板中下载并使用这些模板，如图 4-10 所示。

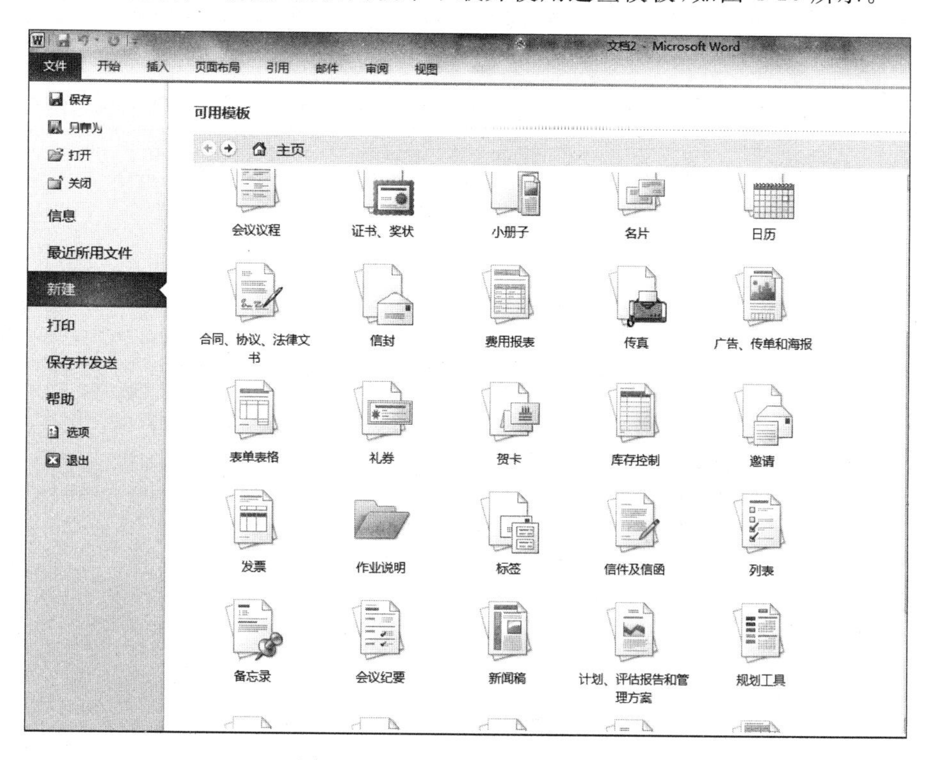

图 4-10 从模板新建文档对话框

3. 文档的打开

在进行文档的编辑操作时，往往难以一次完成全部工作，需要对已编辑的文档进行补充或修改，这就要将存储在磁盘上的已有文档调入 Word 工作窗口，称为打开文档，Word 2010 提供了两种打开文档的方式，一种是打开最近使用过的文档，在"文件"选项卡中选择"最近所用文件"选项，在"最近使用的文档"选项面板中记录了最近使用过的文档，单击对应的选项即可打开对应的文档；另一种是打开计算机中的任意文档，其操作步骤如下：

(1) 在"文件"选项卡中选择"打开"选项，弹出"打开"对话框，如图 4-11 所示。

(2) 选择目标文件所在的驱动器或文件夹。

(3) 在出现的文件列表中选择要打开的目标文档，单击"打开"按钮。

4.2.2 文档的保存

在 Word 中编辑好文档后，需要及时使用"文件"选项卡中的"保存"选项将文档存盘；也可以选择"另存为"选项，将文档另存为不同的文件名或不同的位置；还可以选择"关闭"

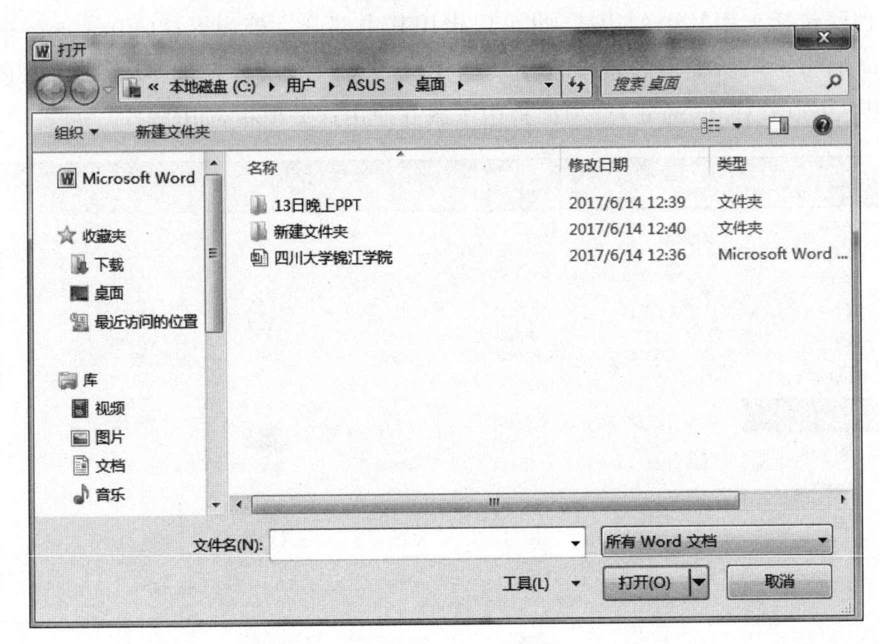

图 4-11 “打开”对话框

选项，放弃编辑并关闭打开的文件。

1. 人工保存

人工保存被编辑的文档有以下两种方法。

(1) Word 启动时自动为新创建的文档起名为“文档 1”“文档 2”等，如果对这些尚未保存过的文档进行保存，操作步骤如下：

① 单击“快速访问工具栏”上的“保存”按钮；或者在“文件”选项卡中选择“保存”选项，弹出“另存为”对话框，如图 4-12 所示。

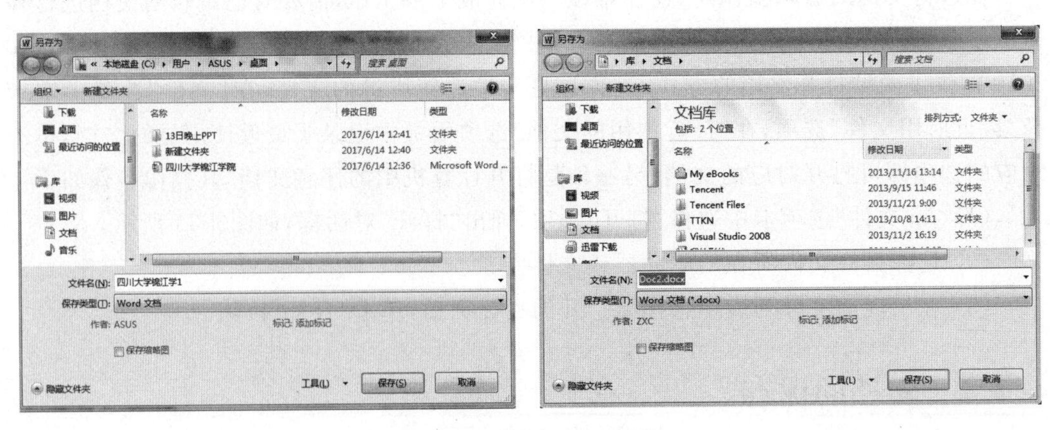

图 4-12 “另存为”对话框

② 在“保存位置”下拉列表中选择存放文档的驱动器及文件夹。

③ 在“文件名”框中输入该文件的名字;在“保存类型”框中选中“Word 文档”。

④ 单击“保存”按钮。

(2) 如果对当前打开的文档进行编辑修改后保存,需要将其更名或更改文件类型,或更改位置另外保存。可以在“文件”选项卡中选择“另存为”选项,在弹出的“另存为”对话框中进行操作。

2. 自动保存

为了防止突然断电或是出现了其他意外而导致文件丢失,可以在 Word 2010 中设置定时自动保存,其步骤如下。

(1) 在“文件”选项卡中选择“选项”选项,在弹出的“Word 选项”对话框中选择“保存”选项,如图 4-13 所示。

图 4-13 “保存”选项卡

(2) 选择“自动保存时间间隔”复选框,并在其后的“分钟”框中选择或输入自动保存的时间间隔,默认是 10 分钟,最多 120 分钟。

4.3 文档的编辑与修饰

4.3.1 输入文本

编辑文档的第一步就是向文档中输入文本内容。在文档编辑中有一条闪烁的短竖线，称为光标插入点，表示可以在此位置输入文本，输入的文本将出现在光标的位置处，同时光标自动向右移动，常见的文本内容包括常规文本、特殊符号和公式 3 种。

1. 输入文本

常规文本主要指中文文本和英文文本。在输入文本时，首先须将光标定位到输入的位置，将鼠标指针移至文档编辑区中，当其变为“I”形状后，在需要编辑的位置单击鼠标左键，将指针定位好后，切换到所需的输入法状态，在插入点处就可以输入文本了。

2. 输入符号

在“插入”选项卡的“符号”组中单击“符号”按钮，打开“符号”对话框，如图 4-14 所示，浏览并选择所需的符号。

3. 插入编号

在“插入”选项卡的“符号”组中单击“编号”按钮，打开“编号”对话框，如图 4-15 所示，浏览并选择所需的编号类型。

图 4-14　插入符号

图 4-15　插入编号

4. 插入日期和时间

在“插入”选项卡的“文本”组中单击“日期和时间”按钮，打开“日期和时间”对话框，如图 4-16 所示，浏览并选择所需的日期格式。如果选择“自动更新”功能，在打开文档时，日期和时间会自动更新为当前日期和时间。

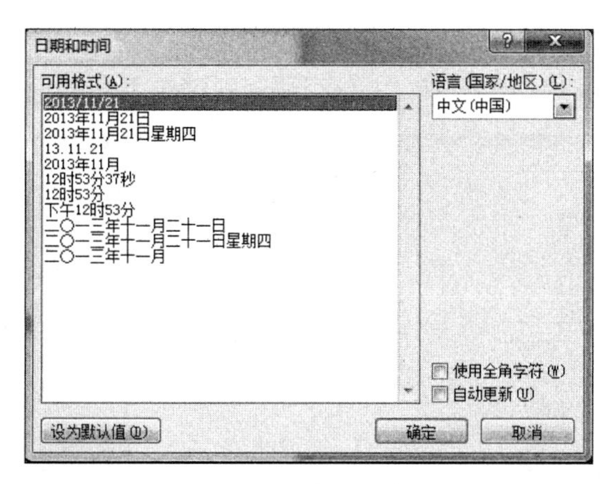

图 4-16　插入日期

5. 输入公式

在 Word 2010 中输入公式有两种方法：一种是直接插入 Word 2010 内置的公式，另一种是手动创建公式。

(1) 在“插入”选项卡的“符号”组中单击“公式”按钮，打开下拉菜单，如图 4-17 所示。Word 2010 的内置公式库中有许多的公式，例如二项式公式、傅里叶级数等，若 Word 2010 公式集中包含要输入的公式，则可直接选择对应的公式输入。

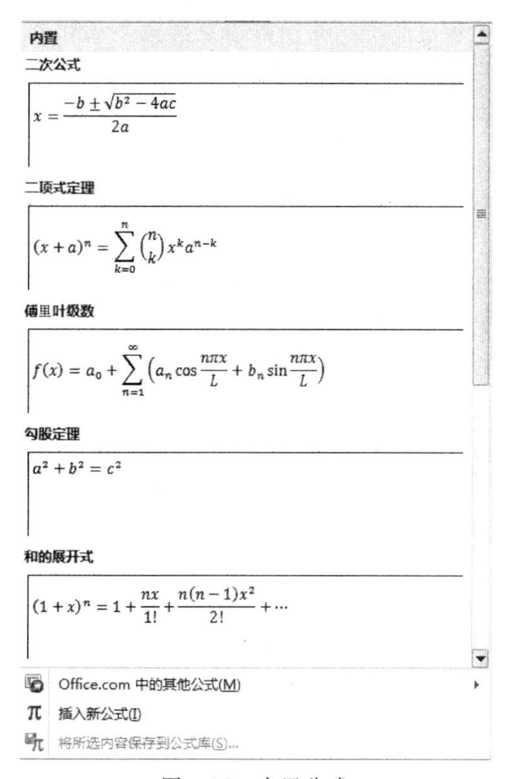

图 4-17　内置公式

(2) 若公式库中找不到所需的公式,则需要手动输入公式。单击“插入新公式”按钮后通过“公式工具|设计”选项卡中对公式进行调整和编辑,如图 4-18 所示。

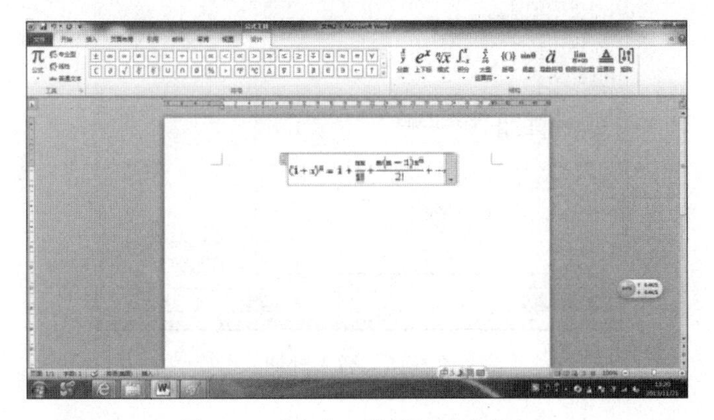

图 4-18 “公式工具|设计”选项卡

4.3.2 文档的编辑

1. 选择文本

选择文本是指通过选择操作来突出显示指定的文本,被选中的文本通常会被添加浅蓝色底纹,以区别于其他未被选中的文本。熟练掌握文本选择的方法,将有助于提高工作效率。在需要选取文本起始位置按下鼠标左键并拖动,到需要选择文本的结束处释放鼠标,就可以选中相应的文本。使用鼠标可以选择一行、一段文本或者整篇文档。

(1) 选择一行文本。将鼠标移动到该行左边的选定栏上,当鼠标形状变为反向鼠标形状时,单击,即可选定改行。如果用户在选定栏上按住鼠标左键不放并垂直向下进行拖动,可以选定多行。

(2) 选择一段或多段文本。将鼠标移动到段落左边的选定栏上,当鼠标变形为反向鼠标形状时双击鼠标左键即可选中当前段落。

(3) 选择整篇文本。要选择整篇文档可以使用以下 3 个方法:

① 按 Ctrl+A 键。

② 在“开始”选项卡的“编辑”组中单击“选择”按钮下拉按钮,在下拉菜单中选择“全选”项。

③ 将鼠标指针移动到文档左边的选定栏上,三击即可。

2. 查找文本

查找文本就是通过 Word 2010 提供的“查找”功能快速搜索符合条件的文本。查找功能包括 3 种:第一种是普通的查找功能,可用于查找符合关键字的文本内容;第二种是高级查找功能,可用于查找含有特殊格式的文本内容;第三种是定位功能,可用于快速跳至指定的页面。按 Ctrl+F 键或者在“开始”选项卡的“编辑”组中单击“查找”按钮,可以打开“查找和替换”对话框。在“查找内容”框中，输入需要查找的文本，然后单击“阅读突出显示”或“查找下一处”等按钮。单击左下角的“更多”按钮，打开如图 4-19 所示的对话框（此时“更多”按钮变为“更少”按钮），在此可以进行高级搜索选项设置，查找内容包括“格式”和“特殊格式”。

图 4-19 “查找”选项卡

3. 替换文本

替换文本就是将文本中查找到某个文字符号或者控制标记修改为另外的文字符号或者控制标记。按下 Ctrl+H 键或者在“开始”选项卡的“编辑”组中单击“替换”按钮，可以打开“查找和替换”对话框，然后分别设置需要查找的文本和替换的文本，如图 4-20 所示。

图 4-20 “替换”选项卡

4. 复制操作

复制文本就是将原有的文本变为多份相同的内容。复制文本需要首先选择要复制的文本，然后将内容复制到目标位置。

(1) 键盘复制。首先选中文本，使用 Ctrl+C 键进行复制，Ctrl+V 键进行粘贴，这是最简单和常用的复制操作方法。

(2) 命令操作。选中文本，在“开始”选项卡的“剪贴板”组中单击“复制”按钮，再使用“粘贴”按钮在指定的位置进行粘贴。

(3) 格式复制。格式复制就是将文本的字体、字号、段落设置等重新应用到目标文本。首先选中已经设置好的文本，在“开始”选项卡的“剪贴板”组中单击“格式刷”按钮，这样就完成了格式复制，然后选中要应用该格式的文本，即可完成格式的复制。

(4) 选择性粘贴。选择性粘贴提供了更多的粘贴选项，在跨文档之间粘贴时经常用到这项功能。首先选择文本，在“开始”选项卡中的“剪贴板”组中单击“复制”按钮，然后单击“粘贴”按钮下方的三角按钮，在下拉列表中选择“选择性粘贴”命令进行选择性粘贴。

5. 撤销和重复操作

Word 2010 会自动记录所执行的编辑文档、设置格式或输入文本等操作，在执行了错误的操作后，可以通过“撤销”功能将错误操作撤销，也可以通过“重复”功能对之前的操作进行重复。

(1) 撤销操作可以通过两种方式来实现：按 Ctrl+Z 键，撤销上一个操作；通过快速工具栏上的按钮撤销操作或单击按钮旁边的下拉箭头，撤销之前更多步骤的操作。

(2) 重复操作可以通过 3 种方式来实现：按 Ctrl+Y 键，重复上一个操作；通过快速工具栏上的按钮或单击按钮旁边的下拉箭头，重复之前更多步骤的操作；还可以按 F4 键进行重复操作。

4.3.3 文本与段落的修饰

Word 2010 有 4 个级别的格式：字符/字体、段落、节和文档。

1. 字符的格式化

字符的格式化指字符的字体、字号、颜色等各种表现形式的设置，同时还包括字符的间距、缩放、段首字符的下沉和悬挂等的设置。

(1) 设置字体、字形和字号。在 Word 2010 中，通过浮动菜单和功能区能快捷地设置字体字号、颜色等，具体设置方法如下。

浮动菜单设置字体：选中需要设置字体的文字，当鼠标略微移开被选中文字，立即就会有一个字体设置浮动菜单以半透明方式显示出来。将光标移动到半透明菜单上时，菜单项以不透明方式显示。字体设置的浮动菜单中包含了最常用的字体设置按钮：字体、字号、颜色、对齐方式等，选中需要设置字体的文本，然后单击这些按钮即可完成字体设置。

通过功能区设置字体：选中需要设置字体的文字，在“开始”选项卡的“字体”组中包括了多种字体设置按钮，如图 4-21 所示。

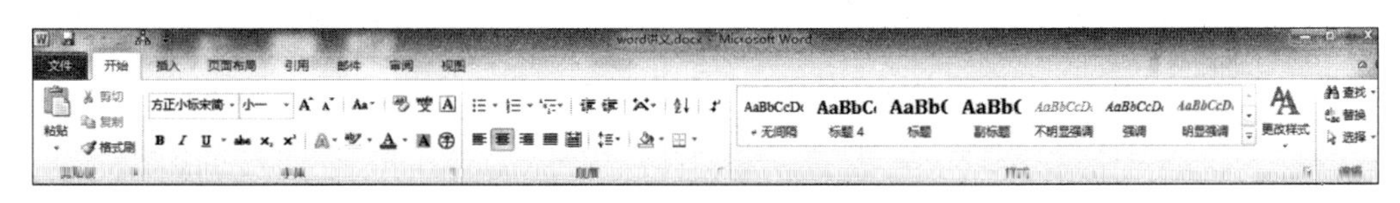

图 4-21　功能区中的字体选项

通过“更改样式”命令，可以快速地设置选中文本的部分、一段或整篇文档的字体、字号、间距、颜色、背景等，具体步骤如下。

① 选中希望设置样式的文字、段落或者整篇文章。

② 在“开始”选项卡的“样式”组中单击“更改样式”按钮，选择一个使用的文档样式即可，然后再选择适当的颜色和字体配置方案。

(2) 设置字符缩放比例、间距和位置。可以改变字符在水平方向上的缩放比例，改变字符间距，以及在不改变字符大小的前提下改变字符在垂直方向上的位置来达到不同的显示效果。具体操作步骤如下。

① 首先选定要调整的字符。

② 在“开始”选项卡中单击“字体”组右下角的对话框启动器，弹出“字体”对话框，如图 4-22 所示。在“缩放”框内选择一种缩放比例，是对字符的横向尺寸进行缩放，以改变字符横向和纵向的比例；在“间距”框内选择“加宽”或“紧缩”，在其右的“磅值”框内输入在“标准”的基础上要扩大或缩小的磅值；在“位置”框内选择“提升”或“降低”，然后在“磅值”框内输入在“标准”的基础上要移动的磅值，可以把同一行字体排成阶梯状的起伏效果。

图 4-22　“字体”对话框

(3) 设置首字符下沉或悬挂的文本。在报纸、杂志之类的文档中，经常会看到“首字符下沉”的例子，即一个段落的头一个字放大并占据两行或多行。要出现首字符下沉或悬挂效果，操作步骤如下：

① 选定要下沉或悬挂的文本。

② 在“插入”选项卡的“文本”组中单击“首字下沉”按钮，实现下沉或悬挂。

③ 也可选择“首字下沉选项”，设置首字的字体类型、下沉行数以及距正文的距离，如图 4-23 所示。

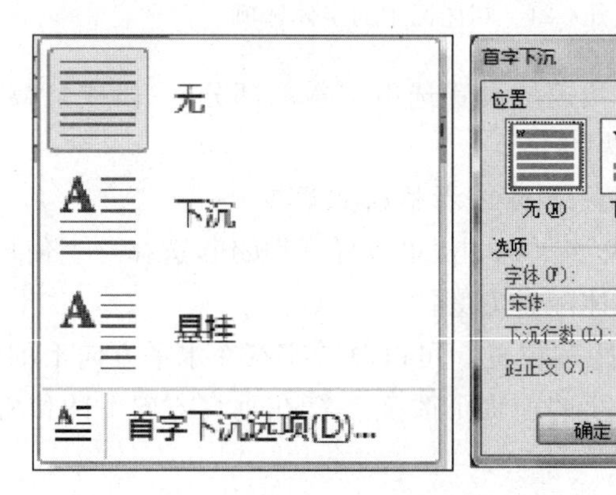

图 4-23 “首字下沉”对话框

(4) 改变文本的方向。在 Word 2010 中，还可以改变文档中文字的方向。例如，使文本框中的文字由横排改为竖排，并且竖排时使文字自上而下排列。要改变文字方向，可在“页面布局”选项卡的“页面设置”组中单击“文字方向”按钮。

(5) 中文版式。在 Word 2010 中提供了拼音指南、带圈字符、纵横混排、合并字符和双行合一等专门的中文版式。在“开始”选项卡的“段落”组中单击“中文版式”按钮，可以选择相应的中文版式，设置效果如图 4-24 所示。

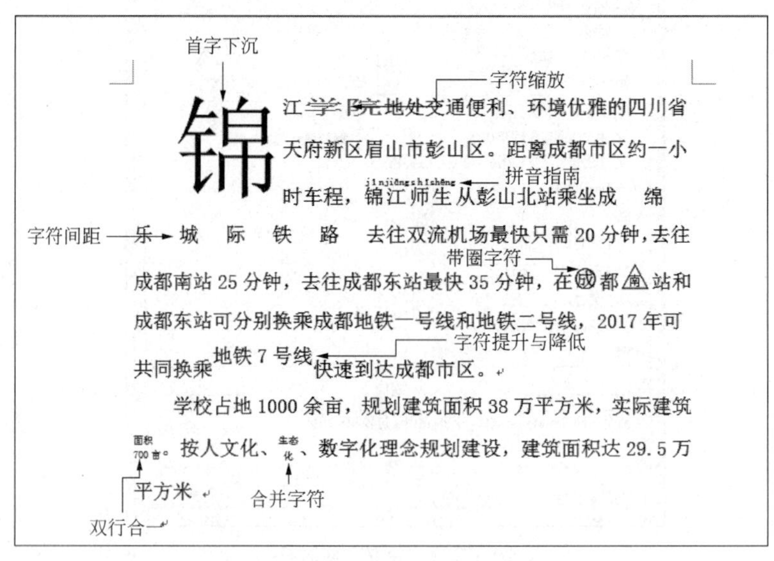

图 4-24 字符格式化效果

2. 段落的修饰

在文档中，利用 Word 2010 提供的工具来设置段落的格式，能够使文档中的内容排列错落有致，版面清晰易读。设置段落中的格式主要包括设置段落的对齐方式、缩进方式以及段落的间距和行距，可以根据情况对段落设置缩进方式、行间距、段间距等。

（1）文本对齐方式。文本对齐方式是指文本相对于页面边缘的对齐方式，Word 2010 中提供了 5 种文本对齐方式，分别是左对齐、右对齐、居中对齐、两端对齐和分散对齐。设置文本对齐的方式有两种，一种是利用功能区中的“段落”组进行设置，另一种是利用“段落”对话框进行设置。选中要设置对齐方式的文本段落，在“开始”选项卡的“段落”组中选择对齐方式，即单击对齐方式所对应的功能按钮。

（2）首行缩进。首行缩进就是每一个段落中第一行第一个字的缩进空格位。中文段落普遍采用首行缩进两个字的位置。设置方法是，单击编辑窗口右上角的按钮显示标尺，然后拖动上面的首行缩进标尺。设置首行缩进之后，在输入时后续段落时，系统会自动为后续段落设置与前面段落相同的首行缩进格式。段落中的“首行缩进”也可以通过对话框中的“特殊格式”选项中的“首行缩进”命令进行设置，如图 4-25 所示。

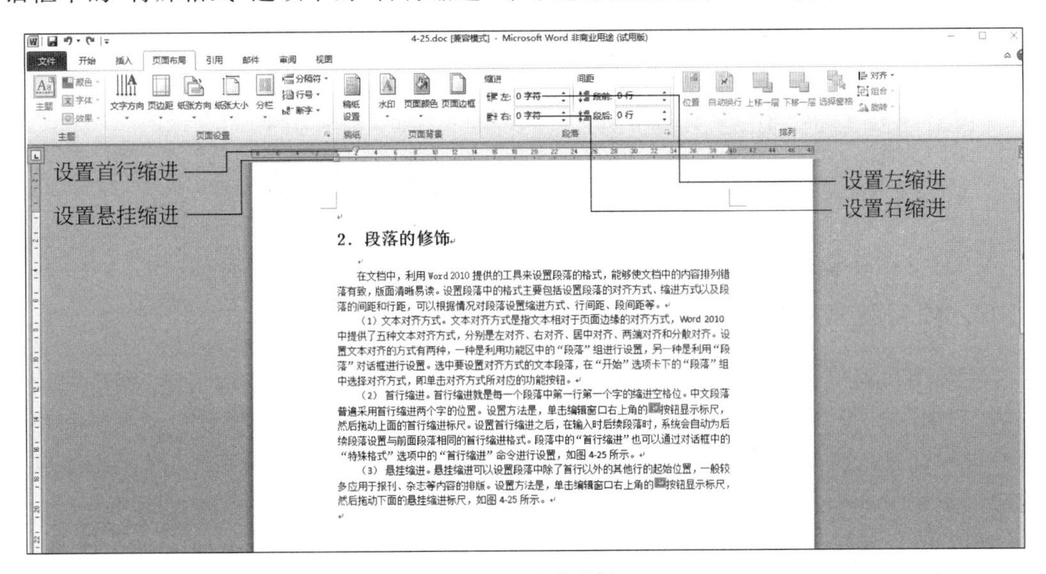

图 4-25　段落格式

（3）悬挂缩进。悬挂缩进可以设置段落中除了首行以外的其他行的起始位置，一般较多应用于报刊、杂志等内容的排版。设置方法是，单击编辑窗口右上角的按钮显示标尺，然后拖动下面的悬挂缩进标尺，如图 4-25 所示。

（4）段前和段后距离。在“页面布局”选项卡的“段落”组的“段前”或者“段后”栏中，可以设置段落之间的间距。段间距的值有两个单位：行(line)和磅(pt)。用户可以通过鼠标来调整间距值，也可以直接输入间距的值，在段前间距中输入 0.5 行，然后按 Enter 键，即可设置本段和前段之间的间距为 0.5 行。通过“段落”对话框，可以让用户使用以前熟悉的对话框形式来设置段落的格式。在“开始”选项卡中，单击“段落”组右下角的对话框启动器，即可打开“段落”对话框；也可以先选中段落，然后右击，从弹出的快捷菜单中选择“段落”选项，如图 4-26 所示，打开“段落”对话框。

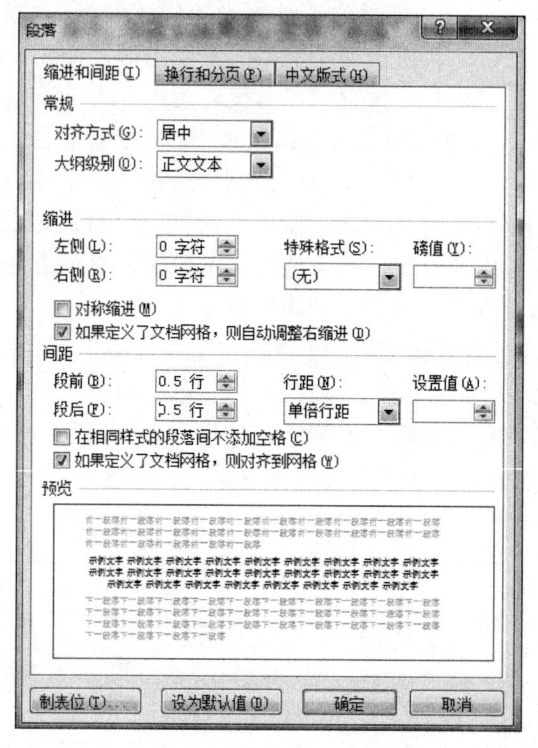

图 4-26 “段落”对话框

3. 项目符号和编号

使用项目编号和项目符号来组织文档，可以使文档层次分明、条例清晰、容易阅读和编辑，在编写一些篇幅较长且结构复杂的文档时，非常有用。对文档设置自动编号和项目符号可以在输入文档之前进行，也可以在输入文档完成后进行，在设定完成后，还可以任意对项目编号和项目符号进行修改。

(1) 项目编号。在 Word 2010 中，选中需要设定项目编号的一个或者多个段落，在“开始”选项卡的“段落”组中单击“编号”按钮。还可以选择其他两种类型的自动编号：项目符号和多级列表，其对应的下拉菜单如图 4-27 所示。

(2) 修改项目编号与符号。系统默认的项目符号和编号只能满足一些基本的应用场景，可以根据需求来自定义项目符号和编号设置。在“开始”选项卡的“段落”组中单击“编号”下拉按钮，在下拉列表中选择“定义新编号格式”命令，打开“定义新编号格式”对话框，即可修改项目符号和编号的格式。当完成项目符号和编号的修改之后，所有曾经应用了之前该项目符号和编号的文本，都将自动更新为新的设置，如图 4-28 所示。

4. 边框和底纹

为了使文档醒目而美观，可以给选定的文字和段落加上边框和底纹，甚至可以给整个

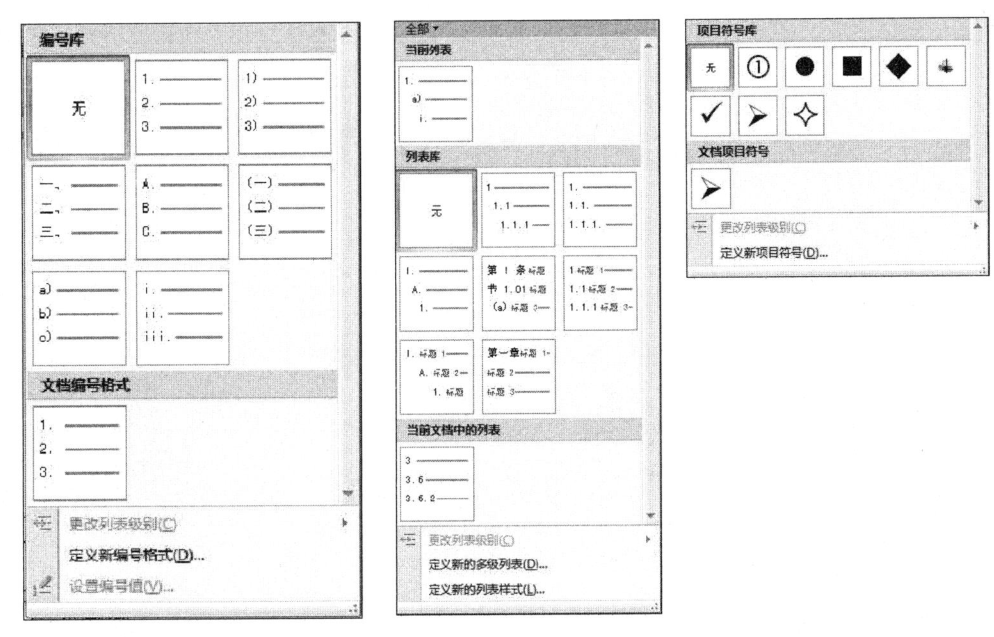

图 4-27 “项目编号、多级列表和项目符号”菜单

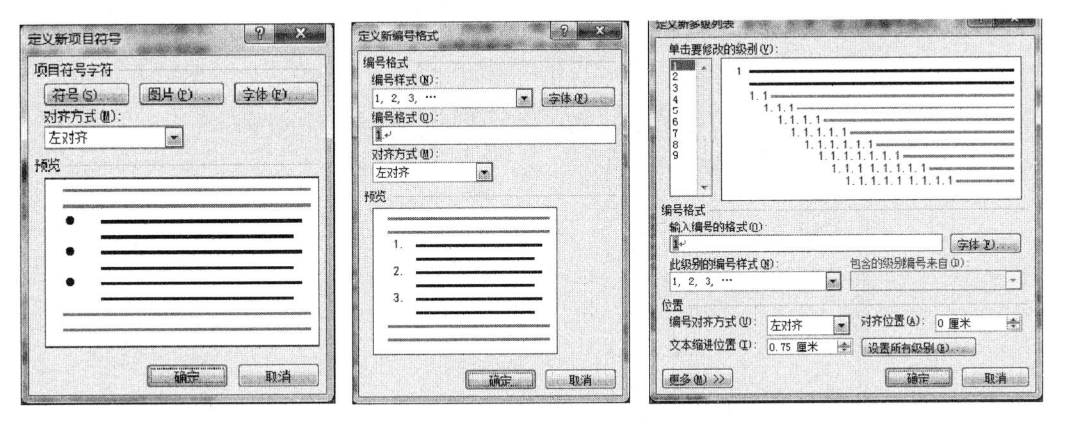

图 4-28 自定义项目符号、编号和多级列表

文档的页面都加上边框。给文本或段落添加边框和底纹的操作步骤如下：

(1) 选择要添加边框和底纹的文字和段落。

(2) 在“开始”选项卡的“字体”组中单击“字符底纹”按钮，为选定的字符加底纹；在“开始”选项卡的“段落”组中单击“底纹”或“边框”按钮，为指定的段落加上边框和底纹，如图 4-29 所示。

也可以在“开始”选项卡的“段落”组中单击“边框”下拉按钮，在下拉列表中选择“边框和底纹”对话框进行设置，如图 4-30 所示。如果对文字设置边框和底纹，在对话框中选择应用于“文字”选项，如果对段落设置边框和底纹，选择应用于“段落”选项。

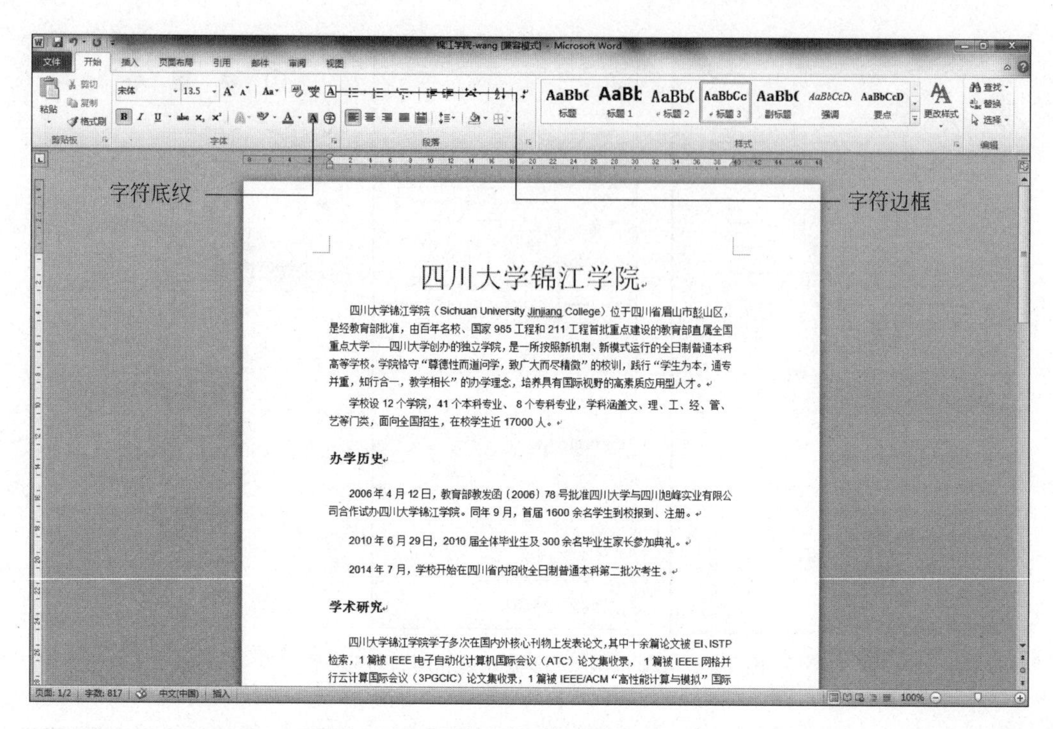

图 4-29　功能区设置“边框和底纹”

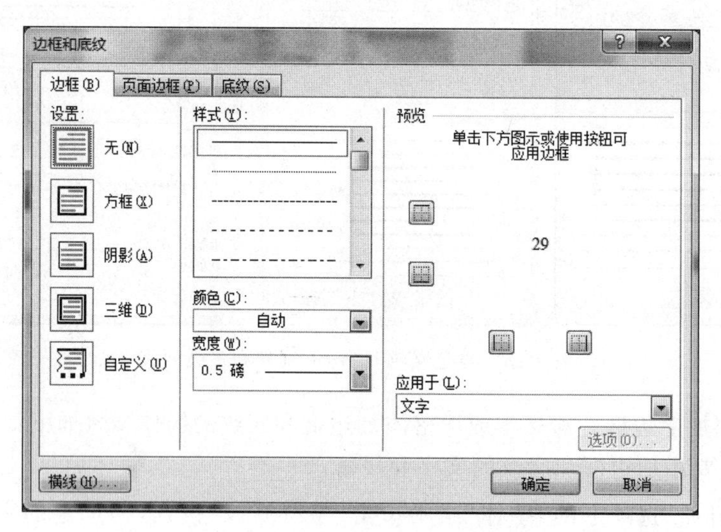

图 4-30　对话框设置“边框和底纹”

4.3.4　页面规范化处理

1. 页面背景设置

(1) 设置水印。水印是出现在文档文本下面的文本或图片，水印具有可视性，但它不会影响文档的显示效果。Word 2010 中提供的水印样式均为文字类水印，它们分别位于“机密”“紧急”和“免责申明”3 个库中，可以根据文档的性质选择合适的水印样式。也可以在“页面布局”选项卡的“页面背景”组中单击“水印”下拉按钮，在下拉列表中选择“自定义水印”命令，弹出“水印”对话框进行自定义参数设置，设置水印后的文档效果，如图 4-31 所示。

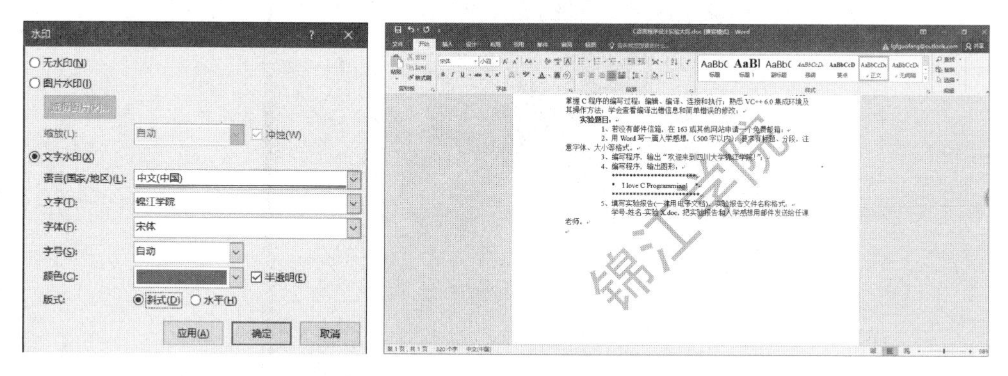

图 4-31 “水印”设置对话框及效果

（2）页面颜色设置。文档的页面颜色是指页面的背景色，页面的背景色既可以是标准色或自定义颜色，也可以是渐变、纹理、图案或图片填充。Word 2010 提供了强大的颜色配置功能，针对不同应用场景，制作专业美观的文档。通过页面颜色设置，可以为文档页面设置专业的配色方案，当页面填充时，是对整个文档的所有页面进行相同的颜色填充，如图 4-32 所示。

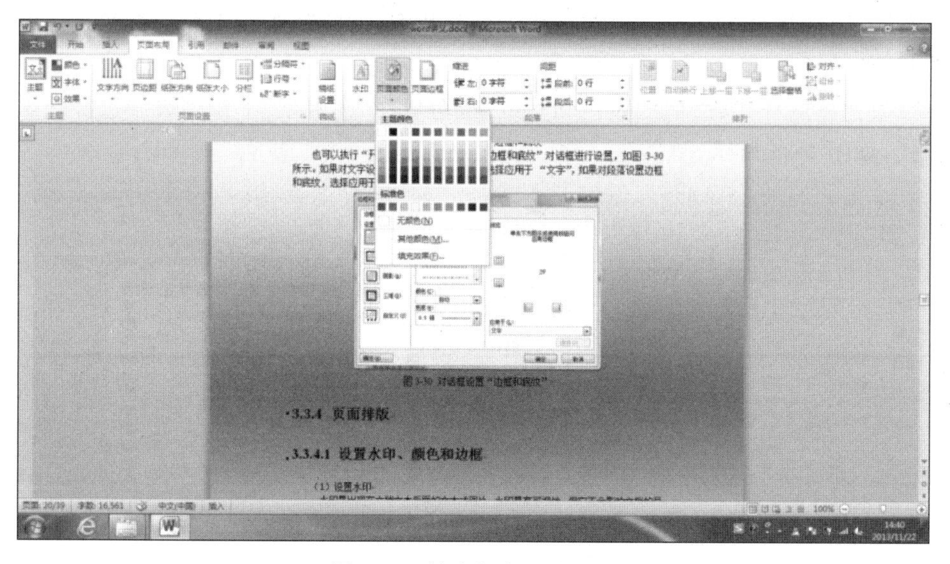

图 4-32 填充颜色后的页面

在“页面布局”选项卡的“页面背景”组中单击“页面颜色”下拉按钮，在下拉列表中选择“无颜色”“其他颜色”或者“填充效果”命令来进行文档背景颜色的填充。如果选择“填充效果”命令，则打开“填充效果”对话框，可以在此选择“渐变”“纹理”“图案”“图片”等多种方式进行页面背景的填充，如图 4-33 所示。

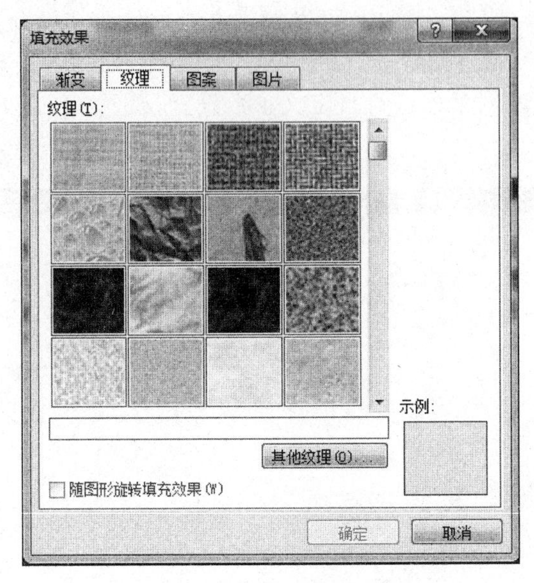

图 4-33 “填充效果”对话框

（3）页面边框设置。选择“页面布局”选项卡中的“页面背景”组，单击“页面边框”按钮，打开“边框和底纹”对话框，在此用户可以设置以下内容。

边框：设置一行或者一段文本的边框，包括线条样式、线条宽度及颜色。

页面边框：设置一节或者整篇文档的页面边框。默认情况下，一个文档没有分节，整个文档是一节，如果希望一个文档有多种不同的边框，这时就要在不同边框的页面之间插入分节符，然后再设置页面边框，这样选中的页面边框将应用到该节中。在“页面边框”选项卡下设置边框的样式、边框的颜色和宽度，也可以在“艺术型”下拉列表中选择艺术型边框的样式，如图 4-34 所示。

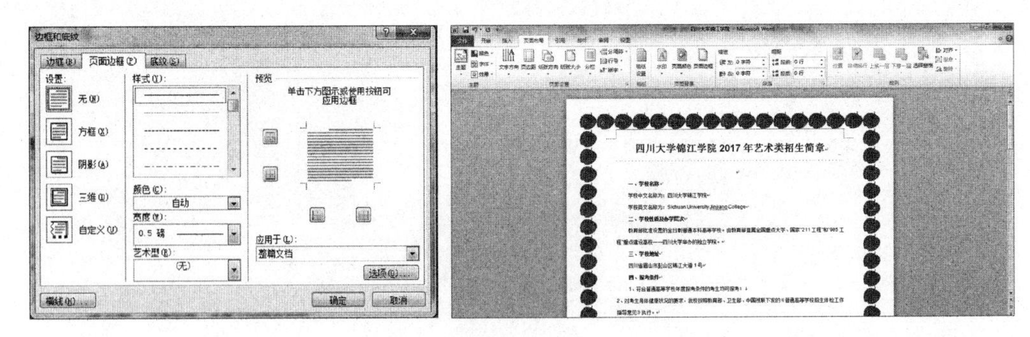

图 4-34 “页面边框”选项卡及设置效果

2. 分栏效果

分栏排版被广泛应用于报刊、杂志等媒体中。利用分栏排版，可以创建不同风格的文档，同时也能够减少版面留白。首先选定要进行分栏排版的文本，然后在“页面布局”选项卡的“页面设置”组中单击“分栏”按钮，弹出如图 4-35 所示的下拉菜单，这时可以预览并且设定文字分为几栏，单击“更多分栏”命令，打开“分栏”对话框，可以设置分栏的列数、宽度和应用范围，在这个对话框中，可以设置各栏的宽度是不对称的。

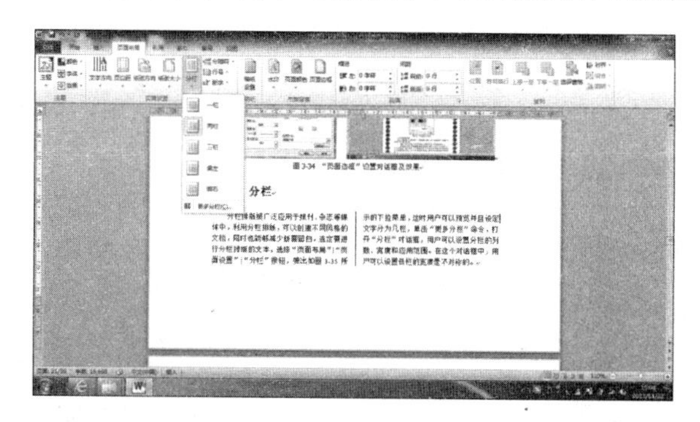

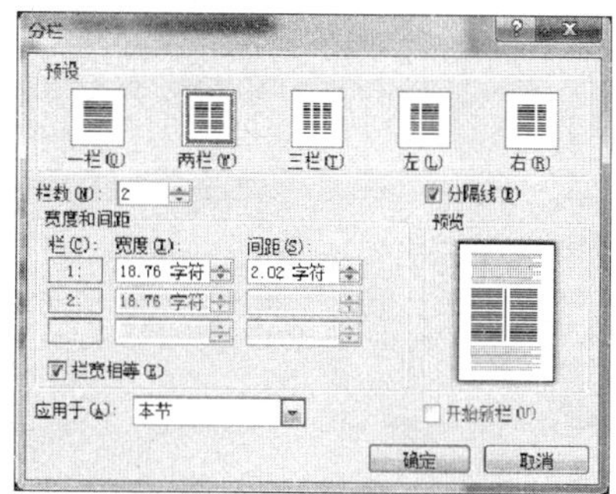

图 4-35 “分栏”设置

3. 分节符设置

Word 2010 使用分节符分割同一文档中不同的格式部分。事实上，大多数文档只有一节，只有需要在同一文档中应用不同的节格式时，才需要创建包含多个节的文档。Word 2010 使用 4 种类型的分节符。

下一页：使新的一节从下一页开始。

连续：使当前节与下一节共存于同一页面中。

偶数页：使新的一节从下一个偶数页开始。如果下一页是奇数页，那么此页将空白。

奇数页：使新的一节从下一个奇数页开始。如果下一页是偶数页，那么此页将空白。

例如，在输入文字或图形时，Word 会根据需要自动插入分页符开始新的一页，但有时需要在文件的某一位置手动插入分页符，以强制分页，具体步骤如下：

(1) 将光标定位在要分页的位置。

(2) 在“页面布局”选项卡的“页面设置”组中单击“分隔符”下拉按钮，在下拉列表中选择“分页符”命令，Word 2010 将在当前插入点强制分页并把插入点移到新的一页上。

在“普通视图”方式下，分页后会产生一条虚线，该虚线一般称为自动分页符。如果要删除分页符，可选中此分页符，按 Delete 键即可。

4. 页眉和页脚设置

页眉和页脚是文档中每个页面的顶部、底部和两侧页边距(即页面上打印区域之外的空白空间)中的区域。页眉和页脚的内容常用页码、日期、作者单位名称、章节名或公司徽标等文字或图形来表示，页眉打印在每页顶部而页脚打印在底部。在文档中可自始至终使用同一个页眉或页脚，也可在文档的不同部分使用不同的页眉和页脚，可以在页眉和页脚中插入或更改文本或图形。

(1) 编辑页眉和页脚。Word 2010 提供了许多不同的工具来控制页眉和页脚的显示方式及格式设置，主要的控件集包含在功能区的“页眉和页脚工具|设计”选项卡中，如

图 4-36 所示。要显示“页眉和页脚工具|设计”选项卡,可双击文档中的页眉和页脚区,或者在“插入”选项卡的“页眉和页脚”组中单击“页眉”或“页脚”下拉按钮,在下拉列表中选择“编辑页眉”或“编辑页脚”。一旦打开编辑页眉/页脚层,页眉和页脚都可以编辑,也可插入到侧边区域(如页码)并可插入水印。

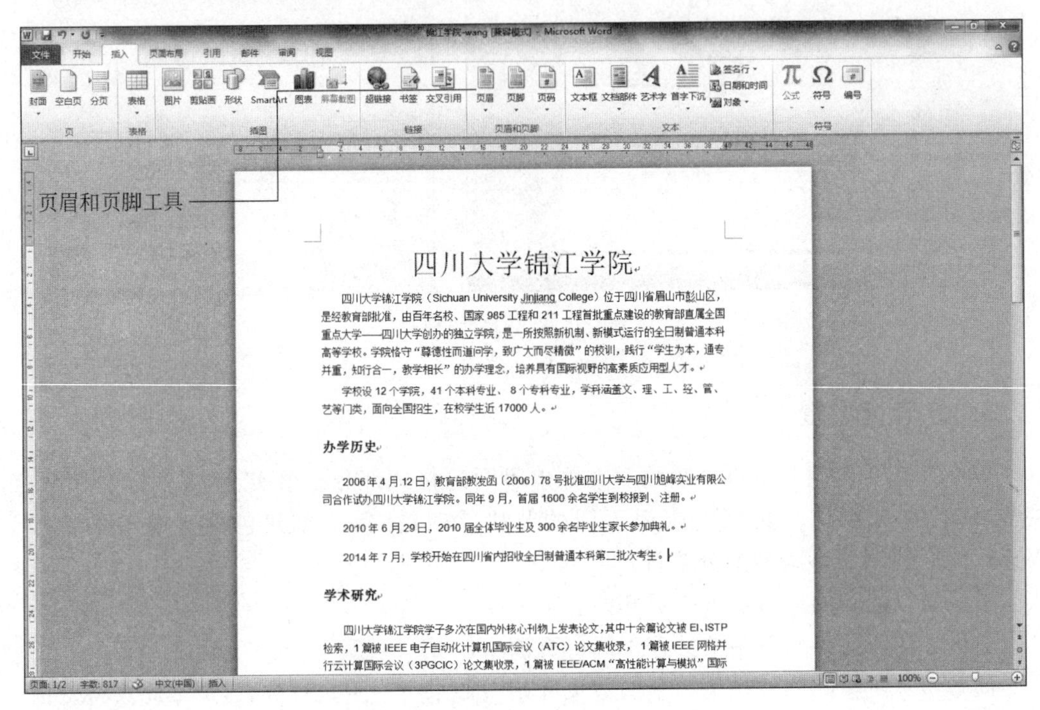

图 4-36 “页眉和页脚工具设计”选项卡

注意:在“页眉和页脚工具|设计”选项卡的“导航”的组中,“转至页眉”和“转至页脚”按钮可以用来切换页眉和页脚区域。

(2) 添加页眉和页脚内容。可以在页眉和页脚中添加各种内容,例如文件名称、文件属性(作者、标题、最后打印/修改日期等)、页码和水印等。要在上、下页边距中插入文字和图形比较简单,但是,有一些特殊情况需要注意,比如插入页码、侧边边缘内容、背景图像及水印等。

5. 插入页码

给文档加上页码后,既便于阅读,在装订时也不容易出错。页码一般加在页眉或页脚中,当然也可以加在页面的其他地方。要在文档中加入页码,具体步骤如下:

(1) 在“插入”选项卡的“页眉和页脚”组中单击“页码”按钮。

(2) 在下拉菜单中选择页码出现的位置(页面顶端、页面底端、页边距、当前位置)和类型,也可以通过“页码”对话框进行设置,如图 4-37 所示。

6. 脚注和尾注设置

文章中需要对某些文字进行补充说明或者引用了他人的著作需要在引用处进行标

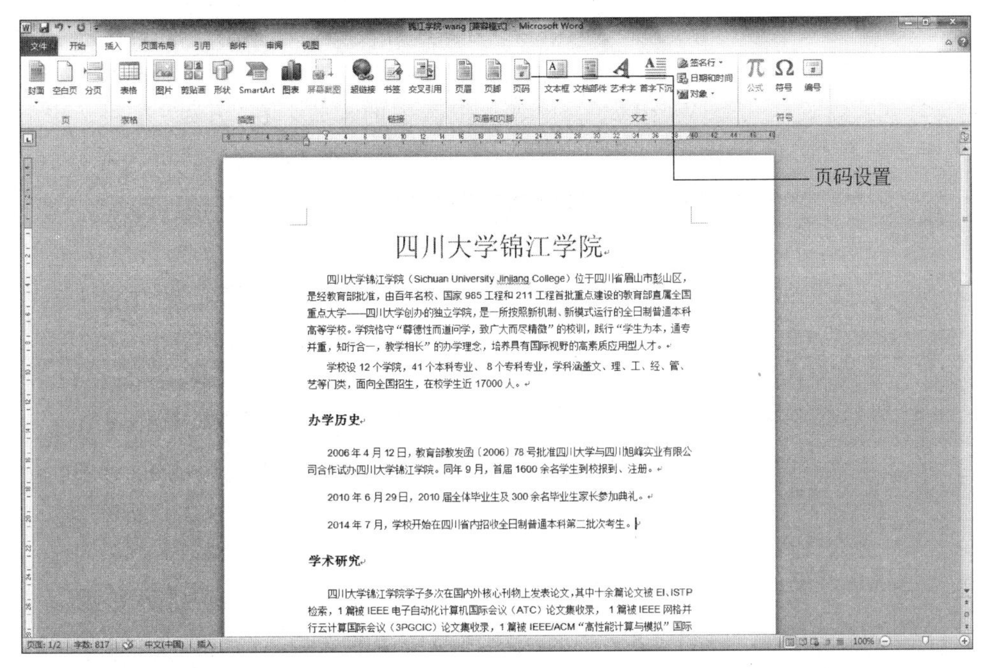

图 4-37 “页码”格式设置对话框

记,然后在一页末尾或者文档末尾用注释指出该段引用的出处即参考文献。这些操作可通过脚注和尾注来实现。脚注常用于补充说明文档中难以理解的内容,位于每页文档的底部,也可以用于文字正文中;尾注常用于引用参考文献、作者等说明信息,位于文档结束处或节结束处。

(1) 设置脚注和尾注。

① 在页面视图中,将插入点移动到要插入脚注和尾注的位置。

② 在“引用”选项卡的“脚注”组中单击“插入脚注”或“插入尾注”按钮。

③ 也可通过“脚注”右边的快速启动按钮启动如图 4-38 所示的对话框进行设置。

(2) 脚注和尾注的删除。要删除脚注和尾注,只需选中文档中相应注释的引用标记,然后按 Delete 键,系统将自动从脚注和尾注注释区删除其说明内容,并自动对剩余注释重新进行编号。

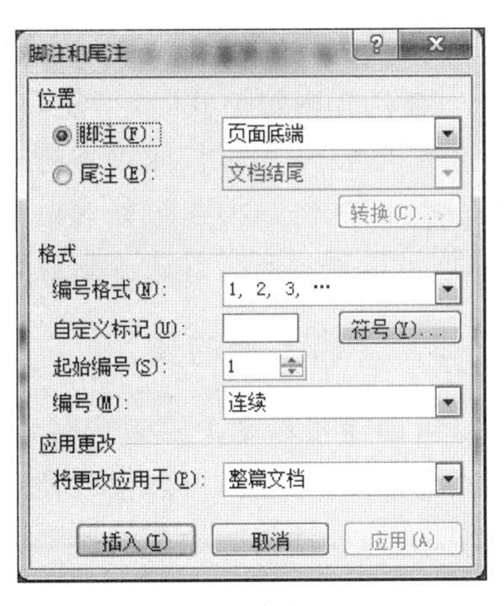

图 4-38 “脚注和尾注”设置对话框

4.3.5 样式与大纲的应用

1. 设置样式

样式是不同格式的组合体,是应用于文档中的文本、表格和列表的一套格式特征,在

Word 2010 中为文本应用样式可以一次性应用多种格式效果以简化设置步骤。样式是所有 Word 版本(不仅是 Word 2010)功能如此强大的原因,按照定义形式分为内置样式和自定义样式。内置样式是 Word 2010 中默认模版中的样式。在“开始”选项卡中的“样式”组中可以看到内置的样式,如图 4-39 所示,创建的样式称为自定义样式。

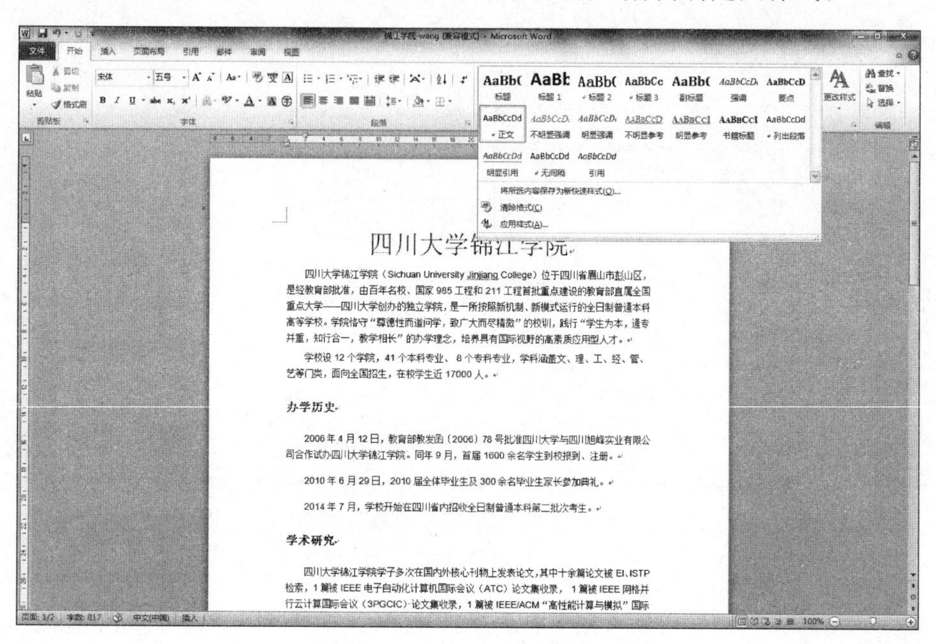

图 4-39 “内置样式”列表

在选择内置样式时,可能有些样式不尽如人意,如样式的字体不美观,字号太小等,在这种情况下,可以修改内置样式的属性来创建满意的样式。通过修改内置样式可以获取一些新的样式,但是被修改的样式将会被新样式所覆盖,从而无法使用修改前的样式,此时,可以通过新建样式来解决该问题,新建样式会自动保存在样式库中。

2. 文档大纲的使用

当创建相对庞大的文档时,在页面视图下编辑就显得非常麻烦,若利用 Word 2010 的大纲视图来处理,可以很方便地创建、移动、重组复杂文档,极大提高编辑效率。大纲是著作、讲稿和计划等经系统排列的内容要点,设置大纲级别是指在大纲中设置标题级别,可以使用大纲视图中的大纲工具处理文档的层次结构,它是创建目录的必要工作。

当切换到大纲视图时,“大纲”工具栏就出现在窗口中,利用其中的工具按钮,可完成对大纲的创建与修改操作。首先输入文章的标题,若输入时需要改变标题的级别,可单击“大纲”工具栏中的“大纲级别”框选择新的级别后再输入标题。如果需要调整某些标题的级别,可将光标置于标题中,然后在“大纲”工具栏中单击“提升”或“降低”按钮,将标题调整至所需级别,最终效果如图 4-40 所示。

3. 文档目录

目录是文档中各级别标题及所在页码的列表,其中的页码是创建目录时自动生成的。

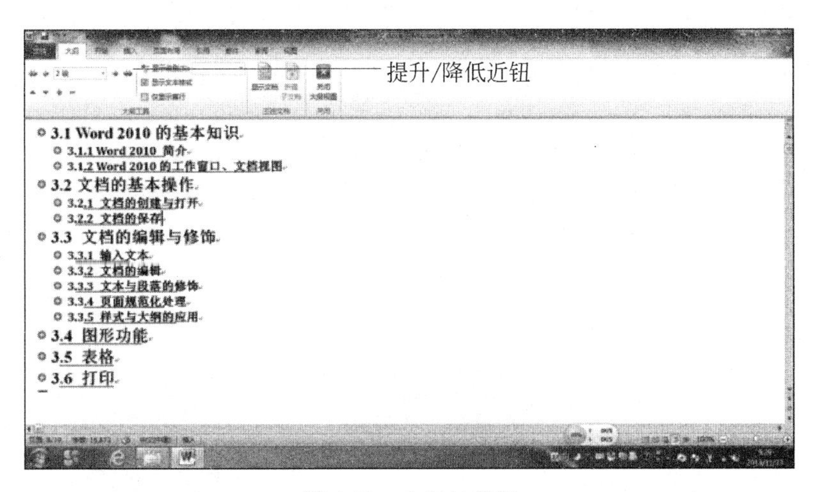

图 4-40　大纲的编辑

在已应用了内置的大纲级别或标题样式的文档中，可以自动创建目录。在“引用”选项卡的“目录”组中单击“目录”下拉按钮，在下拉列表中选择“插入目录”命令，设置显示级别为“3 级”，创建目录后的文档效果如图 4-41 所示。在目录页中按 Ctrl 键，然后单击某一目录项可直接跳转到该目录所对应的正文页，大大加快了浏览速度。

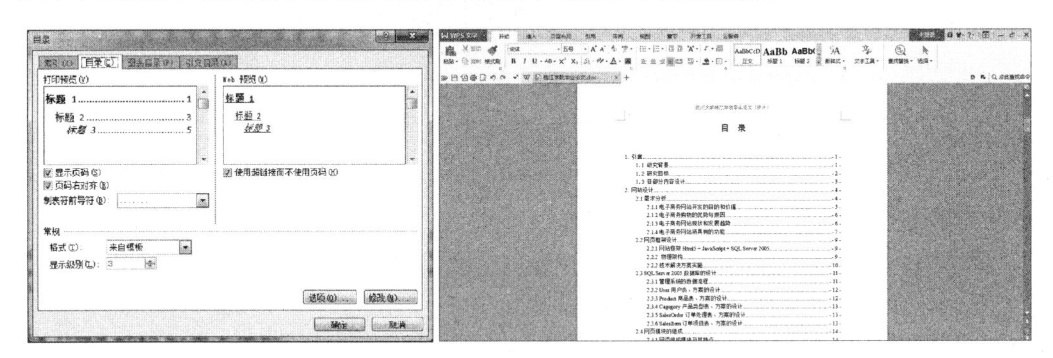

图 4-41　“目录”创建的设置及效果

4.4　图形和图片功能

Word 2010 有强大的图文混排功能，可以方便地给文档加上插图，使其图文并茂，更加引人入胜。在“插入”选项卡的“插图”组中可看到 Word 提供了两类对象，包括自选图形、图表、线条、艺术字这类图形对象和剪贴画、图片、照片和位图等图片对象。

4.4.1　图形的绘制与编辑

在进行图形绘制前，首先在“插入”选项卡的“插图”组中单击“形状”下拉按钮，在下拉列表中选择“新建绘图画布”命令，创建一块绘图画布，当插入的图形对象包括多个图形时，画布可将多个图形整合在一起，作为一个整体来移动和调整。

在“插入”选项卡的“插图”组中单击“形状”下拉按钮，可以在下拉菜单中选择需要绘制的形状，如图 4-42 所示。右击图形，从弹出的快捷菜单中选择“添加文字”选项，在图形中输入文字；在选定图形后，拖动四周的尺寸控点即可改变图形的尺寸；还可以设置图形的“阴影样式”及“三维效果”；选定多个图形，右击，从弹出的快捷菜单中选择“组合”选项，即可把多个图形组合称为一个整体，对它统一进行操作。

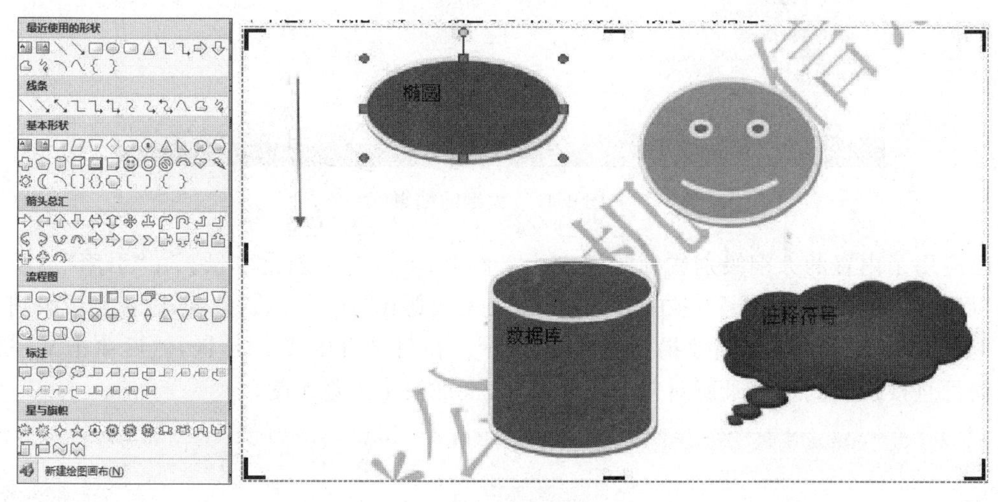

图 4-42　绘制形状

更改图形的形状和样式是指将选中图形的形状更换为指定的形状和样式。选中需要更改形状的图形，切换至“绘图工具|格式”选项卡，在“插入形状”组中单击“编辑形状”按钮，在展开的列表中选择合适的形状，单击“形状样式”功能区，在展开的列表中选择合适的样式，如图 4-43 所示。

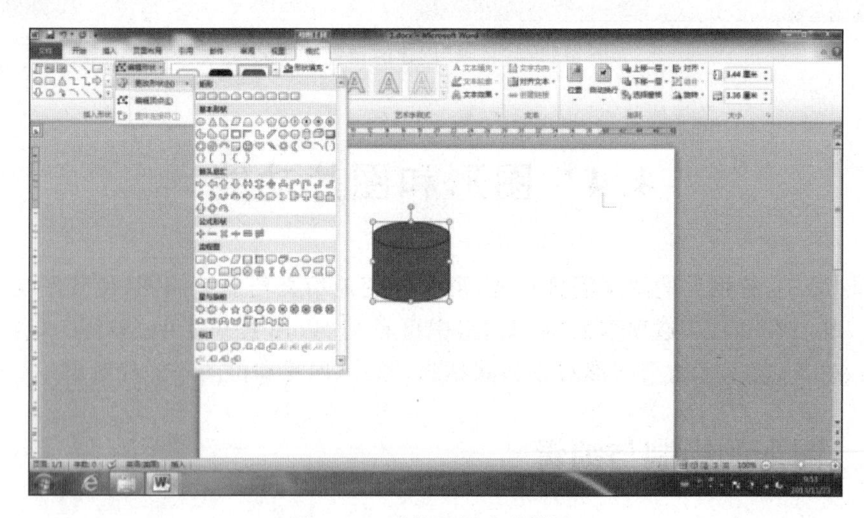

图 4-43　形状和样式的修改

4.4.2 图片和剪贴画操作

Word 2010 加强了图片的编辑功能，不仅可以将计算机中已保存的图片插入文档中，而且能够利用 Word 2010 新增的“屏幕截图”功能实现图片的快速插入。

1. 插入图片

插入一张新的图片，在“插入”选项卡的“插图”组中单击“图片”按钮，Word 2010 支持的图片有 23 种格式：EMF、WMF、JPG、JPEG、JFIF、JPE、PNG、BMP、DIB、RLE、BMZ、GIF、GFA、WMZ、PCZ、TIF、TIFF、CDR、CGM、EPS、PCT、PICT 和 UPG。在插入图片后，就会自动出现图片工具下的“格式”功能面板，如图 4-44 所示。“屏幕截图”是 Word 2010 的新增功能之一，它既可以截取桌面上任何未最小化到任务栏中的主界面图片，也可以截取区域图，在“插入”选项卡中的“插图”组中单击“屏幕截图”按钮，即可在展开的下拉列表中看见自动截取的窗口图和“屏幕截图”选项。

图 4-44 “图片工具”格式功能面板

在 Word 2010 中有关图片的工具都集中在“图片工具|格式”选项卡上，分为“调整”“图片格式”“排列”“大小”4 个功能区。Word 2010 之中重点加强了前两个功能区的内容。

(1) 调整。Word 2010 中的图片处理功能虽然没有 Photoshop 那么强大，但它提供了包括调整图片的亮度和对比度、色调与饱和度及设置图片样式等基本功能，如图 4-45 所示。

(2) 图片样式。这是 Word 2010 图片处理新增的最为出彩的功能，对图片的样式预设了几十种风格，这个功能使图片的表现力更加出色。操作方法上与前述工具类似，选定图片后通过鼠标移动就可以在各种不同样式间切换，预览不同样式的效果，如图 4-46 所

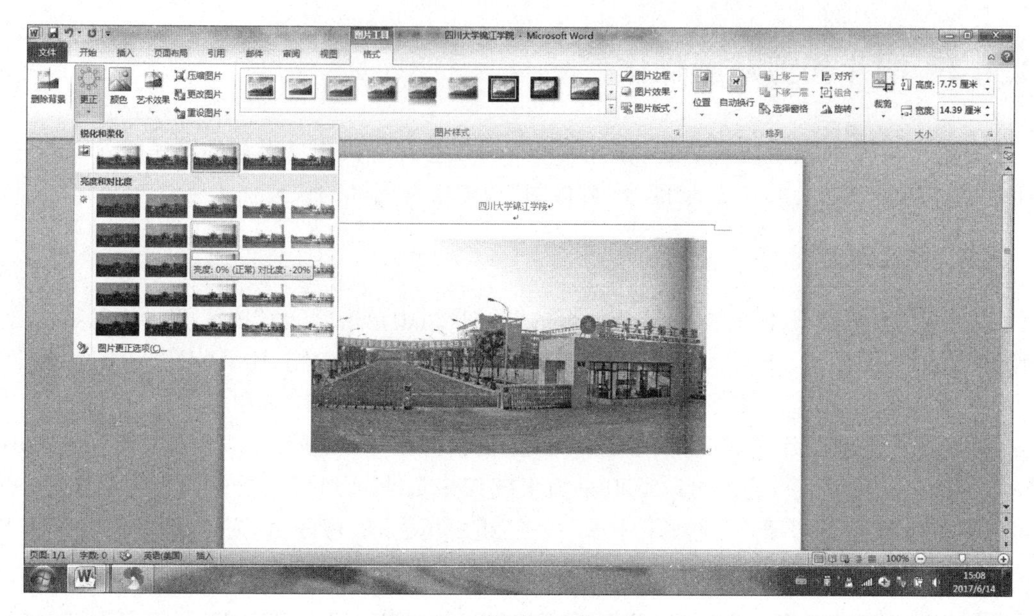

图 4-45　“调整”功能区图

示。通过 Word 2010 预设的 20 种图片样式和对图片的处理效果，不用花费太多工夫对图片进行预处理，也可以制作出具有专业级别的效果。右侧的“形状轮廓”则可以对图片框线作进一步处理，而在“图片效果”中更是有多达几十种图片样式。图片效果分为“预设”“阴影”“反射”“发光”“柔滑边缘”“三维旋转”等种类繁多十分精彩的预设样式，每一项都有更加详细的个性设置。

图 4-46　“图片样式”效果

(3) 图片排列。图片排列功能可以设置图片的位置、文字环绕方式、对齐和旋转等，如图 4-47 所示。

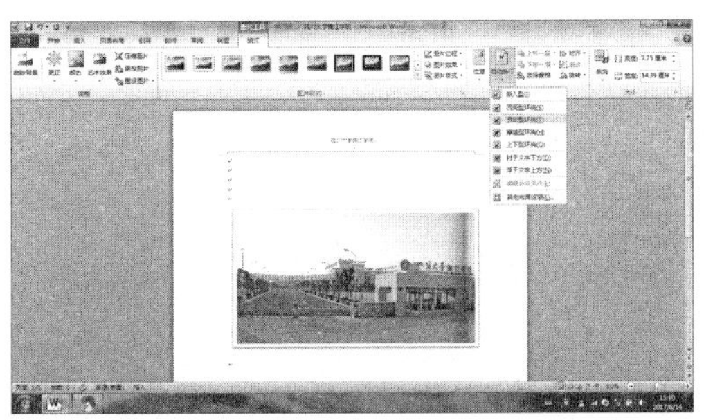

图 4-47 “图片排列”选项

2. 剪贴画

Word 2010 附带了一个非常丰富的剪贴画库，可以方便地把剪辑库中的剪贴画插入到文档中。具体步骤如下：

(1) 选定插入位置。

(2) 在“插入”选项卡的“插图”组中单击“剪贴画”按钮，打开如图 4-48 所示的“剪贴画”任务窗格，输入描述词语；单击“搜索”按钮，显示出符合条件的所有剪贴画，单击即可把它插入到文档。

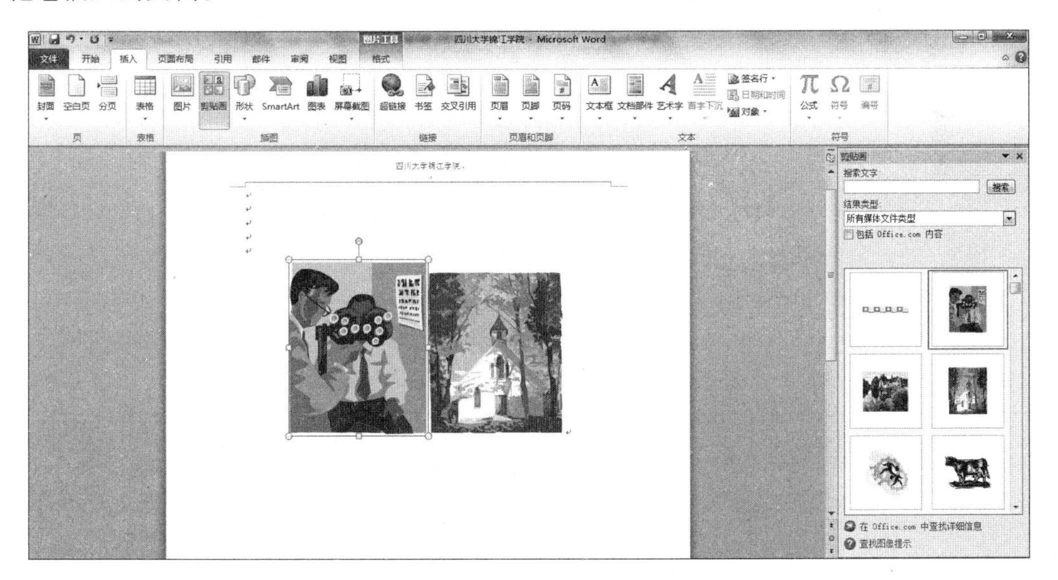

图 4-48 “剪贴画”管理

3. 艺术字

艺术字就是有特殊效果的文字，为了使文档更加美观，可以在文档中插入艺术字。艺术字不同于普通的文字，它具有阴影、斜体、旋转、延伸等效果。在文档中插入艺术字的操作步骤如下：

（1）在“插入”选项卡的“文本”组中单击“艺术字”按钮，打开“艺术字”库对话框，如图 4-49 所示。

（2）通过“艺术字工具”格式选项可以对艺术字进行调整，和图片的编辑非常类似，如图 4-50 所示。

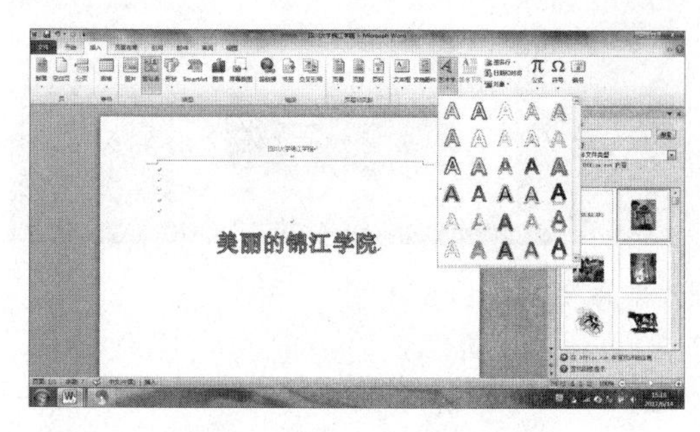

图 4-49 “插入艺术字”窗口

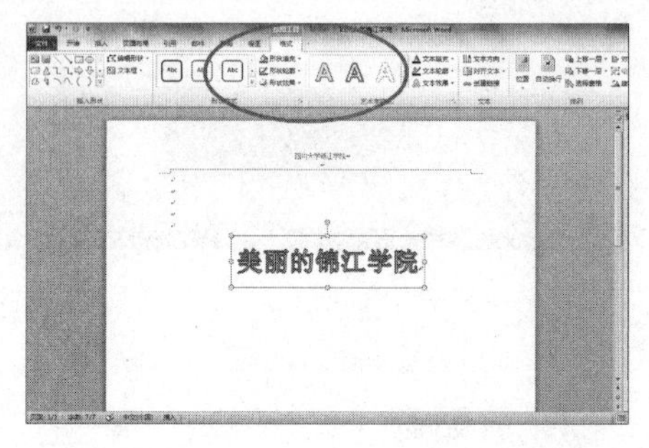

图 4-50 “艺术字工具”功能图

4.4.3 文本框与题注

在较早版本的 Word 中同样有文本框的功能，但是多少显得有些单薄。Word 2010 对文本框作了改进，可以在插入文本框时进行装饰和美观方面的处理。Word 2010 文本框制作的顺序是：选择文本框类型→输入文字→文本框设计→文本框布局→文本框格式。

（1）在“插入”选项卡的“文本”组中单击“文本框”按钮，打开“文本框”库对话框，如图 4-51 所示。

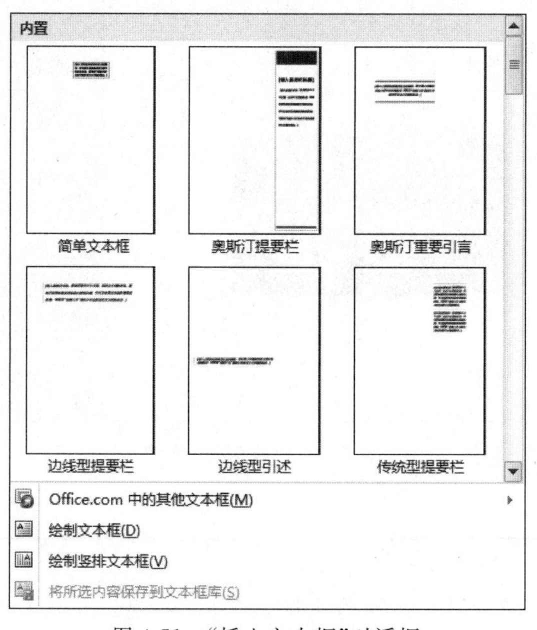

图 4-51 “插入文本框”对话框

（2）通过“文本框工具”格式功能选项可以对文本框进行调整，与艺术字的编辑非常类似，如图 4-52 所示。

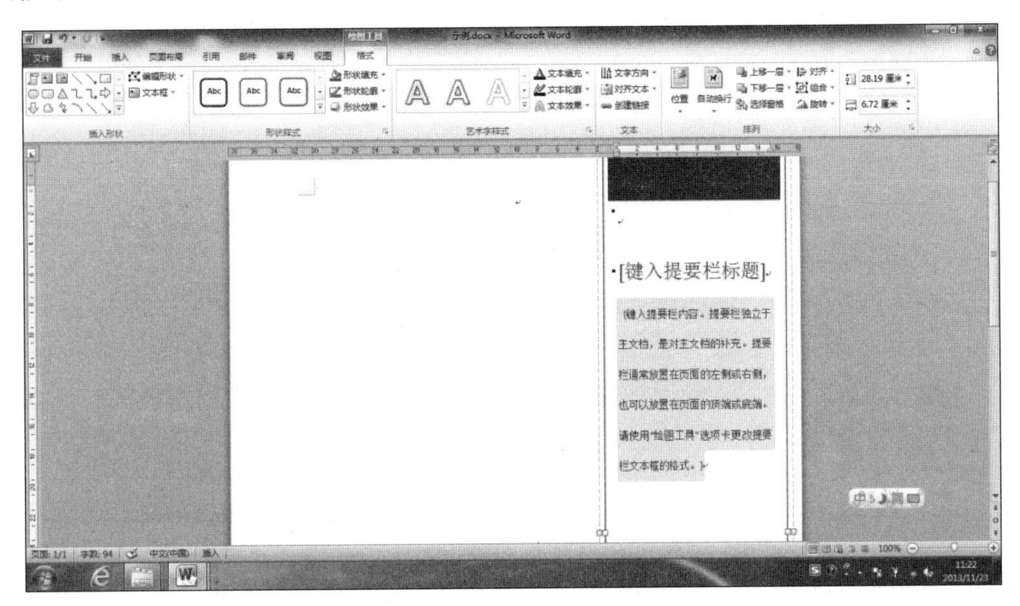

图 4-52 “文本框工具”功能图

4.5 表 格

表格是 Word 2010 中功能最强大和最有用的工具之一。不论是直接创建还是通过功能区，创建和处理表格很灵活并且很容易。Word 2010 提供的表格处理功能可以方便地在文档中插入表格、处理表格并且在表格中填入文字和图形。

4.5.1 创建表格

在 Word 中创建表格最快的方法是使用现成的表格，这些表格可能和所需的并不完全一样，但是和从头开始创建相比，它们通常和所需的表格更接近一些。在“插入”选项卡的“表格”组中单击“表格”下拉按钮，在下拉列表中选择“快速表格”选项，如图 4-53 所示。还可选择“表格”下拉列表中的“插入表格”选项，如图 4-54 所示，打开“插入表格”对话框。

4.5.2 表格的编辑与修饰

插入表格后，可以通过“表格工具|设计”和“表格工具|布局”选项卡对表格进行编辑和修饰。

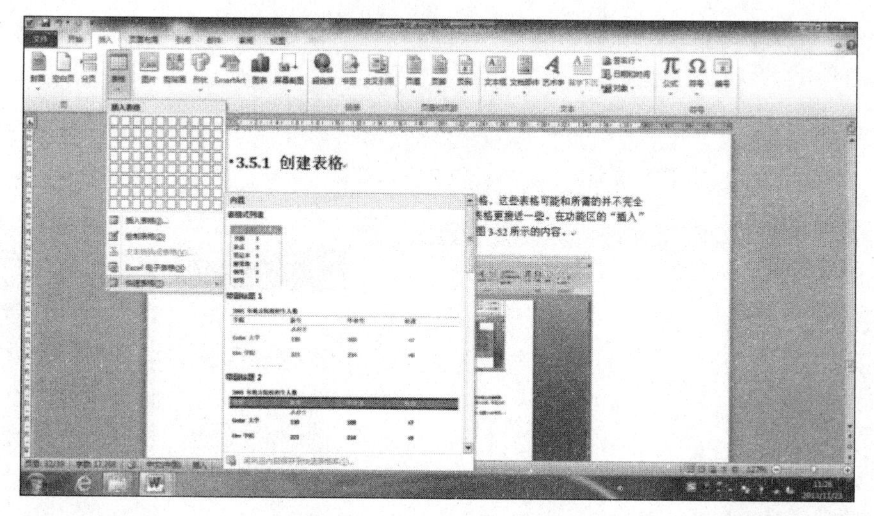

图 4-53 “快速表格”库图

1. 表格的编辑

Word 中有几种控制柄和鼠标指针,可以使用它们操作和选中单元格、行、列和整个表格。只有在部分表格被选中,并且显示“显示所有格式标记”时(“文件”选项卡中的“Word 选项”对话框中“显示”属性),表格控制柄才显示,行和列的控制柄不受显示设置的影响。当将鼠标指向行边框时,将显示调整大小指针,可使用该指针拖动来改变行的大小,如图 4-55 所示。

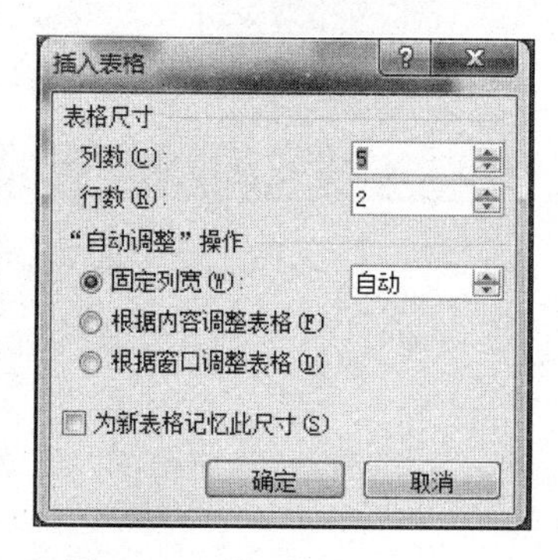

图 4-54 “插入表格”对话框

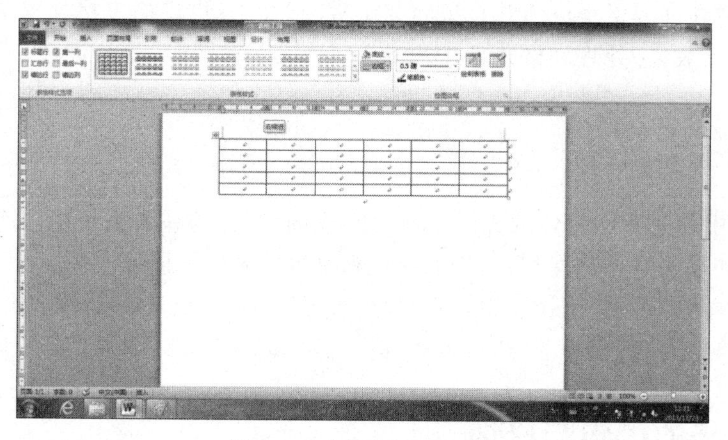

图 4-55 “表格布局”功能

(1) 选择表格、行和列。单击表格控制柄可选定整个表格,也可以在表格内任意处单击,在“表格工具|布局”选项卡的“表”组中单击“选择”下拉按钮,在下拉列表中选择“选择表格”选项选定整个表格,选择行和列的方式类似。

(2) 插入行、列和单元格。要在表格中插入行和列，请单击与插入点相邻的行和列，然后根据新的行和列要出现的位置，单击“在上方插入”“在下方插入”“在左侧插入”“在右侧插入”。要插入单元格，请选择与新单元格显示位置相邻的单元格，然后在“表格工具|布局”选项卡中单击“行和列”组右下角的对话框启动器按钮，弹出“插入单元格”对话框如图 4-56 所示。

(3) 拆分单元格、表格。有时需要将一个单元格、一行或一列分成两个(或多个)。可以通过在“表格工具|布局”选项卡的“合并”组中单击“拆分单元格”或“拆分表格”按钮来完成，如图 4-57 所示。

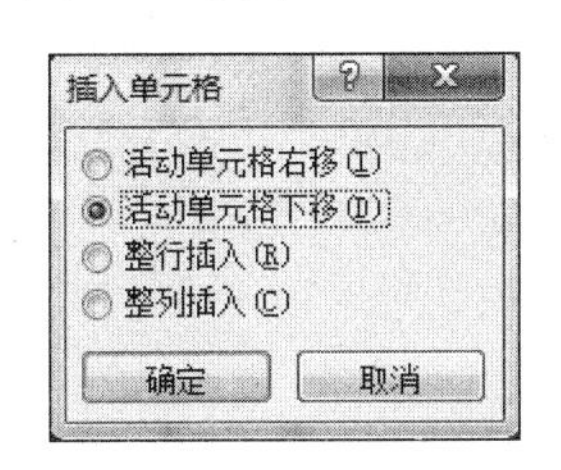

图 4-56 “插入单元格”对话框

图 4-57 “拆分单元格”对话框

2. 表格的修饰

(1) 表格中文字的修饰。在表格输入文字，选中“表格”，出现“表格工具|设计”与“表格工具|布局”选项卡，设定好文字的字号、颜色、字体等，效果如图 4-58 所示。

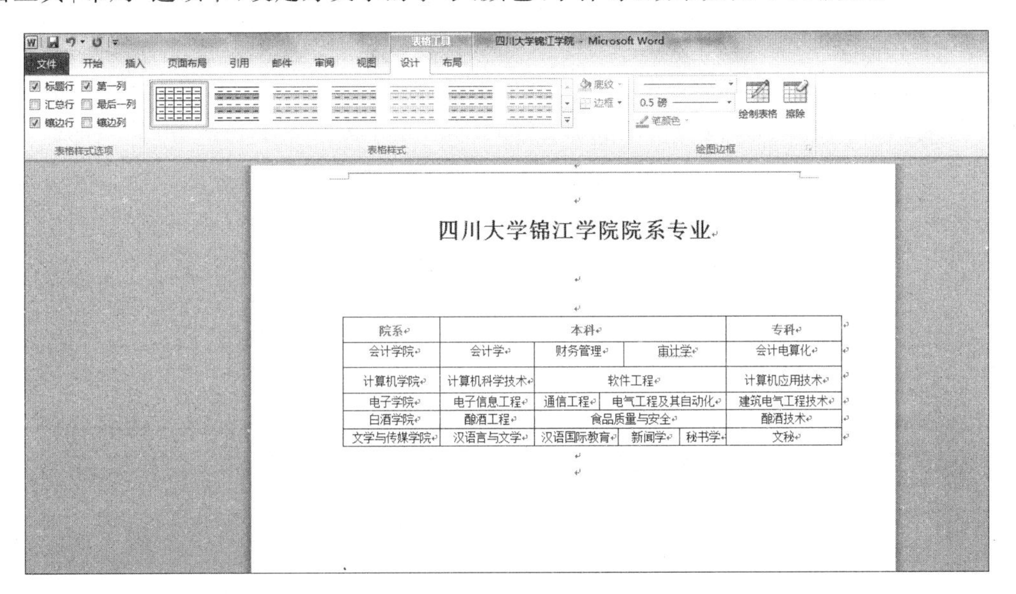

图 4-58 更改表格文字效果图

(2) 表格的修饰。在“表格工具|设计”选项卡的“表格样式选项”组中将“标题行”和“第一列”前的“√”选中，即将表的首行和首列设置为特殊格式，在表格样式中会有多种样式选择，如图 4-59 所示，也可以利用绘图边框对表格进行修饰。

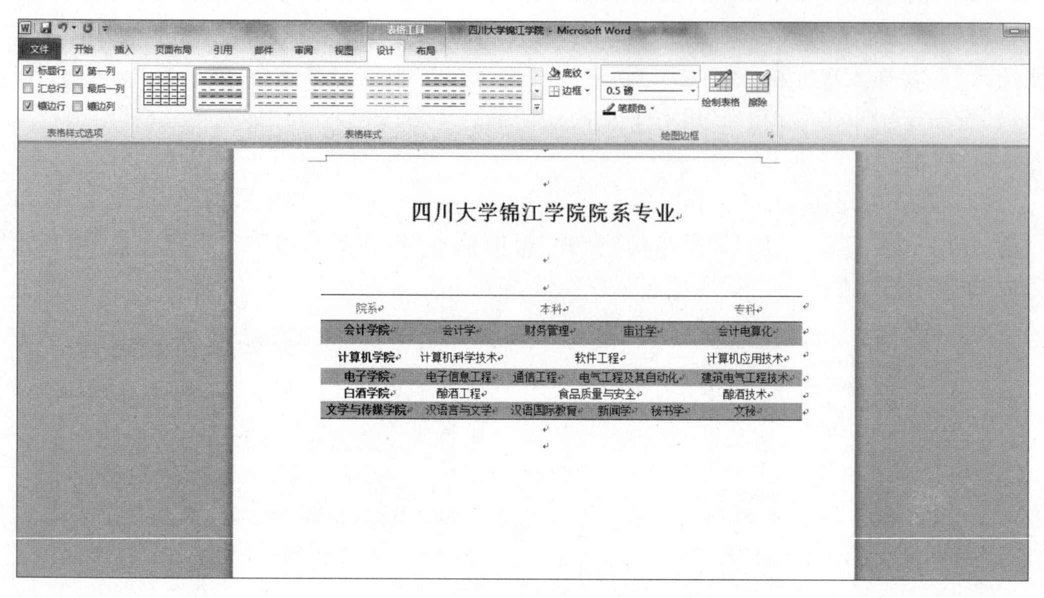

图 4-59 “快速样式”设置效果

4.6 文档的批注与修订

在对文档的校对过程中，可能会修改文档中的出错内容和提出不同的建议，可以用“修订”功能修改文档中的内容，用“批注”功能来提出对文档中某些内容的不同建议和看法。

4.6.1 添加批注

批注通常是审阅者在查看文档时对部分内容提出的一些意见或建议，在文档中添加的批注位于页面右侧的标记区中。选中文档中要添加批注的文本，在“审阅”选项卡的“批注”组中单击“新建批注”按钮，此时在标记区中可看见自动插入的批注框，显示了 Office 用户名，在其右侧输入批注内容，如图 4-60 所示。

4.6.2 删除批注

删除文档中的批注可以分 3 种方式，第一种是删除指定的批注，第二种是删除文档中所有显示的批注，第三种是删除文档中所有的批注，既包括当前显示的批注，也包括被隐藏的批注。在“审阅”选项卡的“批注”组中单击“删除”下拉按钮，即可在展开的下拉列表中看见删除批注的 3 种方式，如图 4-61 所示。

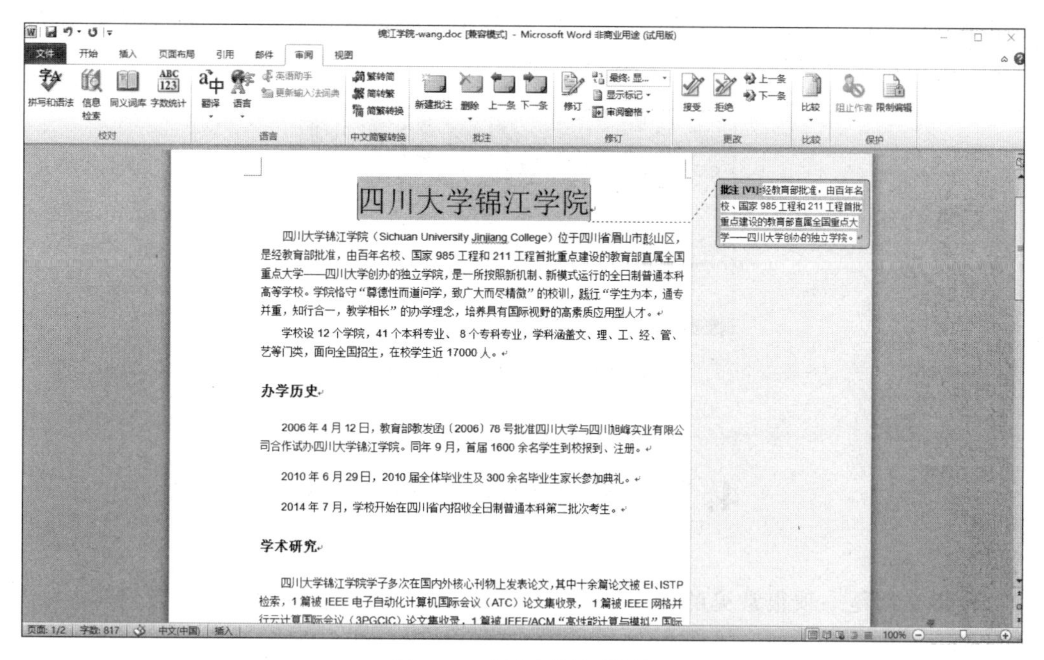

图 4-60 “新建批注”效果

4.6.3 修订文档内容

修订文档内容是指在文档中对文本内容进行插入、删除或格式更改等操作。相对添加批注而言，修订则更加方便、快捷。在“审阅”选项卡的“修订”组中单击“修订”下拉按钮，即可在展开的下拉列表中看见与修订相关的 3 个选项，如图 4-62 所示。

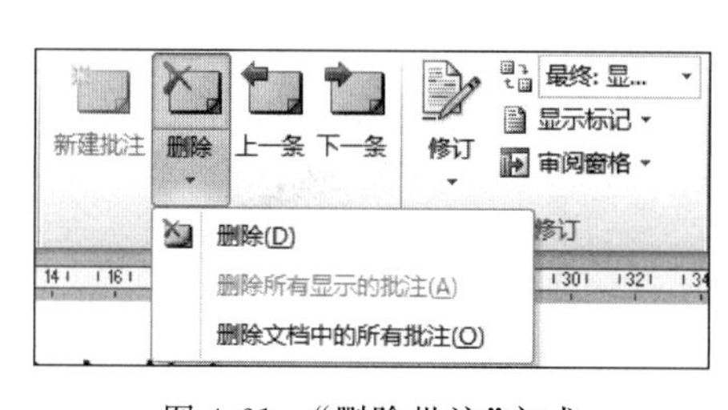

图 4-61 “删除批注”方式

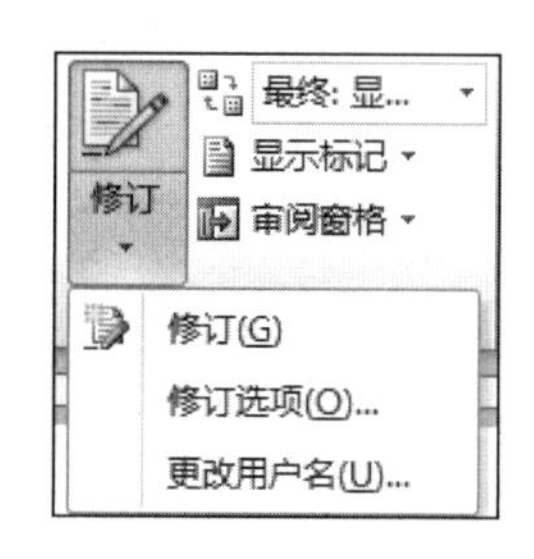

图 4-62 “修订”选项设置

常见的文本修订操作有插入、删除和修改 3 种，并且在修订过程中插入或删除的文本都会自动被添加不同的颜色和模式，以区别于普通文本。Word 2010 不仅提供了修订文本的功能，而且还提供了自定义修改选项的功能，即可自定义插入内容、删除内容和修订行等的显示颜色和格式，打造属于自己的修订格式。

在文档中接受审阅者提出的修订信息时，可以逐次接受修订信息，也可以选择接受特定审阅者的修订信息，还可以直接接受所有的修订信息。在核定修订内容时，并非所有的修订内容都正确，如果认为添加的修订内容是错误的，就可以拒绝修订，与接受修订一样，拒绝修订既可以拒绝部分修订信息，也可以选择拒绝特定修订审阅者的修订信息，还可以直接拒绝所有的修订信息，如图 4-63 所示。

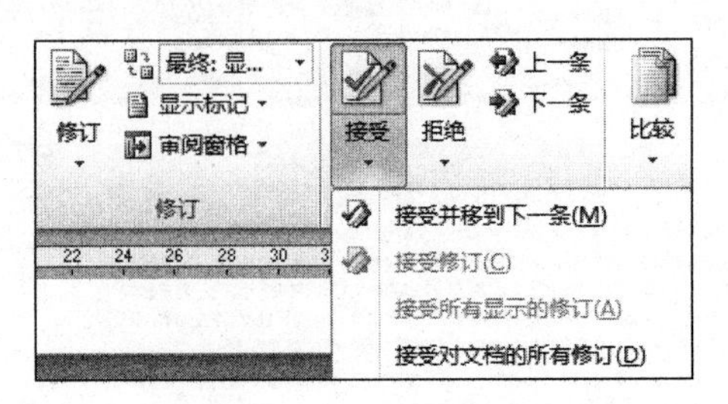

图 4-63 “修订”选项选择

4.7 文档预览与打印

打印文档是一项很常见的操作，涉及打印预览、页面设置、打印机设置等内容。

4.7.1 页面设置

任何文档在打印前都需要设定版面的大小、纸张的尺寸等，页面设置一方面可以准确地规范文档，使得文档更简洁美观，另一方面也是为打印做准备。

页面设置具体步骤如下：

在“页面布局”选项卡中单击“页面设置”组右下角的对话框启动器按钮，弹出“页面设置”对话框，可以自定义设置，如图 4-64 所示。

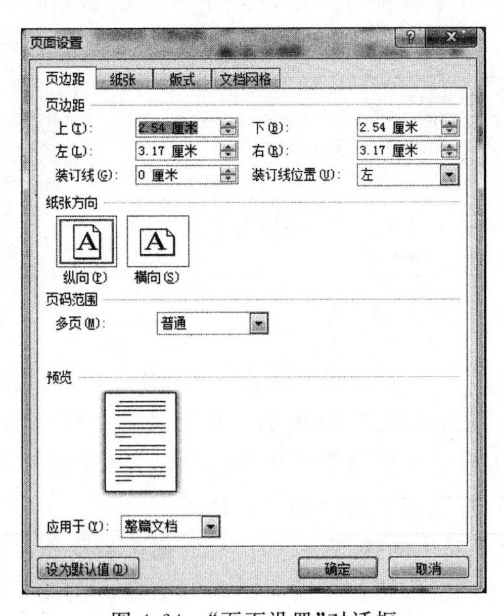

图 4-64 “页面设置”对话框

(1) 在“页边距”选项卡中,可设置正文的上、下、左、右四边与页边界之间的距离,以及页面的方向,还可以设定装订线的位置和距离。

(2) 在“纸张”选项卡中,可选择纸张的大小(默认情况下纸型为 A4 纸)、纸张的来源即打印时纸张的进纸方式。

(3) 在“版式”选项卡中,可设置页眉、页脚距边界的距离,页眉、页脚是始终一样还是奇偶页不同或首页不同。单击“行号”按钮和“边框”按钮还可对每行文字添加行号或对每页页面添加各式边框。

(4) 在“文档网格”选项卡中,可设置文档的每页行数、每行的字数;正文的字体、字号、栏数、正文的排列方式等。

4.7.2 打印预览

为了使打印出来的效果满足自己的要求,可先预览其打印效果,若不满意还可以马上修改页面参数,直到对预览效果满意后即可打印出来,进行打印预览可在“文件”选项卡中选择“打印”项,此时可以看到在右侧显示出打印预览的效果,如图 4-65 所示。

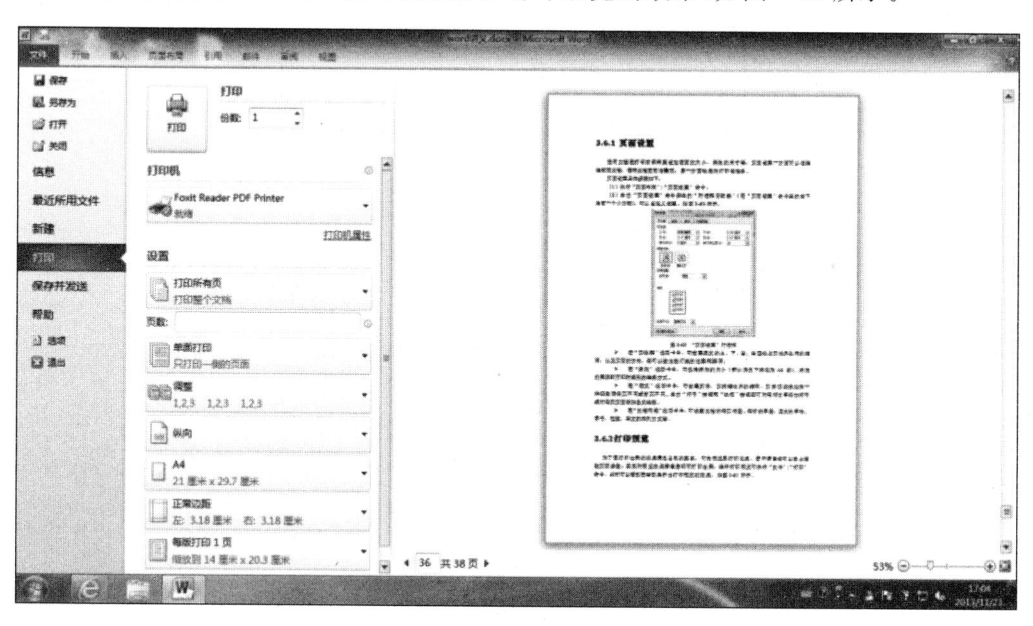

图 4-65 打印预览图

4.7.3 打印文档

可以在“打印”对话框中设置以下内容,如图 4-66 所示,单击该对话框中的“打印机属性”按钮,打开“打印机属性”对话框,在此可以设置相关的打印设置。

(1) 打印份数,即设置该文档需要打印几份。

(2) 打印自定义范围,即是设置打印整个文档还是打印当前页面或者一个范围。如果指定打印范围为“1,4-6,10”,则表示打印文档的第1、4、5、6和10页。

(3) 是否在一张纸上打印多版(即每页打印的版数)。如果用户要打印的是一份非正式文档,可以考虑选择在一张纸上打印多页内容的方式,以提高纸张的利用率。

(4) 是否需要双面打印。

图 4-66 打印设置

习 题 4

一、选择题

1. 利用 Word 2010 中提供的( )功能,可以帮助用户快速转至文档中的任何位置。

A. 查找　　B. 替换　　C. 定位　　D. 改写

2. 下面关于页眉和页脚的叙述中错误的是( )。

A. 一般情况下,页眉和页脚适用于整个文档

B. 奇数页和偶数页可以有不同的页眉和页脚

C. 在页眉和页脚中可以设置页码

D. 首页不能设置页眉和页脚

3. 要使文档中每段的首行自动缩进两个汉字，可以使用标尺上的(　　)。

A. 左缩进标记　　B. 右缩进标记

C. 首行缩进标记　　D. 悬挂缩进标记

4. 关于 Word 2010 修订，下列错误的是(　　)。

A. 在 Word 2010 中可以突出显示修订

B. 不同的修订者的修订会用不同颜色显示

C. 所有修订都用同一种比较鲜明的颜色显示

D. 在 Word 2010 中可以针对某一修订进行接受或拒绝修订

5. 为了便于在文档中查找信息，可以使用(　　)来代替任何一个字符进行匹配。

A. *　　B. &　　C. %　　D. ?

6. 水平标尺左方 3 个“缩进”标记中最下面的是(　　)。

A. 首行缩进　　B. 左缩进　　C. 右缩进　　D. 悬挂缩进

7. 在 Word 2010 中打印文档时，下列说法中不正确的是(　　)。

A. 在同一页上，可以同时设置纵向和横向两种页面方向

B. 在同一文档中，可以同时设置纵向和横向两种页面方向

C. 在打印预览时可以同时显示多页

D. 在打印时可以指定打印的页面

8. 在编辑文档时，如要看到页面的实际效果，应采用(　　)模式。

A. 普通视图　　B. 页面视图　　C. 大纲视图　　D. Web 版式

9. 要使某行处于居中的位置，应使用(　　)中的“居中”按钮。

A. 常用工具栏　　B. 格式工具栏

C. 表格和边框工具栏　　D. 绘图工具栏

10. Word 2010 的(　　)视图方式可以显示分页效果。

A. 普通　　B. 大纲　　C. 页面　　D. 主控文档

11. 以下关于 Word 2010 使用的叙述中，正确的是(　　)。

A. 被隐藏的文字可以打印出来

B. 直接单击“右对齐”按钮而不用选定，就可以对插入点所在行进行设置

C. 若选定文本后，单击“粗体”按钮，则选定部分文字全部变成粗体或常规字体

D. 双击“格式刷”可以复制一次

12. 在 Word 2010 编辑文本时，可以在标尺上直接进行(　　)操作。

A. 文章分栏　　B. 建立表格　　C. 嵌入图片　　D. 段落首行缩进

13. 修改样式时，下列步骤(　　)是错误的。

A. 选择“视图”菜单中的“样式与格式”命令，出现样式对话框

B. 在样式类型列表框中，选定要修改的样式所属的类型

C. 从样式列表框选择要更改的样式名

D. 如果要更新该样式的指定后续段落样式,可在后续段落样式列表框中选择要指定给后续段落的样式

14. 下列关于 Word 2010 的叙述中,不正确的是(　　)。

A. 设置了“保护文档”的文件,如果不知道口令,就无法打开它

B. Word 2010 可同时打开多个文档,但活动文件只有一个

C. 表格中可以填入文字、数字、图形

D. 在“文件”选项卡中选择“打印”选项,在出现的预览视图下,既可以预览打印结果,也可以编辑文本

15. 下列关于目录的说法,正确的是(　　)。

A. 当新增了一些内容使页码发生变化时,生成的目录不会随之改变,需要手动更改

B. 目录生成后有时目录文字下会有灰色底纹,打印时会打印出来

C. 如果要把某一级目录文字字体改为“小三”,需要一一手动修改

D. Word 2010 的目录提取是基于大纲级别和段落样式的

16. Word 2010 只有在(　　)模式下才会显示页眉和页脚。

A. 普通　　B. 图形　　C. 页面　　D. 大纲

17. Word 2010 文档的段落标记位于(　　)。

A. 段落的首部　　B. 段落的结尾处

C. 段落的中间位置　　D. 段落中,但用户找不到的位置

18. 下列有关 Word 2010 格式刷的叙述中,(　　)是正确的。

A. 格式刷只能复制纯文本的内容

B. 格式刷只能复制纯字体格式

C. 格式刷只能复制段落格式

D. 格式刷既可复制字体格式,也可复制段落格式

19. 在 Word 2010 编辑时,文字下面有红色波浪下画线表示(　　)。

A. 已修改过的文档　　B. 对输入的确认

C. 可能是拼写错误　　D. 可能的语法错误

20. 下列无须切换至页面视图下的情况是(　　)。

A. 设置文本格式　　B. 编辑页眉

C. 插入文本框　　D. 显示分栏结果

二、问答题

1. Word 2010 中,“文件”选项卡中的“保存”和“另存为”选项有何异同?
2. 用 Word 2010 完成一个文档的编辑排版主要包括哪几步?
3. 说明“页面视图”“大纲视图”“Web 版式视图”各自的作用?
4. 在 Word 2010 中如何将一个文档中的指定内容复制到另一个文档中去?
5. 常见的字体修饰、段落修饰有哪几项?

6. 怎样给一篇 Word 文档添加页眉和页脚？

7. 如何为 Word 文档自动编制目录？

8. 如何利用 Word 2010 中的文本框功能在图片上添加说明文字(至少两种方式)？

9. 如何插入艺术字和数学公式？

10. 文档开始打印前，要利用“打印”对话框进行哪几项常见的设置？

第5章

电子表格处理软件 Excel 2010

本章学习目标：

- 熟练掌握工作表中 Excel 2010 数据的输入。
- 熟练掌握在 Excel 2010 工作表中应用公式和函数的方法。
- 熟练掌握 Excel 2010 工作表的编辑和格式化操作。
- 熟练掌握 Excel 2010 图表的创建、编辑和格式化。

Excel 2010 是美国 Microsoft 公司推出的办公管理软件 Office 2010 的重要部分，是一款目前应用最广泛的办公软件之一，主要用于表格数据的处理。

5.1 Excel 2010 基础知识

5.1.1 Excel 2010 功能介绍

1. 创建电子表格

利用 Excel 2010 能够方便地制作出各种电子表格，使用公式和函数对数据进行复杂的运算；用公式的自动计算实现对表格公式数据的“零”维护。

2. 数据管理

Excel 2010 使用户不用编程就能够快速地对数据表进行排序、筛选、分类汇总以及建立数据透视表等操作。

3. 图表制作

Excel 提供了 11 类 73 种基本的图表，包括柱形图、折线图、饼图、条形图、面积图、散点图、股价图、曲面图、圆环图、气泡图以及雷达图。利用图表向导可方便、灵活地完成图表的制作。

4. 网络功能

Excel 2010 提供了强大的网络功能，用户可以通过创建超链接获取互联网上的共享数据，也可将自己的文件设置成共享文件，保存在互联网的共享网站中，让世界上任何一个互联网用户分享。

5.1.2 Excel 2010 窗口

Excel 2010 的界面窗口由标题栏、功能区、编辑区、工作区及状态栏等组成，如图 5-1 所示。

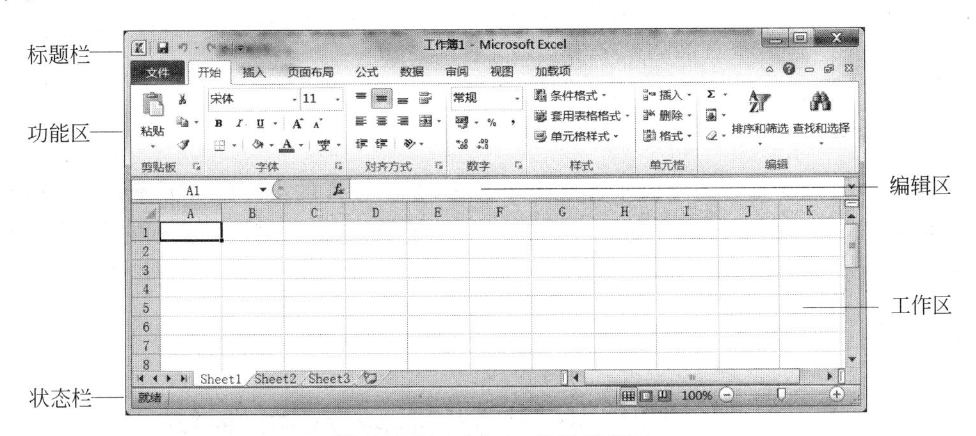

图 5-1　Excel 2010 的界面窗口

(1) 标题栏：标题栏中包括快速访问工具栏、文件名及窗口控制按钮(最大化/还原、最小化及关闭)。其中快速访问工具栏包含了使用比较频繁的命令按钮，用户可根据自己的喜好定义快速访问工具栏，也可将其放在功能区的下方。

(2) 功能区：功能区主要由"文件""开始""插入""页面布局""公式""数据""审阅""视图"及"加载项"选项卡标识，每个选项卡都包含一组相关的操作按钮。例如"文件"选项卡页面中有一组与文件相关的操作命令，其中有"保存""关闭""另存为""新建""打印""信息"以及"最近所用文件"等。

(3) 编辑区：由名称框、取消按钮、插入、插入函数及编辑栏组成。

(4) 工作区：用来记录数据的区域，所有的数据都将存储在这个区域中。

(5) 状态栏：显示系统所处的状态信息。例如"就绪""输入"等；单元格数据的快速计算、视图方式、显示比例工具条等。

5.1.3 Excel 2010 基本概念

工作簿、工作表、单元格是 Excel 的 3 个重要概念。一个工作簿由若干张工作表组成，而一张工作表由单元格构成。

1. 工作簿

工作簿是由 Excel 创建的处理和存储数据的文件。它类似于一个账本，其扩展名为 .xlsx，包含若干张工作表(系统默认 3 张，用户可根据需要随时添加)，当启动 Excel 时，Excel 会创建一个空白的工作簿，默认文件名为工作簿 1。

2. 工作表

如果把一个工作簿看成一个"账本"的话，工作表就是"账本"里的"账页"。Excel 默认为每个工作簿创建 3 张工作表，其标签名分别为 Sheet1、Sheet2 和 Sheet3。用户可根据需求自行添加，在任何状态下，有且只有一张工作表能够接受用户的"操作"，把这张工作表称为活动工作表或当前工作表，用户只需单击相应的工作表标签就可将其变为当前工作表。

3. 单元格

工作表中行列交叉处的小格子称之为单元格，是工作簿的最小组成元素，为便于处理和识别单元格，给每个单元格分配一固定的地址并赋予一名称；名称由其所在的列号和行号组成，单元格的列号是用 A～Z，AA～AZ，BA～BZ…表示的；行号分别用 1，2，3，…自然数表示，例如 C3、A6 等。

5.2 Excel 2010 数据录入与编辑

5.2.1 Excel 2010 数据类型

Excel 2010 能够处理的数据类型有字符型(文本类型)、数值型、逻辑型、日期型、时间型及备注类型等。

5.2.2 Excel 2010 数据录入

创建工作表，就需要将相关类型的数据输入到单元格中。用鼠标单击选定某单元格后才可以输入数据。数据输入有以下两种基本方法。

(1) 对于空白单元格数据的输入：单击目标单元格，直接输入，或在编辑栏中输入后按 Enter 键或单击"输入"按钮。

(2) 对已有数据单元格的编辑性输入：双击目标单元格，在单元格中进行直接修改输入，或单击目标单元格后，在编辑栏中修改输入。

1. 字符型(文本类型)数据的输入

字符型是 Excel 常用的一种数据类型，例如表格标题、行标题、列标题等。字符型数据是由字母、数字、汉字及其他字符组成的字符串。它的输入不受单元格的宽度限制，如其右侧的单元格无数据，显示时会覆盖其右侧的单元格；如其右侧单元格有数据，显示时只显示前面的部分字符；单击该单元格在编辑栏可看到其全部内容。字符型数据在单元格中默认对齐方式是左对齐。

有时需要将数字作为字符型数据来输入(如学号、教师编号等)，此时可在数字字符前加单撇号(')；或等号(＝)，再把字符用英文双引号括起来即可；例如：＝"2017002003"。

2. 数值型数据的输入

数值型数据的默认对齐方式为右对齐，当输入数据整数位数较长时，Excel会用科学计数法表示。

(1) 分数的输入。为了区分于其他数据类型的输入，Excel规定，在输入分数时采用"0＋空格＋分数"的格式输入。例如：0　65.2。

(2) 负数的输入。输入负数可直接在数字前加负号(－)，例如－65.67，也可用小括号把数字括起来表示负数，例如输入－8.901就可直接输入"(65.67)"。

(3) 百分数的输入。可在数值后直接加"%"即可，表示该数字除以100。

3. 日期时间型数据的输入

输入日期时，年、月、日之间需用"-"或"/"隔开。输入时间时，时、分、秒用"："隔开。例如用12小时制格式，还可在时间数据后，加空格加AM或A来表示上午，加空格加PM或P来表示下午。例如，上午10点10分55秒输入"10:10:55　AM"即可。

也可把系统的当前日期和时间插入到单元格中。按Ctrl＋Shift＋；键可插入系统的时间，按Ctrl＋；键可插入系统的日期。

4. 逻辑型数据的输入

可在单元格中直接输入逻辑值TRUE和FALSE，居中显示；一般用于数据的比较，例如在"及格否"单元格中输入"＝A4＞60"后，当A4"成绩"单元格的值＞60时，则"及格否"单元格中显示TRUE，否则显示FALSE。

5. 备注型数据的输入

在Excel中，有时需要给某单元格加上一些解释说明信息，而又不影响表格数据的显示。这时可给单元格添加批注，方法如下：

右击需加批注的单元格，在弹出的快捷菜单中选择"插入批注"选项，输入相应信息即可。也可删除或编辑批注信息(右击具有批注信息的单元格时，快捷菜单中的"插入批注"选项被"编辑批注"和"删除批注"选项代替)。

6. 利用Excel填充功能输入数据

Excel自动填充分为拖动鼠标填充、自动填充、等差序列填充、等比序列填充、日期填充和按自定义序列进行填充。

(1) 使用 Excel“拖动鼠标填充”填充功能。

① 数字填充。如果要在 A1:A10 区域中输入数字 1～10,在单元格 A1 中输入数字“1”,把光标移动到单元格 A1 的右下角,当鼠标变成一个黑色的十字形状时,按住 Ctrl 键的同时按住鼠标左键,然后向下拖曳 A10,此时 A1:A10 即分别输入 1～10 的数字。如果在拖曳时不按 Ctrl 键,只能复制第一个单元格内容。

② 文字+数字填充。如果单元格的内容是“文本+数字”,那么默认情况下,拖曳是按照文本不变数字步进的方式填充,这时如果按住 Ctrl 键再拖曳,就变成完全复制原单元格内容。

(2) 使用 Excel“自动填充选项”功能。如果要在 A2:A9 区域中输入数字 1～8,在单元格 A2 中输入数字“1”,把光标移动到单元格 A2 的右下角,当鼠标变成一个黑色的十字形状时,按住鼠标左键,然后向下拖曳到 A9,此时在 A2:A9 选中区域的右下角出现“自动填充”选项按钮,单击“自动填充选项”按钮,打开 Excel 自动填充选项,如图 5-2 所示。单击“填充序列”单选按钮,即可在 A2:A9 中分别输入 1～8 的数字。

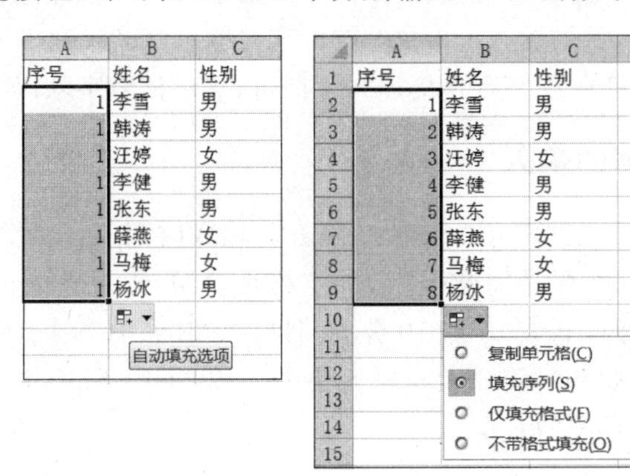

图 5-2　自动填充选项

如果单击“复制单元格”,则 A3:A9 的值与 A2 的值与格式相同填充,即复制单元格;如果单击“仅填充格式”,则 A3:A9 的格式与 A2 的格式相同填充;如果单击“不带格式填充”,则 A3:A9 的值与 A2 的值相同,去掉 A2 的单元格格式填充。

① 使用 Excel“等差序列”自动填充功能。在待填充的前两个单元格分别输入相应的数字,选中这两个单元格,将鼠标定位到选定区域的右下角,当鼠标变成一个黑色的十字形状时,按住鼠标左键拖曳到目的单元格即可。系统将以前两个单元格的差值为步长进行等差填充。

② 使用 Excel“等比序列”自动填充功能。在待填充的前两个单元格分别输入相应的数字,选中这两个单元格,将鼠标定位到选定区域的右下角,当鼠标变成一个黑色的十字形状时,按住鼠标左键拖曳到目的单元格即可。系统将以前两个单元格的比例进行等比序列填充。

③ 使用 Excel“日期填充”自动填充功能。如对日期数据进行填充,Excel 自动填充功能可实现“以天数填充”“以工作日填充”“以月填充”“以年填充”。“以天数填充”是以“日增加”的方式进行填充;“以工作日填充”也是以“日增加”的方式进行填充,但它会过滤掉

节假日;"以月填充"是以"月增加"的方式进行填充;"以年填充"是以"年增加"的方式进行填充,如图 5-3 所示。

	A	B	C	D
1	2013/12/25			
2	2013/12/26			
3	2013/12/27			
4	2013/12/30			
5	2013/12/31			
6	2014/1/1			
7				
8				
9				
10				
11				
12				
13				
14				
15				
16				
17				

- 复制单元格(C)
- 填充序列(S)
- 仅填充格式(F)
- 不带格式填充(O)
- 以天数填充(D)
- 以工作日填充(W)
- 以月填充(M)
- 以年填充(Y)

图 5-3　日期填充方式

④ 使用 Excel"自定义填充序列"功能。根据实际需要,用户可以事先定义一些较常使用的序列,在使用时,只需输入序列中某一项,利用填充功能可快速填充其余各项。

自定义序列的方法如下:

在"文件"选项卡中单击"选项"按钮,打开"Excel 选项"对话框,选择"高级"选项卡,单击右侧的"编辑自定义列表"选项按钮。打开"自定义序列"对话框,在"输入序列"文本框中输入自定义的序列项(每项占一行,即每输入一项按 Enter 键结束此项的结束),单击"添加"按钮,新定义的序列便会被添加到左侧的"自定义序列"列表框中,如图 5-4 自定义序列所示。

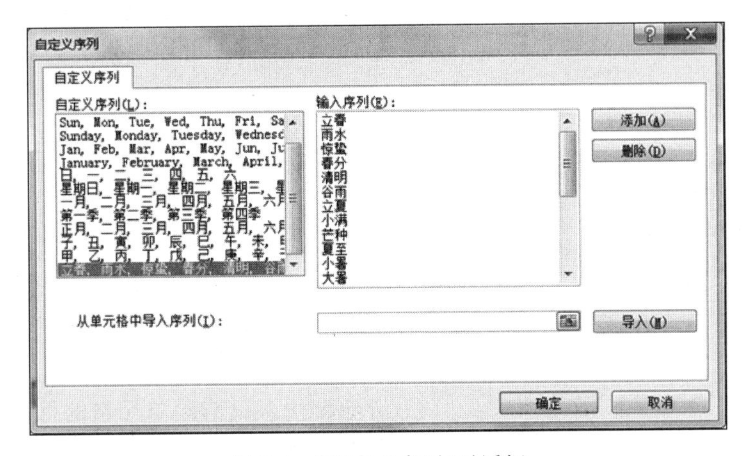

图 5-4　"自定义序列"对话框

凡在“自定义序列”列表框中列出的序列，在使用时，只需输入其中任意一项，选中包含此项的单元格，按住“填充柄”即可进行此序列的循环填充输入。

5.2.3 Excel 2010 数据编辑

数据的编辑是指对已经输入的各类型数据进行修改、复制、移动及删除等操作。

1. 数据的修改

（1）在单元格中直接修改。选中待修改的单元格后按 F2 键或双击待修改的单元格，可在单元格中直接修改其内容。

（2）在编辑框中进行修改。选中相应的单元格，单击编辑框，把光标移到修改处进行修改。

2. 数据的移动与复制

（1）拖曳法：选定待复制或移动的单元格区域，将鼠标放至选定区域的四边，待鼠标上方出现 4 个方向箭头时，如需“移动”操作，只需按住鼠标左键直接拖曳至目的位置；如需“复制”操作，按住鼠标左键拖曳的同时按住 Ctrl 键即可。

（2）利用剪贴板法：选定待复制或移动的单元格区域，在“开始”选项卡中“剪贴板”组中单击“复制”或“剪切”按钮，或按 Ctrl＋C 键或 Ctrl＋X 键，然后单击目标位置单元格，进行“粘贴”操作即可。

3. 数据的清除

单元格不仅含有数据，它还具有格式、备注、超链接等相关属性，如果只需要清除其中部分属性，就可使用 Excel 清除功能。

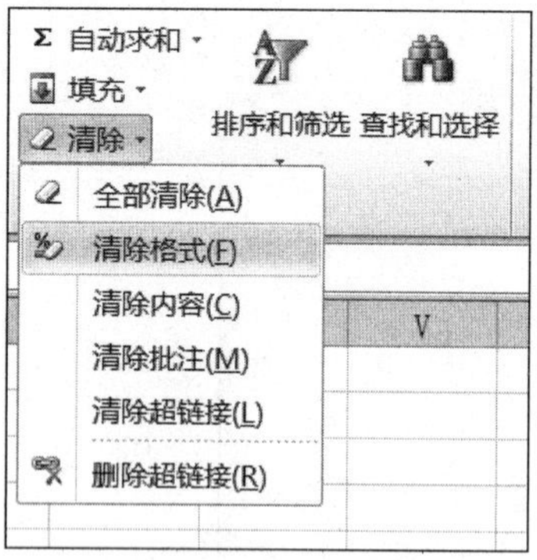

选定相应的单元格，在“开始”选项卡的“编辑”组中单击“清除”下拉按钮，在下拉列表中有 5 个选项可以选择，如图 5-5 所示。

图 5-5　清除子菜单

（1）全部清除。清除单元格的内容、格式、批注及超链接。

（2）清除格式。只清除选定单元格的格式，单元格的内容等其他信息仍将保留。

（3）清除内容。只清除单元格的内容，单元格的格式及批注等仍将保留。

（4）清除批注。只清除单元格的批注信息。

（5）清除超链接。可取消超链接，但该命令未清除单元格格式。

（6）删除超链接。取消超链接同时清除单元格格式。

5.3 Excel 2010 工作簿、工作表和单元格的基本操作

5.3.1 工作簿的基本操作

在利用 Excel 制作表格之前，应该先了解如何创建工作簿，因为，要处理的各项 Excel 数据都是在工作簿中进行的。

1. 创建工作簿

在 Excel 中创建工作簿主要有 3 种方式供用户选择：一是创建空白工作簿，二是根据现有的工作簿内容创建工作簿，三是根据系统提供的模板快速创建工作簿。

(1) 创建空白工作簿。启动 Excel 2010，系统会自动创建一空白工作簿。或在“文件”选项卡中选择“新建”选项，双击“可用模板”栏中的“空白工作簿”图标，如图 5-6 所示，或者按 Ctrl+N 键，即可快速新建一个工作簿。创建新工作簿后，Excel 将自动按工作簿 1、工作簿 2、工作簿 3……的默认顺序为新工作簿命名。

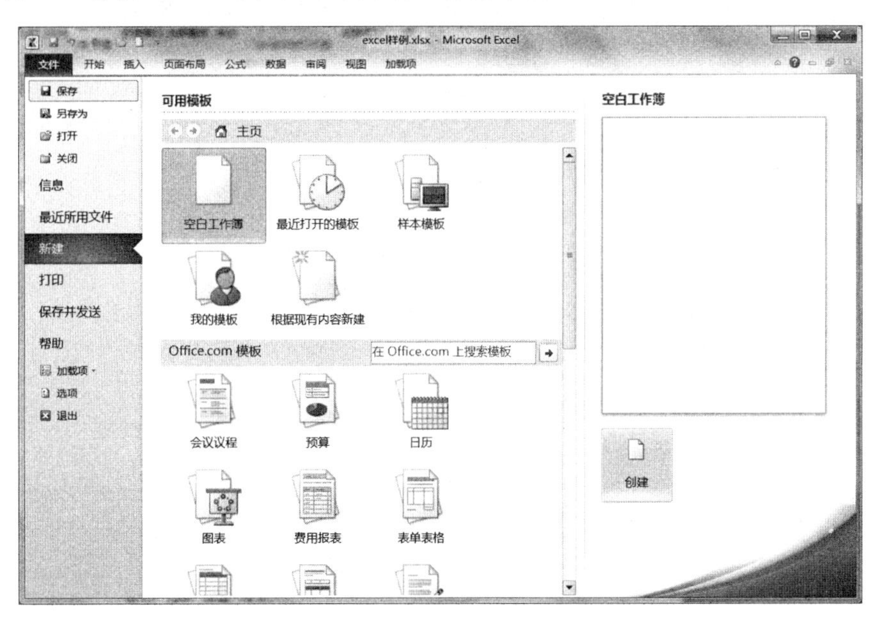

图 5-6　新建工作簿

(2) 使用样本模板创建工作簿。在“可用模板”栏中单击“样本模板”图标，接着从下方列表框中选择与需要创建工作簿类型对应的模板，最后单击“创建”按钮，即可生成带有相关文字和格式的工作簿。

(3) 根据现有内容新建工作簿。在“可用模板”选项组中单击“根据现有内容新建”图

标，打开“根据现有工作簿新建”对话框，从中选择已有的 Excel 文件来新建工作簿。

2. 打开工作簿

在“文件”选项卡中选择“打开”选项或单击工具栏中的“打开”按钮，在弹出的“打开”对话框中选择要打开的工作簿，然后单击“打开”按钮。

3. 保存工作簿

（1）手动保存工作簿。在“文件”选项卡中选择“保存”选项或单击工具栏中的“保存”按钮，即可保存工作簿。如果是首次保存，则会弹出“另存为”对话框，选择要保存的路径，然后在“文件名”文本框中输入要保存的工作簿的名称，单击“保存”按钮即可。

（2）自动保存工作簿。在“文件”选项卡中选择“选项”选项，弹出“Excel 选项”对话框。选择左侧的“保存”选项，在右侧的“保存工作簿”选项组中选中“保存自动恢复信息时间间隔”复选框，并设置间隔时间，然后再单击“确定”按钮即可。

（3）工作簿的密码保存。为了限制某些人打开或编辑该工作簿，可为工作簿添加打开权限密码和修改权限密码。

方法 1：在“文件”选项卡中选择“保存”选项或单击工具栏中的“保存”按钮。在弹出的“另存为”对话框中单击“工具”按钮，然后从弹出的菜单中选择“常规选项”选项，如图 5-7 所示。在弹出的“常规选项”对话框中设置“打开权限密码”和“修改权限密码”，单击“确定”按钮即可。

图 5-7 “另存为”及“常规选项”对话框

要取消工作簿的密码，只需再次打开“常规选项”对话框，然后删除之前所设置的密码即可。

方法 2：在“文件”选项卡中选择“信息”选项，单击“保护工作簿”按钮，从弹出的列表中选择“用密码进行加密”选项，如图 5-8 所示。

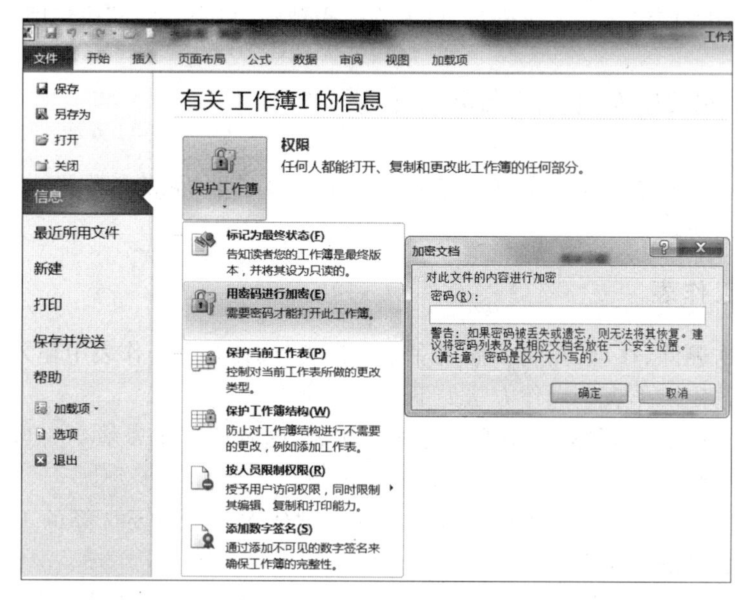

图 5-8　用密码进行加密

在弹出的“加密文档”对话框中设置密码，然后再单击“确定”按钮即可。

4. 设置新建工作簿的默认工作表数量

启动 Excel 后，如果觉得默认的 3 个工作表不够用，用户可以改变工作簿中默认的工作表数量。

（1）在“文件”选项卡中选择“选项”选项，打开的对话框如图 5-9 所示。

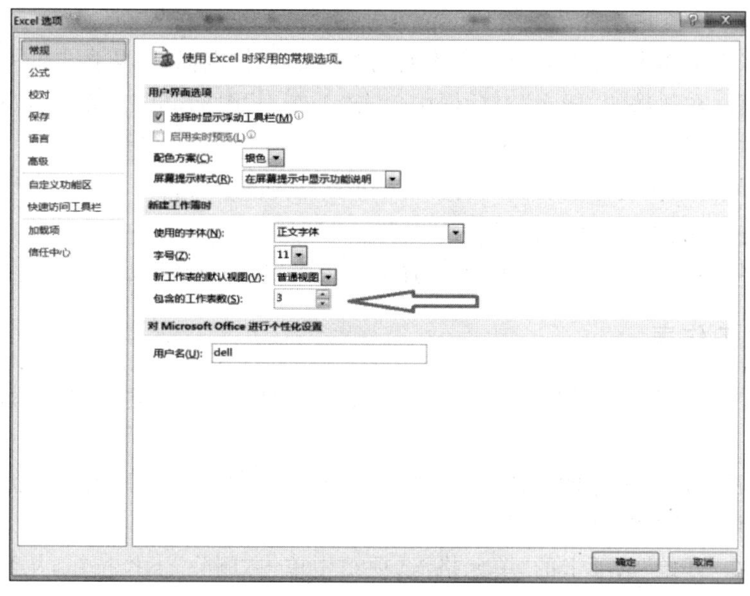

图 5-9　“Excel 选项”对话框

（2）在弹出的“Excel 选项”对话框中选择左侧的“常规”选项，然后在右侧的“新建工作簿时”选项组中将“包含的工作表数”设置为所需数值，单击“确定”按钮即可。

5.3.2 Excel 2010 工作表的基本操作

针对工作表的基本操作主要有选定工作表、插入工作表、删除工作表、重命名工作表、复制移动工作表等。

1. 选定工作表

如果要一次删除、移动、复制或插入多张工作表，或在多个工作表中输入相同的数据，这时就要首先选定工作表。操作方法如下。

（1）单选：单击某工作表标签可选定该工作表，同时该工作表就变为当前工作表（接收用户操作的工作表）。

（2）不连续多选：按住 Ctrl 键同时用鼠标左键依次单击所要选择的工作表标签，可以选定多个不相邻的工作表。

（3）连续多选：要选定一组相邻的工作表，则单击第一个工作表的标签，按住 Shift 键，再单击最后一个工作表标签，那么这两张工作表标签之间的工作表将全部被选中。

（4）全选：若要选定工作簿中的所有工作表，则右击任意一个工作表标签，从弹出的快捷菜单中选择“选定全部工作表”选项。

2. 插入工作表

方法 1：要插入一张工作表，可右击某工作表标签，从弹出的快捷菜单中选择“插入”选项。在弹出的“插入”对话框中单击“工作表”图标，单击“确定”按钮，即可在该工作表标签的左侧插入一个空白工作表。

如插入多张工作表，选中多个工作表右击选中的工作表标签，从弹出的快捷菜单中选择“插入”选项。在弹出的“插入”对话框中单击“工作表”图标，单击“确定”按钮，即可在该工作表标签的左侧插入多张空白工作表。

方法 2：单击工作表标签右侧的“插入工作表”按钮，如图 5-10 所示，即可在所有工作表标签的右侧，插入一个空白工作表。

方法 3：按 Shift＋F11 键，即可在当前工作表标签的左侧插入一个空白工作表。

3. 删除工作表

在 Excel 中，允许一次删除一张或多张工作表。如果不再需要某些工作表时，则可以将其删除。

方法 1：选中所要删除的工作表，右击选中的工作表标签，从弹出的快捷菜单中选择“删除”选项即可将这些工作表删除。

方法 2：在“开始”选项卡的“单元格”选项组中单击“删除”下拉按钮，从弹出的下拉列表中选择“删除工作表”选项，即可删除当前工作表。

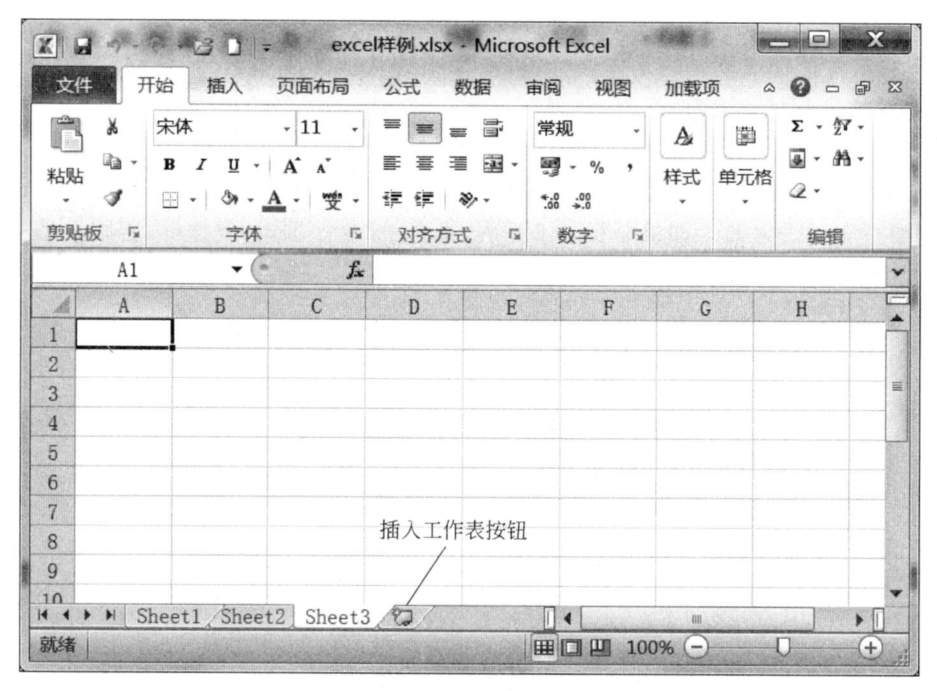

图 5-10 插入工作表按钮

4. 重命名工作表

如果对工作表标签名称不满意,可随时为工作表更名即重命名。重命名工作表的方法有以下两种。

方法 1:右击工作表标签,从弹出的快捷菜单中选择"重命名"选项。此时,该工作表的标签名称呈反白(黑底白字)显示,然后输入新的名称即可。

方法 2:双击工作表标签名称,此时,该工作表的标签名称呈反白显示,然后再输入新的名称即可。

5. 移动和复制工作表

利用工作表的移动和复制功能,可以实现在同一个工作簿间或不同工作簿间移动和复制工作表。

(1) 在同一个工作簿间移动和复制工作表。

① 移动工作表:一次可移动一张或多张工作表,选定将要移动的工作表,将鼠标指针放到要移动的工作表标签上,按住鼠标左键向左或向右拖动,到达目标位置后再释放鼠标,即可移动工作表。

② 复制工作表:按住 Ctrl 键的同时拖动工作表标签,到达目标位置后,先释放鼠标,再松开 Ctrl 键,即可复制工作表。

(2) 在不同工作簿之间移动和复制工作表。在不同工作簿之间移动或复制工作表的具体操作步骤如下。

① 打开用于接收工作表的工作簿,再切换到要移动或复制工作表的工作簿中。

② 右击要移动或复制的工作表标签,从弹出的快捷菜单中选择“移动或复制”选项,弹出“移动或复制工作表”对话框。

③ 在“工作簿”下拉列表框中选择用于接收工作表的工作簿名称。

④ 在“下列选定工作表之前”列表框中选择把要移动或复制的工作表放在接收工作簿中的哪个工作表之前。如果要复制工作表,则选中“建立副本”复选框,否则只是移动工作表,如图 5-11 所示。

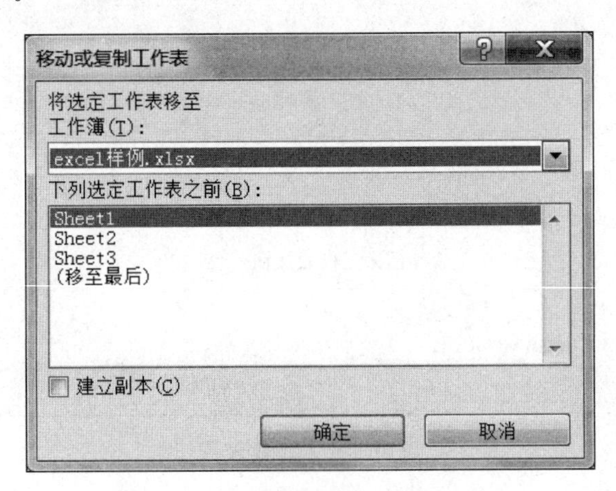

图 5-11 “移动或复制工作表”对话框

⑤ 单击“确定”按钮,即可完成工作表的移动或复制操作。

6. 显示或隐藏工作表

隐藏工作表能够避免对重要数据和机密数据进行误操作,当需要该工作表时再将其显示出来。隐藏工作表的方法有以下两种。

方法 1: 选定要隐藏的工作表,右击要隐藏的工作表标签,从弹出的快捷菜单中选择“隐藏”选项,即可将选定的工作表隐藏起来。

方法 2: 单击要隐藏的工作表标签,在“开始”选项卡的“单元格”组中单击“格式”下拉按钮,从弹出的下拉列表中选择“隐藏和取消隐藏”|“隐藏工作表”选项,即可将选择的工作表隐藏起来。

注意: 在“视图”选项卡的“窗口”组中,“隐藏”命令是隐藏当前工作簿窗口。

当要取消工作表的隐藏时,右击工作表标签,从弹出的快捷菜单中选择“取消隐藏”选项,弹出“取消隐藏”对话框。在“取消隐藏工作表”列表框中选择要取消隐藏的工作表,再单击“确定”按钮,即可将隐藏的工作表重新显示出来。

5.3.3 单元格的基本操作

对单元格的操作是创建电子表格的基础,其中包括输入数据、选择单元格以及设置单元格的格式等操作。

1. 单元格的选择

选择单元格是对单元格进行操作的前提。选择单元格包括选择一个单元格、选择多个单元格以及选择全部单元格等几种情况。

(1) 选择一个单元格。选择一个单元格有以下几种方法。

方法1：单击该单元格，即可将其选中。

方法2：在名称框中输入单元格名称，如输入"B5"，按Enter键，即可将B5单元格选中。

(2) 选择多个单元格。选择多个单元格，可分为选择连续的多个单元格和选择不连续的多个单元格，具体操作方法如下。

选择连续的多个单元格：拖动法，单击要选择的单元格区域左上角的单元格，按住鼠标拖动至单元格区域右下角的单元格，释放鼠标即可选择单元格区域。

选择不连续的多个单元格：先单击第一个要选择的单元格，再按住Ctrl键，依次单击其他要选择的单元格，完成后松开Ctrl键，即可选择不连续的多个单元格。

选择不连续的多个单元格区域：按住Ctrl键的同时，按鼠标左键拖动或单击单个单元格可选择多个不连续区域。

(3) 选择全部单元格。选择工作表中的全部单元格，有以下两种方法。

方法1：单击工作表左上角行号和列标交叉处的"全选"按钮，即可选择工作表的全部单元格。

方法2：单击数据区域中的任意一个单元格，然后按Ctrl+A键，可以选择包含该单元格在内的连续的包含有数据矩形区域；单击工作表中的空白单元格，再按Ctrl+A键，即可选择工作表的全部单元格。

2. 单元格的插入与删除

如果表格需要添加新的数据，此时就可以用插入单元格来解决。方法如下：

右击添加数据位置处的单元格，从弹出的快捷菜单中选择"插入"选项，打开"插入"对话框，根据具体情况可选择"活动单元格右移""活动单元格下移"来插入一单元格，或选择"整行"或"整列"来插入一行或一列。最后单击"确定"按钮即可，如图5-12所示。

对于表格中的多余单元格，可将其删除。删除单元格不仅仅是删除单元格中的内容，而是要删除单元格本身。

右击要删除的单元格，从弹出的快捷菜单中选择"删除"选项，打开"删除"对话框，如图5-13所示，根据需要选择适当选项即可。

3. 行高和列宽的设置

默认情况下，工作表中每列的宽度和每行的高度都相同。实际应用中并非如此，如果单元格中数据过长，其所在的列的宽度不够，则部分数据就不能正常显示出来，此时就需要设置单元格的列宽与行的高度。方法如下。

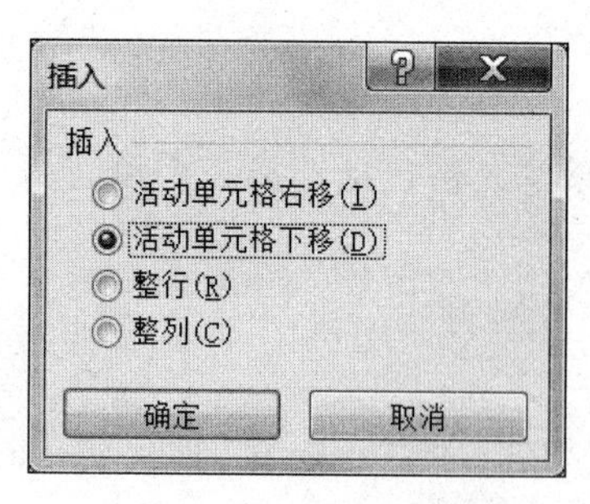

图 5-12 “插入”对话框

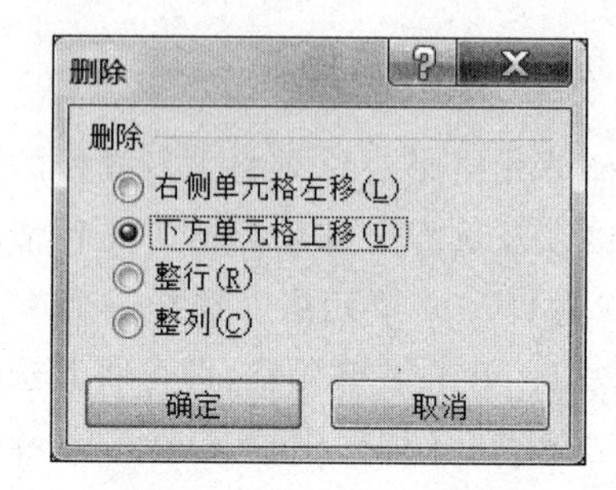

图 5-13 “删除”对话框

（1）鼠标拖动快速设置：在要求不太精确，所设置的列或行较少的情况下可使用此方法。将鼠标放在两个列号之间，待鼠标变成左右双向箭头时，左右拖动鼠标可进行列的宽度调整。同样将鼠标放在两个行号之间，待鼠标变成上下双向箭头时，上下拖动鼠标可进行行的高度调整。

（2）菜单精确设置：在要求精确设置或对较多列宽或行高进行设置时，此方法较为合适。右击要设置的行，从弹出的快捷菜单中选择“行高”选项，打开设置行高的对话框，输入相应的参数后单击“确定”按钮即可。若要设置列宽，右击要设置的列，从弹出的快捷菜单中选择“列宽”选项，打开设置列宽的对话框，输入相应的参数后单击“确定”按钮即可。

4. 单元格的合并与居中

对于表格的标题，人们往往习惯于将其居中设置，这就需要将表格的标题置于表格的上部中间位置。如图 5-14 所示，将表格标题“某竞赛获奖情况表”居中显示。

	A	B	C	D	E	F
1	某竞赛获奖情况表					
2	单位	一等奖	二等奖	三等奖	合计	
3	A	14	48	39		
4	B	18	26	24		
5	C	22	36	48		
6	D	26	25	26		
7	E	24	18	22		
8	F	21	25	28		
9						
10						

图 5-14 合并与居中

选中 A1～E1 单元格，在“开始”选项卡的“对齐方式”组中单击“合并后居中”按钮，如图 5-15 所示。

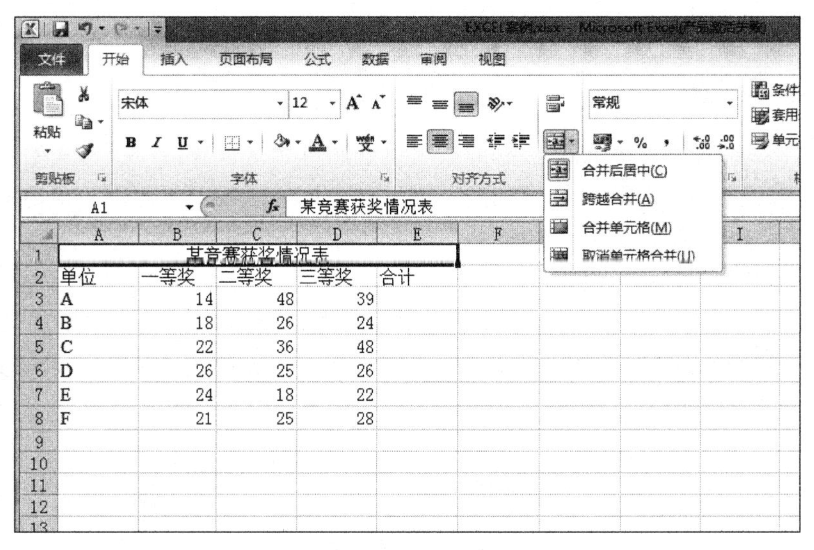

图 5-15　标题居中设置

在“开始”选项卡的“对齐方式”组中单击“合并后居中”下拉按钮，里面有 4 个选项。

(1) 合并后居中：默认选项，将多个单元格合并成一个大的单元格，并将新单元格作居中设置。

(2) 跨越合并：将所选单元格的每行合并成一个更大的单元格。用于多行多列单元格按行分别合并设置，即把选中区域中每行单元格合并成一个单元格，但不居中。

(3) 合并单元格：用于多个单元格合并成一个单元格的设置，但不居中。

(4) 取消单元格合并：将所选单元格拆分成多个单元格。

5. 单元格数据的查找与替换

在一个较大的表格中快速查找定位某特定数据单元格，就可使用 Excel 的“查找”与“替换”功能来实现。

在“开始”选项卡的“编辑”组中单击“查找”或“替换”按钮，打开“查找和替换”对话框，如图 5-16 所示。在“查找内容”框中输入要查找内容，单击“查找下一个”按钮，或单击“查找全部”按钮进行查找，如果用其他数据替换，可在“替换”选项卡的“替换内容”框中输入新数据，单击“替换”或“全部替换”按钮进行操作即可。

图 5-16　“查找和替换”对话框

如需设置更多的查找条件,可单击“选项”按钮进行设置。

6. 格式的设置

单元格格式设置包括单元格数据的格式设置和单元格自身(外观)格式的设置。单元格的数据可以是数值、货币、日期、百分比、文本和分数等类型。单元格外观格式主要有字体、对齐方式、边框、填充颜色等格式。

(1) 单元格数字格式的设置。

① 使用工具按钮快速设置。对于常见的数据类型,Excel 提供了常用的数据格式供用户使用。在“开始”选项卡的“数字”组中提供了几个快速设置数字格式的工具按钮,如图 5-17 所示。

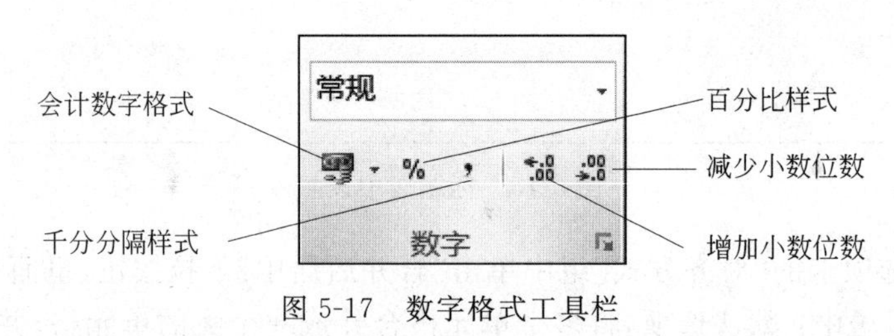

图 5-17　数字格式工具栏

选定相应的单元格,单击“会计数字格式”按钮,在数字前添加货币符号,使数据采用千分分隔样式,并增加两位小数。如需其他货币格式,单击其右侧的向下箭头,从下拉列表框中选择。

单击“百分比样式”按钮,将原数字乘以 100,再在数字后加上百分号。

单击“千分分隔样式”按钮,在数字中加入千位符。

每单击一次“增加小数位数”按钮,使小数位数增加一位;同样,每单击一次“减少小数位数”按钮,使小数位数减少一位。

② 使用菜单命令设置。选定想要设置数字格式的单元格,右击,从弹出的快捷菜单中选择“设置单元格格式”选项,打开“设置单元格格式”对话框进行设置,如图 5-18 所示。

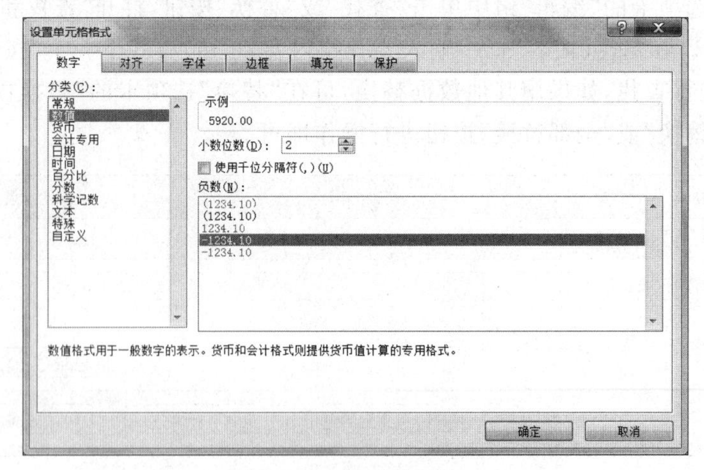

图 5-18　设置单元格

(2) 日期和时间格式的设置。Excel 默认的日期格式为“yyyy/mm/dd”,如需采用其他格式就需要对单元格中的日期格式进行设置。

选定要设置日期或时间格式的单元格区域,右击选定的区域,从弹出的快捷菜单中选择“设置单元格格式”选项,打开“设置单元格格式”对话框,在“数字”选项卡的分类框中选择“日期”,在右侧的类型栏中选取相应的样式后单击“确定”按钮即可,如图 5-19 所示。

图 5-19　设置日期格式

(3) 字体格式的设置。

方法 1:单击“开始”选项卡“字体”组中对应的按钮可对单元格的字体快速设置。选定相应的单元格,单击“字体”组中相应的按钮即可,如图 5-20 所示。

图 5-20　字体的设置(一)

方法 2:使用“设置单元格格式”对话框进行格式的设置。右击选定的单元格,从弹出的快捷菜单中选择“设置单元格格式”选项,打开“设置单元格格式”对话框,单击“字体”选项卡,选取相应的字体后单击“确定”按钮即可,如图 5-21 所示。

(4) 对齐方式的设置。设置单元格内容的对齐方式,选中单元格,在“开始”选项卡的“对齐方式”组单击常用的对齐方式按钮进行设置。主要有“顶端对齐”、居中、“低端对齐”“文本左对齐”“居中”及“文本右对齐”等,如图 5-22 所示。

也可使用设置单元格格式对话框进行设置单元格的对齐方式。选中单元格区域,右击选中区域,从弹出的快捷菜单中选择“设置单元格格式”选项,打开“设置单元格格式”对话框,在“对齐”选项卡的“水平对齐”下拉式列表框中选择水平对齐方式,打开“垂直对齐方式”下拉列表框选择垂直对齐方式,如图 5-23 所示。

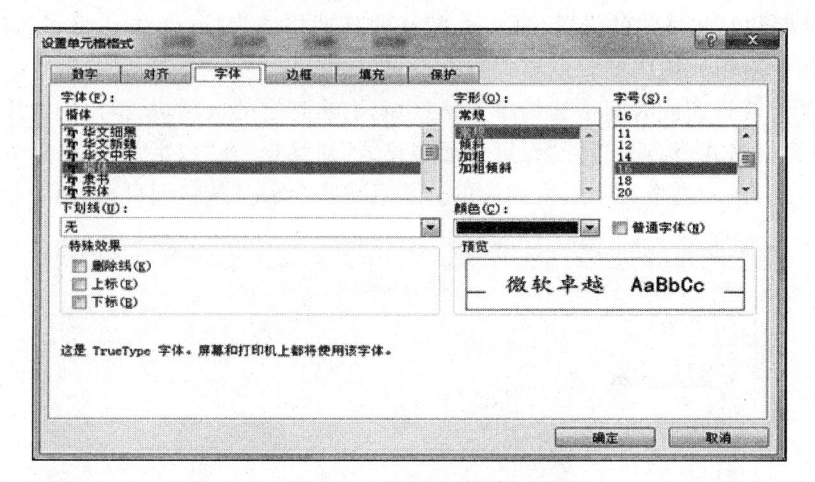

图 5-21　设置字体(二)

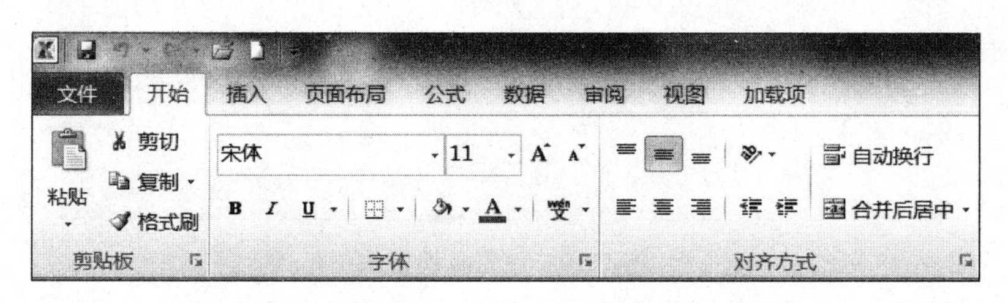

图 5-22　单元格对齐方式设置

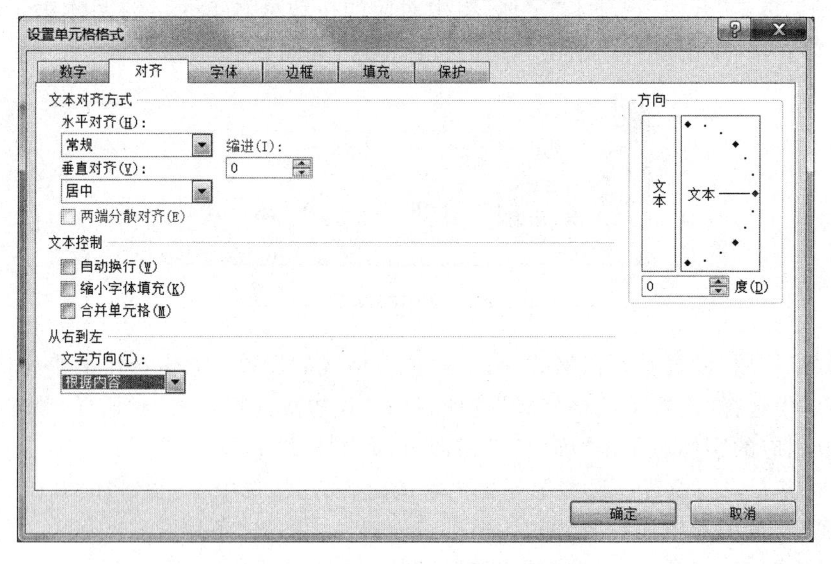

图 5-23　“设置单元格格式”对话框

(5) 边框的设置。工作表中的表格线默认情况下是灰色的，在打印输出时是不会被打印出来的。为了打印有表格线的表格，可为表格添加不同线型的边框。添加表格线主要有以下方法。

方法1：选择要设置边框的单元格区域，在“开始”选项卡的“字体”组中单击“其他边框”下拉按钮，在下拉列表框中选择相应的命令即可，如图5-24所示。

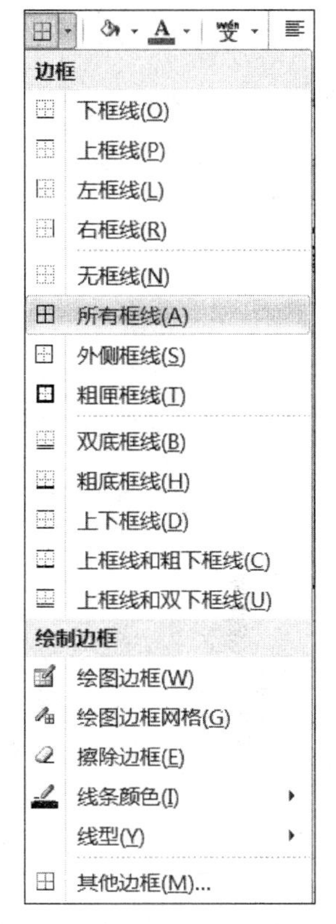

图5-24 边框设置

方法2：选择要设置边框的单元格区域，在“开始”选项卡的“字体”组中单击“其他边框”按钮(注意：不要单击其右侧的下三角)，打开“设置单元格格式”对话框，可进行如下设置。

①“样式”列表框：选择边框的线条样式，即形状。

②“颜色”下拉列表框：选择边框的颜色。

③“预置”选项组：单击“无”按钮可清除表格线；单击“外边框”按钮为表格添加外边框；单击“内部”按钮为表格添加内部边框。

④“边框”选项组：通过单击该组中的8个按钮，可在表格的不同位置添加边框，如图5-25所示。

(6) 填充颜色的设置。要想设计出视觉效果更佳的电子表格，需要对单元格进行底纹的修饰，即填充色的设置。方法如下：

右击选中单元格区域，从弹出的快捷菜单中选择“设置单元格格式”选项，打开“设置单元格格式”对话框，单击“填充”选项卡，选取相应的样式后单击“确定”按钮即可。

也可用功能区中相应按钮设置：选中单元格区域，在“开始”选项卡的“字体”组中单击“填充颜色”下拉按钮，在下拉列表框中选择即可。

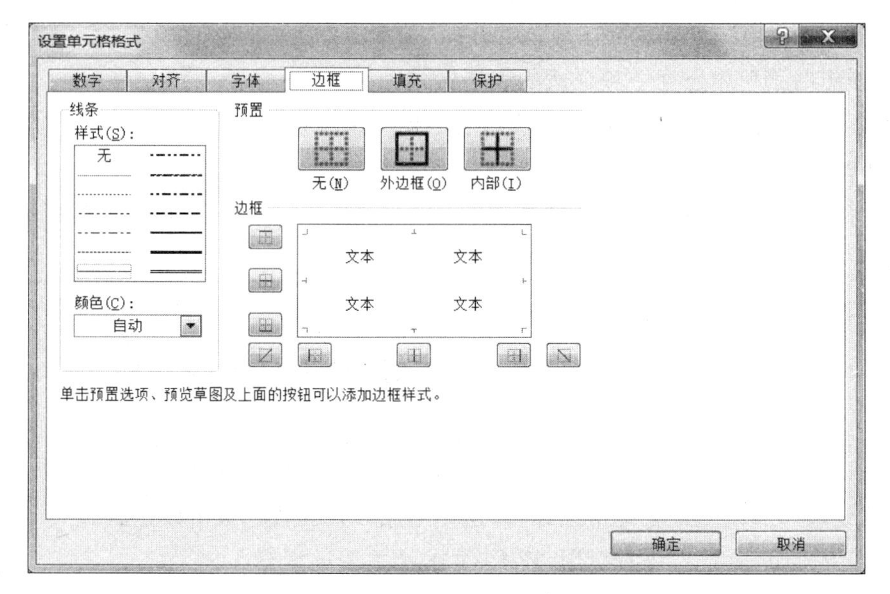

图5-25 边框设置对话框

(7) 条件格式的设置。在 Excel 2010 中,用户可以用不同的格式(如不同的填充颜色)突出显示满足某种条件的单元格,以达到在不隐藏其他单元格的情况下筛选数据的效果。方法如下:

选定单元格区域,在“开始”选项卡的“样式”组中单击“条件格式”按钮,在弹出的菜单中选择设置条件的方式。例如选择“突出单元格规则”|“其他规则”选项,打开“新建格式规则”对话框,设置条件后,单击“格式”按钮对满足条件的单元格格式的设置,如图 5-26 所示。

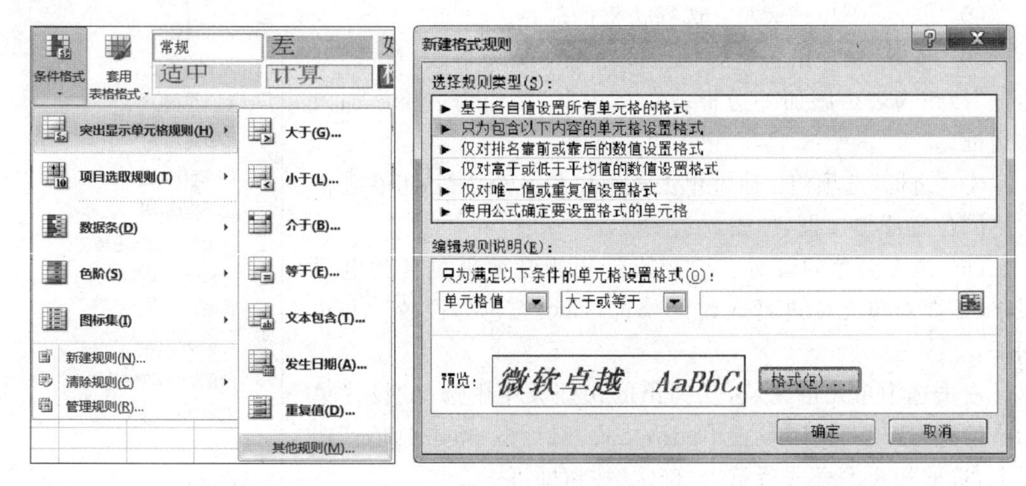

图 5-26　条件格式设置

(8) 自动套用格式。Excel 2010 提供了很多“表”的外观样式,使用这些外观可快速地美化表格。具体步骤如下:

① 选择要套用“表”样式的区域,在“开始”选项卡的“样式”组中单击“套用表格格式”按钮,在弹出的菜单中选择一种合适的表格格式。

② 打开“套用表格格式”对话框,确认表数据的来源正确。

③ 单击“确定”按钮。

套用格式后,标题栏右边均会显示一个向下箭头,单击该箭头可快速设置筛选条件。如不需此功能,按 Ctrl+Shift+L 键可将其清除。

5.4　使用公式和函数

Excel 2010 除具有表格创建和编辑功能外,还具有数据的计算功能,允许使用公式对数据进行处理。所谓公式就是由运算符、运算对象以及函数组成的表达式。

Excel 2010 运算符主要有引用、算术、文本及关系运算符。

运算对象主要有数值、文本、单元格、单元格区域、函数等。

函数:函数是预先定义的特殊“公式”。

5.4.1 Excel 2010 运算符

1. 引用运算符：冒号，逗号，空格

“：”（冒号）区域运算符，引用指定区域内的所有单元格。例如 sum(a2：b4)，对 a2～b4 区域内的所有单元格进行求和，即 sum(a2：b4)＝sum(a2，a3，a4，b2，b3，b4)＝a2＋a3＋a4＋b2＋b3＋b4。

“，”（逗号）联合引用运算符，也叫枚举运算符，主要用于对不连续的单元格区域的引用。例如 SUM(B5：B8，a8)＝SUM(B5：B8)＋A8。

“ ”（空格）运算符也叫交叉引用运算符，主要用于求两个区域的交集区域。如 sum(b2：d3　c1：c4)＝sum(c2，c3)，因为 c2 和 c3 是两个区域中的共有单元格。

以上 3 个引用运算符之间的优先顺序依次是：冒号、空格和逗号。

2. 算术运算符

Excel 算术运算符主要有＋－ * /（加减乘除）、^（幂）运算。其优先级由高至低依次为^、* /、＋－。

3. 文本运算符

文本运算符只有一个 &，用于两个文本的连接。例如 a1&b1，就是把 a1 与 b1 的内容串接在一起，形成一新的文本。

4. 关系运算符

关系运算符也叫比较运算符。有＝、＜＞、＞、＜、＞＝、＜＝（等于、不等于、大于、小于、大于或等于、小于或等于）等 6 种。关系运算符的运算结果是一个逻辑值，TRUE 或 FALSE。

引用运算符的优先级高于算术运算符，算术运算符的优先级高于文本运算符，文本运算符的优先级高于关系运算符。若要更改求值的顺序，将公式中要先计算的部分用括号括起来即可。

5.4.2 Excel 2010 公式的创建

在单元格中输入公式，要以等号（＝）作为公式的开始，输入完成后按 Enter 键即可。

5.4.3 单元格的引用

Excel 公式中往往包含对单元格的引用，单元格的引用指明了公式中参与运算的数据位置或地址。单元格的引用分为相对引用、绝对引用及混合引用。

1. 相对引用

公式中直接用单元格的列号和行号来标识单元格的这种引用称为相对引用。如在单元格 E3 中输入公式“＝A3＋B3＋C3＋D3”，那么，引用单元格 E3 和被引用单元格 A3、B3、C3、D3 之间就建立了一种“相对位置”关系(引用单元格和被引用单元格同在一行，并且被引用的单元格处于其左侧相邻的四列)。当把 E3 中的公式复制到其他单元格时，这种相对位置关系将被继承下来。例如：把 E3 中输入公式“＝A3＋B3＋C3＋D3”复制到单元格 E4，此时，引用单元格 E4 和被引用单元格也保留“同在一行，左侧相邻四列”这种相对关系。为此，系统将原公式“A3＋B3＋C3＋D3”调整为“A4＋B4＋C4＋D4”，即公式中相对引用部分将随公式的复制而变化

2. 绝对引用

引用单元格时在列号和行号前面添加符号“＄”的引用，称之为绝对引用。绝对引用是对固定位置单元格的引用。被引用的单元格与引用单元格的位置无关，即复制包含绝对引用的公式时，复制后的公式中，绝对引用部分将不会发生变化。

3. 混合引用

混合引用是指公式中参数的“行”采用相对引用、“列”采用绝对引用；“行”采用绝对引用、“列”采用相对引用；公式中相对引用部分随公式的复制而变化，绝对引用部分不随公式的复制而变化。如：计算如图 5-27 所示的所占百分比。在 F3 单元格中输入公式“＝ E3/＄E＄6”，在此公式中，总计的合计 E6 是固定不变的，采用绝对引用杨树总计 E3 要采用相对引用，因为，在通过复制此公式到 F4 和 F5 计算出油松和银杏所占百分比时，总计是要发生变化的。

SUM　=E3/$E$6

	A	B	C	D	E	F
1	某公园植树情况统计表					
2	树种	2002年	2003年	2004年	总计	所占百分比
3	杨树	125	150	165	440	=E3/$E$6
4	油松	90	108	85	283	29.09%
5	银杏	85	90	75	250	25.69%
6	合计				973	
7						

图 5-27　混合引用实例

4. 引用其他工作表中的单元格

对单元格的引用，如果引用单元格与被引用单元格在同一工作表中，可对单元格直接引用；如果引用单元格与被引用单元格不在同一工作表中，在引用时要指明工作表名。例如工作表 Sheet1 中的单元格 B2 内容为 Sheet2 中 C2 单元格的 5 倍，只需在 Sheet1 的单元格 B2 中输入公式“＝Sheet2!C2 * 5”即可。注意要在工作表名和单元格名之间添加分隔符“!”。

5. 引用其他工作簿中的单元格

引用其他工作簿中的单元格格式为：'工作簿存储地址[工作簿名]工作表名'!单元格名称。例如公式“='E:\Excel\[exp.xlsx]才 heet1'!D3”引用了 E 盘 Excel 文件夹中 exp.xlsx 工作簿中 Sheet1 工作表中的单元格 D3。

5.4.4 常用函数的使用

Excel 函数实际上是一种用来对单元格进行特殊运算的公式。掌握 Excel 提供的函数能够将复杂的问题处理简单化，节省大量设计公式的时间，提高处理问题的效率。

1. 函数的输入

手动直接输入，对一些较简单的函数，并且已熟悉其语法和参数含义，输入方法与普通公式一样(因为函数是一种特殊的公式)，在单元格或编辑栏输入等号(=)，其后输入函数名以及括号内的参数等，最后按 Enter 键即可。例如，输入“=sum(a4:d4)”。

Excel 提供了几百个函数，使用时可以利用函数向导协助输入。步骤如下：

(1) 选定要插入函数的单元格，单击编辑栏上的“插入函数”按钮，打开如图 5-28 所示的“插入函数”对话框。也可以在“公式”选项卡的“函数库”组中单击“插入函数”按钮。

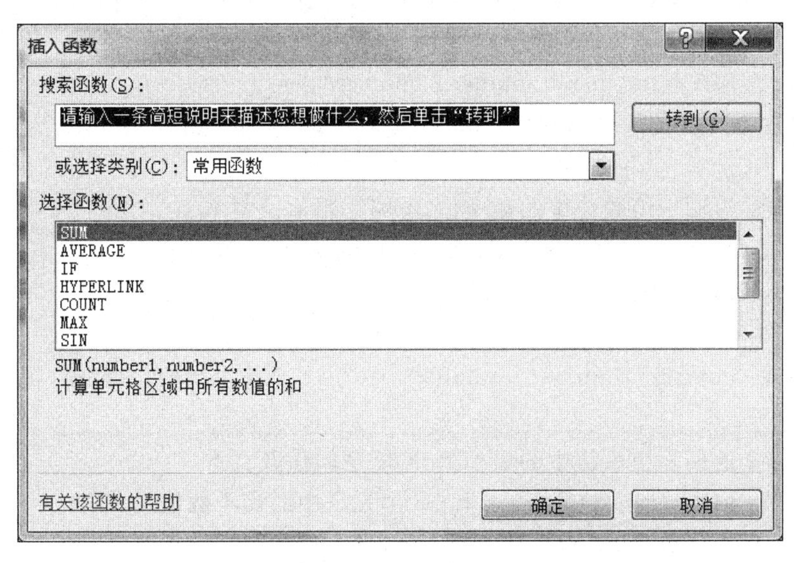

图 5-28 “插入函数”对话框

(2) 在“或选择类别”下拉列表框中选择要插入函数的类别，然后从“选择函数”列表框中选择要插入的函数，打开相应函数参数对话框。

(3) 在参数框中直接输入或用鼠标选择输入单元格引用或单元格区域等参数。

(4) 单击“确定”按钮即可在单元格中显示函数公式的结果。

2. 常用函数介绍

(1) 绝对值函数 ABS。

函数格式：ABS(表达式)。

参数描述：函数参数只有一个，并且是结果为一个数值的表达式。

函数功能：求一个数值的绝对值。

函数样例：abs(d2)，求单元格 d2 的绝对值。

(2) 求和函数 SUM。

函数格式：SUM(number1，number2，number3，…)。

参数描述：number1，number2，number3，…为 1～255 个待求和的数值，它们或是一个数，或是一个单元格，或是一个单元格区域。

函数功能：求数值的和。

函数样例：SUM(D6:D8，20，B9，12)＝B9＋20＋12＋D6＋D7＋D8。

(3) 平均值函数 AVERAGE。

函数格式：AVERAGE(number1，number2，number3，…)。

参数描述：number1，number2，number3，…为 1～255 个数值，或包含数值引用。

函数功能：求参数的算术平均值。

函数样例：AVERAGE(C4，400，B8，100)＝(C4＋400＋B8＋100)/n。n 为数值参数的个数，如 C4 和 B8 单元格中均为数值，则 n＝4；若有一个为数值，则 n＝3。

(4) 最大值函数 MAX。

函数格式：MAX(number1，number2，number3，…)。

参数描述：number1，number2，number3，…为 1～255 个数值，单元格、逻辑值或文本数值。

函数功能：返回一组数值中的最大值，忽略逻辑值及文本。

函数样例：MAX(C4，B8)等于 C4 和 B8 单元格中的最大数值。

(5) 最小值函数 MIN。

函数格式：MIN(number1，number2，number3，…)。

参数描述：number1，number2，number3，…为 1～255 个数值，单元格、逻辑值或文本数值。

函数功能：返回一组数值中的最小值，忽略逻辑值及文本。

函数样例：MIN(C4，B8)等于 C4 和 B8 单元格中的最小数值。

(6) 四舍五入函数 ROUND。

函数格式：ROUND(Number1，Num_digits)。

参数描述：Number1，要四舍五入的数值；。Num_digits 执行四舍五入时的位数。如果此参数为负数，则圆整到小数点左侧；如果此参数为零，则圆整到最接近的整数。

函数功能：按指定的位数对数值进行四舍五入。

函数样例：若 D5＝8.068，则 round(D5，1)＝8.1；round(D5，0)＝8；round(D5，－1)＝10。

(7) 统计函数 COUNT。

函数格式：COUNT(value1,value2,value3,…)。

参数描述：value1,value2,value3,…为 1～255 个参数。可以包含和引用各种不同类型的数据，但只对数字型数据进行统计。

函数功能：计算区域中包含数字的单元格个数。

函数样例：COUNT(D5:D9)，统计区域 D5:D9 中包含数字型数据的单元格个数。

(8) 条件统计函数 COUNTIF。

函数格式：COUNTIF(Range,Criteria)。

参数描述：Range 要计算其中非空单元格数目的区域。Criteria 以数字、表达式或文本形式定义的条件。例如 60,"＞＝60","中国"等。

函数功能：计算某个区域中符合给定条件的单元格个数。

函数样例：COUNTIF(D5:D9,60)，统计区域 D5:D9 中单元格的内容等于 60 的单元格个数；COUNTIF(D5:D9,"＞＝60")，统计区域 D5:D9 中单元格的内容大于或等于 60 的单元格个数。

(9) 条件函数 IF。

函数格式：IF(Logical_Test,Value_If_True,Value_If_False)。

参数描述：Logical_Test 任何可能被计算为 TRUE 或 FALSE 的数值或表达式。Value_If_True 是 Logical_Test 为 TRUE 时返回的值，如果省略，则返回 TRUE，IF 函数最多可嵌套 7 层。Value_If_False 是 Logical_Test 为 FALSE 时返回的值，如果省略，则返回 FALSE。

函数功能：判断是否满足某个条件，如果满足返回一个值，如果不满足则返回另外一个值。

函数样例：IF(D5＞＝90,"优秀","")，如果 D5 大于或等于 90，则返回“优秀”，否则返回空串""。

(10) 排名函数 RANK。

函数格式：RANK(Number,Ref,[Order])。

参数描述：Number 是要查找排名的数字；Ref 是一组数或对一个数据列表的引用，非数字值将被忽略，通常为一数字区域；Order 是在排名列表中数字，如果忽略或为 0，则降序；非零则升序。

函数功能：返回某数字在一区域数字中相对于其他数值的大小排名。

函数样例：RANK(D5,$D$5:$D$10)，返回 D5 在区域 $D$5:$D$10 的降序排名。

5.5 图表与图形

Excel 提供了七十多种图表样式，功能强大。用图表显示工作表中的数据，可以更加清晰、直观地分析数据和预测趋势。本节将重点介绍图表类型、图表的创建、编辑和修改。

5.5.1 图表类型

Excel 2010 内置有 11 大类图表类型,如图 5-29 所示。

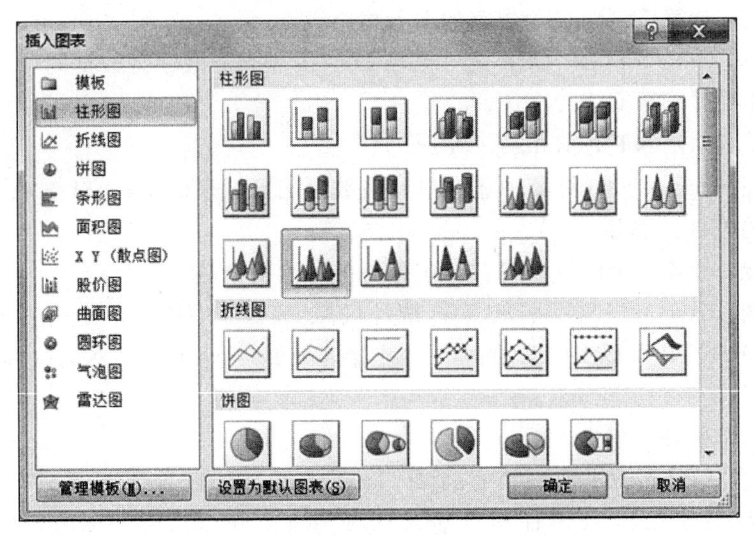

图 5-29 Excel 2010 内置的图表类型

1. 柱形图

柱形图是所有图表类型中包含子图表最多的,也是最常用的图表之一,柱形图共有 19 种子图表,通常用纵坐标轴来显示数值项,横坐标轴来显示信息类别,用于表示以行或列排列的数据,柱形图主要用于显示一段时间内数据的变化或者显示各项之间的比较情况。

2. 折线图

折线图用折线显示一段时间内一组数据的变化趋势。通常用于比较相同时间间隔内数据的变化趋势。

3. 饼图

饼图用于显示一个数据系列中各项的大小与各项总和的比例关系,它只有一个数据系列,适合于标识个体与整体的比例关系,在显示数据系列相对于总量的比例时最有用,每个扇区显示其占总体的百分比值。

4. 条形图

条形图由一系列水平条组成,用于比较两项或多项之间的差异时很有用。条形图具有数据轴标签较长和持续显示数值的特点。

5. 面积图

面积图是以阴影或颜色填充折线下方区域的图形，它能显示一段时间内数据变动的幅度值，通过面积图既能看出各部分的变动，又能看出总体的变化，适用于显示随时间而改变的量。

6. XY(散点图)

XY(散点图)由 X 轴和 Y 轴组成，用于显示成对数据中各数值之间的关系，并将每一数对中的一个数绘制在 X 轴上，而另一个则绘制在 Y 轴上，在两点垂直交汇处上做一个标记。当所有数据绘制完成后，就构成了散点图，它常用于统计与科学数据的显示。

7. 股价图

股价图是具有 3 个数据序列的折线图，常用于显示股票市场的波动，被用来显示一段指定时间内一种股票的成交量、开盘价、最高价、最低价和收盘价。股价图多用于金融、商贸等行业。

8. 曲面图

当要找出两组数据中的最优组合时，选择曲面图就能轻松实现。在曲面图中颜色和图案表示具有相同数值范围的区域。

9. 圆环图

圆环图与饼图相似，显示整体中各部分的关系。它与饼图不同之处是圆环图能够绘制超过一列或一行的数据。

10. 气泡图

气泡图与散点图相似，它是一种特殊的 XY 散点图，可显示 3 个变量之间的关系，最适合用于较小的数据集。

11. 雷达图

雷达图通常用于显示数据相对于中心的变化情况，采用雷达图可绘制几个内部关联的序列，很容易做出可视的对比。

5.5.2 图表的创建

由工作表数据创建的图表直接放在当前工作表上被称之为嵌入式图表，也可以单独被放在一张称之为图表工作表上。创建步骤如下。

步骤 1，选中要创建图表的数据项，注意：要包括行标题和列标题。

步骤 2，在“插入”选项卡的“图表”组中选择要创建的图表类型，例如单击“柱形图”按钮，从菜单中选择需要的图表类型，即可在工作表中创建图表，如图 5-30 所示。

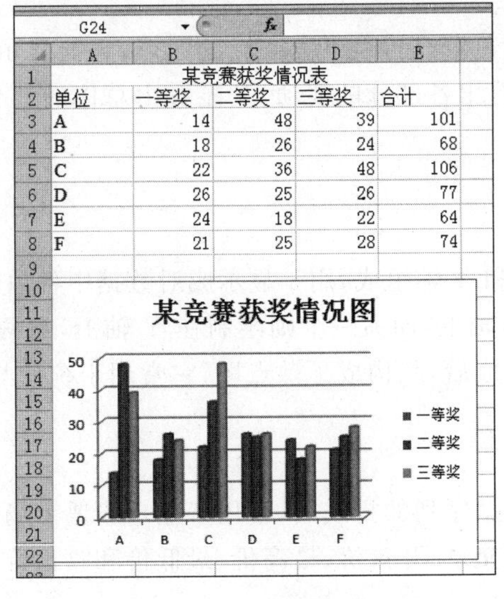

图 5-30　创建图表

5.5.3　图表的操作

选中图表，在功能区会浮现 3 个选项卡：“图表工具|设计”“图表工具|布局”和“图表工具|格式”3 个选项卡，如图 5-31 所示。取消选中图表时，这 3 个图表工具选项卡会自动隐藏消失，当再次选中时它会再次浮现。对图表进行各种设置、编辑均可使用这 3 种选项卡中的命令按钮来实现。

图 5-31　“图表工具”选项卡

1. 调整图表位置和大小

对于调整图表位置，如果在当前工作表中调整：直接按住鼠标左键拖动即可；如果将图表移至另一张工作表：右击图表区，从弹出的快捷菜单中选择“移动图表”选项，或在“图表工具|设计”选项卡的“位置”组中单击“移动图表”按钮，打开“移动图表”对话框，如图 5-32 所示。选择放置图表位置后单击“确定”按钮即可。

2. 图表标题的设置

为使图表拥有一个明确的主题，使图表更加直观，可给图表添加一个醒目的标题。方法如下：

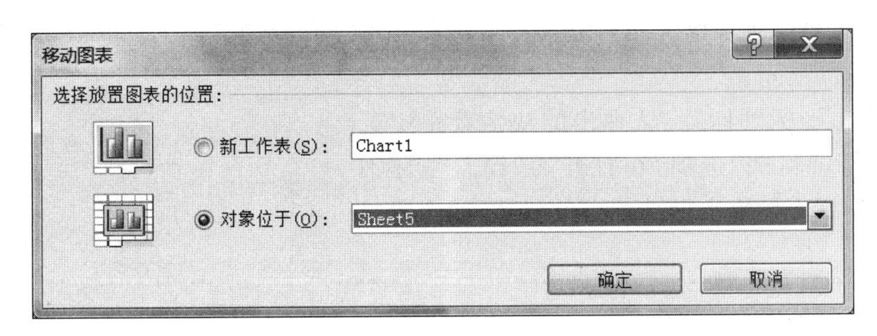

图 5-32 “移动图表”对话框

（1）选中图表，在“图表工具|设计”选项卡的“标签”组中单击“图表标题”按钮，在下拉菜单中选择一种放置标题的方式。

（2）在文本中输入不同文本即可。

（3）右击标题，从弹出快捷菜单中选择“删除”选项，可删除图表标题；单击“字体”命令，可设置图表标题文字的字体、字号等格式；单击“设置图表标题格式”命令，打开“设置图表标题格式”对话框，如图 5-33 所示，可设置图表标题外观格式，如填充样式、边框颜色、阴影、三维格式以及对其方式等。

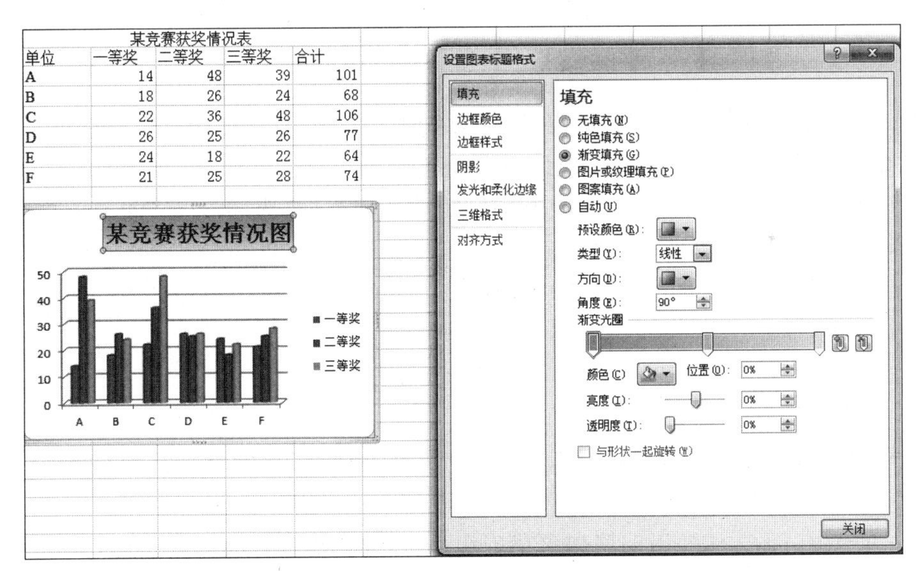

图 5-33 设置图表标题

3. 坐标轴及标题的设置

Excel 允许给图表添加坐标轴标题，使水平和垂直坐标的内容更加明确，具体方法如下。

（1）选中图表，在“图表工具|布局”选项卡的“标签”组中单击“坐标轴标题”按钮，在“主要横坐标标题”级联菜单中选择一种横坐标轴标题样式；或选择“主要总坐标标题”级联菜单中选择一种纵坐标轴标题样式。

(2) 输入坐标轴标题文本。如横坐标标题文本“单位名称”,总坐标标题文本“获奖数量”,如图 5-34 所示。

(3) 右击坐标轴标题,从弹出的快捷菜单中选择“设置坐标轴格式”选项,在打开的“设置坐标轴格式”的对话框中设置坐标轴标题的格式,如图 5-34 所示。

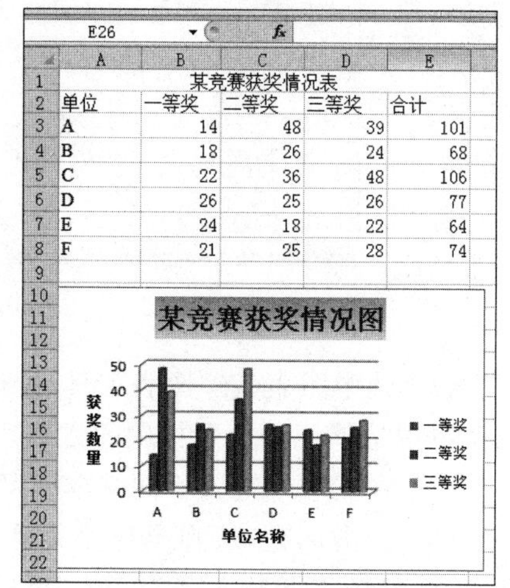

单位	一等奖	二等奖	三等奖	合计
A	14	48	39	101
B	18	26	24	68
C	22	36	48	106
D	26	25	26	77
E	24	18	22	64
F	21	25	28	74

图 5-34 设置坐标轴标题

4. 图例的设置

图例中的每种图标代表一种数据系列。图例的设置包括图例的位置、图例的格式设置以及设置图例是否显示。方法如下:

(1) 选中图表,在“图表工具|布局”选项卡的“标签”组中单击“图例”按钮,在下拉菜单中选择一种图例样式;例如选择“无”即关闭图例。

(2) 右击图例,从弹出的快捷菜单中选择“设置图例格式”选项,在打开的“设置图例格式”的对话框中设置图例格式。

5. 更改图表类型

好的图表类型能够更好表现数据,能够更清晰地反映数据的差异和变化。当对创建的图表类型不满意时,可以改变图表类型。方法如下:

右击图表区,从弹出的快捷菜单中选择“更改图表类型”选项,打开“更改图表类型”对话框,如图 5-29 所示,选择一种图表类型,单击“确定”按钮即可。也可以,选中图表,在“图表工具|设计”选项卡的“类型”组中单击“更改图表类型”按钮,打开“更改图表类型”对话框进行。

6. 增减、更换数据系列

在做好的图表中,可随时增加或减少一个系列,或更换数据系列。如将图 5-33 所示的图表中“D”系列删除。方法如下:

(1) 右击图表区,从弹出的快捷菜单中选择“选择数据”选项,打开“选择数据源”对话框,如图 5-35 所示,单击对话框中“切换行/列”按钮可更换数据系列;选中“图例项(系列)”列表框中的“D”系列,单击“图例项(系列)”列表框中的“删除”按钮,单击“确定”按钮,结果如图 5-36 所示。

(2) 如果要增加一个系列,可单击对话框中“添加”按钮,打开如图 5-37 所示“编辑数据系列”对话框。

(3) 在对话框的“系列名称”输入框输入数据系列名称(系列所在的列表题或行标题,可采用“选中”式输入方式输入),例如“==各单位获奖情况表!$A$6”;在“系列值”输入框中输入生成图表的数据值区域,如=各单位获奖情况表!$B$6:$E$6,单击“确定”按钮即可。

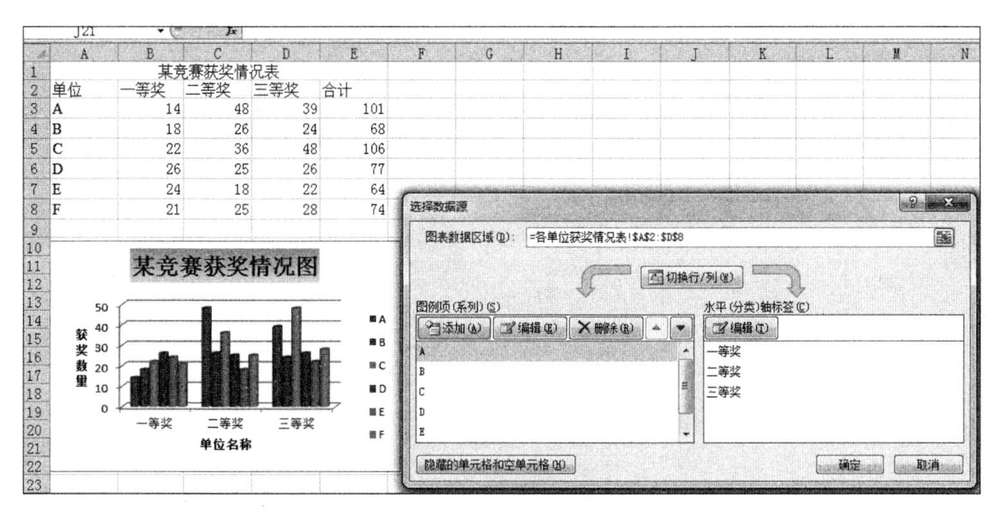

	A	B	C	D	E
1		某竞赛获奖情况表			
2	单位	一等奖	二等奖	三等奖	合计
3	A	14	48	39	101
4	B	18	26	24	68
5	C	22	36	48	106
6	D	26	25	26	77
7	E	24	18	22	64
8	F	21	25	28	74

图 5-35　增删数据系列

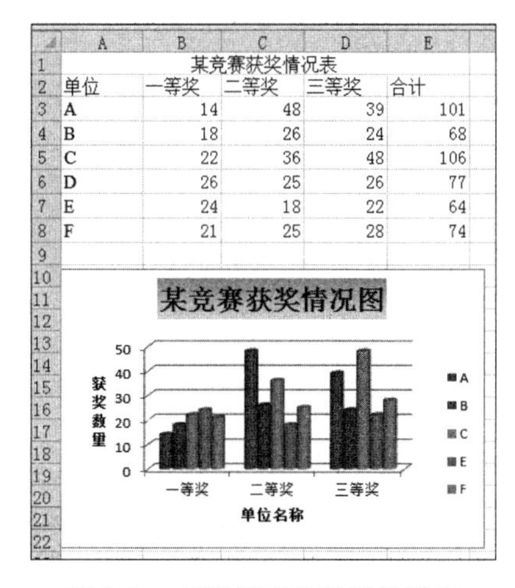

	A	B	C	D	E
1		某竞赛获奖情况表			
2	单位	一等奖	二等奖	三等奖	合计
3	A	14	48	39	101
4	B	18	26	24	68
5	C	22	36	48	106
6	D	26	25	26	77
7	E	24	18	22	64
8	F	21	25	28	74

图 5-36　删除“D”系列后的图表

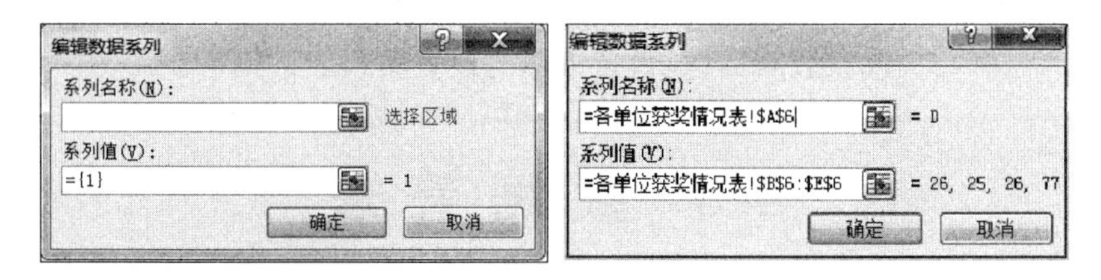

图 5-37　“编辑数据系列”对话框

7. 设置图表区和绘图区的格式

图表区是放置图表及其他元素(如标题、图形、图例等)的大背景区域。绘图区是图表区内用来绘制图形区域,包括诸如系列、坐标轴、背景墙、基底等元素。设置图表区和绘图区的格式步骤如下：

（1）右击图表区，从弹出的快捷菜单中选择“设置图表区格式”选项，打开“设置图表区格式”对话框，如图5-38所示。

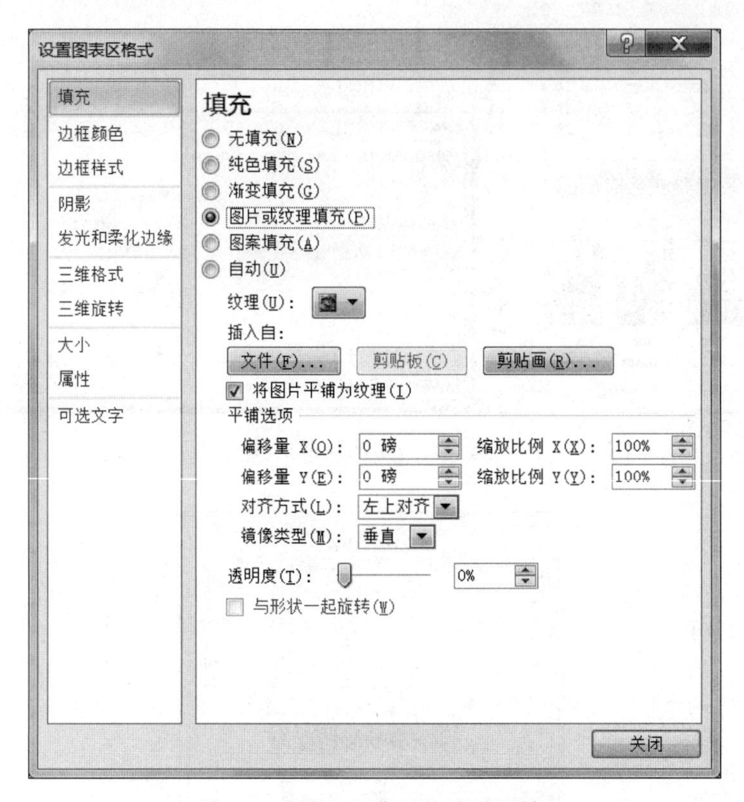

图5-38 “设置图表区格式”对话框

（2）选择左侧列表框中的“填充”选项，在右侧可以设置填充效果。

（3）同样，也可以设置边框颜色、边框样式、三维格式等。

（4）对“绘图区”以及绘图区中的其他元素均可以采用上述方法设置，即右击某图表元素，从弹出快捷菜单中会有设置相应元素格式的选项（例如右击“背景墙”，从弹出的快捷菜单中就会显示“设置背景墙格式”选项，右击“基底”，快捷菜单中就会显示“设置地板格式”选项），打开相应的设置对话框，设置方法与设置图表区格式一样。

5.6 数据管理

Excel除具有创建多种表格、多种计算、创建各种图表功能外，还具有对数据进行分析处理的能力。

5.6.1 数据排序

排序是指按照一定的规则对数据列表中的数据进行整理排序，为进一步处理数据提供了方便，如数据检索等。Excel 2010 提供了多种数据排序方式供大家选择使用。

1．单列排序

单列排序是指按某一列的数据作为排序的依据，对数据表中数据按升序或降序进行排列。排序方法如下。

方法 1：选中排序依据列中任意的单元格，右击，从弹出的快捷菜单选择“排序”下级菜单中“升序”或“降序”选项。

方法 2：选中数据表中任意单元格，在“数据”选项卡的“排序和筛选”组中单击“升序”按钮或“降序”按钮。

2．多列排序

单列排序是按某一列作为排序条件的，如果该列中具有相同的数据，此时就需要再按其他列为依据进行排序，像这种以多种依据(关键字)的排序称之为多列排序。例如对学生数据库成绩表按总成绩降序排序，若总成绩相同，再按照考试成绩降序排列，如图 5-39 所示。方法如下：

S3 | f_x

	A	B	C	D	E	F	G
1	系别	学号	姓名	考试成绩	实验成绩	总成绩	
2	信息	991021	李新	77	16	77.6	
3	计算机	992032	王文辉	87	17	86.6	
4	自动控制	993023	张磊	75	19	79	
5	经济	995034	郝心怡	86	17	85.8	
6	信息	991076	王力	91	15	87.8	
7	数学	994056	孙英	77	14	75.6	
8	自动控制	993021	张在旭	60	14	62	
9	计算机	992089	金翔	73	18	76.4	
10	计算机	992005	扬海东	90	19	91	
11	自动控制	993082	黄立	85	20	88	
12	信息	991062	王春晓	78	17	79.4	
13	经济	995022	陈松	69	12	67.2	
14	数学	994034	姚林	89	15	86.2	
15	信息	991025	张雨涵	62	17	66.6	
16	自动控制	993026	钱民	66	16	68.8	
17	数学	994086	高晓东	78	15	77.4	
18	经济	995014	张平	80	18	82	
19	自动控制	993053	李英	93	19	93.4	
20	数学	994027	黄红	68	20	74.4	
21							
22							

图 5-39　数据库技术成绩单表

(1) 单击数据区中任意单元格，在“数据”选项卡的“排序和筛选”组中单击“自定义排序”按钮。

(2) 打开“排序”对话框，在“主要关键字”下拉列表框中选择排序的首要条件，例如“总成绩”，将“排序依据”设置为“数值”，将“次序”设置为“降序”。

(3) 单击“添加条件”按钮，“排序”对话框中添加次要条件，将“次要关键字”设置为“考试成绩”，将“排序依据”设置为“数值”，将“次序”设置为“降序”。

(4) 单击“确定”按钮，即可看到如图 5-40 所示结果。

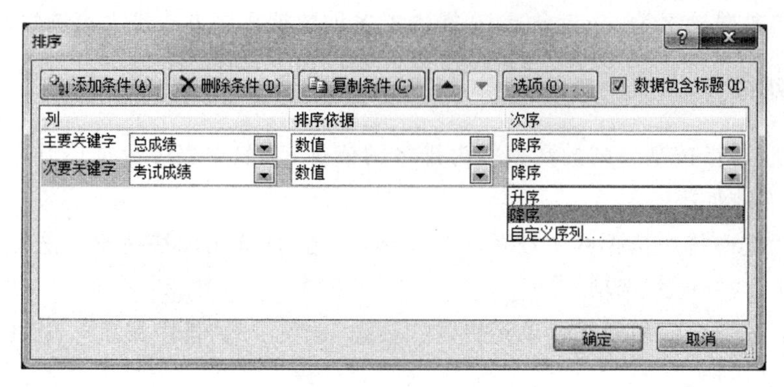

图 5-40 多列排序结果

5.6.2 数据筛选

筛选就是把表格中满足条件的行筛选出来，把其余数据行隐藏起来。根据简单条件所进行的筛选称为自动筛选，根据多重条件进行的筛选称之为高级筛选。

1. 筛选

手动筛选能够帮助用户在大量数据记录(数据表格中的数据行)的数据列表中快速查找符合条件的记录。例如筛选出“自动控制”的学生记录。步骤如下。

(1) 单击数据区中任意单元格，在“数据”选项卡的“排序和筛选”组中单击“筛选”按钮，在表格中的每个标题右侧将显示一个向下箭头。

(2) 单击“系别”右侧的向下箭头，在弹出的快捷菜单中撤销其他复选框，选择“自动控制”复选框，单击“确定”按钮即可显示筛选后的结果，如图 5-41 所示。

要取消某列的筛选，可单击该列标题旁边的向下箭头，从下拉菜单中选择“全选”复选框，单击“确定”按钮即可。

退出自动筛选，可再次在“数据”选项卡的“排序和筛选”组中单击“筛选”按钮。

2. 自定义筛选

自定义筛选是指在筛选时允许用户为筛选设置条件，从而使筛选更具灵活性。如从学生数据库成绩表中筛选出实验成绩在 10～15 之间的记录。步骤如下：

(1) 单击“实验成绩”右侧的向下箭头，从弹出的快捷菜单中选择“数字筛选”|“介于”选项，出现“自定义自动筛选方式”对话框。

(2) 在“大于或等于”右侧的文本框中输入 10。如要定义两个条件，并且两个条件要同时满足，则选择“与”单选按钮；如要定义两个条件，并且两个条件只要求满足一个，则选择“或”单选按钮。

(3) 在“小于或等于”右侧的文本框中输入 15，单击“确定”按钮即可显示筛选结果，如图 5-42 所示。

	A	B	C	D	E	F
1	系别	学号	姓名	考试成绩	实验成绩	总成绩
2	自动控制	993053	李英	93	19	93.4
4	自动控制	993082	黄立	85	20	88
11	自动控制	993023	张磊	75	19	79
17	自动控制	993026	钱民	66	16	68.8
20	自动控制	993021	张在旭	60	14	62
21						

图 5-41　筛选

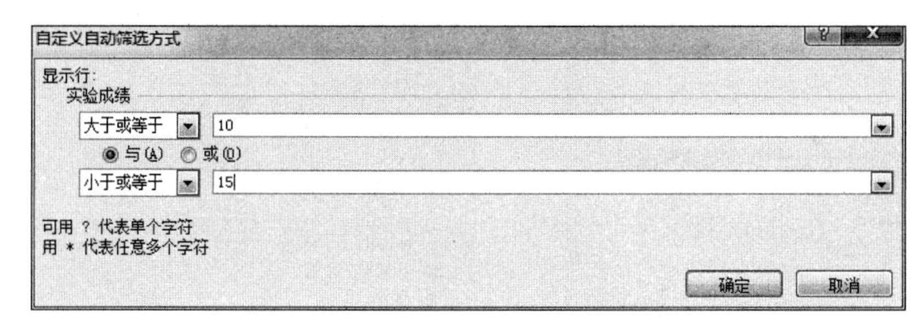

图 5-42　自定义筛选

5.6.3　数据的分类汇总

分类汇总是指对数据表中的数据按类进行的归并计算。分类汇总前要对数据表中指定字段的数据进行分类。

例如,统计学生数据库成绩表中每个专业的课程的成绩信息。按"专业"分类汇总,首先要按"专业"排序,然后进行分类汇总。具体步骤如下:

(1) 选定数据区域 A1:F20,在"数据"选项卡的"排序和筛选"组中单击"排序"按钮,打开"排序"对话框。

(2) 在"主要关键字"下拉列表框中选择"专业",在"排序依据"下拉列表框中选择"数值",在"次序"下拉列表框中选择"降序"。

(3) 单击“排序”对话框中的“选项”按钮，打开“排序选项”对话框。

(4) 在“排序选项”对话框中“方向”组中选中“按列排序”单选按钮，在“方法”组中选中“笔画排序”单选按钮。

(5) 在“排序选项”对话框中单击“确定”按钮，返回“排序”对话框。

(6) 在“排序”对话框中单击“确定”按钮。

(7) 在“数据”选项卡的“分级显示”组中单击“分类汇总”按钮，打开“分类汇总”对话框。在“分类字段”下拉列表框中选中“班级”，在“汇总方式”下拉列表框中选中“平均分”，在“选定汇总项”列表框中选中“总成绩”复选框。筛选结果如图 5-43 所示。

(8) 单击“确定”按钮，结果如图 5-44 所示。如果单击“全部删除”可删除已建立的分类汇总。

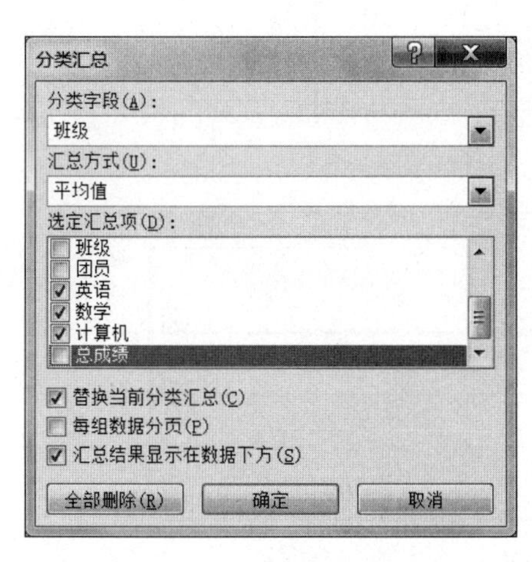

图 5-43 “分类汇总”对话框

N21

	A	B	C	D	E	F
1	系别	学号	姓名	考试成绩	实验成绩	总成绩
2	自动控制	993053	李英	93	19	93.4
3	自动控制	993082	黄立	85	20	88
4	自动控制	993023	张磊	75	19	79
5	自动控制	993026	钱民	66	16	68.8
6	自动控制	993021	张在旭	60	14	62
7	自动控制 汇总					391.2
8	信息	991076	王力	91	15	87.8
9	信息	991062	王春晓	78	17	79.4
10	信息	991021	李新	77	16	77.6
11	信息	991025	张雨涵	62	17	66.6
12	信息 汇总					311.4
13	数学	994034	姚林	89	15	86.2
14	数学	994086	高晓东	78	15	77.4
15	数学	994056	孙英	77	14	75.6
16	数学	994027	黄红	68	20	74.4
17	数学 汇总					313.6
18	经济	995034	郝心怡	86	17	85.8
19	经济	995014	张平	80	18	82
20	经济	995022	陈松	69	12	67.2
21	经济 汇总					235
22	计算机	992005	扬海东	90	19	91
23	计算机	992032	王文辉	87	17	86.6
24	计算机	992089	金翔	73	18	76.4
25	计算机 汇总					254
26	总计					1505.2
27						

图 5-44 分类汇总

5.7 工作表的输出

表格建好之后，为便于传阅，经常需要打印出来，为获取较好的打印效果，在打印前要进行页面设置，如纸张大小和方向、页边距、页眉和页脚、设置分页、打印区域等设置。

5.7.1 页面设置

页面设置可使用“页面布局”选项卡“页面设置”组中的相关命令进行简单设置，也可用“页面设置”对话框进行详细设置。

1. 设置页面

在“文件”选项卡中选择“打印”选项，弹出如图 5-45 所示的“打印”选项面板，单击其右下角的“页面设置”按钮，打开“页面设置”对话框，单击其“页面”选项卡。可以设置打印方向、缩放比例、纸张大小、打印质量、起始页码等，如图 5-46 所示。

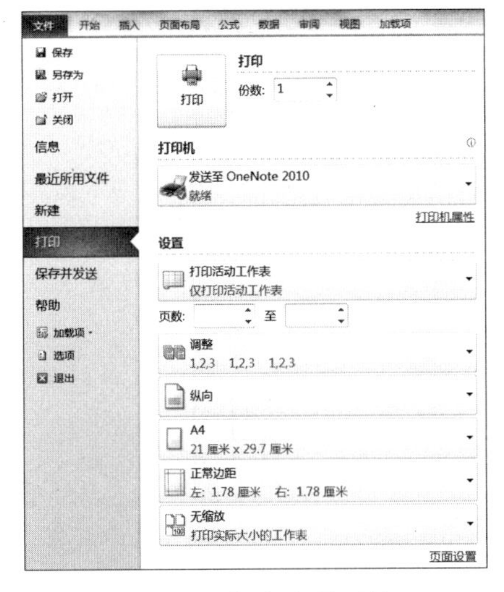

图 5-45　打印选项面板

图 5-46　“页面”选项卡

2. 页边距设置

在“页面设置”对话框的“页边距”选项卡中可通过“上”“下”“左”“右”框中调整打印数据与页边之间的距离；在“页眉”“页脚”框中调整页眉、页脚分别居上边界的距离。通过“居中方式”复选框可设置表格是水平居中还是垂直居中，或是水平垂直都居中，如图 5-47 所示。

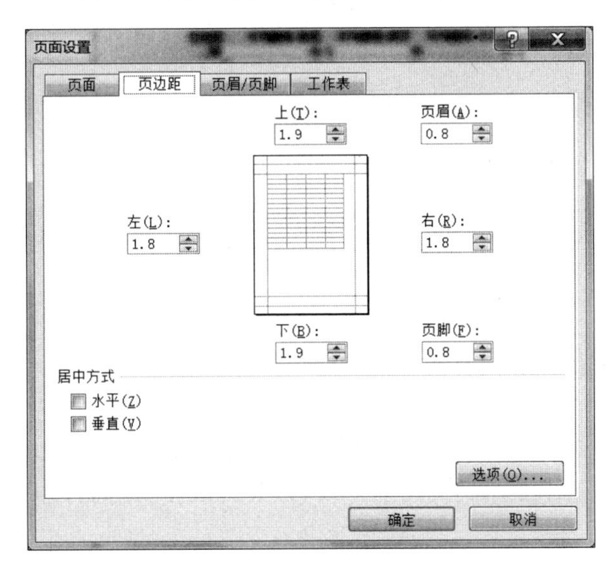

图 5-47　“页边距”选项

3. 设置页眉和页脚

页眉是指打印页顶端显示的内容，例如公司名称、作者等；页脚是在打印页低端显示的内容，例如页码等信息，单击“页面设置”对话框的“页眉/页脚”选项卡，在“页眉”框中输入页眉信息，在“页脚”框中输入页脚信息，单击“确定”按钮即可，如图 5-48 所示。

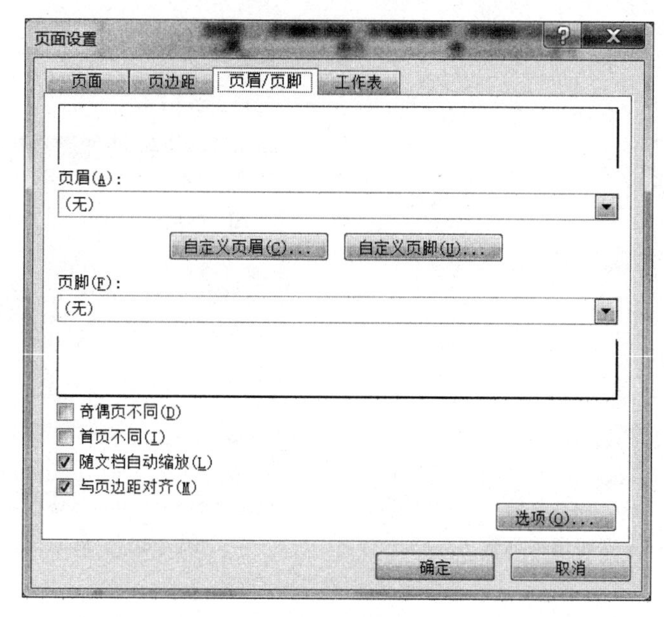

图 5-48 “页眉/页脚”选项卡

4. 打印区域及打印标题的设置

默认情况下，打印工作表时会将整个工作表打印输出，若仅打印部分区域，可设置打印区域。单击“页面设置”对话框的“工作表”选项卡，在“打印区域”框中输入或选择打印区域。

当打印输出较大表格时，需要设置每页的顶端标题和左端标题。在“工作表”选项卡中“顶端标题行”“左端标题列”中可输入或选择相应的“行”和“列”来作为每页的顶端标题和左端标题。

在此选项卡页面中，还可设置打印顺序是“先列后行”还是“先行后列”，如图 5-49 所示。

5.7.2 打印预览与打印

虽然 Excel 2010 是一种“所见即所得”的电子表格软件，但是，由于纸张大小等因素，输出效果与屏幕显示效果很难达到完全一致，为节约纸张、提高打印效率，在正式打印输出前，要预览其打印结果。

在“文件”选项卡中选择“打印”选项，在弹出的“打印”选项面板的右侧即是预览效果，如果不满意，再进行页面设置，直到预览满意为止。

如果对预览结果满意，就可打印输出。在“打印”选项面板中设置相关参数（如打印份数等）后，单击其左上角“打印”命令即可，如图 5-49 所示。

图 5-49 “工作表”选项卡

习 题 5

一、选择题

1. 在 Excel 中，若输入的数值型数据的长度超过单元格宽度，Excel 自动(　　)。

   A. 删除超出的数据

   B. 将超出的部分扩展到右边的单元格

   C. 加宽单元格以满足数据的长度

   D. 以科学计数法表示

2. 在 Excel 中，给当前单元格输入数值型数据时，默认对齐方式为(　　)。

   A. 居中　　B. 左对齐　　C. 右对齐　　D. 随机

3. 在 Excel 单元格中，输入下列表达式(　　)是错误的。

   A. =(15－A1)/3　　B. =A2/C1

   C. SUM(A2:A4)/2　　D. =A2＋A3＋D4

4. 当向 Excel 单元格输入公式时，使用单元格地址 D2 引用 D 列 2 行单元格，该单元格的引用称为(　　)。

   A. 交叉地址引用　　B. 混合地址引用

C. 相对地址引用　　D. 绝对地址引用

5. Excel 2010 工作簿文件默认的类型是(　　)。

A. .txt　　B. .xlsx　　C. .doc　　D. .wks

6. 在 Excel 中,函数 SUM(A1:A10,">60")的返回值是(　　)。

A. 10

B. 将 A1:A10 这 10 个单元中大于 60 的数据求和

C. 统计大于 60 的数据个数

D. 不能执行

7. 在 Excel 中,在进行自动分类汇总之前必须(　　)。

A. 对数据表进行筛选

B. 选种数据清单

C. 必须对数据表按要进行分类汇总的列进行排序

D. 数据表进行高级筛选

8. 在 Excel 当前工作表中,引用相同工作簿另外一个工作表中的单元格时,应在被引用的单元格前加上工作表名称,相互之间用(　　)分隔。

A. #　　B. $　　C. &　　D. !

9. 在 Excel 中,下列运算符^、%、*、&、(),优先级最高的是(　　)。

A. ^　　B. *　　C. ( )　　D. %

10. Excel 中,在一个单元格中输入"=F3=100",第一个"="是公式标志,第二个"="是(　　)。

A. 数学运算符　　B. 文本运算符　　C. 引用运算符　　D. 比较运算符

11. 在 Excel 中,引用运算符不包括(　　)。

A. 冒号　　B. 空格　　C. 逗号　　D. 分号

12. 下列关于 Excel 的说法,不正确的是(　　)。

A. Excel 具有绘图、文档处理等功能

B. Excel 具有以数据库管理方式管理表格数据功能

C. Excel 能生成立体统计图形

D. Excel 中公式不能自动计算

13. 在 Excel 中,当删除工作表中的数据系列时,则图表中相应的数据系列(　　)。

A. 自动消失　　B. 仍然保留

C. 需要手工删除　　D. 显示出错

14. 在 Excel 中,用鼠标实现数据的移动,首先选定要移动数据的单元格区域,将鼠标指针在其边框上滑动,当指针变为(　　)时,按下左键拖动数据至新位置。

A. 空心十字形　　B. 实心十字形　　C. 工字形　　D. 箭头

15. 在 Excel 中,对多单元格区域不能设置(　　)。

A. 对角线　　B. 外边框　　C. 内部边框　　D. 无边框

16. 在 Excel 工作表中,单元格区域 D2:E4 所包含的单元格个数是(　　)。

A. 5　　B. 6　　C. 7　　D. 8

17. 在单元格输入日期时，两种可使用的年、月、日间隔符是(　　)。

A. 斜杠(/)或反斜杠(\)　　B. 反斜杠(\)或连接符(-)

C. 圆点(.)或竖线(|)　　D. 斜杠(/)或连接符(-)

18. 为单元格区域建立一个名称后，便可用该名称来引用该单元格区域，名称的命名规定，一个名称的第一个字符必须是(　　)。

A. 百分号　　B. 数字　　C. 字母　　D. 反斜杠

19. 在输入由纯数字组成的“文本”数据(如身份证号)，Excel 要求在输入项前添加(　　)符号。

A. #　　B. '　　C. "　　D. @

20. 在 Excel 默认状态下，左键双击某工作簿中任意工作表标签可以(　　)。

A. 删除一张工作表　　B. 插入一张工作表

C. 改变工作表的位置　　D. 重命名一张工作表

21. 已知单元格 D2 的值为 6，则函数=IF(D2>10,5,IF(D2>5,3,4))的值为(　　)。

A. 5　　B. 3　　C. 4　　D. 0

22. 函数=RANK(D3,D$3:D$18)的含义是(　　)。

A. 单元格 D3 在区域 D$3:D$18 内按降序排列的名次

B. 单元格 D3 在区域 D$3:D$18 内按升序排列的名次

C. 单元格 D3 在区域 D$3:D$18 内的位置

D. 单元格 D3 在区域 D$3:D$18 内的地址

二、简答题

1. 简述工作簿、工作表与单元格之间的关系。
2. 简述 Excel 能处理主要数据类型。
3. 简述 Excel 主要运算符及其含义。
4. 简述 Excel 中建立图表的过程。
5. 简述 Excel 对单元格引用的方式。

第6章

演示软件 PowerPoint 2010

本章学习目标：

- 掌握放映演示文稿的方法。
- 熟练掌握建立演示文稿的方法。
- 熟练掌握幻灯片的编辑操作。
- 掌握美化演示文稿的方法。
- 掌握幻灯片的动画设置方法。

PowerPoint 2010 演示软件的功能主要有创建演示文稿、插入图表、动作按钮、母版设置、动画效果、计时排练、设置放映方式等。

6.1 创建演示文稿

6.1.1 操作注意要点

掌握 PowerPoint 2010 的启动、退出方法；熟悉 PowerPoint 2010 的工作界面，掌握创建演示文稿的各种方法，添加普通文本和编辑图片的方法。

6.1.2 举例

以创建“人物介绍”演示文稿为例，介绍创建演示文稿的基本操作。演示文稿效果如图 6-1 所示。

具体操作步骤如下。

1. 创建演示文稿

(1) 在“开始”菜单中选择“程序”|Microsoft Office PowerPoint 2010 选项，或双击桌面上的 PowerPoint 2010 图标。启动 PowerPoint 2010 并创建一个默认名为“演示文稿1”的演示文稿，如图 6-2 所示。

图 6-1 “人物介绍”演示文稿效果图

(2) 在“设计”选项卡中单击“主题”组的下拉按钮，从列表中选择“流畅”应用到幻灯片中，如图 6-3 所示。

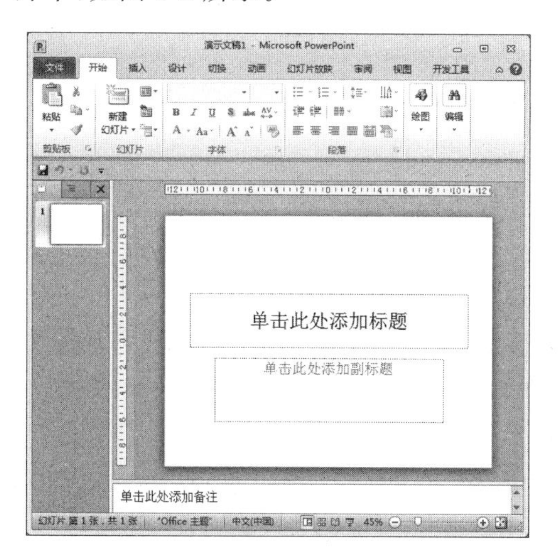

图 6-2 新建演示文稿窗口

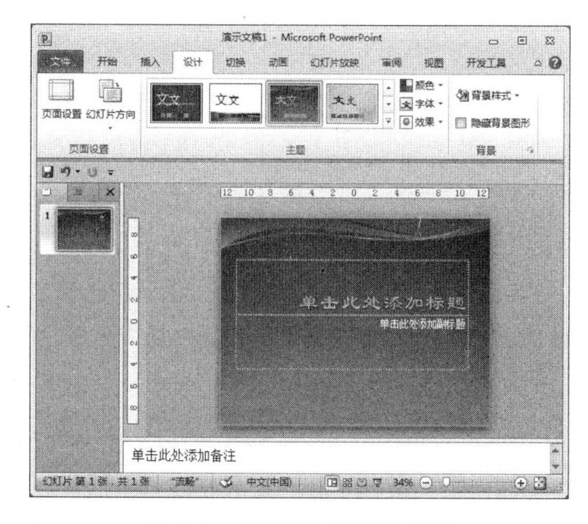

图 6-3 “流程”主题效果图

2. 制作第 1 张幻灯片

选中主标题文本框和副标题文本框，输入文字内容，设置字体、字形、字号和字体颜色，如图 6-2 所示。

3. 创建第 2 张幻灯片

(1) 在“开始”选项卡的“幻灯片”组中单击“新幻灯片”按钮，插入第 2 张新幻灯片，在“版式”下拉列表中选择“仅标题”版式，输入标题文字。

(2) 在“插入”选项卡的“插图”组中单击“图片”按钮，弹出“插入图片”对话框，选择人物照片，单击“打开”按钮，利用图片上的 8 个方向控制点调整图片的大小，如图 6-4 所示。

4. 创建第 3 张幻灯片

(1) 在“开始”选项卡的“幻灯片”组中单击“新幻灯片”按钮，插入第 3 张新幻灯片，在“版式”下拉列表中选择“标题和内容”版式，输入标题和文本内容。选中文本内容，在“开始”选项卡的“段落”组中单击“段落”右下角的对话框启动器按钮，弹出“段落”对话框，如图 6-5 所示，调整行距。

图 6-4　第 2 张幻灯片效果图

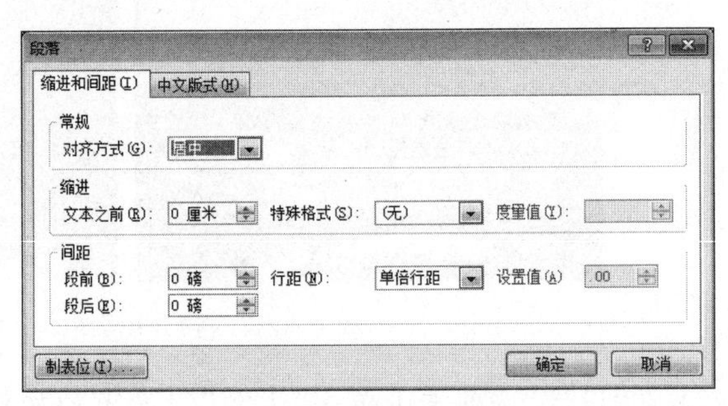

图 6-5　“段落”对话框

(2) 在“段落”对话框中，在“常规”栏中选择“对齐方式”为“两段对齐”，设置文本对齐方式。

5. 创建第 4 张幻灯片

(1) 在“开始”选项卡的“幻灯片”组中单击“新幻灯片”按钮，插入第 4 张新幻灯片，在“版式”下拉列表中选择“标题和内容”版式，输入标题和文本内容。

(2) 在“插入”选项卡的“插图”组中单击“图片”按钮，弹出“插入图片”对话框，选择需要的照片，单击“打开”按钮。

(3) 选择“图片工具|格式”选项卡的“裁剪”按钮，在下拉列表中选中“裁剪为形状(S)”，弹出“形状”下拉列表，选择“矩形”|“剪去对角的矩形”，修剪图片，如图 6-6 所示。

图 6-6　裁剪图片效果

6. 保存演示文稿

(1) 选择“幻灯片放映”选项卡中“从头开始”按钮,查看放映效果。

(2) 选择“文件”选项卡中选择“另存为”选项,弹出“另存为”对话框,选择演示文稿保存位置,输入文件名,单击“保存”按钮,如图 6-7 所示。

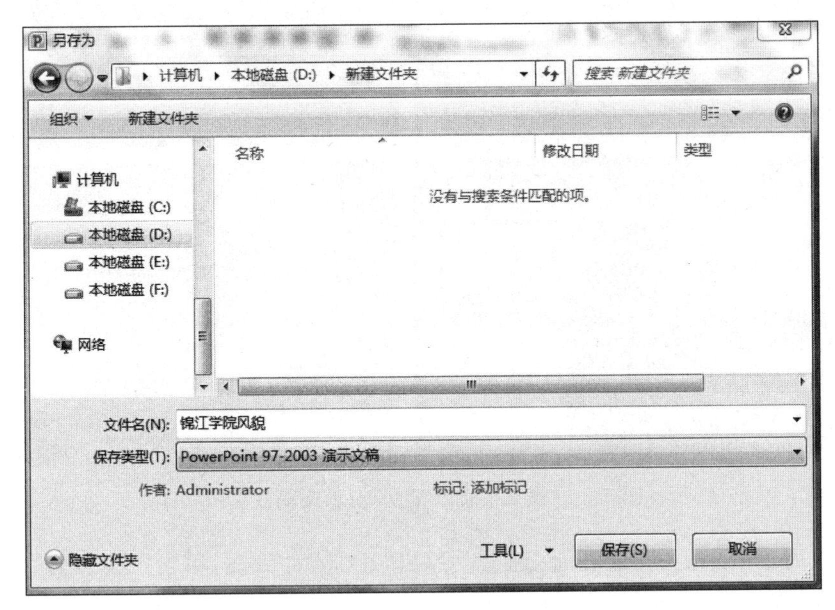

图 6-7 “另存为”对话框

6.2 相册功能

6.2.1 操作注意要点

掌握 PowerPoint 创建相册的方法;熟练掌握在幻灯片中插入艺术字、插入声音、插入页眉和页脚的方法。

6.2.2 举例

以创建“美丽的锦江学院”演示文稿为例,介绍创建相册的基本操作。演示文稿效果如图 6-8 所示。

具体操作步骤如下。

1. 创建“相册”演示文稿

(1) 启动 PowerPoint 2010。在“插入”选项卡的“插图”组中单击“相册”下拉按钮,在

图 6-8 “美丽的锦江学院”演示文稿效果图

展开的下拉列表中单击“新建相册”选项。弹出“相册”对话框,单击“文件/磁盘”按钮,选择相册内容,添加图片,如图 6-9 所示。

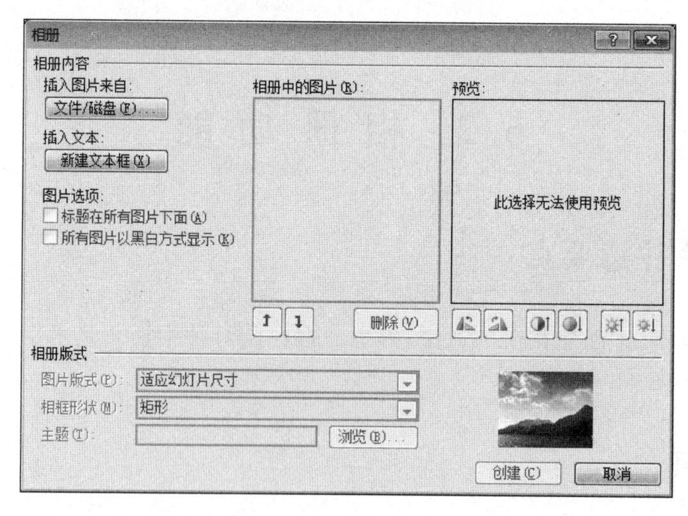

图 6-9 “相册”对话框

(2) 在“相册内容”栏中单击“插入图片来自:”之下的“文件/磁盘”按钮,弹出的“插入新图片”对话框,如图 6-10 所示。选择要添加的 3 个锦江学院图片文件,然后单击“插入”按钮。

(3) 在“相册版式”栏的“图片版式”下拉列表中选择图片版式;在“相框形状”下拉列

图 6-10 “插入新图片”对话框

表中选择图片形状；在“主题”中单击“浏览”按钮，在弹出的“选择主题”对话框中选择合适的主题，如图 6-11 所示。

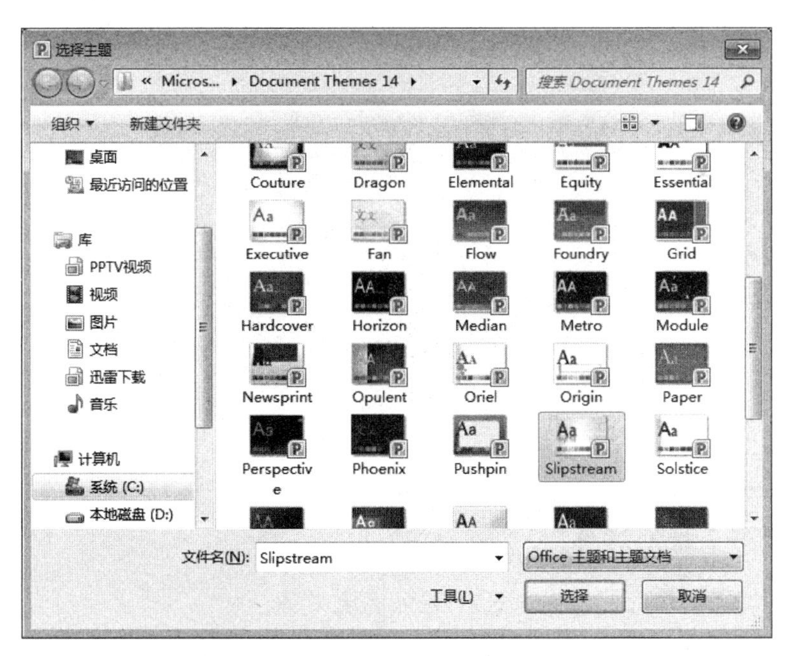

图 6-11 “选择主题”对话框

(4) 最后单击“创建”按钮新建一个相册演示文稿，如图 6-12 所示。

2. 插入艺术字

(1) 选择第 1 张幻灯片，在“插入”选项卡的“文本”组中单击“艺术字”按钮，选择艺术

图 6-12 “相册”对话框

字的样式“渐变填充-绿色,强调文字颜色 4,映像”,在艺术字提示框中输入文字。

(2) 在“艺术字样式”组中单击“文本效果”按钮,选择“转换”|“弯曲”|“正 V 形”选项,如图 6-13 所示。

图 6-13 插入艺术字形状

3. 编辑第 2 张幻灯片

(1) 在第 2 张幻灯片标题文本框中,输入标题文字。

(2) 在“绘图”工具栏单击“文本框”按钮,添加在幻灯片上所插入图片的下方,输入文本内容,设置字体、字形和字号,如图 6-8 的第 2 张幻灯片所示。

4. 编辑第 3 张、第 4 张幻灯片

重复步骤 2,编辑第 3 张、第 4 张幻灯片,如图 6-8 的第 3、4 张幻灯片所示。

5. 插入声音

(1) 在第 1 张幻灯片上添加声音，在“插入”选项卡的“媒体”组中单击“音频”下拉按钮，从下拉列表中选择“文件中的声音”选项，弹出“插入音频”对话框，如图 6-14 所示。

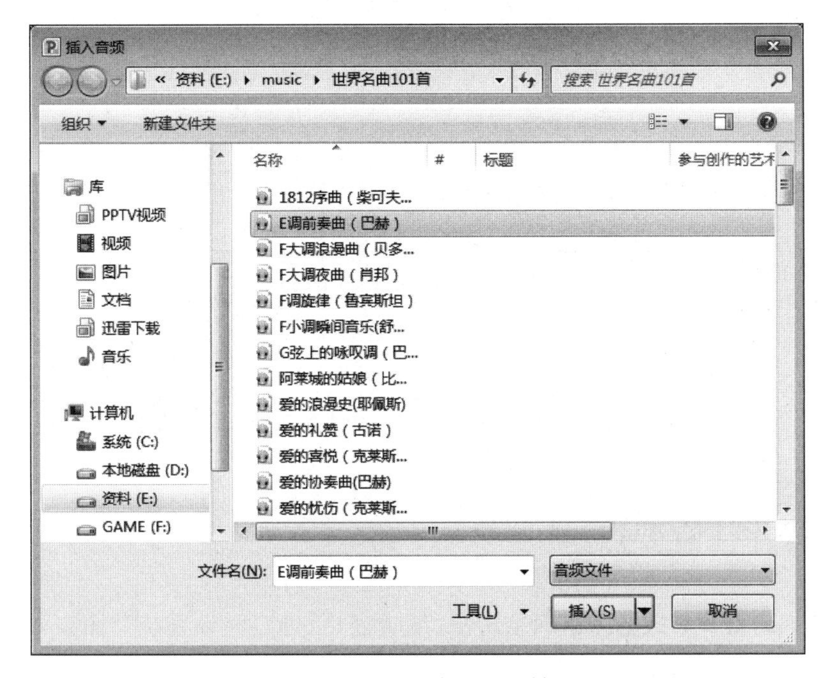

图 6-14 “插入音频”对话框

(2) 在“音频工具|播放”选项卡的“音频选项”组中选中“循环播放，直到停止”复选框，如图 6-15 所示。

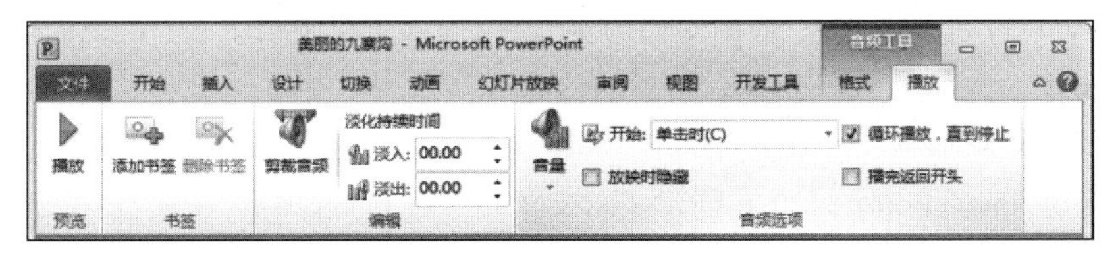

图 6-15 “音频工具|播放”选项卡

6. 插入幻灯片编号

(1) 在“插入”选项卡的“文本”组中单击“幻灯片编号”按钮，弹出“页眉和页脚”对话框，选中“幻灯片编号”和“标题幻灯片中不显示”复选框，如图 6-16 所示，单击“全部应用”按钮。

(2) 在“幻灯片放映”选项卡中单击“从头开始”按钮，欣赏其放映效果。

(3) 在“文件”选项卡中选择“另存为”命令，弹出“另存为”对话框，选择演示文稿保存位置，输入文件名，单击“保存”按钮。

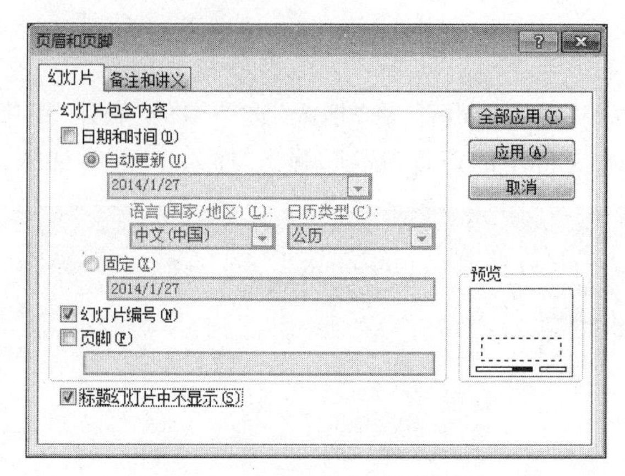

图 6-16 “页眉和页脚”对话框

6.3 插入图表、组织结构图

6.3.1 操作注意要点

熟练掌握幻灯片版式插入组织结构图、编辑表格、创建和设置统计图表的方法，以及在幻灯片中添加背景的方法。

6.3.2 举例

以制作“计算机基础知识”演示文稿为例，介绍插入组织结构图、表格和图表的基本操作。演示文稿效果如图 6-17 所示。

具体操作步骤如下：

(1) 启动 PowerPoint 2010 并创建演示文稿，在“设计”选项卡“主题”组的下拉列表中选择幻灯片主题。

(2) 制作第 1 张幻灯片。在主标题和副标题文本框中，输入文本内容，如图 6-17(a)第 1 张幻灯片所示。

(3) 添加组织结构图。

① 在“开始”选项卡的“幻灯片”组中单击“新幻灯片”按钮，插入第 2 张新幻灯片，从“版式”下拉列表中选择“标题和内容”版式，输入标题文字。

② 单击“内容”上的图标“插入 SmartArt 图形”按钮，如图 6-18 所示。弹出“选择 SmartArt 图形”对话框，在“层次结构”选项区的“水平组织结构图”，如图 6-19 所示，单击“确定”按钮。

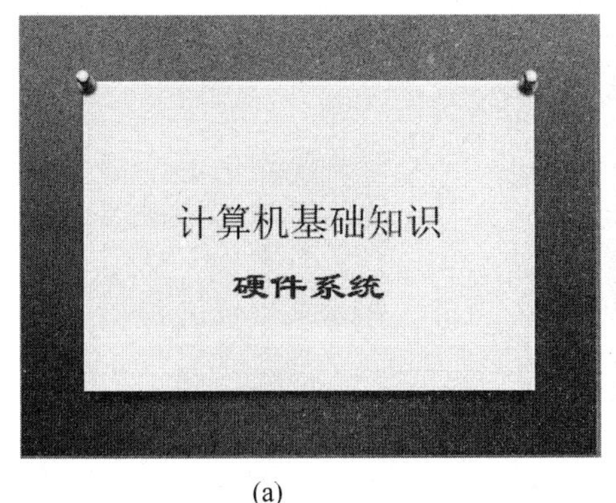

(a)

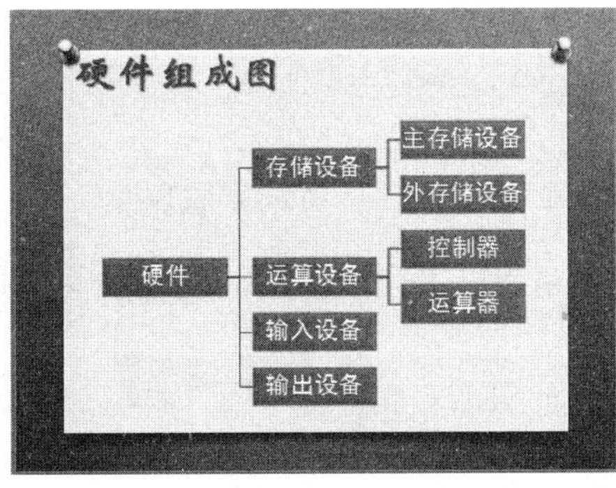

(b)

Win10硬件配置要求

硬件名称	基本需求
CPU	I5 5200U及以上安装64位Windows 10
内存	2GB及以上推荐4GB及以上
硬盘	20GB以上可用空间安排64位Windows 10至少需要30GB以上硬盘可用空间
显卡	GFX920m及以上
显存	2GB（这样可用打开玻璃效果！）
光驱	DVD-R/W(这个有没有都可以，硬盘安装一样)

(c)

硬盘价格分析图

价格

(d)

图 6-17 “计算机基础知识”幻灯片缩略图

③ 在组织结构图根部和组织结构图的下方文本框中，依次输入文本内容。

④ 在“开始”选项卡的“字体”组中单击“字体颜色”下拉按钮，设置字体颜色；在“开始”选项卡的“绘图”组中单击“形状填充”和“形状轮廓”下拉按钮，更改图形颜色及线条颜色，如图 6-17 所示。

图 6-18 插入 SmartArt 图形按钮

(4) 添加表格

① 在“开始”选项卡的“幻灯片”组中单击“新幻灯片”按钮，插入第 3 张新幻灯片，从“版式”下拉列表中选择“标题和内容”版式，输入标题文字。

② 单击“内容”上的图标“插入表格”按钮，如图 6-20 所示。弹出“插入表格”对话框，设置列数和行数，单击“确定”按钮，如图 6-21 所示。

③ 手动调整列宽，输入数据，如图 6-17 第 3 张幻灯片所示。

(5) 添加图表

① 在“开始”选项卡的“幻灯片”组中单击“新幻灯片”按钮，插入第 4 张新幻灯片，在“版式”下拉列表中选择“标题和内容”版式，输入标题文字。

② 单击“插入图表”按钮，如图 6-22 所示。弹出“数据表”编辑器，按第 3 张幻灯片表格数据更改数据，关闭数据表编辑器，如图 6-23 所示。

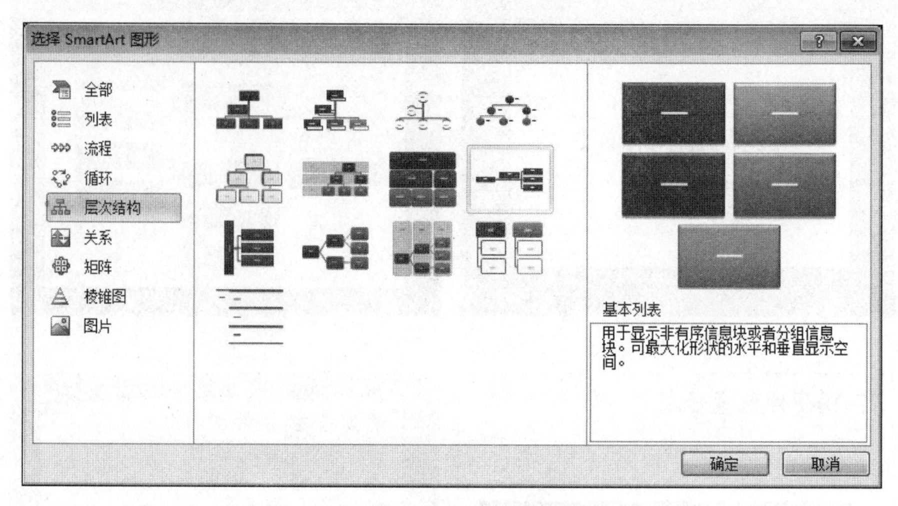

图 6-19 “选择 SmartArt 图形”对话框

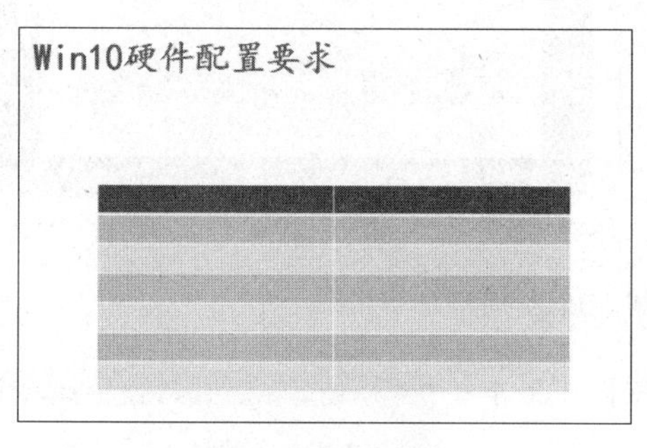

图 6-20 输入表格按钮

图 6-21 “插入表格”对话框

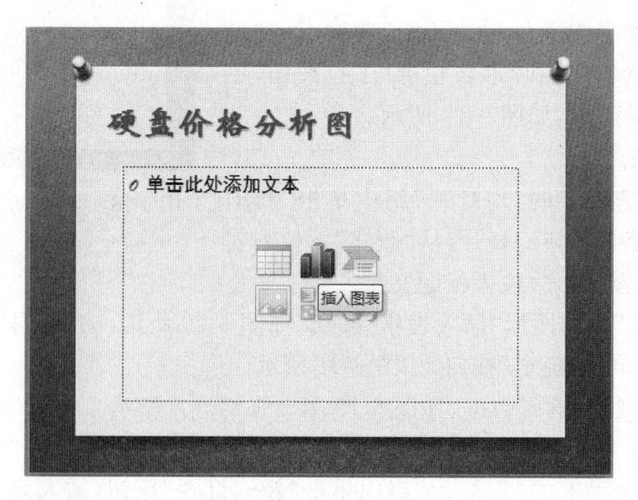

图 6-22 插入图表按钮

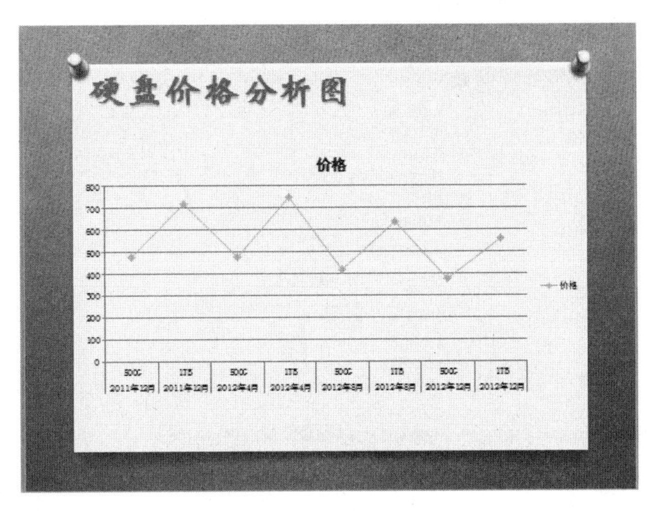

图 6-23　插入图表效果图

（6）添加背景

① 在第 4 张幻灯片图表空白处右击，从弹出的快捷菜单中选择“设置图表区域格式”选项，如图 6-24 所示。弹出“设置图标区格式”对话框，选择“填充”图片预览框的颜色下拉框，选择“填充效果”选项，如图 6-25 所示。

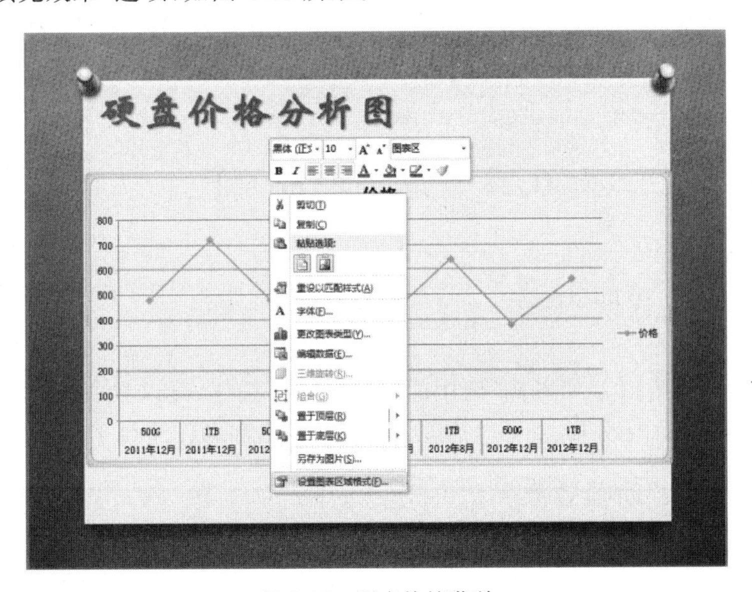

图 6-24　图表快捷菜单

② 在弹出的“填充效果”对话框中，选择“颜色”选项卡，在“颜色”选项区单击“预设”的“渐变填充”单选按钮，在“预设颜色”下拉列表框中选择“羊皮纸”选项，单击“关闭”按钮，如图 6-25 所示。

③ 在“幻灯片放映”选项卡的“开始放映幻灯片”组中选择“从头开始”按钮，欣赏其放映效果。

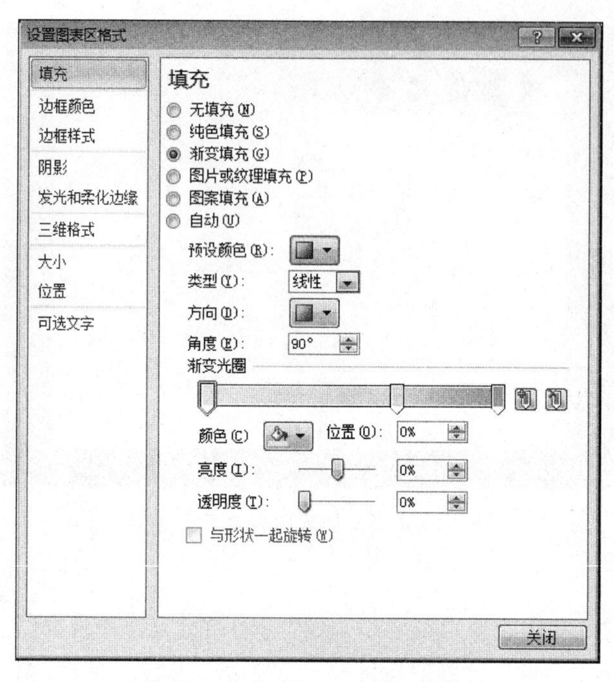

图 6-25 “设置图表区格式”对话框

④ 在“文件”选项卡中选择“另存为”命令，弹出“另存为”对话框，选择演示文稿保存位置，输入文件名，单击“保存”按钮。

6.4 动画制作

6.4.1 操作注意要点

通过“动画”选项卡“高级动画”组中的“添加动画”按钮，可以方便地对幻灯片中的对象添加各种类型的动画效果，主要包括进入、强调、退出和动作路径 4 种，如图 6-26 所示。

1. 设置“进入”动画效果

“进入”动画是指幻灯片中某个对象进入幻灯片的动画效果，如出现、淡出、飞入、浮入、劈裂等其他效果。通过“动画”选项卡“动画”组的下拉按钮，可以展开效果的选项，选择“更多进入效果”选项，弹出“添加进入效果”对话框，提供更多进入动画效果，如图 6-27 所示。

2. 设置“强调”动画效果

“强调”动画用于对幻灯片元素进行突出强调，可以选择脉冲、彩色脉冲、跷跷板、陀螺旋、放大/缩小等其他效果。通过“动画”选项卡“动画”组的下拉按钮，可以展开效果的选

图 6-26 “晨曦中的锦江学院”演示文稿效果图

图 6-27 添加动画效果和“添加进入效果”对话框

项，选择“更多强调效果”选项，弹出“添加强调效果”对话框，获得更多强调效果，如图 6-28 所示。

3. 设置“退出”动画效果

“退出”动画用于设置幻灯片元素的退出效果，其选项和设置方法与“进入”效果相同，如图 6-29 所示。

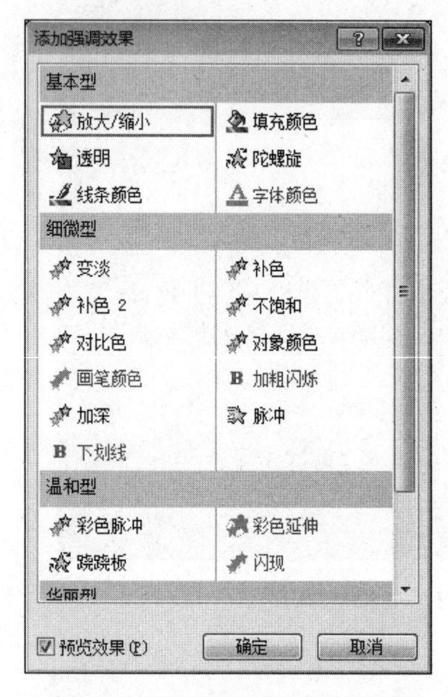

图 6-28 “添加强调效果”对话框

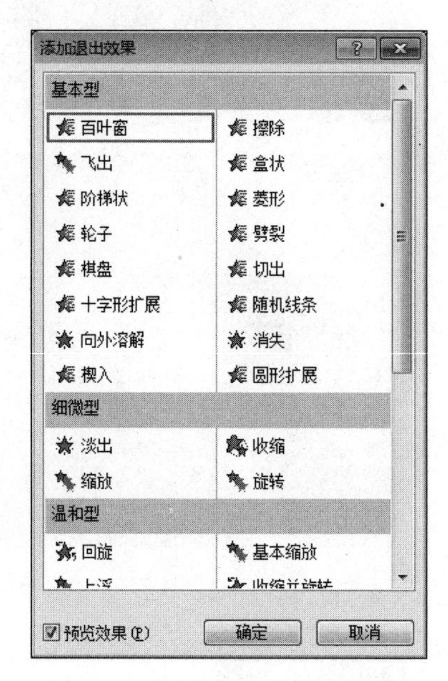

图 6-29 “添加退出效果”对话框

4. 设置“动作路径”动画效果

动作路径是指为对象或文本所指定的行进路径。选中动画的对象后，通过“动画”选项卡“动画”组的下拉按钮，可以展开效果的选项，选择“其他动作路径”选项，弹出“添加动作路径”对话框，如图 6-30 所示，手动绘制动作路径。

“绘制自定义路径”选项包括直线、曲线、任意多边形和自由曲线等路径。要绘制直线路径，单击“直线”选项，拖动鼠标绘制直线起点与终点；绘制“曲线”路径，单击曲线路径的起始点，拖动鼠标添加曲线的各个点，双击结束路径的绘制；绘制“任意多边形”路径，拖动鼠标绘制封闭的多边形路径；绘制“自由曲线”路径，拖动鼠标绘制平滑曲线或折线的起点与终点。

5. 动画控制

添加动画效果后，在“动画”选项卡的“高级动画”组中单击“动画窗格”按钮，可打开“动画窗格”窗格，在该窗格中将显示当前幻灯片的动画效果列表，直接单击某个选项，选中对应的动画效果，如图 6-31 所示。

动画设置选项包括以下几种。

（1）单击开始：选择该选项，在幻灯片播放时，所设置的动画效果需要单击鼠标才能运行。

图 6-30 “添加动作路径”对话框

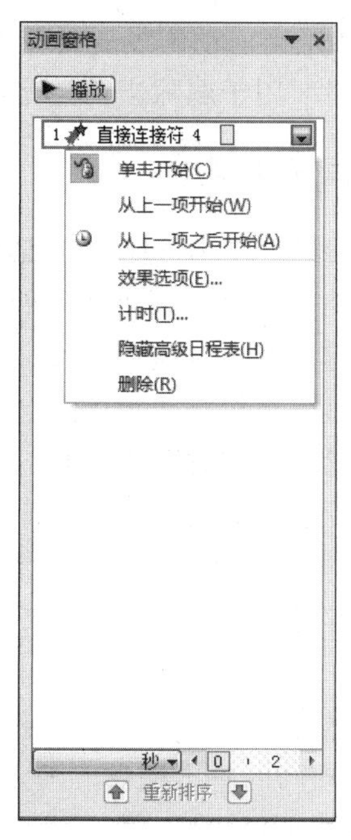

图 6-31 动画效果选项菜单

（2）从上一项开始：选择该选项，在一张幻灯片中可以设置多个对象同时运行动画的效果，不同对象的动画时间和播放速度可以自行设定。

（3）从上一项开始之后开始：选择该选项，将在前一个动画播放后，自动播放当前动画效果，可以设置不同对象的播放时间和速度。

（4）效果选项：选中后会弹出一个“缩放”对话框，在其中可以设置播放时的设置、声音、动画播放后的效果，因当前所选择的动画效果的不同而各异，如图 6-32 所示。

（5）计时：选中后会弹出一个“缩放”对话框，在其中可以根据需要设置播放时的触发点、速度（在“期间”下拉列表中设置）等参数，如图 6-33 所示。

图 6-32 “缩放”的“效果”选项卡

图 6-33 “缩放”的“计时”选项卡

（6）显示高级日程表：选择该选项，将在“自定义动画”窗格的动画效果列表下方出现一个时间线。利用该时间线，可以看到当前动画摄制的速度，将光标放到表示时间的方块右侧时，出现当前动画设置的开始时间和持续时间，如图 6-31 所示。

（7）删除：用于删除当前选定的动画效果。

6. 动画速度控制

如图 6-33 所示，在“缩放”对话框“计时”选项卡的“期间”下拉列表中提供 6 种选项。

（1）非常慢：播放时间为 6 秒。

（2）慢速：播放时间为 3 秒。

（3）中速：播放时间为 1 秒。

（4）快速：播放时间为 1 秒。

（5）非常快：播放时间为 0.5 秒。

6.4.2 举例

以制作“晨曦中的锦江学院”演示文稿为例，介绍插入绘制自选图形、添加动作按钮和设置幻灯片动画的基本操作。演示文稿效果如图 6-26 所示。

具体操作步骤如下。

1. 创建演示文稿

启动 PowerPoint 2010 并创建演示文稿。

2. 制作晨曦中的锦江学院幻灯片

启动 PowerPoint 2010 并创建演示文稿，“插入”选项卡的“插图”组中单击“图片”按钮，选择图片库中晨曦中锦江学院，并设置图片大小，如图 6-26 幻灯片所示。

3. 添加自定义动画效果

（1）选中第 1 张幻灯片，选中幻灯片标题内容，在“动画”选项卡的“动画”组中单击下拉按钮，弹出“动画工具|格式”选项卡，选择“强调”|“彩色浮冲”选项，如图 6-34 所示。重复此操作设置第 2 张、重复此操作设置第 3 张、第 4 张幻灯片标题文字的动画方式。

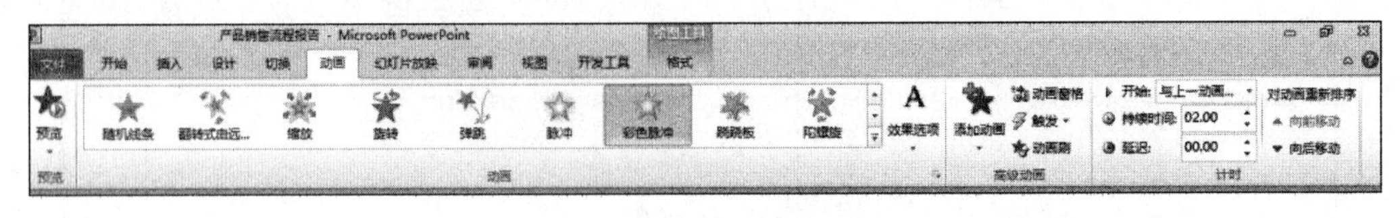

图 6-34 设置动画效果

（2）选中第 1 张幻灯片的文本框，效果为“进入”|“形状”，单击“效果选项”按钮，弹出下拉列表选择“方向”|“放大”，如图 6-35 所示。

图 6-35　设置第 1 张幻灯片的“进入”效果

(3) 选中第 2 张幻灯片的文本框，效果为“进入”|“形状”，单击“效果选项”按钮，弹出下拉列表选择“方向”|“放人”，如图 6-36 所示。

图 6-36　设置第 2 张幻灯片的“进入”效果

(4) 选中第 3 张幻灯片组合图形，效果为“进入”|“轮子”，“效果选项”|“4 轮辐图案(4)”，如图 6-37 所示。

图 6-37　设置第 3 张幻灯片的“进入”效果

(5) 选中第 4 张幻灯片组合图形，效果为“进入”|“浮入”，“效果选项”|“向下”，如图 6-38 所示。

图 6-38　设置第 4 张幻灯片的“进入”效果

6.5　添加 Flash 动画

6.5.1　操作注意事项

熟悉自定义模板的编辑和设置方法；掌握母版的页眉和页脚设置方法；了解 PowerPoint 2010 支持的 Flash 文件播放格式。

6.5.2　举例

以制作“京剧宣传片”演示文稿为例，介绍幻灯片母版的编辑设置、添加页脚和设置幻灯片其他播放格式的基本操作。演示文稿效果如图 6-39 所示。

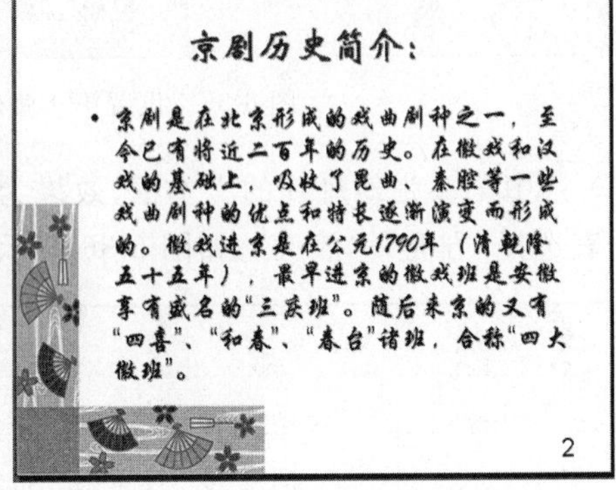

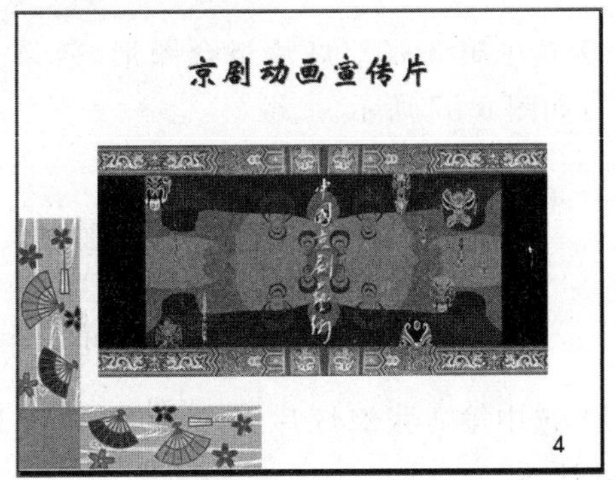

图 6-39 “京剧宣传片”演示文稿效果图

具体操作步骤如下。

1. 利用母版创建演示文稿

(1) 启动 PowerPoint 2010，新建一个空白演示文稿。在“视图”选项卡的“母版视图”组中单击“幻灯片母版”按钮，进入幻灯片母版视图，选择标题幻灯片母版，如图 6-40 所示。

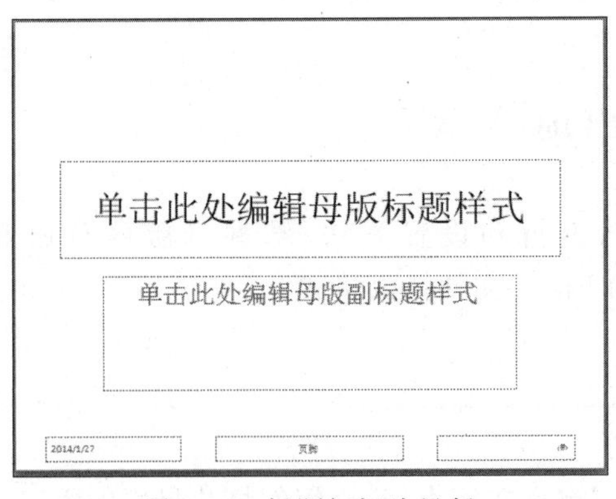

图 6-40 标题幻灯片母版

(2) 在幻灯片的空白处右击，从弹出的快捷菜单中选择“设置背景格式”选项，打开“设置背景格式”对话框，单击“文件”按钮，在弹出的“插入图片”对话框中选择一张图片，如图 6-41 所示。右击图片，从弹出的快捷菜单选择“叠放层次”|“置于底层”选项，如图 6-42 所示。

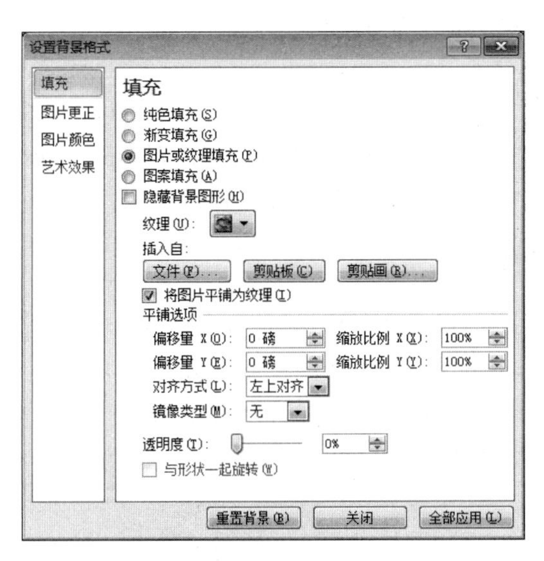

图 6-41 “设置背景格式”对话框

图 6-42 插入图片快捷菜单

(3) 选择幻灯片标题和内容母版，重复步骤(2)，单击“关闭母版视图”按钮，返回普通视图。

2. 添加页脚

在幻灯片母版选中数字区“<#>”符号，在“插入”选项卡的“文本”组中选择“页眉和页脚”选项，弹出“页眉和页脚”对话框，选中“幻灯片编号”和“标题幻灯片中不显示”复选框，如图 6-43 所示，单击“全部应用”按钮。

3. 创建第 2 张幻灯片

在“开始”选项卡的“幻灯片”组中单击“新幻灯片”按钮，插入第 2 张新幻灯片，在“版式”下拉列表中选择“标题和内容”版式，输入标题文字。

4. 创建第 3 张幻灯片

(1) 在“开始”选项卡的“幻灯片”组中单击“新幻灯片”按钮，插入第 3 张新幻灯片，在“版式”下拉列表中选择“标题和内容”版式，输入标题文字。

(2) 选择“插入”选项卡的“插图”组中单击“图片”按钮，弹出“插入图片”对话框，选择一张京剧人物图片，单击“打开”按钮。利用图片上的 8 个方向控制点调整图片的大小，如图 6-44 所示。

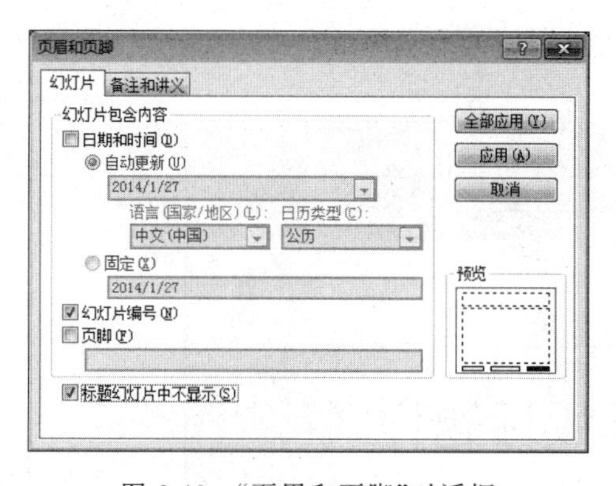

图 6-43 “页眉和页脚”对话框

图 6-44 第三张幻灯片效果图

5. 添加 Flash 动画格式

(1) 在“开始”选项卡的“幻灯片”组中单击“新幻灯片”按钮，插入第 4 张新幻灯片，在“版式”下拉列表中选择“仅标题”版式，输入标题。

(2) 在“文件”选项卡中选择“选项”选项，弹出“PowerPoint 选项”对话框，在“自定义功能区”选项“自定义功能区”的文本框中单击“开发工具”复选框，如图 6-45 所示。

(3) 在“开发工具”选项卡的“控件”组中单击“其他控件”按钮，如图 6-46 所示。

(4) 弹出“其他控件”下拉列表框，如图 6-46 所示。列表中选择 Shockwave Flash Object 选项，单击“确定”按钮。幻灯片中鼠标形状变成“十”形，将鼠标移动到幻灯片上画出一个大小合适的矩形区域，在其区域播放 Flash 动画。

图 6-45 “PowerPoint 选项”对话框

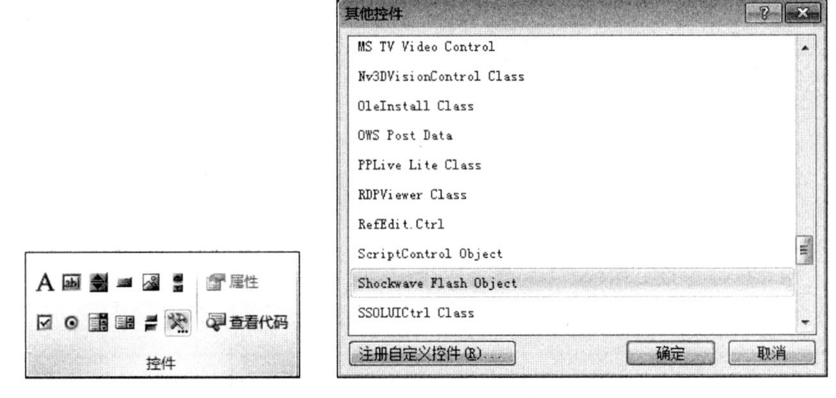

图 6-46 “其他”控件按钮和“其他控件”对话框

(5) 右击矩形区域，从弹出快捷菜单中选择“属性”选项，如图 6-47 所示。弹出“属性”窗口，选择其中的 Movie 选项，如图 6-48 所示。

在 Movie 设置栏中，输入 Flash 动画文件的完整路径，注意动画文件的后面要加上扩展名.SWF，设置完毕单击“确定”按钮。

(6) 在“幻灯片放映”选项卡中单击“从头开始”按钮，欣赏其放映效果。

(7) 在“文件”选项卡中选择“另存为”选项，弹出“另存为”对话框，选择演示文稿保存位置，输入文件名，单击“保存”按钮。

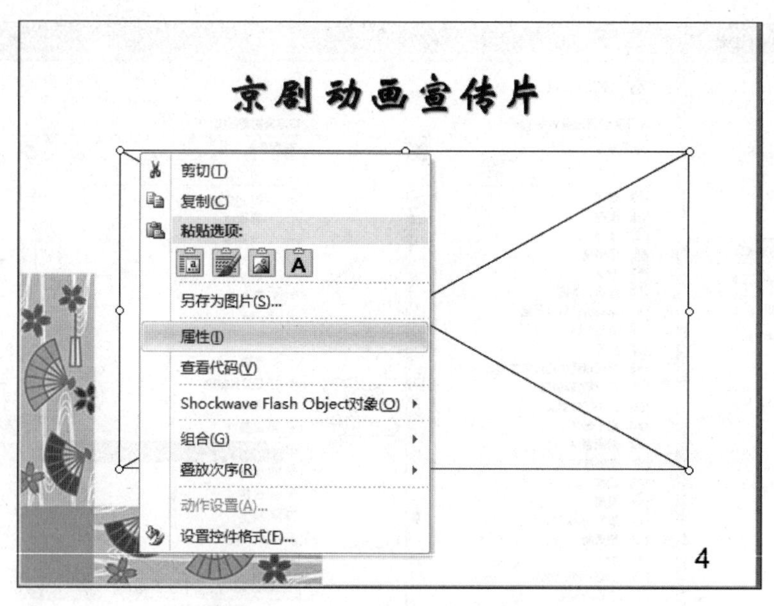

图 6-47 “属性”快捷菜单

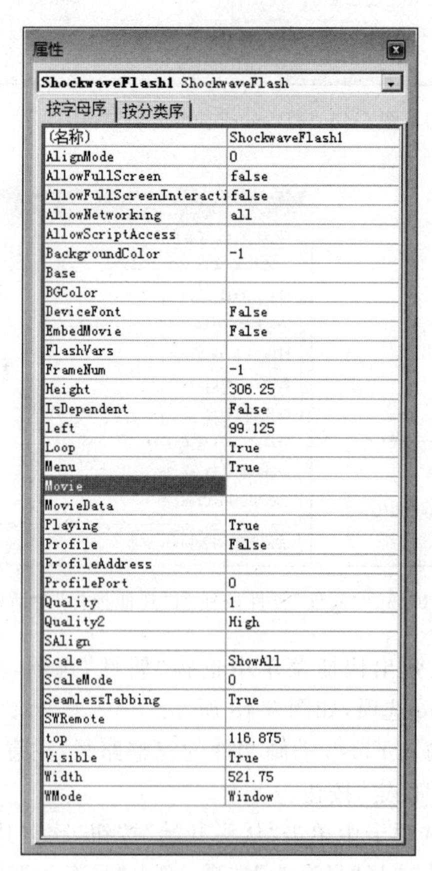

图 6-48 “属性”对话框

习　题　6

一、选择题

1. PowerPoint 2010 演示文稿的扩展名是(　　)。

A. psdx　　B. ppsx　　C. pptx　　D. ppsx

2. PowerPoint 中主要的编辑视图是(　　)。

A. 幻灯片浏览视图　　B. 普通视图

C. 幻灯片放映视图　　D. 备注视图

3. 在 PowerPoint 2010 各种视图中,可以同时浏览多张幻灯片,便于重新排序、添加、删除等操作的视图是(　　)。

A. 幻灯片浏览视图　　B. 备注页视图

C. 普通视图　　D. 幻灯片放映视图

4. 在 PowerPoint 2010 幻灯片浏览视图中,选定多张不连续幻灯片,在单击选定幻灯片之前应该按住(　　)键。

A. Alt　　B. Shift　　C. Tab　　D. Ctrl

5. 放映当前幻灯片的快捷键是(　　)。

A. F5　　B. Shift+F5　　C. F6　　D. Shift+F6

6. 在 PowerPoint 2010 环境中,插入一张新幻灯片的快捷键是(　　)。

A. Ctrl+N　　B. Ctrl+M　　C. Alt+N　　D. Alt+M

7. 在 PowerPoint 2010 的“文件”选项卡下选择“最近所用文件”选项,所显示的文件名是(　　)。

A. 正在使用的文件名

B. 正在打印的文件名

C. 扩展名为.pptx 的文件名

D. 最近被 PowerPoint 软件处理过的文件名

8. 若用键盘按键来关闭 PowerPoint 窗口,可以按(　　)键。

A. Alt+F4　　B. Ctrl+X　　C. Esc　　D. Shift+F4

9. 在 PowerPoint 2010 中,在普通视图下删除幻灯片的操作是(　　)。

A. 在“幻灯片”选项卡中选定要删除的幻灯片(单击它即可选定),然后按 Delete 键

B. 在“幻灯片”选项卡中选定幻灯片,再在“开始”选项卡中单击“删除”按钮

C. 在“编辑”选项卡的“编辑”组中单击“删除”按钮

D. 以上说法都不正确

10. 在 Powerpoint 2010 的普通视图中,隐藏了某个幻灯片后,在幻灯片放映时被隐藏的幻灯片将会(　　)。

A. 从文件中删除

B. 在幻灯片放映时不放映,但仍然保存在文件中

C. 在幻灯片放映是仍然可放映,但是幻灯片上的部分内容被隐藏

D. 在普通视图的编辑状态中被隐藏

11. 在新增一张幻灯片操作中,可能的默认幻灯片版式是(　　)。

A. 标题幻灯片　　B. 标题和竖排文字

C. 标题和内容　　D. 空白版式

12. 在PowerPoint中,将某张幻灯片版式更改为“垂直排列标题与文本”,应选择(　　)选项卡。

A. 文件　　B. 动画　　C. 插入　　D. 开始

13. 如要终止幻灯片的放映,可直接按(　　)键。

A. Ctrl+C　　B. Esc　　C. End　　D. Alt+F6

14. 在PowerPoint 2010中,能够将文本中字符简体转换成繁体的设置是(　　)进行的。

A. 在“格式”选项卡中　　B. 在“开始”选项卡中

C. 在“审阅”选项卡中　　D. 在“插入”选项卡中

15. 在PowerPoint 2010中,选定了文字、图片等对象后,可以插入超链接,超链接中所链接的目标可以是(　　)。

A. 计算机硬盘中的可执行文件　　B. 其他幻灯片文件(即其他演示文稿)

C. 同一演示文稿的某一张幻灯片　　D. 以上都可以

16. 在幻灯片中插入声音元素,幻灯片播放时(　　)。

A. 单击声音图标,才能开始播放

B. 只能在有声音图标的幻灯片中播放,不能跨幻灯片连续播放

C. 只能连续播放声音,中途不能停止

D. 可以按需要灵活设置声音元素的播放

17. 在PowerPoint 2010的页面设置中,能够设置(　　)。

A. 幻灯片编号的起始值　　B. 幻灯片的页脚

C. 幻灯片的页眉　　D. 幻灯片页面的对齐方式

18. 在PowerPoint 2010中,打开“设置背景格式”对话框的正确方法是(　　)。

A. 右击幻灯片空白处,从弹出的快捷菜单中选择“设置背景格式”选项

B. 在“插入”选项卡的“背景”组中单击相应按钮

C. 在“开始”选项卡的“背景”组中单击相应按钮

D. 以上都不正确

19. 要使幻灯片中的标题、图片、文字等按用户的要求顺序出现,应进行的设置是(　　)。

A. 设置放映方式　B. 幻灯片切换　　C. 幻灯片链接　　D. 自定义动画

20. 在PowerPoint 2010中,若要把幻灯片的设计模板(即应用文档主题),设置为“行云流水”,应进行的一组操作是(　　)。

A. 在“幻灯片放映”选项卡的“自定义动画”组中选择“行云流水”

B. 在“动画”选项卡的“幻灯片设计”组中选择“行云流水”

C. 在“插入”选项卡的“图片”组中选择“行云流水”

D. 在“设计”选项卡的“主题”组中选择“行云流水”

21. 播放演示文稿时，以下说法正确的是(　　)。

A. 只能按顺序播放　　B. 只能按幻灯片编号的顺序播放

C. 可以按任意顺序播放　　D. 不能倒回去播放

22. 在 PowerPoint 2010 中，若要使幻灯片按规定的时间，实现连续自动播放，应进行(　　)。

A. 设置放映方式　　B. 打包操作

C. 排练计时　　D. 幻灯片切换

23. 下述关于插入图片、文字、自选图形等对象的操作描述，正确的是(　　)。

A. 在幻灯片中插入的所有对象，均不能够组合

B. 在幻灯片中插入的对象如果有重叠，可以通过“叠放次序”调整显示次序

C. 在幻灯片备注页视图中无法绘制自选图形

D. 若选择“标题幻灯片”版式，则不可以向其中插入图形或图片

24. 将编辑好的幻灯片保存到 Web，需要进行的操作是(　　)。

A. 在“文件”选项卡的“保存并发送”选项中选择

B. 直接保存幻灯片文件

C. 超级链接幻灯片文件

D. 需要在制作网页的软件中重新制作

26. 如果将演示文稿放在另外一台没有安装 PowerPoint 软件的计算机上播放，需要进行(　　)。

A. 复制/粘贴操作　　B. 重新安装软件和文件

C. 打包操作　　D. 新建幻灯片文件

26. 在 PowerPoint 2010 中，若需将幻灯片从打印机输出，可以用(　　)键。

A. Shift＋P　　B. Shift＋L　　C. Ctrl＋P　　D. Alt＋P

27. 在演示文稿中插入超级链接时，所链接的目标不能是(　　)。

A. 另一个演示文稿　　B. 同一演示文稿的某一张幻灯片

C. 其他应用程序的文档　　D. 幻灯片中的某一个对象

28. 在 PowerPoint 2010 中，下列关于幻灯片主题的说法中，错误的是(　　)。

A. 选定的主题可以应用于所有的幻灯片

B. 选定的主题只能应用于所有的幻灯片

C. 选定的主题可以应用于选定的幻灯片

D. 选定的主题可以应用于当前幻灯片

29. 在对 PowerPoint 2010 的幻灯片进行自定义动画操作时，可以改变(　　)。

A. 幻灯片间切换的速度　　B. 幻灯片的背景

C. 幻灯片中某一对象的动画效果　　D. 幻灯片设计模板

30. 幻灯片母版设置可以起到的作用是(　　)。

A. 设置幻灯片的放映方式

B. 定义幻灯片的打印页面设置

C. 设置幻灯片的片间切换

D. 统一设置整套幻灯片的标志图片或多媒体元素

二、简答题

1. PowerPoint 2010 功能有哪些?
2. 演示文稿和幻灯片有何区别和联系?
3. 什么是演示文稿模板?什么是母版?什么是占位符?
4. PowerPoint 2010 提供哪些视图方式?各有什么特点?
5. 如何设置自定义动画效果?
6. 如何在幻灯片中插入视频文件?
7. 如何插入外部文件中的声音?
8. 如何进行排练计时?
9. 如何添加和设置动作按钮?
10. 如何打包演示文稿?

第7章

多媒体技术基础

本章学习目标：

- 了解多媒体概念。
- 了解MPC的软硬件组成。
- 了解音视频数字化。
- 了解位图图像、矢量图形。
- 了解流媒体、视频、动画。

在计算机发展的早期阶段，人们利用计算机主要从事数据的运算和处理，处理的内容都是文字。20世纪80年代，随着计算机技术的发展，尤其是硬件设备的发展，除了文字信息外，在计算机应用中人们开始使用图像信息。20世纪90年代随着计算机软、硬件的进一步发展，计算机的处理能力越来越强，应用领域得到进一步拓展，在很大程度上促进了多媒体技术的发展和完善。计算机处理的内容由当初的单一的文字媒体形式逐渐发展到目前的动画、文字、声音、视频、图像等多种媒体形式。

随着网络技术和Internet的发展、随着计算机软硬件技术的不断发展以及当今数字化潮流的趋势，人们越来越希望计算机不只是一个程序设计或字处理工具，而是能处理声音、图像、动画、视频等多种媒介的一个媒体中心，甚至是一种家用电器。现有的计算机软、硬件技术水平已经完全可以达到这个要求，无论是输入还是输出都可以做到多样化。因此可以说，现在的计算机几乎都是多媒体计算机，用计算机就要使用多媒体。

本章将介绍计算机多媒体技术的基本概念和基本原理，以及利用计算机多媒体技术处理信息的基本方法和常用的多媒体工具。

7.1 多媒体概述

7.1.1 多媒体的基本概念

1. 什么是多媒体

媒体一词起源于英文Medium，它是指人们用于表达、传播、交换信息的手段或媒介，书籍、报刊、广播、电影、电视等都是媒体。

从广义上讲，多媒体是指“可以处理、存储并传播文字、图形、图像、声音和视频等多种信息的综合媒体”。例如电视和电影通过文字、声音、图形、图像、动画等多种媒体手段，向用户传播了生动的信息等，也可称为多媒体。

而狭义上的多媒体是指“基于计算机的、集各种媒体于一身的、向用户传播生动信息的综合媒体”，也就是说多媒体是“利用计算机的图形(Image)、动画(Animation)、视频(Video)、音频(Audio)和文本(Text)的采集、编辑等多种功能，将信息通过编辑、合成、存储等技术处理后所形成的能够以交互方式向用户输出各种信息的综合媒体”，因此也称为计算机多媒体。

作为计算机多媒体，其主要有以下3个特征。

(1) 计算机化。所有的操作必须借助计算机完成，计算机是多媒体的基础。

(2) 整体性。多媒体是各种信息组合的有机整体。

(3) 交互性。信息采用交互方式输出，用户通过键盘、鼠标操作和语音输入等方式与计算机对话，随机性控制信息输出的进程与方向。

今天的计算机可以说就是一个媒体中心。可以用计算机录下自己的声音进行回放；可以播放各种格式的音乐文件；可以从数字照相机、扫描仪等设备获取图片进行浏览、编辑；可以观看VCD、DVD碟片；也可以进行设计或艺术创作，例如设计建筑图、电气图或绘制自己的图形等；利用计算机上网，在精美的网页中嵌有丰富的网页元素，例如色彩艳丽的图片，有趣的Flash动画，甚至在线音乐。

从以上各种应用中可以看出媒体(Medium)是文字(Text)、图像(Image)、图形(Graphics)、音频(Audio)、动画(Animation)、视频(Video)等各种具体信息载体的一种抽象，是人和计算机进行信息交流的中介。在计算机中，无论哪种信息载体都是以文件(File)的形式存在下来，可以存放在硬盘里，也可以是其他载体，如光盘、移动存储设备、网络等。而多媒体(Multimedia)是指文本、声音、图形、图像和动画等信息载体中的两个或多于两个的组合。多媒体技术，则是指处理和应用多媒体的一整套技术，通常是指用计算机对文字、图像、声音、视频、动画等各种信息进行数字化采集、压缩/解压缩、编辑、存储、传输等加工处理，再以单独或合成的形式表现出来的一体化技术。

2. 媒体分类

国际电报电话咨询委员会(International Consultative Committee on Telegraphy and Telephone，CCITT)曾对媒体作过下述分类。国际电报电话咨询委员会目前已被国际电信联盟(International Telecommunication Union，ITU)取代。

(1) 感觉媒体(Perception Medium)。感觉媒体指能直接作用于人的感官、使人能直接产生感觉的一类媒体。如人类的各种语言、音乐，自然界的各种声音、图形、图像，计算机系统中的文字、数据和文件等都属于感觉媒体。

(2) 表示媒体(Representation Medium)。表示媒体是为了加工、处理和传输感觉媒体而人为研究、构造出来的一种媒体。其目的是更有效地将媒体从一地向另外一地传送，便于加工和处理。表示媒体有各种编码方式，例如声音编码、ASCII码、图像编码等。

(3) 表现媒体(Presentation Medium)。表现媒体是指感觉媒体和用于通信的电信号之间转换用的一类媒体。它又分为两种：一种是输入表现媒体，例如键盘、摄像机、光笔、传声器(俗称话筒)等；另一种是输出表现媒体，例如显示器、扬声器、打印机等。

(4) 存储媒体(Storage Medium)。存储媒体用于存放表示媒体(感觉媒体经过数字化后的代码)，以便计算机随时处理、加工和调用信息编码。这类媒体有硬盘、优盘、磁带及 CD-ROM 等。

(5) 传输媒体(Transmission Medium)。传输媒体是用来将媒体从一处传送到另一处的物理媒体。传输媒体是通信的信息载体，它有电话线、双绞线、同轴电缆、光纤、微波等。

在多媒体计算机技术中，人们所说的媒体一般指的是感觉媒体。

3. 常见的感觉媒体分类

如果按信号的特点来分，可以将感觉媒体分为连续媒体(音频、视频、动画)和非连续的媒体(文字、图形、影像)；如果按人的感知器官来分，则可以分为视觉类媒体(图形、图像、字符、视频、动画)，听觉类媒体(话音、音乐、音响)。

7.1.2 计算机处理多媒体信号的特点

1. 数字化

虽然人们只能听到的和看到模拟的、连续的信号，比如音乐或视频，但计算机处理的却是数字信号。模拟信号是连续量的信号，衰减及噪声的干扰较大，且复制和传播中存在着误差积累的现象，而以计算机为中心的多媒体技术以全数字化方式加工和处理声音与图像信息，精确度高，声音和图像的质量效果好。所以源信号在输入时一般要经过数字化以后才能在计算机里进行存储、传输、加工，输出时又转换为模拟信号。多媒体的实质就是将自然形式存在的各种媒体数字化，再利用计算机对这些信息进行加工处理，最后以一种友好的方式提供给用户使用。

2. 压缩性

计算机在处理多媒体信号，特别是图像及音视频时，要占用大量的空间。例如，一幅中等分辨率，大小为 640×480 像素的真彩(24 位)图像约占 900KB，若以 25 帧/秒的速度播放，每秒的视频画面约占 22MB，650MB 的光盘只能播放 30s。对于音频信号，以激光唱片 CD-DA 声音数据为例，如果采样频率为 47.1kHz，采样点量化为 16b 双通道立体声，1.44MB 的软盘只能存储 8s 的数据。如果不压缩的话，现在的计算机很难满足这样大的存储量。因此，对多媒体信息必须进行实时的压缩和解压缩。

3. 多样性

综合处理多种媒体信息，包括文字、声音、图形、动画、图像、视频等。

4. 集成性

一方面是媒体信息的集成，即声音、文字、图像、视频等的集成，把这些信息看成一个有机的整体，对信息进行集成化处理；另一方面是显示或表现媒体设备的集成，即把不同功能、不同种类的设备集成在一起使其共同完成信息处理的工作。

5. 交互性

为用户提供更加有效的控制和使用信息的手段（以超媒体结构组织信息），方便地实现人机交互。交互性使用户与计算机在信息交换中的地位变得平等，改变了信息交换中人的被动地位，使得人可以主动参与媒体信息的加工和处理。

6. 实时性

声音和运动图像都与时间密切相关，多媒体技术必须要支持实时处理，例如视频会议和可视电话等。

7.1.3 多媒体技术的应用与发展

1. 多媒体技术的应用

多媒体技术是一种实用性很强的技术，它一出现就引起许多相关行业的关注，由于其社会影响和经济影响都十分巨大，相关的研究部门和产业部门都非常重视产品化工作，因此多媒体技术的发展和应用日新月异，发展迅猛，产品更新换代的周期很快。多媒体技术及其应用几乎覆盖了计算机应用的绝大多数领域，而且还开拓了涉及人类生活、娱乐、学习等方面的新领域。多媒体技术的显著特点是改善了人机交互界面，集文字、声音、静止图像和活动图像于一体，更接近人们自然的信息交流方式。

多媒体技术的典型应用包括以下几个方面。

(1) 教育与培训。多媒体系统的形象化和交互性可为学习者提供全新的学习方式，使接受教育和培训的人能够主动地创造性地学习，具有更高的效率。传统的教育和培训通常是听教师讲课或者自学，两者都有其自身的不足之处，多媒体的交互教学，改变了传统的教学模式，不仅教材丰富生动，教育形式灵活，而且有真实感，更能激发人们的学习积极性。

(2) 电子出版物。光盘将超大容量的存储媒体和多媒体技术结合，使出版业突破了传统出版物的种种限制进入了新时代。光盘出版物使静止枯燥的读物产生文字、声音、静止图像和活动图像相结合的视频享受，同时使出版物的容量增大而体积大大缩小。

(3) 娱乐应用。精彩的计算机游戏和风行的 VCD 以及逐步趋于流行的 DVD 都可在计算机的多媒体应用中体现，计算机产品与家电娱乐产品的区别越来越小。

(4) 视频会议。视频会议的应用是多媒体技术最重大的贡献之一，这种应用使人的活动范围扩大而距离更近，其效果和方便程度比传统的电话会议优越得多。视频会议系统提供的功能可以实现与会者之间的随意交流。

(5) 咨询中心。咨询中心可在旅游、邮电、交通、商业、宾馆等公共场所,通过多媒体技术提供高效的咨询服务。

(6) 演示系统。演示系统提供了一种生动和系统地介绍产品、方案和新技术的手段。

2. 多媒体技术的发展

多媒体技术将向着智能化、网络化、立体化方向发展。

(1) 智能化。计算机更智能、更人性化的一个表现就是人机接口方式的改变。人与计算机交流最方便、最自然的途径是使计算机具有视觉、听觉和发音能力,进而提高人们对信息的注意力、理解力和保持力,所以语音界面将成为一个重要的新选择。未来的计算机将能够让人们用语言表达想要做的事情,帮助他们搜索到想要得到的信息。另外虚拟现实(Virtual Reality)等基于内容管理的技术也正在蓬勃发展。虚拟现实技术是利用计算机创作的人造真实,是利用多媒体技术创建的一种虚拟真实情形的环境,可以用于训练、展示、视频游戏等很多方面。虚拟现实技术是计算机科学家数十年来追求的一个梦想,如今,硬件的处理速度和不断减小的体积以及不断成熟的多媒体技术正在使这一梦想逐步成真。

(2) 网络化。多媒体与互联网的应用,正逐步改变着人们工作、生活、学习的方式,有效地提高生活水平和质量。当前,以可视通信、网络游戏和影视点播为代表的多媒体应用发展得非常迅速,用户的支持度也很高。多媒体应用使用户实现了从最初的文字交互到到图像、视频的交互这样一个飞跃。总之,多媒体应用将是未来网络最主要的内容应用。

(3) 立体化。随着技术的发展,多媒体技术的应有已不限于在个人计算机上处理和表现,许多家电设备、工业控制系统、现场监视系统也在实现数字化,随着多媒体信息的识别技术、网络技术和通信技术的发展,它们将构成一个立体化的网络系统,而人机交互的媒体将是多媒体信息。

3. 我国多媒体技术的发展现状

我国多媒体技术和应用的发展始于20世纪80年代末,从1992年开始,我国多媒体研究逐步广泛起来,主要集中在多媒体应用系统的开发上,并逐步注意创建自己的开发平台、著作工具和编辑软件,甚至开发声频卡、视频卡等硬件。到今天已经从全面学习引进状态发展到有些领域有自主知识产权、技术领先的状态。

7.2 多媒体计算机系统

在开发和利用多媒体技术的过程中形成了专用和通用两种多媒体计算机系统。专用系统如Commodore公司在1985年开发出来的Amiga系统、Philips和Sony公司在1986年开发出的CD-I(Compace Disc-Interactive)系统、IBM和Intel公司在1989年开发的

DVI(Digital Video Interactive)系统等，这些系统针对性强，配有专门的软件，但由于是专用系统，所以并没有为普通用户大量采用。使用最为广泛的是在功能日益强大的微型计算机基础上，通过添加适配卡和其他外围设备而构成的多媒体个人计算机(Multimedia Personal Computer，MPC)。一个完整的多媒体计算机系统由硬件和软件两部分组成，如图 7-1 所示。

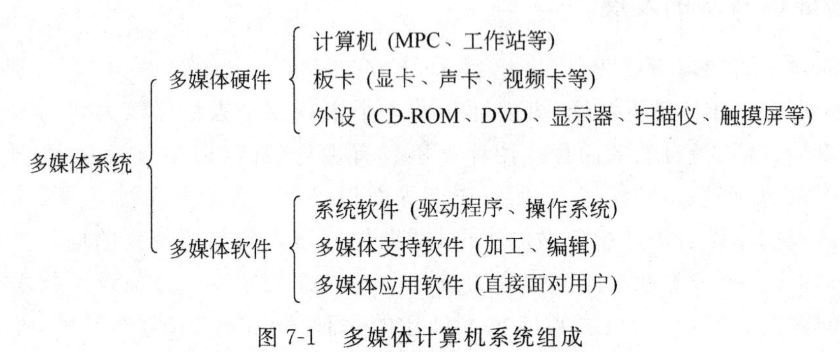

图 7-1　多媒体计算机系统组成

7.2.1　多媒体个人计算机硬件系统

在多媒体个人计算机(MPC)硬件系统中，包括 CPU、内存、显示器、硬盘等构成计算机系统的必备的硬件设备，以及以板卡和外围设备形式安装在计算机上的多媒体附属硬件。MPC 硬件系统上的多媒体附属硬件主要有两类：适配卡类和外围设备类，这些板卡和设备都是根据多媒体技术标准来研制生产的。

1. 多媒体适配卡

这些多媒体附属硬件基本都是以适配卡的形式添加到计算机上的。这些适配卡种类和型号很多，主要有视频采集卡、声卡、电话语音卡、传真卡、图形图像加速卡、电视卡、Modem 卡等。

(1) 声卡。声音卡(简称声卡)分集成声卡和独立声卡两种，它是计算机进行声音处理的关键部件。现在的计算机主板基本上都把声卡作为一种标准接口卡集成在主板上，无须另外购买。在软件的配合下，声卡完成的主要功能有录制和播放音频信号、音乐合成、提供 MIDI 接口(也是游戏杆的接口)等。

声卡的主要输入输出接口有 LINE IN(线路输入)、LINEOUT(线路输出)、MIC IN(麦克风输入)、SPK OUT(声音输出)、JOY STICK/MIDI(游戏杆/MIDI)等，如图 7-2 所示。

(2) 视频卡。由于视频信号带宽、格式的特殊要求，所以在 MPC 上需要专门的硬件设备来进行处理，由此产生具有不同功能特性的视频卡，一般安装在计算机主板的 PCI 插槽上。视频卡大致有以下几种。

① 视频采集卡。视频采集卡主要功能是从摄像机、录像机等视频信息源中捕捉模拟视频信息转存到计算机硬盘中，以便进行后期编辑处理，其外观如图 7-3 所示。视频采集

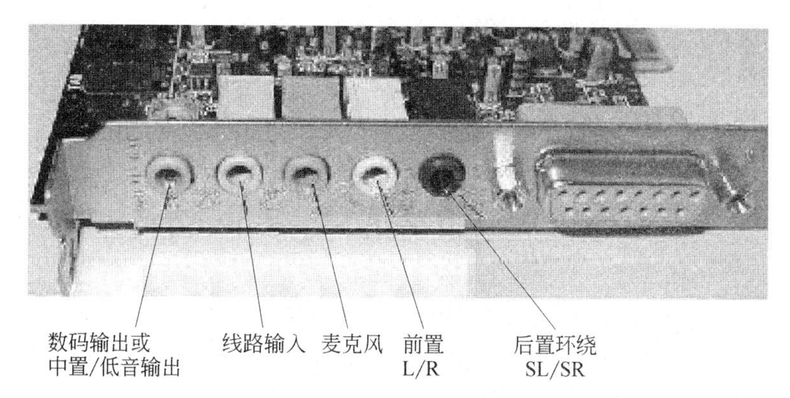

图 7-2　声卡插孔示意图

卡主要有两种：静态视频采集卡和动态视频采集卡，分别用于从视频信息中捕捉静态图像和连续的动态图像。

② 视频转换卡。用于将计算机的 VGA 信号与模拟电视信号相互转换。视频转换卡分为两类：VGA-TV 卡，一般在中高端显卡中有集成，利用此项功能可以将计算机连到电视，通过电视显示计算机中的图像；TV-VGA 卡，也叫电视卡，利用此项功能可以在计算机中观看电视节目，好一点的电视卡还配有遥控器，如图 7-4 所示。

图 7-3　视频采集卡

图 7-4　电视卡

2. 多媒体外围设备

以外围设备形式连接到计算机上的多媒体硬件设备有 CD-ROM 驱动器、扫描仪、打印机、数字照相机、触摸屏、摄像机、录像机、传真机、可视电话、调制解调器、麦克风、多媒体音箱等。

(1) 光盘驱动器(CD-ROM/DVD)。CD-ROM 以速度快、容量大、兼容性强、盘片成本低廉等优点被广泛使用，是多媒体计算机的关键设备之一。目前，CD-ROM 已经成为计算机的标准配置，如图 7-5 所示。

图 7-5　CD-ROM 驱动器

拥有光盘驱动器的多媒体个人计算机可以轻松处理规模较大、内容丰富的多媒体信息。多媒体应用程序及其所用到的文字、图像、声音和动画等信息均可存放在光盘上。

光盘驱动器的性能主要从其速度、与现行 CD-ROM/DVD 标准的兼容性以及所使用的接口等几个方面进行判定常见指标有以下几个。

① 容量：650～700MB。

② 接口：接口标准有 SCSI 接口、IDE 接口和 USB 接口，其中 IDE 接口是最常见的。

③ 速度：CD-ROM 驱动器的速度是用存取/寻道时间(Access Time/Seek Time，单位为秒或毫秒)及数据传输率(Data Transfer Rate，单位为千字节每秒)来衡量的，数据传输率表示单位时间内 CD-ROM 驱动器可从 CD 盘上读取的数据量。

④ 放置形式：依据安装放置的位置和形式，CD-ROM 驱动器可分为内置式、外置式和便携式 3 种，其中内置式驱动器应用最为广泛。

⑤平均无故障时间(Mean Time Between Failures，MTBF)：平均无故障时间为 25 000h 左右。

(2) 扫描仪。扫描仪是一种光、机、电一体化的高科技产品图形输入设备，由光源、光学镜头、光敏元件、机械移动部件和电子逻辑部件组成。用于将黑白或彩色图片资料、文字资料等平面素材，扫描形成图像文件，如图 7-6 所示。

以典型的平板扫描仪为例，在平板扫描仪中，一个扫描头移过在强光源照射下的整个画面，有一个镜面系统收集画面的单个细窄条上反射的光线，并引导它穿过一个透镜照射到一行称作 CCD 的光敏元件上，光敏单元将根据照射到 CCD 的光线强度，按比例聚集微小的电荷。由这些电荷产生的电压被转换成一行像素的数据，再把各个行像素的数据组合到一起就形成了画面的一个完整图像。而彩色扫描仪需要在光源和 CCD 之间设置一个分离光线设备，用于把光线分离为红、绿、蓝 3 种颜色成分，每种颜色成分量化为 8 位，3 种颜色成分的 8 位数值组合成一个 24 位的颜色值，然后送入计算机进行处理。

(3) 数字照相机。数字照相机是一种数字成像设备。在制作多媒体产品时，数字照相机可以方便地摄取数字图片供加工使用，简化了处理过程。数字照相机使用光敏元件 CCD 作为成像器件，进入照相机镜头的光线聚集在 CCD 上，CCD 就把照在各个光敏单元上的光线，按照强度转换成模拟电信号，再转换成数字信号，所以成像器件的性能决定了数字照相机的性能。现在主流的数字照相机使用 1000 万像素的 CCD，成像质量高，色彩表现完美，如图 7-7 所示。

图 7-6　扫描仪

图 7-7　数字照相机

传统相机用胶卷作为记录影像的介质，而数字照相机的记录体是一种半导体存储器，称为存储卡，可以重复使用。存储卡的容量越大，能保存的照片越多，但存储的照片数同时还与照片质量有关，质量超高(如分辨率超高)，图片文件越大，存储的照片就越少。例如 512MB 的存储卡，如果每张照片大小为 1MB，则可以存储 512 张照片；但如果每张照片大小为 0.5MB，则可以存储 1024 张照片。常见的存储卡有 PC(PCMCIA)卡、CF(Compact Flash)卡、SM(Smart Media)卡、松下的 SD 卡和 SONY 的 Memory Stick 等。

(4) 投影机。投影机主要用于讲演、教学、会议、公共场所的广告宣传等场合。使用彩色投影机时，通常配有大尺寸的幕布，计算机送出的显示信息通过投影机投影到幕布上。作为计算机设备的延伸，投影机在数字化、小型化、高亮度显示等方面具有鲜明的特点。

按照结构原理划分，投影机主要有四大类：CRT(阴极射线管)投影机、LCD(液晶)投影机、DLP(数字光处理)投影机和 LCOS(硅液晶)投影机。

目前使用较广泛的是 LCD 投影机，如图 7-8 所示。

(5) 触摸屏。触摸屏是一种新型多媒体输入控制设备，用户只要用点按屏幕上按钮或菜单，就可以完成所需要的操作，如图 7-9 所示。

图 7-8 投影机

图 7-9 触摸屏

触摸屏按照技术原理可分为以下几种。

① 红外线。通过红外线传感器的触摸屏。灵敏度高，分辨率低，安装不便。

② 电容式。利用人体可改变电容量的原理，使用电容传感器的触摸屏。灵敏度低，分辨率高，安装方便。

③ 表面声波。使用声波传感器和反射器的触摸屏。寿命最长，属于半永久性的产品，很好的防刮性，透光率和清晰度高，色彩失真小。

7.2.2 多媒体个人计算机软件系统

多媒体个人计算机的软件系统包括多媒体操作系统、多媒体开发系统和多媒体应用系统。在 3 个层次中，多媒体操作系统是整个计算机系统中用于沟通硬件系统和软件系统的接口，是应用基础。

1. 多媒体个人计算机操作系统

Microsoft 公司开发的 Windows 系列操作系统是多媒体个人计算机的标准操作系

统，从 Windows 3. 1 版本开始支持多媒体，并在 Windows 9x 中增强了对多媒体的支持，到 Windows XP 等后续版本中又更进一步加强了多媒体的处理能力。Windows 操作系统的多媒体功能有：

(1) 支持数字音频和 MIDI。Windows 提供了大量的支持音频功能，例如可以自动播放 CD、后台播放、利用内置的“录音机”程序录制声音等。

(2) 支持数字视频。Windows 对数字视频提供支持，Video For Windows 是 Windows 的视频标准，可以利用视频卡与软件配合把用摄像机录制的视频图像以 AVI 格式存放，AVI 格式是 Windows 的标准视频文件格式，另外，Windows 还可以利用内置的“媒体播放器”直接播放音、视频数据。

(3) 支持高速 CD-ROM。Windows 操作系统中内置了 CD-ROM 文件系统，用于提高 CD-ROM 的读取速度，并且扩展了对 CD-ROM 驱动器的支持，允许多种 CD-ROM 格式。

(4) 支持 MMX 技术。Windows 98 及以后版本支持 Intel MMX 技术，这是它的一个重要的多媒体特性。另外 Windows 还内置了对普通多媒体设备、通用 MIDI 规范等的支持。

2. 多媒体开发系统

多媒体开发系统中包含多媒体准备工具和多媒体著作工具。多媒体准备工具的功能是收集和整理多媒体素材；多媒体著作工具的功能是把多媒体素材组织成一个结构完整的多媒体应用系统。

(1) 多媒体准备工具。多媒体准备工具用于多媒体素材的收集、整理和制作，通常按照多媒体素材的类型对多媒体准备工具进行分类，例如图片工具 Photoshop、视频工具 Adobe Premiere 等。由于媒体类型和对媒体处理的多样性，多媒体准备工具分类比较复杂。

(2) 多媒体著作工具。多媒体著作工具主要包括以下几类。

① 以图标为基础的多媒体著作工具中，数据是以对象或事件的顺序来组织的，并且以流程图为主干，将各种图表、声音、控制按钮等放在流程图中，形成完整的多媒体应用系统。这类多媒体著作工具一般只做多媒体素材的组织，而多媒体素材的收集、制作、整理都由其他软件完成，例如 Macromedia 公司的 Authorware。

② 以时序为基础的多媒体著作工具，这种多媒体著作工具中，数据是以一个时间顺序来组织的。这类工具使用起来如同电影剪辑，可以精确地控制在什么时间播放什么镜头，能精确到每一帧，例如 Macromedia 公司的 Director 等。

③ 以页为基础的多媒体著作工具，在这种工具中，文件与数据是用类似一叠卡片或书页来组织的。这些数据大多是用图标表示，使得它们很容易理解和使用。这类多媒体著作工具的超文本功能最为突出，适合于制作电子图书，例如 Asymetrix 公司的 Tool Book 等。超媒体 Web 网页制作工具也属于以页为基础的多媒体著作工具，例如 Microsoft FrontPage、Macromedia Dreamweaver 等。

7.3 音频处理技术

声音是携带信息的重要媒体。今天的计算机是一部可以发声的机器。动听的背景音乐或解说，使静态图像或动画变得更加丰富多彩，有吸引力。音频和视频的同步，使视频图像更具有真实性。计算机中最早进行的多媒体处理就是音频。

7.3.1 基本知识

音频（Audio），属于听觉类媒体，一般是指由人或乐器发出的可以被听见的声音，“音频信号”或“声音”都是其同义语。

声音看不见、闻不到，它是怎么被记录下来的？由于声音是机械振动在弹性介质中传播的机械波，所以声音是以波形的方式被记录下来，其频率范围大约在 20Hz～20kHz 之间。图 7-10 所示就是一种乐器发出的声音信号。

图 7-10　声波

一个音频信号往往具有一定的振幅（Amplitude），振幅的大小反映了音频信号音量的大小；丰富的频率（Frequency）成分，频率的高低可以反映音频信号的音阶、音高；一定的相位（Phase），相位反映了音频信号的来源；以及一定的波形（Wave Form），通过具体的波形形状可以反映音频信号的音色。

从人与计算机交互的角度来看音频信号相应的处理有以下几种方式。

1. 计算机产生音频信号，即音频信号的获取

计算机产生音频信号的主要方式有对外部输入声源进行录制和创作 MIDI 音乐。

前面已提到，由于音频信号是一种连续变化的模拟信号，而计算机只能处理和记录二进制的数字信号。因此，音频信号必须经过数字化处理后才能送到计算机进行编辑和存储。完成这一工作的多媒体部件是声卡。声音先由麦克风转换为模拟电信号，如图 7-11 所示，然后声卡的模数转换电路将模拟电信号转换为数字信号，如图 7-12 所示，以适当的文件格式存在硬盘上。

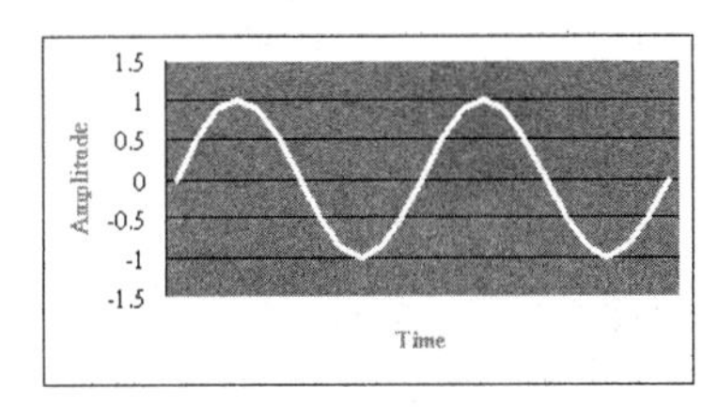

图 7-11　模拟信号

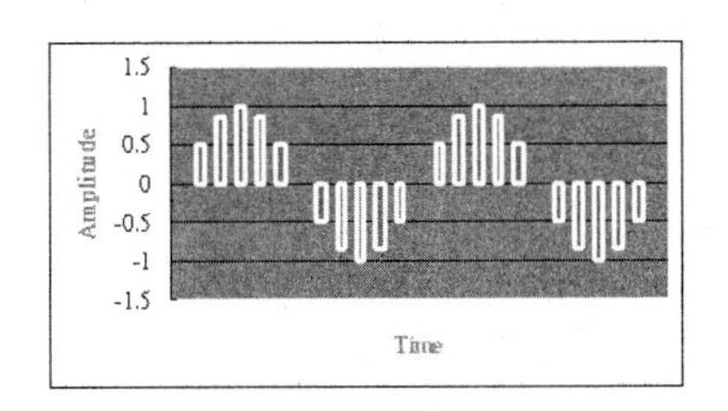

图 7-12　数字信号

在上述数字化过程中，最重要的两个方面是采样和量化，相应地，数字化音频的质量取决于采样频率和量化位数这两个重要参数。采样是每隔一段时间读一次声音信号的幅度，典型的采样频率有 47.1kHz、22.05kHz 和 11.025kHz；量化是把采样得到的声音信号幅度转换为数字值，常用的有 8 位、12 位和 16 位。一般来说，采样频率越高声音失真越小，但用于存储音频的数据量也越大；同样，量化位数越高音质越好，但数据量也越大。

MIDI 音频是计算机产生声音(特别是音乐)的另一种方式。数字音频实际上是一种数字式录音/重放的过程，即使压缩后也需要很大的数据量。而 MIDI 并不对声音进行采样，它是电子乐器的符号语言，由世界上电子乐器制造厂商建立了一个数字音乐的国际标准，根据这一标准，乐谱由说明音乐信息的一系列音乐符号来记录和解释，例如音符序列、节拍速度、音量大小等。因此可以认为 MIDI 音乐是符号化的音乐。可以通过两种方式创作 MIDI 音乐：一是以 MIDI 硬件设备进行创作，如通过专用的 MIDI 键盘或电子乐器，连接到多媒体个人计算机的声卡上，采集演奏的 MIDI 信息，形成 MIDI 文件；二是以 MIDI 软件进行创作，通过专门的 MIDI 音序器软件在多媒体个人计算机创作 MIDI 音乐。

2. 计算机输出音频

计算机输出音频即是对声音的重放，这一过程是获取音频信号的逆过程。对于数字音频要经过数模转换，还原为模拟信号，如果是压缩格式，还要由相应的播放软件进行解码，经混音器混合，功率放大电路放大后输出到扬声器(或作为音源输出到其他放大设备)；对于 MIDI 文件，则需要声卡解释其中的音乐符号，然后进行音乐合成，最后通过扬声器播放出来。

3. 音频信息的网络传输

人们利用计算机通过网络与异地的人进行语音或视频通信，即多媒体信息的网络传输问题。在这一过程中，计算机作为多媒体终端，而网络作为多媒体信息的传输介质。考虑一个 QQ 语音聊天的过程：在发送方，计算机将人的语音转换为数字信号，压缩后经过网络传输到对方的计算机；对方计算机收到后进行解压缩，然后还原为模拟信号，通过扬声器播放出来，接收方就听到了对方的声音。整个过程可以表述为“人→计算机→网络→计算机→人”。

7.3.2 常见音频文件格式

在多媒体计算机中，音频文件是数字音频在硬盘或其他存储设备中的存放形式，相同的内容可以有不同的文件格式，不同的文件格式之间可以相互转换。常见的音频文件格式有 WAVE 波形文件，MIDI 音乐数字文件格式，微软的 WMA 格式，RealNetworks 公司的 RealAudio 格式以及目前非常流行的 MP3 音乐文件格式等。

1. WAVE 文件格式

波形文件是 Windows 所使用的标准数字音频文件，文件的扩展名是. wav，它记录了对实际声音进行采样的数据。WAVE 文件易于生成和编辑，在适当的硬件及计算机控制下，使用波形文件能够重现各种声音，但在保证一定音质的前提下压缩比不够，导致它产生的文件太大，不适合长时间记录，也不适合在网络上播放。

2. MIDI 文件格式

MIDI 文件的扩展名是. mid，前面已提到，MIDI 文件记录的不是声音本身，因此它比较节省空间，适合网络播放。与波形文件相比，MIDI 文件要小得多。例如，同样半小时的立体声音乐，MIDI 文件只有 200KB 左右，而波形文件则要差不多 300MB。但 MIDI 格式文件缺乏重现真实自然声音的能力，因此不适合需要语音的场合，主要用于原始乐器作品，流行歌曲的业余表演，游戏音轨以及电子贺卡等。另外，MIDI 只能记录标准所规定的有限几种乐器的组合，并且受声卡上芯片性能的限制难以产生真实的音乐效果。

3. MP3 文件格式

MP3 文件广泛用于计算机及数字产品的音乐播放，音质可与 CD 媲美。以. mp3 为后缀名。

MP3 全称为 MPEG Audio Layer 3，即 MPEG(Motion Picture Expert Group，运动图像专家小组)所制定的音频三层压缩标准，将音频信息用 10∶1 甚至 12∶1 的压缩率进行压缩，变成容量较小的文件。例如，1min 的 CD 音质的 WAV 文件约需 10MB，而 MP3 文件只有 1MB 左右。虽然 MP3 对原始信号进行了高压缩比处理，但因为去除的大多是一些无关紧要的信号，因此单纯从听感上说，MP3 压缩对音质的影响很小。现在，除了传统的 CD 音乐碟以外，还可以买到制作精良的 MP3 音乐碟。但最吸引人的还是 MP3 制作和交流上的方便。只要有一台计算机，就可将 CD 节目录入计算机硬盘，然后压制成 MP3 格式。也可直接从 Internet 网上下载 MP3 音乐，然后在专门的 MP3 随身听中播放。良好的音质和丰富的节目源使 MP3 成为最佳的大众音乐媒体。

4. WMA 文件格式

WMA(Windows Media Audio)格式是微软公司开发的一种高压缩率、适合网络播放的音频文件格式。WMA 格式的一个优点就是内置了版权保护技术，可以限制播放时间和播放次数甚至于播放的机器，等等。这对保护知识产权起到了积极作用。另外，WMA 还支持音频流(Stream)技术，适合在网络上在线播放。更方便的是不用像 MP3 那样需要安装额外的播放器，因为 Windows 操作系统捆绑了 Windows Media Player，只要安装了 Windows 操作系统就可以直接播放 WMA 音乐。

5. RealAudio 文件——RA/RM/RAM

RealAudio 文件是 RealNetworks 公司开发的一种新型流式音频(Streaming Audio)文件格式,也是一种具有较高压缩比的音频文件,它包含在 RealNetworks 公司所制定的音频、视频压缩规范 RealMedia 中,主要用于在低速率的广域网(例如 Internet)上实时传输音频信息,是目前在线收听网络音乐最好的一种格式,同时网络连接速率不同,客户端所获得的声音质量也不尽相同。

7.3.3 音频信号的获取

计算机产生音频最方便的方式就是以传声器(俗称麦克风或话筒)为音源进行声音录制,Windows 操作系统自带了一个录音程序——录音机。除此之外,可以从收音机、CD 唱机上输入音频信号到计算机进行录制,也可以利用音频编辑软件对存储在硬盘、网络或光盘上的音频素材进行编辑。

Windows 自带的录音机简单易用,具有一定的音频编辑功能,生成的文件默认是 WAV 文件,但是它的录音长度只有 60s,编辑功能简单。可以使用许多功能强大的音频处理软件进行专业的高质量的处理,例如 Cool Edit Pro,它是一款多轨录(混)音软件,集录音、混音、编辑、播放于一体。

1. 录制准备工作

在录制前首先必须确保传声器插头正确连接到了声卡的 MIC 插孔,如图 7-13 所示。

标有 MIC 字样的插孔是连接传声器的插孔,由于它采集的是来自传声器的电信号,所以灵敏度很高。标有 LINE-OUT、PHONE 或 EAR 字样的插孔是连接耳机或外接有源音箱的插孔,标有 LINE-IN 字样的插孔是连接外部线路输入的插孔。由于采集的是来自其他音源的信号,所以灵敏度比 MIC 低。

图 7-13　声卡插孔

在进行声音属性设置时,可通过"开始"菜单打开"控制面板",在打开的"控制面板"窗口右上角选择小图标,然后在窗口内单击"声音"图标,打开如图 7-14 所示的"声音"对话框,选中"扬声器"选项,可以调试声音效果属性。

在"声音"对话框中选择"录制"选项卡,在其中可选择录音的首选设备,如图 7-15 所示。

在"录制"选项卡中选中"麦克风"图标,在弹出的"麦克风属性"对话框中可对麦克风的强度进行调试,打开如图 7-16 所示。

在"录制"选项卡中可以选择麦克风,但是音质较差。音质受到噪声和回声的影响,可通过在"麦克风属性"对话框的"麦克风声效"选项卡中勾选"回声消除"和"噪声压制"复选框进行设置,如图 7-17 所示。

图 7-14 “播放”选项卡

图 7-15 “录制”选项卡

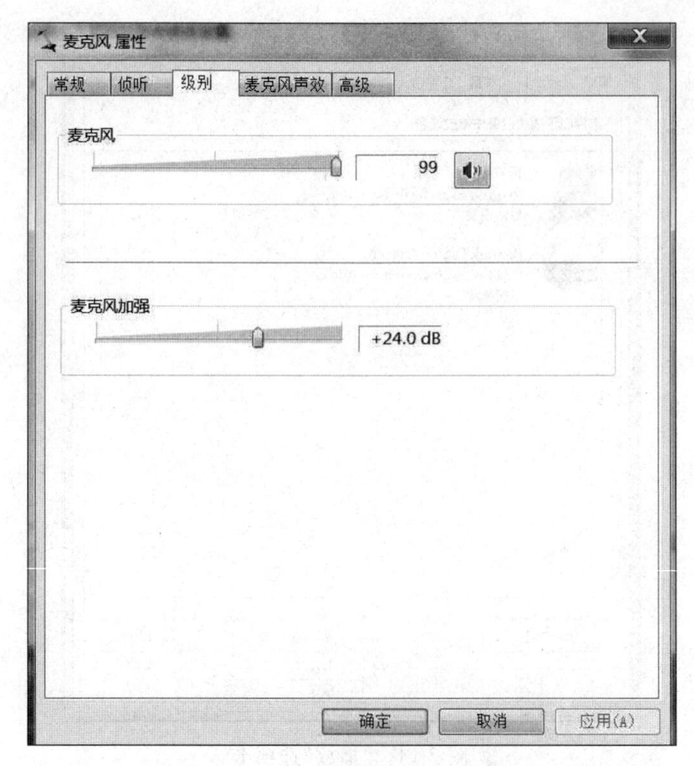

图 7-16 “麦克风属性”对话框

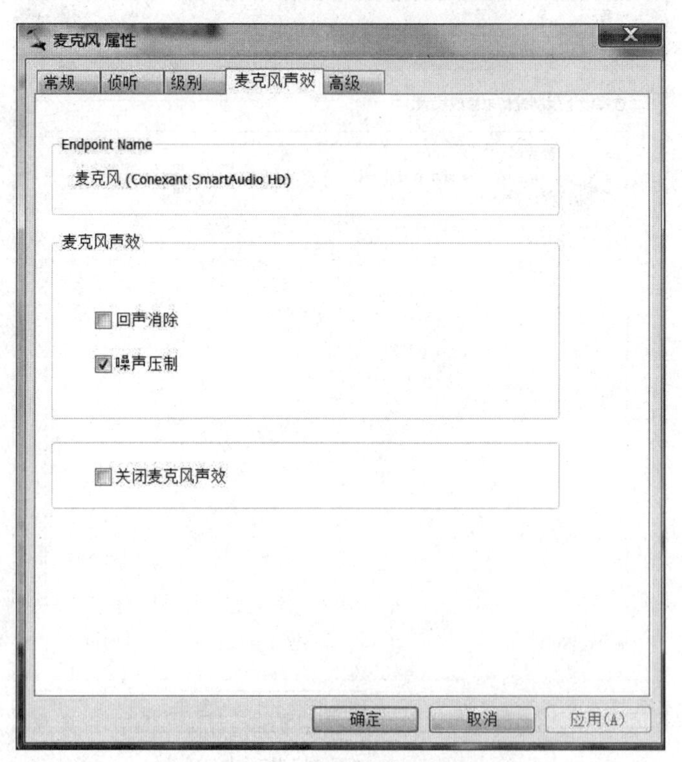

图 7-17 “麦克风声效”设置

2. 录音

在“开始”菜单中选择“程序”|“附件”选项，打开“录音机”，如图 7-18 所示。

单击窗口中的“开始录制”按钮，即可开始录音，单击“暂停”按钮进行暂停，再次单击“录音”按钮，可继续录音。单击“播放”按钮可回放刚才所录的声音。

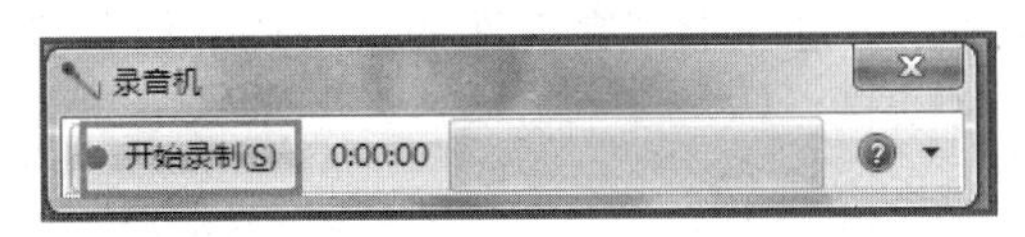

图 7-18 “录音机”窗口

3. 保存

选择“文件”|“保存”或“另存为”菜单项，可将所录的声音信号以 WAV 格式进行保存。

4. 编辑

打开一个 WAV 文件后，首先选择编辑点，将滑块移到要编辑的位置。然后利用“编辑”菜单下“删除当前位置以前的内容”和“删除当前位置以后的内容”选项完成简单的声音编辑，或利用“插入文件”选项在当前位置插入一个声音文件。打开“效果”菜单，可选择各种效果。例如音量的放大、降低。放音速度的加速、减慢。特殊效果的添加回音、倒放、淡入淡出等。

7.3.4 音频文件播放软件——Windows Media Player

虽然音频文件格式众多，但是目前流行的 Real One Player、Winamp、Windows Media Player、超级音频解霸等音频文件播放器都可以播放多种音频文件格式。其中 Windows Media Player 是美国微软公司开发的一款免费的音视频播放器，不用单独安装，因为 Windows 操作系统捆绑了，只要安装了 Windows 操作系统就可以使用这款播放器。下面介绍 Windows Media Player 的使用。

1. 软件介绍

Windows Media Player 通常简称为 WMP，是 Windows 操作系统中一个内置软件，也可以从网络下载。

该软件可以播放 MP3、WMA、WAV 等格式的文件，对于 RM 文件默认为不支持，在 Windows Media Player 8 以后的版本，如果安装了 RealPlayer 相关的解码器，也可以播放。视频方面可以播放 AVI、WMV、MPEG-1、MPEG-2、DVD 等格式的文件。用户可以自定义媒体数据库收藏媒体文件。Windows Media Player 支持播放列表，支持从 CD 抓取音轨复制到硬盘，支持刻录 CD，支持安装外部插件增强功能。Windows Media Player 9 以后的版本甚至支持与便携式音乐设备同步音乐，集成了 Windows Media 的在线服务。Windows Media Player 10 集成了纯商业的联机商店商业服务，支持图形界面更换，支持 MMS 与 RTSP 的流媒体，内部集成了 Windows Media 的专辑数据库，如果用户播放的音频文件与网站上面的数据一致，可以看到专辑消息。

2. 界面介绍

Windows Media Player 10 软件的界面如图 7-19 所示，Media Player 常用的几大功能都作为选项卡列在界面的菜单栏下面，可以进行快速访问。

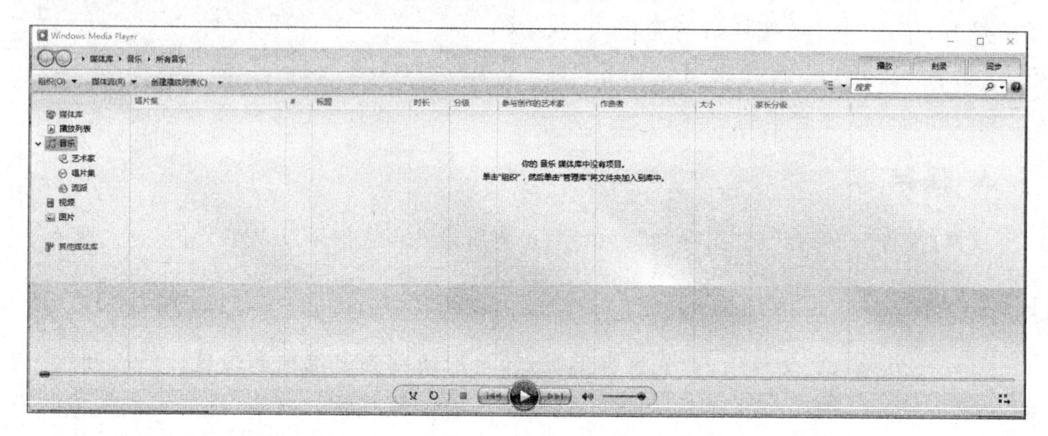

图 7-19　Windows Media Player 软件界面

(1) “组织”按钮：里边包含管理媒体库、应用媒体信息更改、布局以及其他选项。

(2) “媒体流”按钮：用于组织计算机上的数字媒体文件以及指向 Internet 上内容的链接地址，也可以创建一个播放列表，让其包含喜爱的音频和视频内容。

(3) “创建播放列表”按钮：可以自动创建或者自定义创建播放列表。

(4) “播放”按钮：观看视频、可视化效果或有关正在播放的内容的信息。快速选择要播放的 CD、DVD、VCD、唱片集、艺术家、流派或播放列表。

(5) “刻录”按钮：将计算机上存储的曲目刻录到 CD 上。

(6) “同步”按钮：将计算机中的音乐、视频和录制的电视节目同步到便携式数字音频播放机、Pocket PC 和便携媒体中心等便携设备中。

3. 功能介绍

(1) 媒体库导航。Windows Media Player 可让用户更加轻松地组织音乐，找到创新的查看和浏览方法。它为音乐提供了专门的媒体分类视图，导航窗格也会显示一个风格更加简约的列表，其中包括艺术家、唱片集、歌曲、流派、年份和分级信息。可以将音乐收藏的外观自定义为自己喜欢的方式，方法是右击“导航”窗格中的“媒体库”，然后选择“显示更多视图”选项，如图 7-20 所示。

(2) 即时搜索。能对庞大的媒体库进行快捷操作的确很棒，但是如果只记得歌曲标题的一部分或要直接跳到正在查找的音乐，该执行什么操作？“即时搜索”提供了史无前例的搜索功能，简化了访问数字收藏的方式。只需键入曲目、唱片集、艺术家或关键字，甚至只需键入名称的一部分，“即时搜索”就可以执行相应的搜索。每次击键都会产生结果，它不仅随着键入内容而逐渐缩小选择范围，而且还可提供闪电般的响应速度，而不管媒体库的大小如何，如图 7-21 所示。

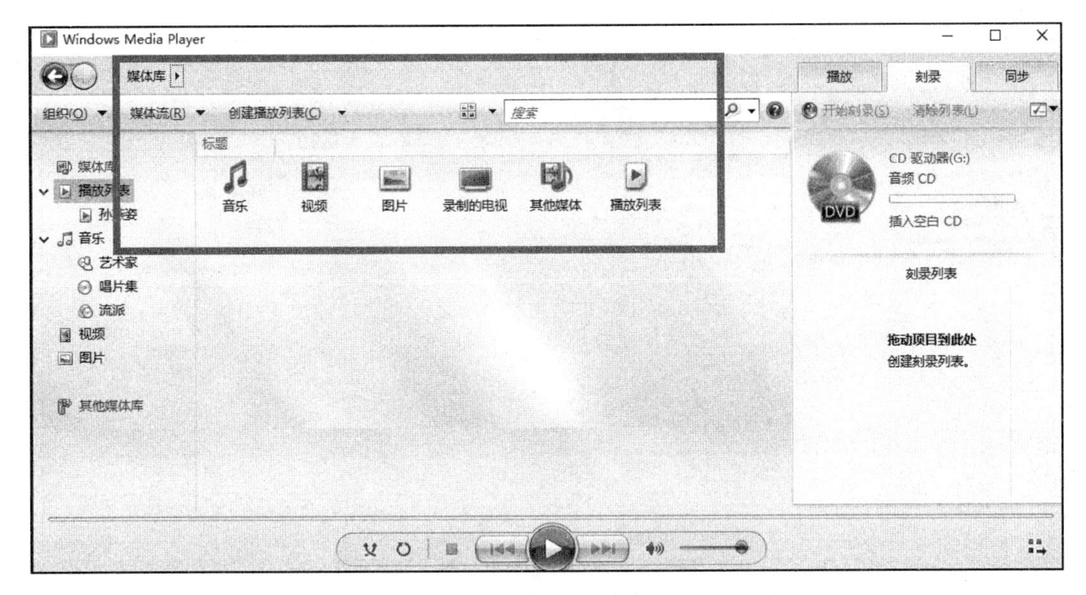

图 7-20　媒体库界面

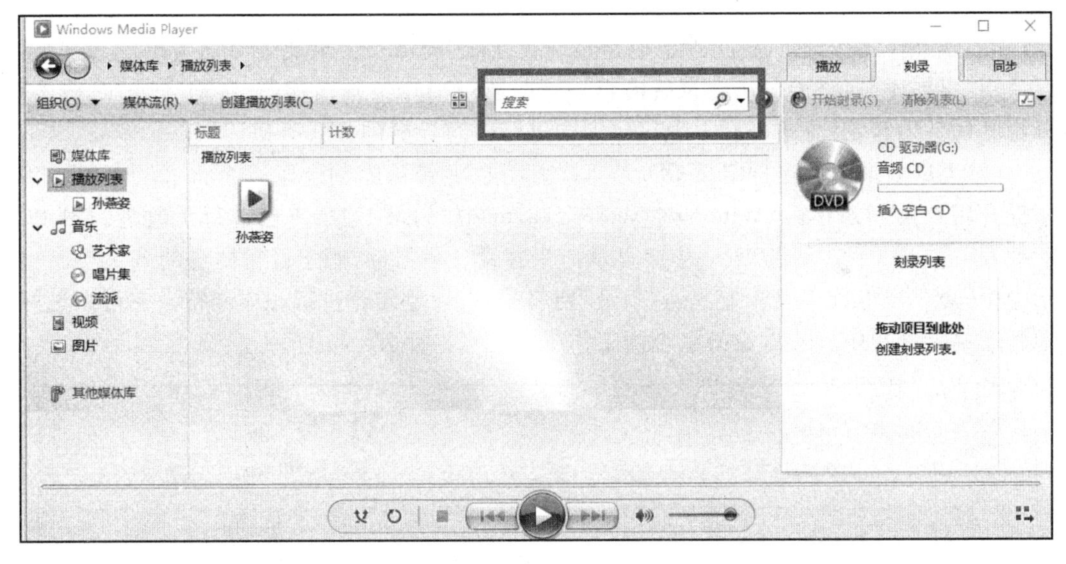

图 7-21　即时搜索界面

(3) 播放列表。仍然可以通过将歌曲、唱片集或整个音乐流派拖动到播放机右侧的“列表”窗格中，轻松创建播放列表；但是，“导航”窗格和“列表”窗格中还提供一些用于保存和创建播放列表的便捷访问按钮。单击“导航”窗格中的“创建播放列表”按钮，即可创建播放列表。“列表”窗格中简单的保存和命名功能，可以直观、简便的方式创建播放列表。也可以使用“无序播放列表”功能，在播放过程中创建新的动态播放列表。使用该功能时，只需单击相应按钮，即可针对喜爱的曲目创建新的播放列表。单击“无序播放列表”按钮，Windows Media Player 会按照分级由高到低的顺序生成动态曲目列表。该按钮每单击一次，就会生成一个全新的曲目列表，如图 7-22 所示。

图 7-22　播放列表界面

(4) 浏览设备内容。连接设备后，左侧的“导航”窗格中会出现一个设备结点，此时可以使用“媒体库”窗格浏览所有设备内容。可以使用唱片集画面视图、滚动和“即时搜索”来浏览设备内容，其方式与在本地媒体库中进行内容导航的方式类似。

(5) CD 刻录。创建自定义 CD 为拥有大型数字音乐库创造了一个很好的条件。为了提升用户的刻录体验，Windows Media Player 中“刻录”选项卡已进行了改进。当 PC 中插入空白 CD 后，“刻录”列表中会显示一个容量计量器(与用于设备同步的剩余空间指示器相同)。当将数字媒体拖放到“刻录”列表中时，计量器会进行相应调整。它可以更好地管理将大量音乐放入自定义组合的工作，如图 7-23 所示。

图 7-23　刻录界面

7.4 图形图像处理技术

图形图像媒体所包含的信息具有直观、易于理解、信息量大等特点，是多媒体应用系统中最常用的媒体形式。图形图像不仅用于界面美化，还用于信息表达，在某些场合图形图像媒体可以表达文字、声音等媒体所无法表达的含义。

7.4.1 基本知识

在计算机中记录和处理图形图像有两大类格式：矢量图(Vector)和位图(Bitmap)。图 7-24、图 7-25 分别是一幅位图和一幅矢量图。

图 7-24 位图

图 7-25 矢量图

1. 位图图像

位图图像，也称为点阵图像，是由称作像素(Pixel，Picture Elements)的单个点组成。这些点进行不同的排列和染色就构成了各种图像。当放大位图时，由于并未增加像素，所以图像就会变得模糊。

(1) 像素。像素是位图图像的基本构成元素。在位图中，每一个小"方块"中被填充成颜色时，它就能表达出图像信息，每一个小"方块"称为一个像素。

(2) 颜色深度。每个像素都要携带颜色信息，颜色的多少决定图像的质量高低。

计算机中，一切信息都是数字化的，表示颜色也不例外。在一幅图像中，每一个像素的颜色，在计算机里总是用若干个二进制位来记录的。表示每个像素的颜色时所使用的"位"数越多，则所能表达的颜色数目越多。在一个计算机系统中，表示一幅图像的一个像素的颜色所使用的二进制位数叫做颜色深度。

从色彩方面来讲，图像可以分为黑白图、灰度图、彩色图。

例如，一个位图，它的像素只有两种颜色，即黑色和白色，因此，只需要用 1 位二进制编码来表示颜色深度，"0"和"1"两种状态可以用来分别表示纯白、纯黑两种颜色。这种图就是黑白图(Monochrome Images)。

灰度图(Gayscale Images)是按照灰度等级的数目来划分的一种位图。在灰度图中，像素颜色是灰度色。一般将灰度级划分为 256 级，即用 8 位(bit，b)来表示灰度。在计算机中，8 比特等于 1B(Byte，字节)。

彩色图(Color Image)。如果一幅图的每个像素用 8 位来记录颜色的话,则总共可以表示 256 种颜色。如果用 24 位来记录颜色的话,则总共可以表示的颜色数可以达到 2^{24},即 16 777 216 种颜色,一般称为真彩。另外,32 位真彩是在 24 位真彩的基础上增加了一个 8 位 Alpha 通道。

图 7-26 所示的 3 幅图分别是黑白图、灰度图、彩色图。

图 7-26　黑白图、灰度图、彩色图

(3) 位图图像的宽高比。位图的宽高比是以宽度和高度中的像素数目作度量的,例如:800×600、1024×768 等。像素是计算机用来记录颜色的一个单位,它没有实际的物理大小,只有被输出到打印机、显示器等实际的物理设备时,才具有特定的大小,所以一幅图像的长宽比例也不能决定图像的实际物理尺寸。比如一幅图像的宽高比为 640×480,但这并不代表它的实际尺寸,因为还要涉及一个特定的分辨率。

(4) 图像分辨率。为了能知道一个位图的实际大小,一般是记录位图图像的分辨率。所谓分辨率是指在给定单位长度上的像素数目,通常使用每英寸这个单位。按照这个定义,位图文件的分辨率就应该是像素/英寸[①](Pixel per Inch,PPI)。如果有一个 100×100 的位图,分辨率为 100 PPI,那么该图的尺寸为 $1in^2$;若分辨率为 50 PPI,则该图的尺寸为 $4in^2$。

(5) 位图的特点。位图图像具有真实感强、可以进行像素编辑,但文件较大、分辨率有限等特点。

2. 矢量图形

与位图用反映真实世界的像素来构成图像不同,矢量图使用点、线、矩形、多边形、圆和弧线等元素来描述图形,而这些图形的元素都是通过数学公式计算获得的。例如同样是在屏幕上画一个圆,位图必须要描述和存储组成图像的每一个点的位置和颜色信息,矢量图的描述则非常简单,例如圆心坐标(120,120),半径为 60。所以矢量图形文件体积一般较小。

通过软件可以将矢量图形转换为屏幕上所显示的形状和颜色,这些生成图形的软件通常称为绘图程序。图形中的曲线是由短的直线逼近的(插补),封闭曲线还可以填充着色。通过图形处理软件,可以方便地将图形放大、缩小、移动和旋转等。并且放大后不失真,而位图由点像素组成,放大后会发现一个个的方格,类似于马赛克效果。图形主要用

---

① 1in=25.4mm

于表示线框型的图画、工程制图、美术字体等。绝大多数计算机辅助设计软件(CAD)和三维造型软件都使用矢量图形作为基本图形存储格式。

计算机常用的矢量图形文件有.3ds(3D造型)、.dxf(CAD)、.wmf(桌面出版)等。常用的矢量图绘制软件有Autodesk公司的AutoCAD、Adobe公司的Illustrator、Corel公司的CorelDRAW等。图7-27为一幅典型的矢量图。

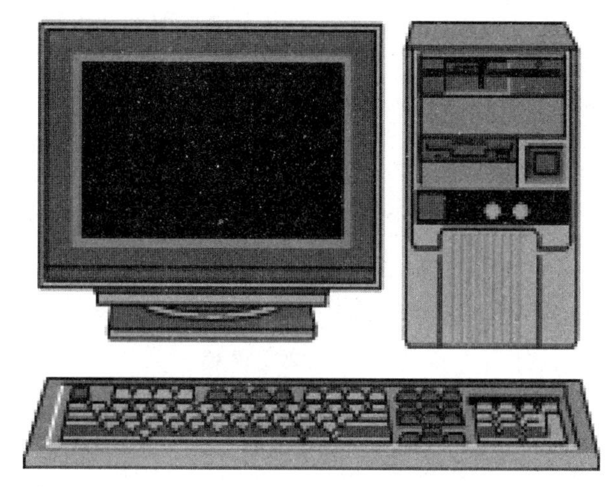

图7-27 典型矢量图

与位图相比,矢量图形具有以下特点:矢量图形无论放大、缩小或旋转等不会失真,具有高度的可编辑性,能够表示三维物体并生成不同的视图,而在位图图像中,三维信息已经丢失,难以生成不同的视图,并且矢量图形文件尺寸很小;但矢量图缺乏真实感,难以表现色彩层次丰富的逼真图像效果。

7.4.2 常见图形图像文件格式

研发图形图像软件的软件厂商众多,由于在存储方式、存储技术及发展观点上的差异,因而也就导致了图像文件格式众多,下面介绍一些常见的图形图像文件格式。

1. BMP格式

BMP格式是标准的Windows和OS/2操作系统的基本位图格式,几乎所有在Windows环境下运行的图形图像处理软件都支持这一格式。由于作为图像资源使用的BMP文件是不压缩的,因此,BMP文件占磁盘空间较大。BMP文件格式支持从黑白图像到24位真彩色图像。

2. JPG格式

JPG格式是由联合图像专家组(JPEG)制定的压缩标准产生的压缩图像文件格式。JPG格式文件压缩比可调,可以达到很高的压缩比,文件占磁盘空间较小,适用人物肖像或表现风景的图片,是Internet上支持的主要图像文件格式之一。JPG支持灰度图,RGB

真彩色图像和 CMYK 真彩色图像。

3. GIF 格式

GIF(Graphics Interchange Format,图形交换文件格式)格式是由 Comouseve 公司开发的。各种平台都支持 GIF 格式图像文件。GIF 采用 LEW 格式压缩,压缩比较高,文件容量小,便于存储和传输,因此适合在不同的平台上进行图像文件的传播和互换。GIF 文件格式支持黑白、16 色和 256 色图像,支持动画,支持透明,但 GIF 不支持真彩。和 JPG 格式一样,也是 Internet 上支持的主要图像文件格式之一。

4. TIF 格式

TIF(Tagged Image File Format)格式是由原 Aldus 公司(已经并入 Adobe 公司)与 Microsoft 公司合作开发的,最初用于扫描仪和平面出版业,是工业标准格式。TIF 格式分为压缩和非压缩两大类,其中非压缩格式由于兼容性极佳,压缩存储有较大的余地,所以是众多图形图像处理软件所支持的主要图像文件格式。PC 和 Macintosh 平台同时支持该格式,所以 TIF 是两种平台之间进行图像互换的主要格式。

5. PCD 格式

PCD 格式是美国 Kodak 公司开发的电子照片文件存储格式,是 Photo CD 专用格式。Photo CD 应用广泛,是计算机图形图像的主要来源之一。很多图形图像处理软件都可以读取 PCD 格式文件,并且可以转换为其他格式,但是这些软件无法存储 PCD 格式。

上面所述的只是几种流行的通用的图像文件格式,另外,各种图形图像处理软件大都有自己的专用格式,如 AutoCAD 的 DXF 格式、CorelDRAW 的 CDR 格式、Photoshop 的 PSD 格式等。

7.4.3 图形图像素材的获取

对于图形图像素材的收集整理是一个相当重要的工作。在制作多媒体系统时,视觉(图形图像)媒体主要是以各种格式的图形图像文件形式输入到多媒体作品中。获得这些图形图像文件有两种办法,一种是用图形绘制软件进行创作,这种方式要求制作者有一定的艺术造诣;另一种就是利用各种方法收集原始图像,然后使用图像处理软件进行加工处理。

1. 从外部图像源输入

从外部图像源输入计算机的主要方法有:使用扫描仪输入图像、利用数字照相机采集数字照片、使用图形图片素材库光盘等。

2. 从屏幕上捕捉图像

使用键盘捕捉是最简单的一种方式。按键盘上的 PrintScreen 键,就可以将当前屏幕完全捕捉下来;使用 Alt+PrintScreen 键就可以把当前活动窗口捕捉下来。捕捉后打开某个绘图软件新建一个文件或打开某个图像文件，使用“粘贴”命令即可把捕捉的图像复制并存储下来，但视频图像不能用这个方法捕捉。

使用软件捕捉可以更加精确和随意地捕捉屏幕图像。常用的软件有 Hyper Snap-DX 5。这款软件不但能方便地捕捉屏幕任何部位的图像，而且可利用放大的方法使图像的捕捉更加精确，同时还能在软件中进行简单的编辑。另外很多软件有屏幕捕捉功能，如常用的聊天工具 QQ 就带有抓图功能，可以用 Ctrl＋Alt＋A 键；图像管理软件 ACDSee 也有抓图功能。

3. 利用绘图软件绘制图片

计算机图形绘制和图像处理这两类软件大都既可以处理位图图像，又可以手工绘制图形，只是它们的侧重点不同。例如，Windows 操作系统附带的“画图”工具是一个简单图像处理软件，它也包含了基本的绘制功能，可以绘制一些简单的几何形状。拥有可以选择的多种绘制工具，有可以选择颜色的调色板，可以对图形图像进行裁剪、粘贴、翻转、拉伸等简单的编辑处理功能，而这些功能都是所有图像处理软件所必备的。

7.4.4 图形图像处理软件

在图形绘制软件中，常用的有 CorelDRAW、Micromedia Freehand、Adobe Illustrator 等软件。在图像处理软件中，常用的有 Adobe Photoshop、Corel Photo Paint、Ulead PhotoImpact、Paint Shop 等软件。

1. CorelDRAW 简介

在计算机图形绘制排版软件中，CorelDRAW 是我们首先考虑的产品。CorelDRAW 是最早运行于 PC 上的图形绘制软件，从 1989 年首次发布以来，目前软件本已经升级到 12。它是绘制矢量图的高手，功能强大且应用广泛，几乎涵盖了所有的计算机图形应用，在制作报版、宣传画册、网页、广告 POP，以及绘制图标、商标等计算机图形设计领域中占有重要的地位。

2. Photoshop 简介

Photoshop 是由美国 Adobe 公司于 1990 年首次发布的一个功能强大的图像处理软件，目前的软件版本是 9(即 CS2)。Photoshop 是优秀的图像处理软件，一直占据着图像处理软件的领袖地位，是平面设计、建筑装修设计、三维动画制作及网页设计的必备软件。从应用功能上看，Photoshop 可分为图像编辑、图像合成、图像色彩调校及特效制作几部分。

图像编辑是图像处理的基础，可以对图像做各种变换，例如放大、缩小、旋转、倾斜、镜像、透视等；也可进行复制、去除斑点、修补、修饰图像的残损等。图像合成则是将几幅图像通过图层操作合成完整的、具有明确意义的图像，这是平面设计中经常使用的方法。Photoshop 提供的绘图工具可以让外部插入图像与创意很好地融合，确保图像的合成天衣无缝。颜色调校是 Photoshop 中最常用的功能之一，可方便快捷地对图像进行亮度、对比、色相、色阶和饱和度等的调整和校正,可以对不同的颜色模式进行转换,以满足图像在网页设计、印刷、多媒体应用系统等不同领域的应用。特效制作在Photoshop中主要由滤镜、通道及工具综合应用完成。包括图像的特效创意和特效字的制作,如油画、浮雕、石膏画、素描等常用的传统美术技巧都可由Photoshop特效制作完成。各种特效的制作更是众多设计人员热衷于应用Photoshop的原因。

3. Adobe Illustrator 简介

Illustrator是Adobe公司推出的出版、多媒体和在线图像的工业标准矢量插画软件。适用于生产印刷出版线稿的设计者和专业插画家、生产多媒体图像的艺术家、互联网页或在线内容的制作者。该软件为线稿提供极高的精度和控制,适合生产任何小型设计到大型的复杂项目。

Illustrator具有以下特点。

(1) 方便的绘图工具:提供许多全新的设计工具方便美术设计师使用。在工具板上就可以方便地找到图案复制、光影绘画、不规则图形制作、修改图形边缘、网页图片切割(Slice Tools)等新工具。通过利用这些工具,可以很快绘画出一些比较复杂的图形。用户还可利用格线功能作更完善的对位处理。

(2) 加强点阵图处理:加强了对点阵图的处理功能,除了可利用变形工具把任何点阵图随意变形外,还可把整个图片作为Illustrator内的Symbol笔刷,即时通过复制工具,在画面上使用相同的图片,制作更精彩的美术设计。

(3) 网上常用矢量图形导出功能。

(4) SVG/SVGZ:全面支持SVG格式的输出,导出后可以直接用浏览器观看。

(5) 支持Flash格式:可以直接导出SWF格式。

7.5 多媒体制作软件

1. Authorware 简介

Authorware是一个基于流程图标的交互式多媒体制作软件。该软件可以使用文字、图片、动画、声音和数字电影等信息来创作交互式应用程序,具有如下特点。

(1) 面向对象的流程线设计。用Authorware制作多媒体应用程序,只需在窗口中按一定的顺序组合图标,不需要冗长的程序行,程序的结构紧凑,逻辑性强,便于组织管理。

(2) 丰富、便捷的动画管理和数字影像集成功能。Authorware拥有移动图标来设定物体的运动轨迹,共有5种不同的运动方式,结合不同的对象可制作成多种运动效果。

(3) 灵活的交互方式。Authorware提供了十余种交互方式供开发者选择,以适应不同的需要。

(4) 提供逻辑结构管理和模块与数据库功能。Authorware虽没有完整的编程语言,但同其他编程语言一样,Authorware提供了控制程序运行的逻辑结构(条件、分支、循环等)来实现应用程序的流程。主要用的是基于图标控制的流程线方式,并辅以函数和变量,完成所需的控制。

(5) 可脱离开发环境独立运行。制作多媒体应用程序可以脱离制作环境而独立安装运行于 Windows 下,减小平台依赖性,便于使用和推广。

2. 动画制作软件 Flash 简介

Flash 是矢量图形编辑和动画制作专业软件,主要用于网页设计和多媒体创作等领域,功能十分强大。用它制作的动画格式有两种:FLA 和 SWF 格式。FLA 格式是源程序格式,程序描述层、库、时间轴和舞台场景等,制作人员可以对描述对象进行多种编辑和加工。SWF 格式是文件打包后的格式,该格式的动画用于在网络上演播,不能修改。

Flash 动画有 3 种类型:逐帧动画、运动模式渐变动画和形状渐变动画。在 Flash 软件中,制作动画主要是对帧进行处理。对帧的处理在时间轴窗口中进行,该窗口中的时间刻度和数字表示帧号,数字下方的每一个方格则表示每一帧。在时间轴窗口的底部,有控制播放的按钮和显示信息(显示当前帧、帧速率和时间)。

Flash 制作动画的另一个关键就是层。层的概念与其他图形图像处理软件(如 Photoshop)中的图层概念相似。把一个层想象为一张透明纸,在一个层上进行的任何操作不会影响到其他层。通过层可以组合出复杂的动画,丰富动画的表现力和降低制作动画的难度。

3. 3ds max 简介

目前世界上应用最广泛的三维建模、动画、渲染软件,完全满足制作高质量动画、最新游戏、设计效果等领域的需要。3ds max 主要特点如下。

(1) 真实。可以制作非常真实的影片,交互式环境或者进行建筑设计。提供了两种全局光照系统并且都带有曝光量控制,光度控制灯光,以及新的着色方式来控制真实的渲染表现。拥有的 Direct 3D 工作流程(可以使用 DirectX 9),允许增加实时硬件着色。并且可以非常容易地将制作通过贴图渲染和法线渲染,光线渲染以及支持 Radiosity 的定点色烘焙技术应用到实时环境当中。

(2) 表情。TrackView 已经分解成曲线以及 Dope 编辑器并且拥有方便的旋转控制、绘制动画曲线、软关键帧渲染等功能。增强的功能曲线与设置关键帧功能结合(作为以往的自动关键帧模式的增强)使得动画的设置非常简单。这些动画特性与曲线 IK 系统结合使用就可以制作出非常复杂的动画效果比如尾部冬花,另外蒙皮权重表可以优化控制,而动画融合可以将不同场景中的角色加入进来。

7.6 视频处理技术

视频是多媒体的重要组成部分。在计算机里实现动态视频处理技术,实现了图像图形从静止到动态的过渡。视频和动画具有直观和生动的特点,不是语言和文字的描述能达到的，然而与其他信息相比，动态视频信息复杂、信息量大，对计算机要求高，处理技术也在不断发展中。

7.6.1 基本知识

若干有联系的图像数据按一定的频率连续播放，便形成了动态的视频图像，一般称为视频(Video)。动态视频信息是由多幅图像画面序列构成的，每幅画面称为一帧(Frame)。播放时每幅画面保持一个极短的时间，利用人眼的视觉暂留效应快速更换另一幅画面，连续不断，就产生了连续运动的感觉，电影、电视的动态效果也是利用这一原理实现的。例如我国的电视制式是每秒播放25帧画面。如果把音频信号加进去，就可以实现视频、音频信号的同时播放。

视频图像信号的录入、传输和播放等许多方面继承于电视技术。当计算机对视频信号进行数字化时，就必须要在规定的时间内(例如1/25s或1/30s)完成量化、压缩和存储等多项工作。

前面已经提到图像信号的特点中最重要的是数据量大，而动态图像信号就更加突出。例如，像比较简单的每帧352×240像素点，每个像素点16位的图像，就有1.3Mb，因而每秒播放30帧，就构成高达40Mbps的数据量。因此，对动态图像，就当前技术来说，必须采取必要的数据压缩手段，否则，无论是对动态图像数据的存储还是传送，都将是不现实的。现有实用的视频文件格式都是压缩格式。

MPEG是(Motion Picture Experts Group，运动图像专家组)的缩写，是专门用来处理运动图像的标准。目前，MPEG在计算机和民用电视领域中获得了广泛使用。MPEG压缩算法的核心是处理帧间冗余，以大幅度地压缩数据。

MPEG-1的压缩比高达200∶1，但重建图像的质量充其量与VHS(家用录像机)相当。目前，国内市场上流行的VCD光盘就是MPEG-1的一个代表产品。由于VCD的画面和声音质量都较差，许多专家认为它最终必将被DVD(MPEG-2)淘汰。

MPEG-2压缩是使图像能恢复到广播级质量的编码方法，它的典型产品是高清晰视频光盘DVD、高清晰数字电视HDTV等，目前发展十分迅速，已成为这一领域的主流趋势。

7.6.2 常见视频文件格式

1. 流媒体传输概念

在网络上传输音/视频(A/V)等多媒体信息，目前主要有下载和流式传输两种方式。如果采用下载方式下载一个A/V文件，常常要花数分钟甚至数小时。这主要是由于A/V文件一般都较大，所需的存储容量也较大；再加上网络带宽的限制，所以这种方法延迟很大。流式传输则把声音、影像或动画等时基媒体通过音视频服务器向用户终端连续、实时地传送。采用这种方式时，用户不必等到整个文件全部下载完毕，而只需经过几秒或几十秒的启动延时即可进行播放和观看，此时多媒体文件的剩余部分将在后台从服务器内继续下载，实现了边观看或收听边下载。与下载方式相比，流式传输大大地缩短了启动延迟。

2. ASF 格式

ASF(Advanced Streaming Format)文件是微软公司为了和 RealPlayer 竞争而发展起来的一种可以直接在网上观看视频节目的文件压缩格式。文件扩展名是 ASF。由于它是用 MPEG-4 的压缩算法，所以它的压缩质量如果不考虑文件大小的话，完全可以和 VCD 媲美，比同是视频格式的 *. rm 好很多。用户可以直接使用 Windows 自带的 Windows Media Player 对其进行播放。

3. WMV 格式

WMV 格式的英文全称为 Windows Media Video，文件扩展名是. wmv，也是微软公司推出的一种采用独立编码方式并且可以直接在网上实时观看视频节目的文件压缩格式。

4. RM 格式

RM 格式是 Real Networks 公司所制定的音频视频压缩规范，称为 Real Media，文件扩展名是. rm。用户可以使用 RealPlayer 或 RealOne Player 对符合 RealMedia 技术规范的网络音频或视频资源进行在线播放。RealMedia 可以根据不同的网络传输速率制定出不同的压缩比率，从而实现在低速率的网络上进行影像数据实时传送和播放。

5. RMVB 格式

RMVB 格式则是一种由 RM 视频格式升级延伸出的新视频格式，它的文件扩展名是. rmvb。它可以在图像质量和文件大小之间就达到微妙的平衡。另外，相对于 DVDrip 格式，RMVB 视频也是有着较明显的优势，一部大小为 700MB 左右的 DVD 影片，如果将其转录成同样视听品质的 RMVB 格式，其大小最多也就 400MB 左右。网上绝大多数视频点播都是采用这种格式。要想播放这种视频格式，可以使用 RealOne Player 2.0 或 RealPlayer 8.0 加 RealVideo 9.0 以上版本的解码器形式进行播放。

6. MOV 格式

MOV 格式是美国 Apple 计算机公司开发的一种视频格式，默认的播放器是苹果的 QuickTimePlayer。文件扩展名是. mov。具有较高的压缩比率和较完美的视频清晰度等特点，一般认为 MOV 文件的图像质量较 AVI 格式的要好，但是其最大的特点还是跨平台性，即不仅能支持 MacOS，同样也能支持 Windows 系列。

7. MPG 格式

PC 上的全屏幕活动视频的标准文件为 MPG 格式文件，MPG 文件是使用 MPEG 方法进行压缩的全运动视频图像，在适当的条件下，可于1024×768的分辨率下以24帧每秒、25帧每秒或30帧每秒的速率播放全运动视频图像和同步CD音质的伴音。文件扩展名一般是.mpg。

8. DAT格式

.dat是VCD数据文件的扩展名，也是基于MPEG压缩方法的一种文件格式。

9. AVI格式

AVI(Audio Video Interleaved，音频视频交错格式)于1992年由微软公司推出，随Windows 3.1一起被人们所认识和熟知。所谓"音频视频交错"，就是可以将视频和音频交织在一起进行同步播放。这种视频格式的优点是图像质量好，可以跨多个平台使用，其缺点是体积过于庞大，而且压缩标准不统一。因此，用不同压缩算法生成的AVI文件，必须使用相应的解压缩算法才能播放出来。

7.6.3 视频信号的获取

在计算机中，使用视频采集卡配合视频处理软件，把从摄像机、录像机和电视机这些模拟信息源输入的模拟信号转换成数字视频信号。有的视频采集设备还能对转换后的数字视频信息直接进行压缩处理并转存起来，以利于对其做进一步的编辑和处理。另外也可以利用超级解霸等软件来截取VCD上的视频片段，获得视频素材。

7.6.4 视频文件的播放

由于视频信息数据量庞大，因此，几乎所有的视频信息都以压缩格式存放在磁盘或CD-ROM上，这就要求在播放视频信息时，计算机有足够的处理能力进行动态实时解压缩播放。以前，计算机使用专门的硬件设备如解压缩卡等配合软件播放，随着计算机综合处理能力的提高，计算机已经实现了软件实时解压缩播放视频文件。

目前，常用的视频播放软件有很多，其中著名的有豪杰公司的超级解霸，微软公司的Media Player和Real Networks公司的RealOne Player等。这些视频播放软件界面操作简单、易用，功能强大，支持大多数音视频文件格式。

7.6.5 动画

在这个计算机信息技术发展日新月异的时代，人们对计算机动画已不再感到陌生，从好莱坞的动画电影到平常多媒体课件中的演示动画，大家已逐渐地接受了这种直观生动的媒体形式。它的优点不言而喻，直观、生动、趣味性强，而且不断展现出越来越多的功能和用途。另外，创作动画已经不是专业人员或公司的专利，更多的普通计算机爱好者也加入到自己制作动画的行列，以完成自己神奇的动画梦。

动画(Animation)和视频一样,也是利用人眼的视觉暂留现象,在单位时间内连续播放静态图形,从而产生动的感觉。不过与视频信息不同的是,动画是人为创作的,而视频往往是真实世界的再现。

从动画的表现形式上,动画分为二维动画、三维动画和变形动画。二维动画是指平面的动画表现形式,它运用传统动画的概念,通过平面上物体的运动或变形,来实现动画的过程,具有强烈的表现力和灵活的表现手段。创作平面动画的软件是广为人知的 Flash。

三维动画是指模拟三维立体场景中的动画效果,虽然它也是由一帧帧的画面组成的,但它表现了一个完整的立体世界。通过计算机可以塑造一个三维的模型和场景,而不需要为了表现立体效果而单独设置每一帧画面。创作三维动画的软件有 3ds max、Maya 等。

从动画文件的格式上来说,主要有 Micromedia 公司推出的 SWF(Shock Wave Flash)。它采用矢量图形方法存储动画,使得生成的文件很小,但质量却丝毫不变。Flash 的一个最大的优点是制作简单,发布方便,因而得到了广泛应用。

另外前面提到的 GIF 图像格式,可以同时存储若干幅静止图像并进而形成连续的动画,称为 GIF 动画。目前 Internet 上大量采用的彩色动画图标多为 GIF 格式文件。

习 题 7

1. 为什么要压缩多媒体信息?
2. 说出一个音频信号转换成在计算机中的表示过程。
3. 要把一台普通的计算机变成多媒体计算机需要解决哪些关键技术?
4. 音频卡的主要功能有哪些?
5. 多媒体计算机获取常用的图形、静态图像和动态图像(视频)有哪些方法?
6. 多媒体数据压缩方法根据不同的依据,可分为哪 3 种?
7. 预测编码的基本思想是什么?
8. 在 MPEG 视频压缩中,为了提高压缩比,主要使用了哪两种技术?

第8章

计算机网络基础

本章学习目标：

- 掌握计算机网络的定义、分类和协议的概念，了解计算机网络的发展、功能和体系结构。
- 掌握网络的拓扑结构，了解局域网的硬件和软件组成。
- 了解 Internet 的产生、发展、特点和体系结构，掌握 TCP/IP、IP 地址和域名。
- 了解 Internet 的接入技术，掌握 Internet 的常用服务。

8.1 计算机网络

8.1.1 计算机网络的基础知识

在信息社会里，信息技术代表世界上最新的生产力，信息知识成了社会的重要资源。计算机网络技术是当今信息社会的重要支柱，网络源于计算机与通信技术的结合，始于20世纪50年代，近20年来得到迅猛发展，尤其是以 Internet 为核心的信息高速公路已经成为人们交流信息的重要途径。在未来的信息化社会里，人们必须学会在网络环境下使用计算机，通过网络进行交流、获取信息。

计算机网络经历了一个从简单到复杂的发展过程。计算机网络可定义为，地理上分散的自主计算机通过通信线路和通信设备相互连接起来，在通信协议的控制下，进行信息交换和资源共享或协同工作的计算机系统。计算机网络由通信子网和资源子网构成，如图8-1所示，通信子网负责计算机间的数据通信，也就是数据传输；资源子网是通过通信子网连接在一起的计算机，向网络用户提供可共享的硬件、软件和信息资源。

8.1.2 计算机网络的发展阶段

20世纪50年代，美国建立的半自动地面防空系统(SAGE)使用了总长度约 2.4×10^{10} m 的通信线路，连接了上千台终端，实现了远程集中控制，将远距离的雷达和测控仪

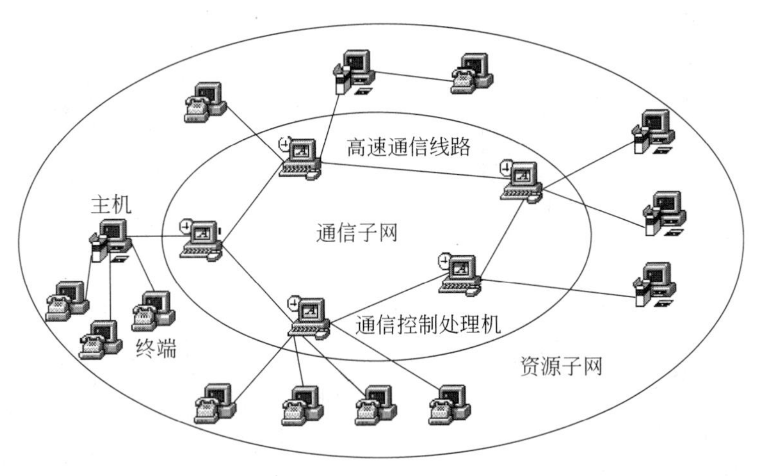

图 8-1　计算机网络组成

器所探测到的信息，通过通信线路汇集到某个基地的一台计算机上进行处理。这种将终端设备（如雷达、测控仪器）、通信线路、计算机连接起来的系统，可以说是计算机网络的雏形。到了 20 世纪 60 年代中期，美国出现了将若干台计算机相互连接的系统，这是系统发生了本质上的变化，成功的典型就是美国国防部高级研究计划署设计开发的 ARPANET，是由美国 4 所大学的 4 台大型计算机采用分组交换技术，通过专门的接口通信处理机和专门的通信线路相互连接的计算机网络，是 Internet 最早的雏形。

概括起来，计算机网络的发展过程可分为 4 个阶段。

1. 以单计算机为中心的联机系统

第一代计算机网络系统是以单个计算机为中心的远程联机系统，如图 8-2 所示。20 世纪 60 年代中期以前，计算机主机价格昂贵，而通信线路和通信设备的价格相对便宜，为了共享主机资源和进行信息的采集及综合处理，由主机通过通信线路连接若干终端设备而构成了远程联机系统，其中终端都不具备自主处理的功能。用户可以在远程终端上输入程序和数据，送到主机进行处理，处理结果通过主机的通信装置，经由通信线路返回给用户终端，因此第一代计算机网络又称为面向终端的计算机网络。

2. 计算机—计算机网络

第二代计算机网络是由多台计算机通过通信线路互联起来，即计算机—计算机网络，如图 8-3 所示。从 20 世纪 60 年代中期到 80 年代中期，随着计算机技术和通信技术的进步，将多个单处理机联机终端互相连接起来，形成了多处理机为中心的网络。利用通信线路将多个计算机连接起来，为用户提供服务。与第一代相比，这一代的多台计算机都具有自主处理能力，它们之间不存在主从关系，能够完成计算机与计算机间的通信。第二代计算机网络才是真正的计算机网络，前面提到的 ARPANET 是这个时代的典型代表。

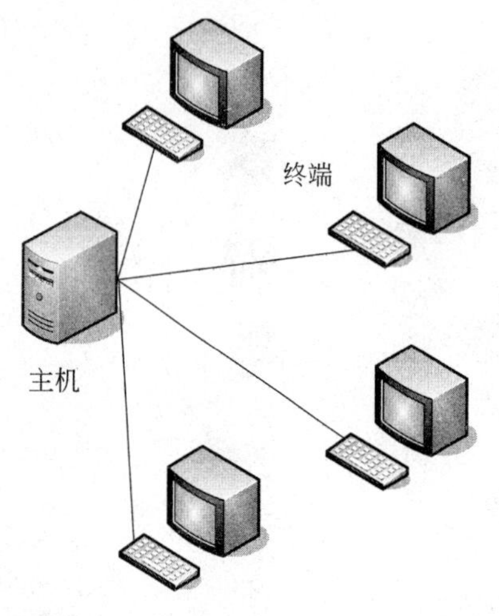

图 8-2　以单计算机为中心的联机系统

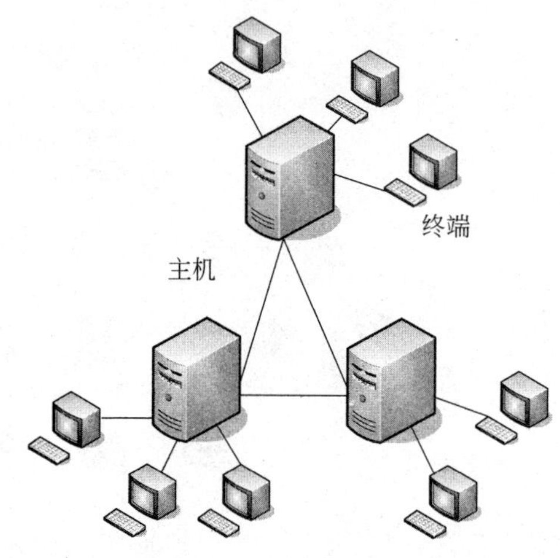

图 8-3　计算机—计算机网络

3. 体系结构标准化网络

经过 20 世纪 60 年代和 80 年代前期的发展，人们对网络的技术、方法和理论的研究日趋成熟。为了促进网络产品的开发，各大计算机公司纷纷制定自己的网络技术标准，最终促成了国际标准的制定，而这种遵循网络体系结构标准建成的网络称为第三代计算机网络。国际标准化组织(ISO)于 1984 年正式颁布了开放式系统互联参考模型(OSI)的国际标准，这里的开放性是针对第二代计算机网络中只能和同种计算机互联而言的，它可以与任何其他系统通信和相互开放，而标准化就是要有统一的网络体系结构，遵循国际标准化协议。今天，几乎所有网络产品厂商都声称自己的产品是开放系统，不遵从国际标准的产品逐渐失去了市场，这种统一的、标准化的产品互相竞争市场，给网络技术的发展带来了更大的繁荣。

4. 网络互联时代

随着社会经济及文化的迅速发展和计算机、通信、微电子等技术的不断进步，计算机网络日益深入现代社会的各个角落。根据不同的需求，网络的规模有很大的不同，从两台计算机连接形成的对等网络，到企业、工厂、学校的局域网等。将这些规模、结构不同的网络互相连接起来形成一个更大规模的网络称为第四代计算机网络。

自从 20 世纪 90 年代以来，各国政府都将计算机网络的发展列入国家发展计划。1993 年，美国政府提出了“国家信息基础结构(NII)行动计划”(即“信息高速公路”)。1996 年，美国总统克林顿宣布在之后的 5 年里实施“下一代的 Internet 计划”(即 NGI 计划)。在我国，以“金桥”“金卡”“金关”工程为代表的国家信息技术正在迅猛发展，而且国务院已将加快国民经济信息化进程列为经济建设的一项主要任务，并制定了“信息化带动工业化”的发展方针。

计算机技术的发展已进入了以网络为中心的新时代，有人预言未来通信和网络的目标是实现 5W 的通信，即任何人(Whoever)在任何时间(Whenever)、任何地点

(Wherever)都可以和任何人(Whomever)通过网络进行通信,传送任何信息(Whatever)。

8.1.3 计算机网络的硬件与软件组成

从逻辑功能上讲,计算机网络由资源子网和通信子网组成。资源子网由主机、终端、软件等组成,它提供访问网络和处理数据的能力;通信子网由网络结点、通信链路、信号变换器等组成,负责数据在网络中的传输与通信控制。

从物理结构上讲,计算机网络由硬件系统和软件系统构成。硬件系统主要包括计算机、互连设备和传输介质;软件系统主要包括网络操作系统、网络协议和应用软件。

1. 网络硬件

网络硬件主要包括网络服务器、工作站、外设、网络接口卡、传输介质等。根据传输介质和网络拓扑结构的不同,还需要集线器、交换机、路由器、网关等网络互连设备。

(1) 网络中的计算机。

① 服务器。对于服务器/客户端式网络,必须有网络服务器。网络服务器是网络中最重要的计算机设备,一般是由高档的专用计算机来担当网络服务器。在网络服务器上运行网络操作系统,负责对网络进行管理,提供服务功能,提供网络的共享资源。

② 工作站。工作站是通过网卡连接到网络上的个人计算机,仍具有计算机的功能,作为独立的个人计算机为用户服务,是网络的一部分。工作站之间可以进行通信,可以共享网络的其他资源。

(2) 网络中的接口设备。

① 网卡。网卡也称为网络接口卡(Network Interface Card,NIC),是计算机与传输介质进行数据交互的中间部件,主要进行编码转换。在接收传输介质上传送的信息时,网卡把传来的信息按照网络上的信号编码要求和帧的格式接收并交给主机处理。在主机向网络发送信息时,网卡把发送的信息按照网络传送的要求组装成帧的格式,然后采用网络编码信号向网络发送出去。网卡按总线类型分为ISA、EISA和PCI;按连接介质分为双绞线网卡、同轴电缆网卡和光纤网卡;按传输速率分为10Mbps网卡、10/100Mbps自适应网卡和1Gbps网卡。选择网卡时,要考虑网卡的通信速率、网卡的总线类型和网络的拓扑结构。

② 水晶头。水晶头也称RJ-45(非屏蔽双绞线连接器),是由金属片和塑料构成的。特别需要注意的是引脚序号。当金属片面对自己的时候,从左至右引脚序号分别是1～8,序号做网络连线时非常重要,不能搞错,接线标准有T568A和T568B。光纤接口是用来连接光缆的物理接口,通常有SC、ST、FC等类型。

(3) 网络中的互连设备。

① 集线器(Hub)。集线器是局域网中的一种连接设备,用双绞线通过集线器将网络中的计算机连接在一起,完成网络的通信功能。集线器只对数据的传输起到同步、放大和整形的作用。工作方式是广播模式,所有的端口共享一条带宽。

② 交换机(Switch)。交换机是一种用于电信号转发的网络设备。集线器是一种共

享设备,它本身不能识别目的地址,目前局域网中用交换机取代了集线器。网络交换机不仅具有集线器的对数据传输起到同步、放大和整形的作用,而且还可以过滤数据传输中的短帧、碎片等。同时,采用端口到端口的技术,使每一个端口有独占的带宽,可以极大地改善网络的传输性能。

③ 路由器(Router)。路由器是在多个网络和介质之间实现网络互连的一种设备。当两个和两个以上的同类网络互连时,必须使用路由器。

④ 网关(Gateway)。网关是用来连接完全不同体系结构的网络或用于连接局域网与主机的设备。网关的主要功能是把不同体系网络的协议、数据格式和传输速率进行转换。

2. 网络软件

计算机网络中的软件包括网络操作系统、网络通信协议和网络应用软件。

(1) 网络操作系统(NOS)。网络操作系统是计算机网络的核心软件,它不仅具有一般操作系统的功能,而且还具有网络的通信功能、网络的管理功能和网络的服务功能,是计算机管理软件和通信控制软件的集合。

目前常用的网络操作系统主要有 Windows XP、Windows Server 2003、NetWare、UNIX、Linux 等。

① Windows: Windows 操作系统是由微软公司开发的。这类操作系统配置在整个局域网配置中是最常见的。微软公司的网络操作系统主要有 Windows XP、Windows 2003 Server/Advance Server 等。

② NetWare 类: 这是 Novell 公司推出的网络操作系统。NetWare 是具有多任务、多用户的网络操作系统,它的较高版本提供系统容错能力(SFT)。它最重要的特征是基于基本模块设计思想的开放式系统结构,可以方便地对其进行扩充。NetWare 服务器较好地支持无盘工作站,常用于网络教学。

③ Linux: 这是一种自由和开放源码的类 UNIX 操作系统。Linux 可安装在各种计算机硬件设备中,比如手机、平板计算机、路由器、视频游戏控制台、台式计算机、大型机和超级计算机。Linux 是一个领先的操作系统,世界上运算最快的 10 台超级计算机运行的都是 Linux 操作系统。由于 Linux 设计定位于网络操作系统,所以在网络时代,Linux 的应用越来越普及。

(2) 网络通信协议(Computer Communication Protocol)。网络通信协议为连接不同网络操作系统和不同硬件体系结构的互连网络提供通信支持,是一种网络通用语言。它主要是对信息传输的速率、传输代码、代码结构、传输控制步骤、差错控制等制定并遵守的一些规则。协议的实现既可以在硬件上完成,也可以在软件上完成,还可以综合完成。

(3) 网络应用软件。网络应用软件主要是为了提高网络本身的性能,改善网络管理能力,或者是给用户提供更多的网络应用的软件。网络操作系统集成了许多这样的应用软件,但有些软件是安装、运行在网络客户机上的,因此把这类网络软件也称为网络客户软件。

8.1.4 计算机网络的分类

计算机网络分类的标准很多。例如按覆盖的地理范围分类、按计算机网络的用途分类、按网络的交换方式分类、按拓扑结构分类等，几种常用的分类方法如下。

1. 按覆盖的地理范围分类

按网络覆盖的地理范围可将计算机网络分为局域网、广域网和城域网。

局域网(Local Area Network，LAN)是一个覆盖面最小的网络，它可以覆盖几米到几千米的范围，可以在一个室内或一幢建筑物内。主要实现单位内部的多种资源共享。一个管理比较好的局域网，能给用户提供良好的浏览、查询、学习、交流、教学等各项服务。校园网就属于局域网。局域网在实际应用中常常与广域网连接，使局域网上的用户能够和广域网上的用户互相交流信息。

城域网(Metropolitan Area Network，MAN)是由一座城市内的相互连接的局域网构成，一般由政府或大型集团组建。此外，一些大型企业或集团公司为连接各分公司或分厂而建立的局域网称做 Intranet(企业网)。

广域网(Wide Area Network，WAN)，又称为远程网，它能提供远距离的通信，它可以跨越一个国家、一个地区将计算机连接起来，它的通信距离可以是在整个世界范围之内。如 Internet。

2. 按通信介质分类

网络传输介质是指在网络中传输信息的载体，常用的传输介质分为有线传输介质和无线传输介质两大类。

(1) 有线网。传输介质采用有线介质连接的网络称为有线网。

有线传输介质是指在两个通信设备之间实现的物理连接部分，它能将信号从一方传输到另一方。有线传输介质主要有双绞线、同轴电缆和光纤。双绞线和同轴电缆传输电信号，光纤传输光信号。

双绞线(Twisted Pair)是由两根绝缘金属线互相缠绕(一般以逆时针缠绕)而成，故称为双绞线。采用这种方式，不仅可以抵御一部分来自外界的电磁波干扰，而且可以降低自身信号的对外干扰。把两根绝缘的铜导线按一定密度互相绞在一起，一根导线在传输中辐射的电波会被另一根导线上发出的电波抵消，“双绞线”的名字也是由此而来。

双绞线分为屏蔽双绞线(Shielded Twisted Pair，STP)与非屏蔽双绞线(Unshielded Twisted Pair，UTP)。由于屏蔽双绞线的价格较非屏蔽双绞线贵，且非屏蔽双绞线的通信性能对于局域网来说影响不大，甚至说很难察觉，所以在局域网组建中所采用的通常是非屏蔽双绞线。

双绞线的一对线作为一条通信线路，由 4 对双绞线构成一根双绞线电缆。利用双绞线实现点到点的通信，传输距离一般不能超过 100m。目前，计算机网络上使用的双绞线按其电气性能分为三类线、四类线、五类线、超五类、六类线和七类线，类数越高，版本越新，技术越先进，一般来讲速率也就越高，相应价格也越贵。双绞线电缆的连接器一般为RJ-45类型，俗称水晶头。双绞线如图8-4所示。

同轴电缆(Coaxial Cable)的中央是铜质的心线，其外包着一层绝缘层，绝缘层外是一层网状编织的金属丝作为外导体屏蔽层，屏蔽层把电线很好地包裹起来，最外层是保护塑料层。同轴电缆分为粗同轴电缆和细同轴电缆。同轴电缆结构如图8-5所示。

图8-4　双绞线

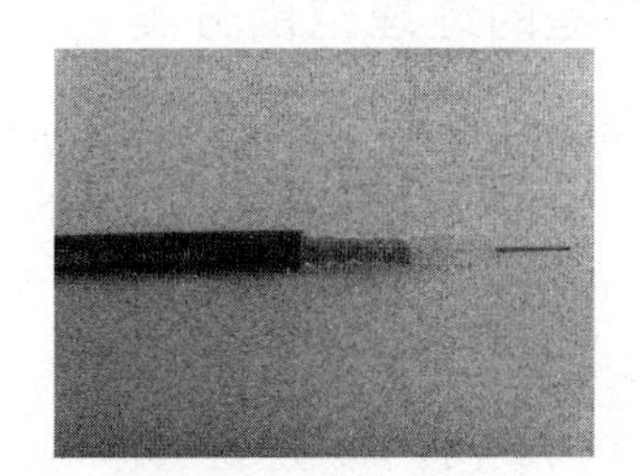

图8-5　同轴电缆

光缆(Optical Fiber Cable)主要是由光纤(细如头发的玻璃丝)和塑料保护套管及塑料外皮构成，它由一定数量的光纤按照一定方式组成缆心，用以实现光信号传输的一种通信线路。

光缆的传输形式分为单模传输和多模传输，单模传输性能优于多模传输。光缆分为单模光缆和多模光缆，单模光缆的传送距离为几十千米，多模光缆则为几千米。光缆接口使用ST或SC连接器。因为光缆传输的是光信号，所以它的优点是不会受到电磁的干扰，其传输距离也比电缆远，传输速率高。但是光缆的安装和维护比较困难，需要专用的设备。

(2) 无线网。采用无线介质连接的网络称为无线网。目前无线网主要采用3种技术：微波通信、红外线通信和激光通信。这3种技术都是以大气为介质的。其中微波通信用途最广，微波是无线电通信载体，传输距离在50km左右，容量大，传输质量高，建筑费用低，适宜在网络布线困难的城市中使用。目前的卫星网就是一种特殊形式的微波通信，它利用地球同步卫星作为中继站来转发微波信号，一个同步卫星可以覆盖地球的三分之一以上表面，3个同步卫星就可以覆盖地球上的全部通信区域。卫星通信的可靠性高，但是通信延迟时间长，易受气候影响。

“蓝牙”技术是爱立信、IBM等5家公司在1998年联合推出的一项无线网络技术，是一种短距离无线通信技术。利用“蓝牙”技术能够有效地简化掌上计算机、笔记本计算机和移动电话等移动通信终端设备之间的通信，也能够成功地简化以上这些设备与Internet之间的通信，从而使这些现代通信设备与Internet之间的数据传输变得更加迅速高效，为无线通信拓宽道路。

3. 按拓扑结构分类

计算机网络的拓扑结构主要有星状、总线型、环状、树状和网状等。

(1) 星状。星状拓扑结构中每个结点设备都以中心结点为中心，通过连接线与中心结点相连。中心结点为控制中心,各结点之间不能直接通信,结点间的通信都必须经过中心结点转接,如图 8-6 所示。星状拓扑结构的优点是结构简单、建网容易、便于管理和控制,缺点是各结点对中心结点依赖性大,一旦中心结点出现故障,则全网瘫痪。

(2) 总线型。总线型拓扑结构是将各个结点通过一根总线相连,如图 8-7 所示,其中一个结点是网络服务器,由它提供网络通信及资源共享服务,其他结点为网络工作站。在总线结构网络中,作为数据通信必经之路的总线的负载能力是有限的,所以,总线结构网络中工作站结点的个数是有限制的,如果工作站结点的个数超出总线负载能力,就需要采用分段等方法来解决。

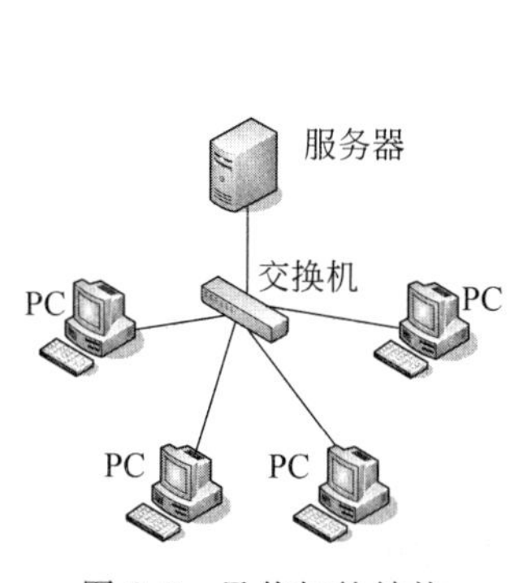

图 8-6　星状拓扑结构

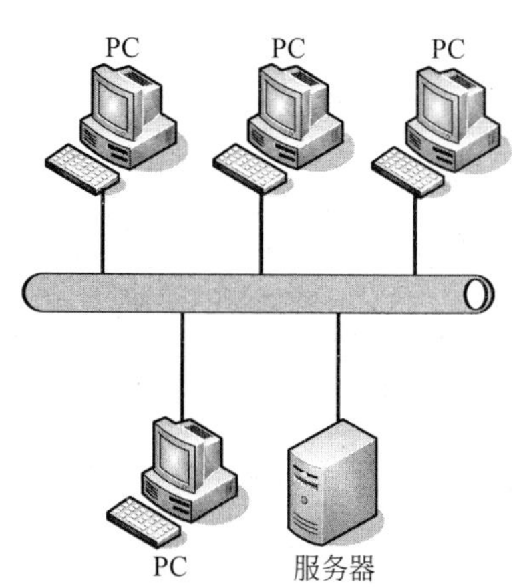

图 8-7　总线型拓扑结构

总线型拓扑结构的优点是结构简单灵活、可扩充、性能好、可靠性高、安装使用方便、成本低等,当某个工作站结点出现故障时,对整个网络系统影响小。缺点是由于各个结点通信都通过这根总线,线路争用现象较重,实时性较差,并且一旦总线上的任何一点出现故障,都会造成整个网络的瘫痪。

(3) 环状。环状拓扑结构是网络中各结点通过一条首尾相连的通信链路连接起来,构成一个闭合环状结构网,如图 8-8 所示。数据在环上单向流动,每个结点按位转发所经过的信息,可用令牌控制来协调控制各结点的发送,任意两结点都可通信。环状拓扑结构的优点是结构比较简单、负载能力强且均衡、可靠性高、信号流向是定向的、无信号冲突,缺点是结点过多时影响传输速率,环中任何结点发生故障,均会导致网络不能正常工作。

(4) 树状。树状拓扑结构也叫层次结构,是一种分级结构,其形状像一棵倒置的树,顶端有一个带有分支的根,每个分支还可延伸出子分支,如图 8-9 所示。树状拓扑结构的优点是线路利用率高、网络成本的低、结构比较简单,改善了星状结构的可靠性和扩充性,缺点是如果中间层结点出现故障,则下一层的结点间就不能交换信息,对根结点的依赖性太大。

此外,网络中还存在网状、全互联型等形式的结构,实际上复杂网络拓扑结构往往是星状、总线型、环状 3 种基本线形的组合。在日常生活中,常见的网络包括以太网(Ethernet)、令牌环网(Token Ring)和 FDDI(光纤分布式数据接口)网等。

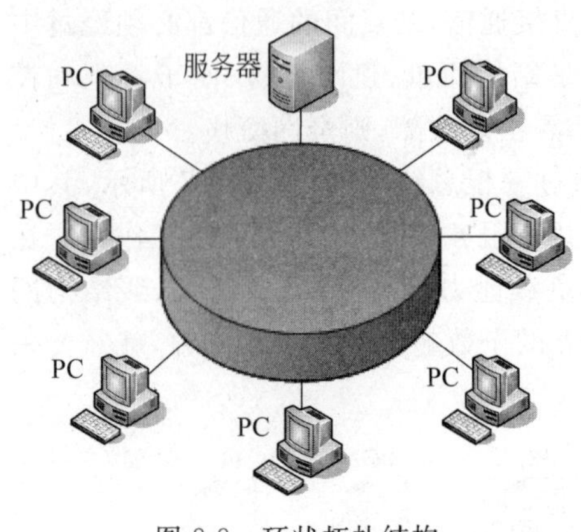

图 8-8　环状拓扑结构

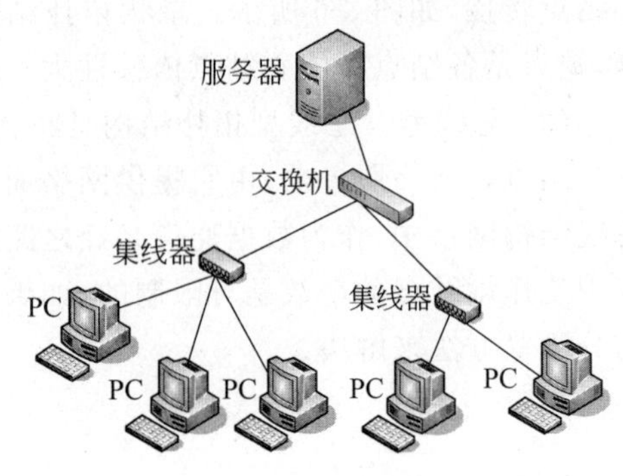

图 8-9　树状拓扑结构

4. 其他分类

计算机网络按通信传播方式可分为点对点传播和广播式传播；按通信速率可分为低速网、中速网和高速网；按用途可分为公用网和专用网；按交换方式可分为电路交换网、报文交换网和分组交换网等。

8.2　Internet 基础

8.2.1　Internet 简介

互联网(Internet)是由一些使用公用语言互相通信的计算机连接而成的全球网络，即广域网、局域网及单机按照一定的通信协议组成的国际计算机网络。

1. Internet 产生与发展

1969 年，美国国防部高级研究计划署(Defense Advanced Research Project Agency, DARPA)决定研究一种计算机网络，能在战争状态下经受起局部被破坏，但整个网络不会瘫痪，即一种无中心的网络，并能将使用不同计算机和操作系统的网络连接在一起。在科研人员的努力下，ARPANET(阿帕网)网络诞生了。它最初只连接了 4 台主机，当时作为军用实验网络而建立，1983 年正式运行，它是冷战时期的产物。1990 年，阿帕网退役，国家科学基金网正式成为美国的 Internet 主干网。

Internet 起源于美国，它是目前世界上最大的计算机网络，更确切地说是网络中的网络(或者互连的网络)，几乎覆盖了整个世界。该网络组建的最初目的是为研究部门和大学服务，便于研究人员及其学者探讨学术方面的问题，因此有科研教育网(或国际学术网)之称。进入 20 世纪 90 年代以来，Internet 向社会开放，利用该网络开展商贸活动成为热门话题。

2. Internet 在中国的发展

1988 年 9 月 20 日，钱天白教授发出我国第一封电子邮件“越过长城，通向世界”，揭开了中国人使用 Internet 的序幕。

1990 年 10 月，钱天白教授代表中国正式在国际互联网络信息中心的前身 DDN-NIC（相当于现在的 INTERNIC）注册登记了我国的顶级域名 CN，并且从此开通了使用中国顶级域名 CN 的国际电子邮件服务。由于当时中国尚未正式连入 Internet，就委托德国卡尔斯鲁厄大学运行 CN 域名服务器。1994 年 5 月 21 日，在钱天白教授和德国卡尔斯鲁厄大学的协助下，中国科学院计算机网络信息中心完成了中国国家顶级域名（CN）服务器的设置，改变了中国的 CN 顶级域名服务器一直放在国外的历史。

1994 年 4 月 20 日，NCFC 工程（中关村地区教育与科研示范网络）通过美国 Sprint 公司连入 Internet 的 64K 国际专线开通，实现了与 Internet 的全功能连接。从此我国被国际上正式承认为有 Internet 的国家。我国是通过国际专线接入 Internet 的第 81 个国家。

1994 年起，我国通过四大骨干网联入国际互联网。四大骨干网分别是 1995 年 5 月中国电信开通的中国公用计算机互联网（ChinaNet），1995 年 11 月中国教育科研网（CERNET），1996 年 11 月金桥信息网（ChinaGBN），以及由中科院主持的全国性网络——中国科技网（CSTNet）。

1998 年 6 月 3 日，中国互联网信息中心（CNNIC）在北京成立，并开始管理我国的 Internet 主干网。CNNIC 的主要职责是为我国的互联网用户提供域名注册、IP 地址分配等注册服务，提供网络技术资料、政策与法规、入网方法、用户培训资料等信息服务，提供网络通信目录、主页目录以及各种信息库等目录服务。

Internet 正以当初人们始料不及的惊人速度向前发展，今天的 Internet 已经从各个方面逐渐改变人们的工作和生活方式。人们可以随时从网上了解当天最新的新闻动态、旅游信息，可看到当天的报纸和最新杂志，可以足不出户在家里炒股、网上购物、收发电子邮件，享受远程医疗和远程教育等。随着电信、电视、计算机“三网合一”趋势的加强，未来的互联网将是一个真正的多网合一、多业务综合和智能化的平台；未来的互联网是移动＋IP＋广播多媒体的网络世界，融合当今所有的通信业务，推动新业务的快速发展，给整个信息技术产业带来一场革命。

8.2.2 Internet 地址

1. IP 地址

在 Internet 上每一台计算机都有一个唯一可以标识的地址，人们称之为 IP 地址。所谓 IP 地址就是给 Internet 上的每台计算机分配一个唯一的 32 位地址，以便在 Internet 上可以很方便地寻址。

IP 地址具有固定、规范的格式。它是由 32 位二进制数字组成，通常被分隔为 4 段，段与段之间以小数点分隔，每段 8 位(1B)，为了便于表达和识别，IP 地址常以 4 组十进制数形式来表示，因为一个字节所能表示的最大十进制数是 255，所以每段整数的范围是 0～255。例如，某台计算机的 IP 地址为 192.168.10.21。

IP 地址包括网络部分和主机部分，网络部分指出 IP 地址所属的网络，主机部分指出这台计算机在网络中的位置。这种 IP 地址结构在 Internet 上很容易进行寻址，先按照 IP 地址中的网络号找到网络，然后在该网络中按主机号找到主机。

IP 地址根据使用范围的不同可以分为 5 类。

A 类地址：A 类网络地址被分配给主要的服务提供商。IP 地址的前 8 位二进制数代表网络部分，后 24 位代表主机部分，最左边的一位为二进制“0”。这样 A 类 IP 地址所能表示的网络数范围为 0～128，只要见到 1.xxx.xxx.xxx～126.xxx.xxx.xxx 格式的 IP 地址，都属于 A 类地址。

0	1　　　　8	9　　　　31
0	网络号	主机号

B 类地址：B 类地址分配给拥有大型网络的机构。IP 地址的前 16 位二进制数代表网络部分，后 16 位代表主机部分，最左边的两位为二进制“10”。这样 B 类 IP 地址的首组十进制数范围为 128～191，只要见到 128.xxx.xxx.xxx～191.xxx.xxx.xxx 格式的 IP 地址，都属于 B 类地址。

0	1	2　　　　15	16　　　　31
1	0	网络号	主机号

C 类地址：C 类地址分配给小型网络。IP 地址的前 24 位二进制数代表网络部分，后 8 位代表主机部分，最左边的三位为二进制“110”。这样 C 类 IP 地址的首组十进制数范围为 192～223，只要见到 192.xxx.xxx.xxx～223.xxx.xxx.xxx 格式的 IP 地址，都属于 C 类地址。

0	1	2	3　　　　23	24　　　　31
1	1	0	网络号	主机号

D 类地址：D 类地址是为多路广播保留的。它的前 8 位二进制数的取值范围是 11100000～11101111(十进制数 224～239)。

E 类地址：E 类地址是实验性地址，是保留未用的。它的前 8 位二进制数的取值范围是 11110000～11110111(十进制数 240～248)。

近年来，随着 Internet 用户数目的急剧增长，可供分配的 IP 地址数目也日益减少，大部分 B 类地址均已分配，只有 C 类地址尚可分配。目前 IP 协议的版本是 IPv4，原有 32 位长度的 IP 地址的使用已经显得相当紧张，迫切需要新版本的 IP 协议，于是产生了 IPv6 协议。IPv6 协议使用 128 位地址，它支持的地址数是 IPv4 协议的 296 倍，这个地址空间是足够的。IPv6 协议在设计时，主要考虑了四方面的因素：适应 Internet 用户急速增加的需求；适应不断增加的应用需求；适应人们对提高安全性的企盼；保持与 IPv4 向下兼容的原则，这使采用新老技术的各种网络系统在 Internet 上能够互联。

2. 域名系统

由于 IP 地址是由一串数字组成的，不便于记忆，因此 Internet 上设计了一种字符型的主机命名系统(Domain Name System，DNS)，也称域名系统。通过为每台主机建立 IP 地址与域名之间的映射关系，用户在网上可以避开难以记忆的 IP 地址，而使用域名来唯一表示网上的计算机。

DNS 为主机提供一种层次型命名方案，如家庭地址是用城市、街道、门牌号表示的一种层次型地址，主机或机构有层次结构的名字在 Internet 中称为域名。域名的各部分之间也用句点(.)隔开。按从右到左的顺序，顶级域名在最右边，代表国家或地区以及机构的种类，最左边的是机器的主机名。域名长度不超过 255 个字符，由字母、数字或下画线组成，以字母开头，以字母或数字结尾，域名中的英文字母不区分大小。例如 http://www.tjcu.edu.cn，最右边的顶级域名 cn 是指中国；edu 二级域名指属于教育界；tjcu 是下一层的域名，表示该网络属于天津商业大学；www 是主机名，http://表示一般是基于 HTTP 的 Web 服务器。

常见的顶级域名分为两大类：地理性域名和机构性域名。

地理域名指明了该域名的源自国家或地区，常用两个字母表示。例如 cn(中国)、jp(日本)、de(德国)、uk(英国)、au(澳大利亚)、hk(中国香港)、tw(中国台湾)等。我国又按照行政区域划分了二级域名，例如 bj(北京)、tj(天津)、sh(上海)、gd(广东)。美国没有自己的区域顶级域名，其顶级域名通常采用机构性顶级域名。

机构性域名常见的有 com(盈利性的商业实体)、edu(教育机构或设施)、gov(非军事性政府或组织)、int(国际性机构)、mil(军事机构或设施)、net(网络资源或组织)、org(非盈利性组织机构)等。

Internet 主机的 IP 地址和域名具有同等地位。在 Internet 中，每个域都有各自的域名服务器，由它们负责注册该域内的所有主机，即建立本域中的主机名与 IP 地址的对照表。通信时，通常使用的是域名，计算机经由域名服务器自动将域名翻译成 IP 地址。

8.2.3 连入 Internet 的方式

1. 入网方式

Internet 为公众提供了各种接入方式，以满足用户的不同需求，目前入网类型可以分为 3 类：

(1) 专线直接入网。如果需要随时接入因特网，就需要一条专用连接。专线入网是以专用光缆或电缆线路为基础直接联入 Internet，线路传输量比较大，需要专用设备，如路由器、交换机、中继器和网桥等。此类连接费用昂贵，主要适用于需要传递大量信息的企业或团体，个人用户还没有这样的条件。

(2) 通过局域网接入。用户如果是局域网中的结点(终端或计算机)，可以通过局域网中的服务器(或代理服务器)接入 Internet。

(3) 通过电话线或有线电视网。传统的 Internet 的接入方式是利用电话网络,采用拨号方式进行接入。这种接入方式的缺点是显而易见的,如通话与上网的矛盾、上网的费用问题、网络带宽的限制等,视频点播、网上游戏、视频会议等多媒体功能难以实现。随着 Internet 接入技术的发展,高速访问 Internet 技术已经进入人们的生活。

① PSTN(Published Switched Telephone Network,公共电话交换网),通过电话线拨号上网,主要适合于传输量较小的单位和个人,连入设备比较简单,只需要一台调制解调器(Modem)和一根电话线。此类连接费用较低,但传输速率也较低,最高速率为 56kbps,上网的同时不能再接听或拨打电话。

② ISDN(Integrated Service Digital Network,综合业务数字网),将电话、传真、数据、图像等多种业务综合在一个统一的数字网络中进行传输和处理,所以又称"一线通"。ISDN 接入 Internet 方式需要使用标准数字终端的适配器(TA)连接设备连接计算机到普通的电话线。ISDN 将原有的模拟用户线改造成为数字信号的传输线路,为用户提供纯数字传输方式,即 ISDN 上传送的是数字信号,因此速度较快。可以以 128kbps 的速率上网,而且在上网的同时可以打电话、收发传真。

③ ADSL(Asymmetric Digital Subscriber Line,非对称数字用户线路),是基于公共电话网提供宽带数据业务的技术,素有"网络快车"的美称。ADSL 是在电话线上分别传送数据和语音信号,数据信号并不通过电话交换机设备,减轻了电话交换机的负载。ADSL 属于一种专线上网方式,其支持的上行速率为 640kbps～1Mbps,下行速率为 1～8Mbps,具有下行速率高、频带宽、性能优、安装方便等特点,所以受到广大用户的欢迎,成为继 PSTN、ISDN 之后的又一种全新的、更快捷、更高效的接入方式。

接入 Internet 时,用户需要配置一个网卡及专用的 Modem,可采用专线入网方式(即拥有固定的静态 IP)或虚拟拨号方式(PPPoE 方式,不是真正的电话拨号,而是用户输入账号、密码,通过身份验证,获得一个动态的 IP 地址)。

④ Cable Modem:Cable Modem 又称为线缆调制解调器,它利用有线电视线路接入 Internet,接入速率可以高达 10～30Mbps,可以实现视频点播、互动游戏等大容量数据的传输。接入时,将整个电缆(目前使用较多的是同轴电缆)划分为 3 个频段,分别用于 Cable Modem 数字信号上传、数字信号下传及电视节目模拟信号下传,这样,数字数据和模拟数据不会冲突。它的特点是带宽高、速度快、成本低、不受连接距离的限制、不占用电话线、不影响收看电视节目。

⑤ 无线接入技术:用户不仅可以通过有线设备接入 Internet,也可以通过无线设备接入 Internet。采用无线接入方式一般适用于接入距离较近、布线难度较大、布线成本较高的地区。目前常见的接入技术有蓝牙技术、GSM(Global System for Mobile Communication,全球移动通信系统)、GPRS(General Packet Radio Service,通用分组无线业务)、CDMA(Code Division Multiple Access,码分多址)、3G(3rd Generation,第三代数字通信)等。其中,蓝牙技术适用于传输范围一般在 10m 以内的多设备之间的信息交换,例如手机与计算机相连,实现 Internet 接入;GSM、GPRS、CDMA 技术目前主要用于个人移动电话通信及上网;3G 通信技术在我国已经基本完成覆盖,它规定移动终端以车

速移动时，其传输速率为 144kbps，室外静止或步行时速率为 384kbps，室内为 2Mbps；4G 是第四代通信技术的简称，4G 系统能够以 100Mbps 的速度下载，比目前的拨号上网快 2000 倍，上传的速度也能达到 20Mbps，并能够满足几乎所有用户对于无线服务的要求。此外，4G 可以在 DSL 和有线电视调制解调器没有覆盖的地方部署，然后再扩展到整个地区。2013 年 12 月 4 日下午，工业和信息化部正式发放 4G 牌照，宣告我国通信行业进入 4G 时代。

2. 选择 ISP

用户在选择接入 Internet 的方式时，可以从地域、质量、价格、性能、稳定性等方面考虑，选择适合自己的接入方式。同时，在接入 Internet 之前，用户首先要选择一个 Internet 网络服务商(ISP)，它们都有自己的网络中心，通过专线租用国际或国内出口，为客户提供 Internet 接入服务以及各种信息服务。因此，接入 Internet 就要由 ISP 提供账号(一个账号包括一个用户名和一个对应的密码)，用户利用该账号通过调制解调器和电话线与 ISP 的服务器建立连接，并通过 ISP 的出口进入因特网。

8.2.4 Internet 的信息服务

Internet 改变了人们传统的信息交流方式，学习网络与 Internet 知识的目的就是利用 Internet 上的各种信息和服务为生产、生活、工作和交流提供帮助的。Internet 上的服务资源种类非常多，而且随着 Internet 的发展，新的服务资源还在不断地推出。在这些资源中，有些只是提供特定的服务，如 FTP 只用于文件传输，而有些则同时提供若干服务功能，如 WWW。它除了提供超文本信息浏览和查询功能外，还提供了文件传输、电子邮件、广域信息服务、新闻组等多项服务。

Internet 基本的服务有万维网 WWW(World Wide Web)、电子邮件(E-mail)、远程登录(Telnet)、文件传输(FTP)、电子公告牌服务(Bulletin Board System，BBS)、信息浏览服务(Gopher)、广域信息服务(Wide Area Information Service，WAIS)。

1. 万维网

万维网(World Wide Web，WWW)也叫环球信息网，是 Internet 上最受欢迎、最为流行的多媒体信息查询服务系统。用户利用 WWW 服务能够很容易地从 Internet 上获取文本、声音、视频及图像信息。它基于 HTTP(Hyper Text Transfer Protocol)协议，采用超文本、超媒体的方式进行信息的存储与传递，并能将各种信息资源有机地结合起来，具有图文并茂的信息集成能力及超文本链接能力。这种信息检索服务程序起源于 1992 年欧洲粒子物理研究中心(CERN)推出的超文本方式的信息查询工具。超文本含有与许多相关文件的接口，称为超链接。链接同样可以指向声音、视频等多媒体信息，与多媒体一起形成超媒体(Hypermedia)。用户只需单击文件中的超链接文本、图片等，便可即时链接到该文本或图片等相关的文件上。

WWW 以非常友好的图形界面、简单方便的操作方法，以及图文并茂的显示方式，使用户可以轻松地在 Internet 各站点之间漫游，实现了文本与图像、声音乃至动画等各种不同形式信息的同时传送，大大扩展了 Internet 的信息传输范围。

截至 2013 年 12 月，CNNIC 最新的统计数据表明，我国互联网基础资源增长迅猛，IPv4 地址数量为 3.30 亿，拥有 IPv6 地址 16 680 块/32，位列世界第二位。我国域名总数为 1844 万个，其中“.CN”域名总数较去年同期增长 44.2%，达到 1083 万，在中国域名总数中占比达 58.8%。我国网站总数为 320 万个，国际出口带宽为 3 406 824Mbps。

2. Web 浏览器及 IE 的使用方法

WWW 浏览是目前从网上获取信息最方便和直观的渠道，也是大多数人上网的首要选择。Microsoft Internet Explorer(IE)是因特网上使用最为广泛的 Web 浏览器软件。在与 Internet 连接之后，用户就可以使用 Web 浏览器 IE 浏览网页了。下面简单介绍 Internet Explorer 10.0 的使用方法。

(1) Internet Explorer 的工作窗口。双击桌面上的 Internet Explorer 图标，即可打开 Internet Explorer 浏览器，Internet Explorer 10.0 的窗口由标题栏、菜单栏、工具栏、地址栏、Web 浏览窗口、状态栏等部分组成，如图 8-10 所示。

图 8-10　Internet Explorer 的工作窗口

① 标题栏。此处显示的内容为当前用户浏览的 Web 的标题，例如中国互联网络信息中心(CNNIC)——Microsoft Internet Explorer。

② 菜单栏。包括“文件”“编辑”“查看”“收藏”“工具”等菜单项，通过这些菜单可以实现浏览器所有的功能，包括浏览、打印、保存、收藏及浏览器设置等。

③ 工具栏。包括“后退”“前进”“停止”“刷新”“主页”“搜索”“收藏”等按钮。各个按钮的功能如下：

- “后退”按钮。回到前一个浏览过的页面，如果此前曾经浏览过多个页面，可以通过右侧的下拉按钮，选择直接跳转到某个先前页面。

• “前进”按钮。进到下一个浏览过的页面，如果此前曾经浏览过多个页面，可以通过右侧的下拉按钮，选择直接跳转到某个先前页面。
• “停止”按钮。停止下载当前页面的内容。
• “刷新”按钮。重新下载当前页面的内容。
• “主页”按钮。打开 Internet Explorer 10.0 浏览器默认的主页。
• “搜索”按钮。在浏览器窗口左边打开浏览器栏，并显示某个搜索引擎。
• “收藏夹”按钮。在浏览器窗口左边打开浏览器栏，并显示收藏夹内容。

④ 地址栏。地址栏显示当前打开的 Web 页面的地址，用户也可以在地址栏中重新输入要打开的 Web 页面地址。地址是以 URL(Uniform Resource Locator)形式给出的，译为统一资源定位器，用来定位网上信息资源的位置和方式。URL 大致由三部分组成：协议、主机名、路径或文件名，其基本语法格式为：通信协议://主机/路径/文件名。

其中：

• 通信协议是指提供该文件的服务器所使用的通信协议，例如 HTTP、FTP 等协议。
• 主机是指服务器所在主机的域名。
• 路径是指该页面文件在主机上的路径。
• 文件名是指访问页面文件的名称。

例如 http://www.cnnic.com.cn/index/index.htm 中，http 为超文本传输协议，www.cnnic.com.cn 为主机域名，/ index /代表路径，index.htm 是文件名。

⑤ Web 浏览窗口。Web 浏览窗口用于浏览网站内容，包括从网页上下载的文档以及图片等信息。

⑥ 状态栏。状态栏中显示了当前的状态信息，包括打开网页、搜索 Web 地址、指示下载进度、确认是否脱机浏览以及网络类型等信息。

(2) Web 页浏览。Internet Explorer 10.0 浏览器最基本的功能是在 Internet 上浏览 Web 页。浏览功能是借助于超链接实现的，超链接将多个相关的 Web 页连接在一起，方便用户查看信息。

打开 Internet Explorer 10.0 后，在屏幕上最先出现的页面是起始主页，在页面中出现的彩色文字、图标、图像或带下划线的文字等对象都已设立超链接，单击这些对象可进入超链接所指向的 Web 页。

① 查找指定的 Web 页。查找指定的 Web 页可使用下面几种常用的方法：

• 直接将光标定位在地址栏，输入 URL 地址。
• 单击地址栏右侧的下拉按钮，列出最近访问过的 URL 地址，从中选择要访问的地址。
• 单击工具栏中的“链接”按钮，从中选择需要链接名。
• 在“收藏”下拉菜单中选择要浏览的 Web 页地址。

② 脱机浏览 Web 页。用户可以选择“文件”|“脱机工作”菜单项，实现不连接 Internet 而直接脱机浏览 Web 页。如果使用脱机浏览可以对保存到本机的 Web 页在离线的情况下进行浏览。

用户在网上浏览时，系统会在临时文件夹（Temporary Internet Files）中将所浏览的页面存储起来，所以临时文件夹是在硬盘上存放 Web 页和文件（如图形）的地方，用户可以直接通过临时文件夹打开 Internet 上的网页，提高访问速度。

（3）收藏 Web 页。在浏览 Web 页时，会遇到一些经常访问的站点。为了方便再次访问，可以将这些 Web 页收藏起来。按 Ctrl＋D 键，可以快速地将当前访问页面添加到“收藏夹”。选择“收藏”|“添加到收藏夹”菜单项，或单击工具栏上的“收藏夹”按钮，在打开的“收藏夹”窗格中单击“添加”按钮，可以打开“添加到收藏夹”对话框，在该对话框中输入网站 URL，单击“确定”按钮完成收藏 Web 页的操作。

选择“文件”|“导入和导出”菜单项，还可将收藏夹导出到一个指定位置，以便于在重装系统之后重新导入。

（4）查看历史记录。在 Internet Explorer 10.0 的历史记录中自动存储了已经打开过的 Web 页的详细资料，借助历史记录，在网上可以快速返回以前打开过的网页。单击工具栏中“历史”按钮，在打开的“历史记录”窗格中选择要访问的网页标题的超链接，就可以快速打开这个网页。

（5）保存 Web 页信息。用户在网上浏览时，也可以将当前页面信息保存下来，操作步骤如下。

① 保存当前页。选择“文件”|“另存为”菜单项，弹出“保存网页”对话框，如图 8-11 所示。

图 8-11 “保存网页”对话框

在“文件夹”列表框中选择保存网页的文件夹。

在“文件名”下拉列表框中输入文件名称。

在“保存类型”下拉列表中选择文件类型，可以选择.html 格式或.txt 格式。

单击“保存”按钮。

② 保存网页中的图片。右击网页上的图片，从弹出的快捷菜单中选择“图片另存为”选项，弹出“保存图片”对话框。

在“保存在”下拉列表框中选择保存位置，选择相应的保存类型，在“文件名”下拉列表框输入文件名，单击“保存”按钮。

③ 不打开网页或图片而直接保存。右击所需项目(网页或图片)的链接。

选择快捷键菜单中的“目标另存为”选项，在弹出的“另存为”对话框中完成保存。

3. 设置 Internet Explorer

一般来说，Internet Explorer 浏览器的默认设置已经基本可以满足使用的需要，当需要重新设置时，可以利用“Internet 选项”对话框对浏览器运行环境进行重新设置。

“Internet 选项”对话框包括 8 个选项卡，如图 8-12 所示，各选项卡的功能如下。

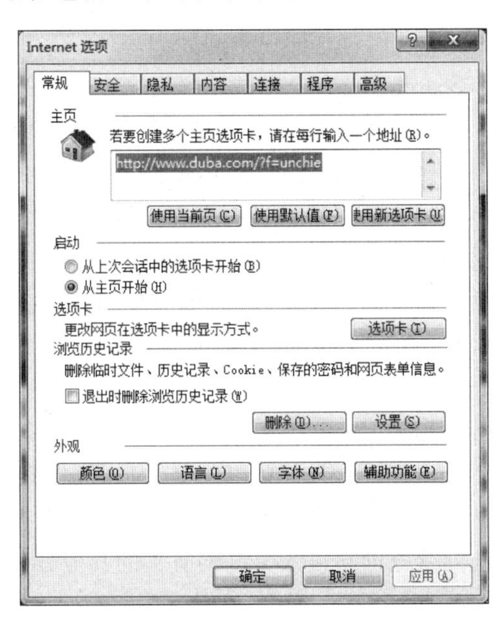

图 8-12 “Internet 选项”对话框

(1)“常规”选项卡。该选项卡主要用于主页、Internet 临时文件、历史记录以及 IE 浏览器的颜色、字体、语言等选项的设置。主页可以帮助用户设定启动浏览器时打开的默认页面；Internet 临时文件可以提高用户打开网站的速度以及使用脱机浏览，但 Internet 临时文件夹也是某些网页病毒的寄身地。因此，应该养成定期清理 Internet 临时文件夹的习惯，同时临时文件夹的大小和位置也会影响硬盘的使用效率，用户可根据机器的配置在此进行调整。

(2)“安全”选项卡。该选项卡主要用于网络安全方面的设置，可以帮助用户防止计算机病毒等恶意程序的侵害。安全级别分为高、中、低、最低四级，级别越高，安全性越强，但使用时受到的限制也越多；级别越低，安全性越差，使用时受到的限制也越少。一般默认的中级可以满足大多数用户的使用需要。

(3)“隐私”选项卡。该选项卡主要用于防止计算机信息的泄漏，包括如何使用cookie以及是否阻止网页弹出窗口等设置。

(4)“内容”选项卡。该选项卡主要用于控制访问内容，其中，分级审查可以限制打开网页的内容；证书可以标识用户的身份；个人信息能够帮助用户自动记录某些登录信息，以帮助用户快速登录某些网站。

(5)“连接”选项卡。该选项卡主要用于建立和管理与Internet的连接。

(6)“程序”选项卡。该选项卡主要为Internet Explorer的每个服务指定默认程序，如HTML服务、电子邮件、新闻组等服务分别使用何种程序打开。

(7)“高级”选项卡。该选项卡提供更多对Internet Explorer浏览器状态的设置，例如对浏览器安全、网页多媒体信息的浏览等更详细的设置，适合于高级用户使用。

4. 资料检索与下载

Internet是一个信息的海洋，面对这样一个浩如烟海的信息世界，该如何找到自己所需要的信息呢？搜索引擎(Search Engine)提供了解决这个问题的途径，搜索引擎是随着Web信息的迅速增加而逐渐发展起来的技术，它是一种浏览和检索数据集的工具。

通常“搜索引擎”是这样一些因特网上的站点，他们拥有自己的数据库，保存了因特网上的很多页面的检索信息，并且不断更新。当用户查找某个关键词的时候，所有在页面内容中包含了该关键词的网页都将作为搜索结果被检索出来，在经过复杂的算法进行排序后，这些结果将按照与搜索关键字的相关度高低，依次排列，呈现在结果网页中。结果网页是罗列了指向一些相关网页地址的超链接的网页，这些网页可能包含要查找的内容，从而起到信息导航的目的。

具有代表性的中文搜索引擎网站有百度(http://www.baidu.com)和谷歌(http://www.google.com)。百度目前主要提供中文(简/繁体)网页搜索服务，是全球最大的中文搜索引擎。例如无限定，默认以关键词精确匹配方式搜索。在搜索结果页面，百度还设置了关联搜索功能，方便访问者查询与输入关键词有关的其他方面的信息。提供“百度快照”查询。其他搜索功能包括新闻搜索、MP3搜索、图片搜索、Flash搜索等。Google数据库存有42.8亿个Web文件，属于全文(Full Text)搜索引擎。Google提供常规及高级搜索功能。在高级搜索中，用户可限制某一搜索必须包含或排除特定的关键词或短语。该引擎允许用户定制搜索结果页面所含信息条目数量，可从10～100条任选。提供网站内部查询和横向相关查询。Google还提供特别主题搜索，例如Apple Macintosh、BSD UNIX、Linux和大学院校搜索等。Google允许以多种语言进行搜索，在操作界面中提供多达30余种语言选择，包括英语、主要欧洲国家语言(含13种东欧语言)、日语、中文简繁体、朝语等。同时还可以在多达40多个国别专属引擎中进行选择。

另外，还有搜狐(http://www.sohu.com.cn)、新浪搜索(http://search.sina.com.cn)、网易中文搜索引擎(http://www.yeah.net)等。

常见的国外搜索引擎有Yahoo(http://www.yahoo.com)、Alta Vista(http://www.altavista.com)、Infoseek(http://guide.infoseek.com)等。

(1) 使用搜索引擎的技巧。要完成一个有效的搜索，首先应该确定要搜索的主题是什么，然后确定如何搜索。下面介绍搜索应用的技巧，以获得更有效的搜索结果。

① 如果主体范围狭小，不妨简单地使用两三个关键词试一试。

② 如果不能准确地确定搜索的主题是什么，或搜索的主题范围很广，可以使用分类的目录搜索。

③ 尽可能地缩小搜索范围，可以在 Web 页中搜索。

④ 搜索多个并列关系的关键词时，在关键词之间加入空格或逗号即可，例如搜索关键词同时包含“计算机”和“网络”，只需在搜索处输入“计算机 网络”即可。

(2) 常用的搜索运算符。在搜索引擎中可以使用 and、or、not、<in>title、<near>、<phrase>、<thesaurus>、' '、" "以及“，* ?”和空格等运算符将关键字串接起来，使查询目标更明确。这些运算符必须为半角 ASCII 字符，大小写均可。

更多有关搜索引擎的知识，可以参考网站：http://www.se-express.com/（搜索引擎直通车）。

8.3 Internet 的应用

8.3.1 文件传输

1. FTP 简介

FTP(File Transfer Protocol，文件传输协议)是 Internet 文件传输的基础。通过该协议，用户可以从一个 Internet 主机向另一个 Internet 主机“下载”或“上传”文件，如图 8-13 所示。下载(Download)文件就是从远程主机中将文件复制到本地的计算机中；上传(Upload)文件就是将文件从本地的计算机中复制到远程主机中。通常，在 Internet 上普通用户只能进行下载操作。

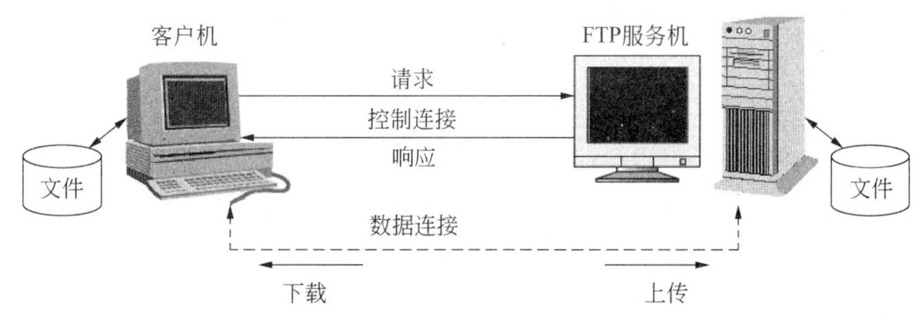

图 8-13 文件传输示意图

在 Internet 上有两类 FTP 服务器。一类是普通的 FTP 服务器，连接到这种服务器上时，用户必须有合法的用户名和口令。另一类是匿名 FTP 服务器，用户即使没有用户名和口令也可以与它连接并且进行下载和上传文件。当普通用户访问匿名 FTP 服务器时，可以使用一个公共的用户名：anonymous 和一个标准格式的口令：用户的 E-mail 地址。

2. 文件下载

对于许多上网的用户来说，下载文件是一件必不可少的工作，但每当下载文件的时候，下载速度慢和中途断线是困扰每一个用户的问题。针对这种状况，市场上出现了很多专门用来下载文件的工具软件，这些软件大都采用多线程断点续传、多资源超线程、P2P 等技术，帮助用户方便、快捷、安全、准确的完成下载工作。

(1) 多线程断点续传技术。多线程断点续传指的是在下载或上传时，将下载或上传任务(一个文件或一个压缩包)人为的划分为几个部分，每一个部分采用一个线程进行上传或下载(平常直接通过 Internet Explorer 浏览器下载使用的是一个线程)，如果遇到网络故障，可以从已经上传或下载的部分开始继续上传下载以前未上传下载的部分，而没有必要从头开始上传下载，目的是节省时间，提高速度。有时用户上传下载文件需要历时数小时，下载过程中如果线路突然中断，不具备断点续传的 FTP 服务器或下载软件就只能从头重传；比较好的 FTP 服务器或下载软件具有 FTP 断点续传能力，允许用户从上传下载断线的地方继续传送，这样大大减少了文件的传输时间。

常见的多线程断点续传软件有迅雷(Thunder)、网际快车(FlashGet)等，下面以迅雷为例，简要介绍下载软件的使用方法。

迅雷(Thunder)是由深圳市迅雷网络有限公司开发的一款软件下载工具。迅雷使用的多资源超线程技术基于网格原理，能够将网络上存在的服务器和计算机资源进行有效的整合，构成独特的迅雷网络，通过迅雷网络各种数据文件能够以最快速度进行传递。多资源超线程技术还具有互联网下载负载均衡功能，在不降低用户体验的前提下，迅雷网络可以对服务器资源进行均衡，有效降低了服务器负载。迅雷的功能特点如下：

① 全新的多资源超线程技术，显著提升下载速度。

② 功能强大的任务管理功能，可以选择不同的任务管理模式。

③ 智能磁盘缓存技术，有效防止了高速下载时对硬盘的损伤。

④ 智能的信息提示系统，根据用户的操作提供相关的提示和操作建议。

⑤ 独有的错误诊断功能，帮助用户解决下载失败的问题。

⑥ 病毒防护功能，可以和杀毒软件配合保证下载文件的安全性。

⑦ 自动检测新版本，提示用户及时升级。

⑧ 提供多种皮肤(Skin)，用户可以根据自己的喜好进行选择。

用户可以从以下网址下载到最新版本的迅雷软件：http://dl. xunlei. com/index. htm?tag=1。

迅雷的安装十分简单，和通常安装软件的过程一样，指定安装目录，然后其他的都可以按照默认值即可，这里不再赘述。安装完成之后会提示用户是否将迅雷作为浏览器的默认下载工具，并向右键快捷菜单添加“使用迅雷下载”和“使用迅雷下载全部链接”两个快捷菜单项。

安装结束后，在“桌面”上会有迅雷的快捷图标。软件启动后进入迅雷主界面，如

图 8-14 所示。和多数 Windows 软件一样，迅雷的窗口也包括标题栏、菜单栏、工具栏和工作区等几个部分。在使用之前，用户可以利用“工具”|“配置”菜单命令对它进行简单的设置。如迅雷的默认下载文件夹为 C:\TDDownload，用户可以根据自己的需要将下载的文件指定到一个其他的文件夹中，以免下载之后找不到文件，同时也便于对下载的文件进行分类管理。

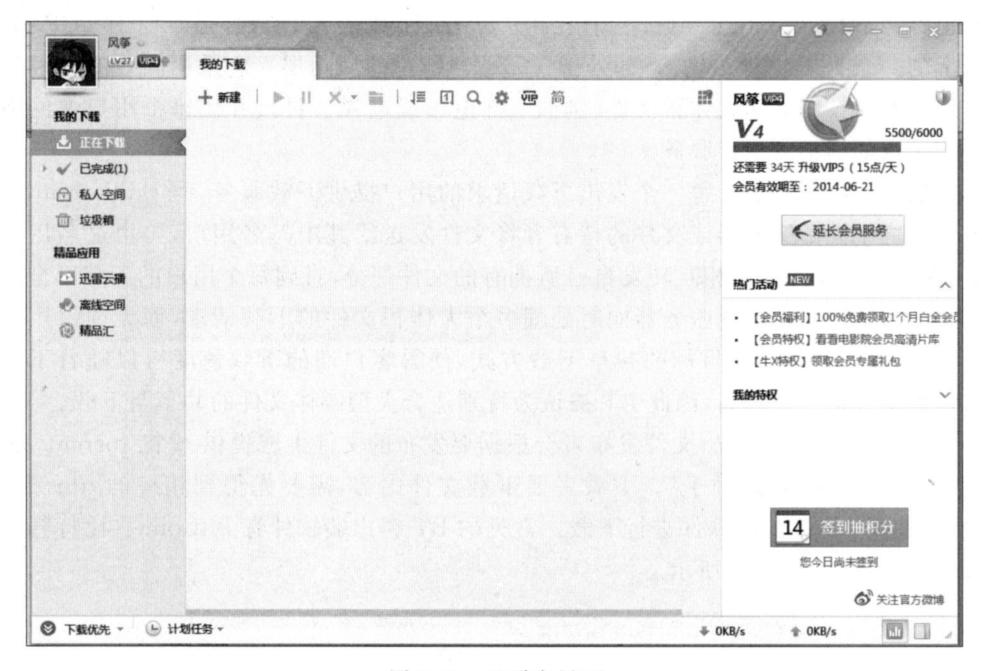

图 8-14　迅雷主界面

设置完成后，用户就可以用迅雷下载文件了。下载的方法大体有两类：一种是通过迅雷监视浏览器和剪贴板，当用户有下载文件操作时，迅雷会自动运行，并提示用户是否利用迅雷进行下载操作；另一种是利用悬浮窗口或右键快捷菜单手动向迅雷添加下载任务，通过浏览器访问需要的站点，当需要下载时，只需用鼠标左键按住需要下载的链接，并将它拖曳到迅雷的“悬浮窗口”，或者右击该链接，从弹出的快捷菜单中选择“使用迅雷下载”选项，都可以将该下载目标添加到迅雷下载列表中。

(2) P2P 技术。P2P 是对等系统(PC to PC 或 Peer to Peer)的缩写，它是一种与客户端/服务器(Client/Server，C/S)结构相对的网络结构思想。在对等系统中，两个或两个以上的 PC 或其他设备，在 Internet 上直接通信或协作，彼此共享包括处理能力(CPU)、程序以及数据在内的共用资源。

在 P2P 结构中，网络不存在中心结点(或中央服务器)，每一个结点都同时担当着信息消费者、信息提供者和信息中介者这三重职责。P2P 网络中的每一个结点都具有完全相同的地位，每台计算机的权利和义务都是对等的，无所谓 C/S 系统中的服务器和客户机之分，所以 P2P 网络也叫做“对等网络”。P2P 的本质特性是分布式计算，其最大特点是没有中央服务器，网络上每一台计算机(特别是用户端设备)的计算能力都可以得到充分发挥，使用户可以像使用自己的计算机一样使用对等的计算机上的资源而无须通过万维网或电子邮件这样的C/S应用，使人们避免了在中央服务器端的昂贵支出（包括软件、硬件、通信以及人力投入等），从而使得系统具有更低的运营成本和近乎无限的扩展能力。

应用P2P技术的下载软件很多，根据软件采用的协议不同又分为很多类，常见的有BT和edonkey，下面分别做一简单介绍。

① BT。BT全称BitTorrent，是比较流行的一种P2P文件共享工具，其使用的核心协议也称为BitTorrent。BitTorrent（比特流）是一种内容分发协议，是架构于TCP/IP协议之上的一个P2P文件传输协议，处于TCP/IP结构的应用层。它采用高效的软件分发系统和点对点技术共享大体积文件（例如一部电影或电视节目），并使每个用户像网络重新分配结点那样提供上传服务。

一般的下载服务器为每一个发出下载请求的用户提供下载服务，而BitTorrent的工作方式与之不同。服务器或文件的持有者将文件发送给其中一名用户，再由这名用户转发给其他用户，用户之间相互转发自己所拥有的文件部分，直到每个用户的下载都全部完成。这种方法可以使下载服务器同时处理多个大体积文件的下载请求，而无须占用大量带宽。BT由于采用了多目标的共享下载方式，使得客户端的下载速度得以随着下载用户数量的增加而不断提高，因此BT被认为特别适合大型媒体文件的共享与下载。

根据BitTorrent协议，文件发布者会根据要发布的文件生成提供一个.torrent文件，即种子文件，也简称为“种子”。下载者要下载文件内容，需要先得到相应的.torrent文件，然后使用BT客户端软件进行下载。常见的BT客户端软件有BitComet（比特彗星）、BitTorrent等，如图8-15所示。

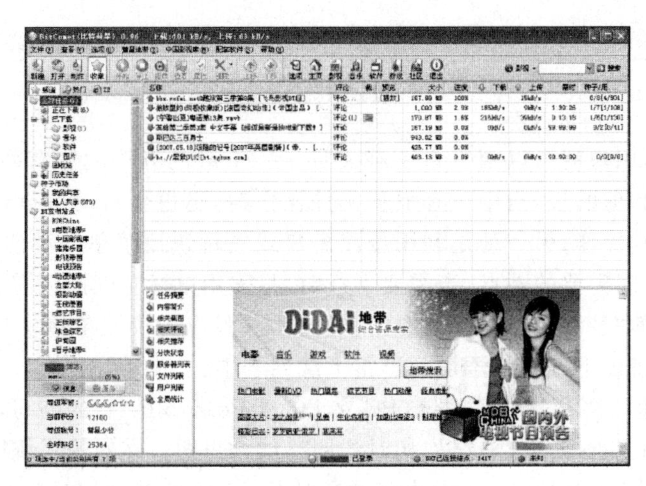

图8-15　BitComet主界面

② eDonkey。eDonkey（电驴）是建立在点对点（P2P）技术上的文件共享软件。它与传统文件共享的区别是共享文件不是在集中的服务器上等待用户端来下载，而是分散在所有参与者的硬盘上。所有参与者组成一个虚拟网络，每个用户端都可以从这个虚拟网络里的任何一个人的计算机里下载文件，同时每个人也可以把自己的文件共享给任何人。

在eDonkey体系里有一些服务器，用户用电驴软件把各自的PC连接到电驴服务器上，不过这些服务器不再存放文件，而是存放这些共享文件的目录或地址。每个用户端从服务器处得到或搜索到共享文件的地址，然后自动从别的客户端处进行下载，参与的客户端越多，下载的速度越快。可以说，电驴把控制权真正交与用户，用户通过电驴可以共享硬盘上的文件、目录甚至整个硬盘。那些费心收集存储在自己硬盘上的文件肯定是被认为最有价值的。所有用户都共享了他们认为最有价值的文件，这将使互联网上信息的价值得到极大的提升。常见的 eDonkey 下载软件为 eMule，如图 8-16 所示。

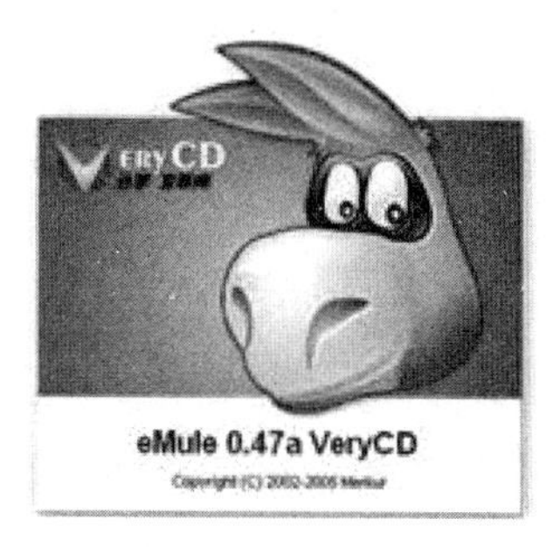

图 8-16　eMule 下载软件

8.3.2　搜索引擎

搜索引擎是指根据一定的策略、运用特定的计算机程序从互联网上搜集信息，在对信息进行组织和处理后，为用户提供检索服务，将用户检索相关的信息展示给用户的系统。

搜索引擎是一种搜索其他目录和网站的检索系统，搜索引擎网站可以将查询结果以统一的清单表示返回。搜索引擎包括全文索引、目录索引、元搜索引擎、垂直搜索引擎、集合式搜索引擎、门户搜索引擎与免费链接列表等。

具有代表性的中文搜索引擎网站有百度（http://www.baidu.com）、Google（http://www.google.com）、搜狐（http://www.sohu.com.cn）、新浪搜索（http://search.sina.com.cn）。

常见的国外搜索引擎有 Yahoo（http://www.yahoo.com）等。

除了这些常用的搜索引擎之外，还有一些专业期刊或者核心期刊杂志类的搜索引擎，例如中国期刊全文数据库（CNKI，http://www.cnki.net）、维普全文电子期刊（http://neu.cqvip.com）等，用户可以通过这些专业搜索引擎进行专业期刊或文章检索。

网络的资源非常丰富，对于一个普通网民来说在这浩如烟海的信息流中寻找对自己有用的信息成为一件十分困难的事。搜索引擎的作用就在于整合网络资源，为用户提供便捷的搜索服务，以提高效率，缺点是搜索结果里的排名很大程度上与广告费用有关，这就局限了人们的视野。有些搜索引擎的搜索结果中广告、垃圾网站和死链比较多。

8.3.3　远程登录

1. 远程登录概述

远程登录（Telnet）是 Internet 最基本的服务之一，目的在于访问远程系统资源。用户将计算机连接到远程计算机的操作方式叫做“登录”。远程登录是用户通过使用 Telnet 等有关软件使自己的计算机暂时成为远程计算机的终端过程。一旦用户成功地实现了远程登录，用户使用的计算机就好像一台与对方计算机直接连接的本地计算机终端那样进行工作，可以使用权限允许的远程信息资源，享受远程计算机与本地终端同样的权利。Telnet 是 Internet 的远程登录协议。

用户在使用 Telnet 进行远程登录时，首先应该输入要登录的服务器的域名或 IP 地址，然后根据服务器系统的询问，正确地输入用户名和口令后(有些服务器不需要用户拥有账号和密码，甚至无须用户登录)，远程登录成功。

2. 应用举例

远程登录服务的典型应用就是电子公告板 BBS(Bulletin Board System)，它是一种利用计算机通过远程访问得到的一个信息源及报文传递系统。用户只要连接在 Internet 上，就可以直接利用 Telnet 方式进入 BBS，阅读其他用户的留言，发表自己的意见。BBS 提供的服务主要有：电子邮件服务、校园信息服务、站内公告栏、科学技术知识服务、文学艺术、休闲娱乐等，大多以技术服务或专业讨论为主。它的界面一般是文本，这与 WWW 服务的图形界面、交互方式相比较显得有些落伍，但因它通信方式简洁，仍然有许多用户在使用。

下面以 Windows XP 中的 Telnet 终端仿真程序为例，进行 BBS 远程登录的具体步骤如下。

(1) 运行 Telnet 终端仿真应用程序。单击“开始”按钮，从弹出的快捷菜单中选择“运行”选项，在弹出的“运行”对话框中输入“Telnet bbs. tju. edu. cn”(天大求实 BBS 站)，出现如图 8-17 所示的窗口。

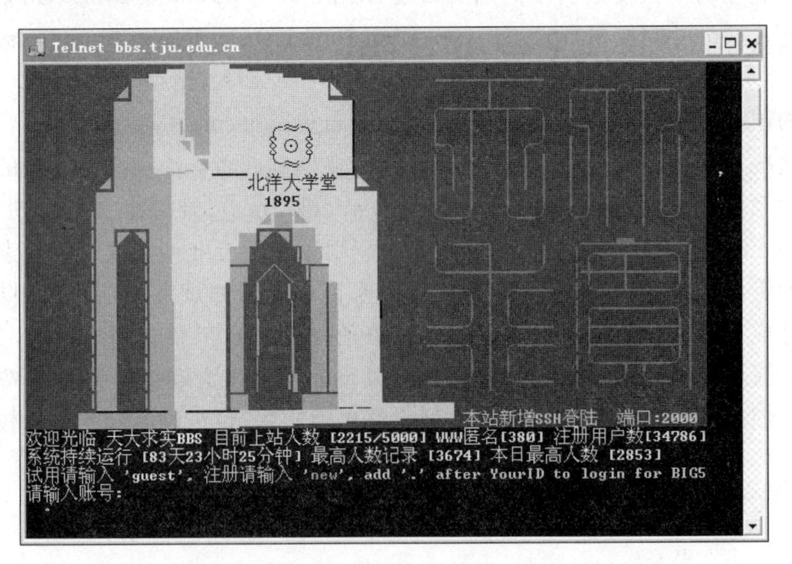

图 8-17　Telnet 窗口

(2) 在该登录窗口中输入用户名。如果是第一次登录，可以输入“new”来注册。如果不想注册，可输入“guest”以客人身份登录(以客人身份登录不能发表文章)，按照提示操作，进入“天大求实”的主功能菜单，如图 8-18 所示，用户可利用上下方向键选择，然后按 Enter 键就能够进入相应的讨论区，浏览或发表文章。

此外，还有一种 WWW 形式的 BBS，也就是现在经常见到的论坛。它不需要用远程登录的方式，与一般的网站(网页)一样，用户可通过浏览器直接登录。这种形式的 BBS

除了仍然保持传统的 BBS 基本内容和功能外，其界面及使用都有很大变化，不仅可以有文字信息，还可以加入图片等多媒体信息，如常见的论坛、留言板等。显然，这种 BBS 操作更为方便快捷，并且具有更强的即时性和交互性。

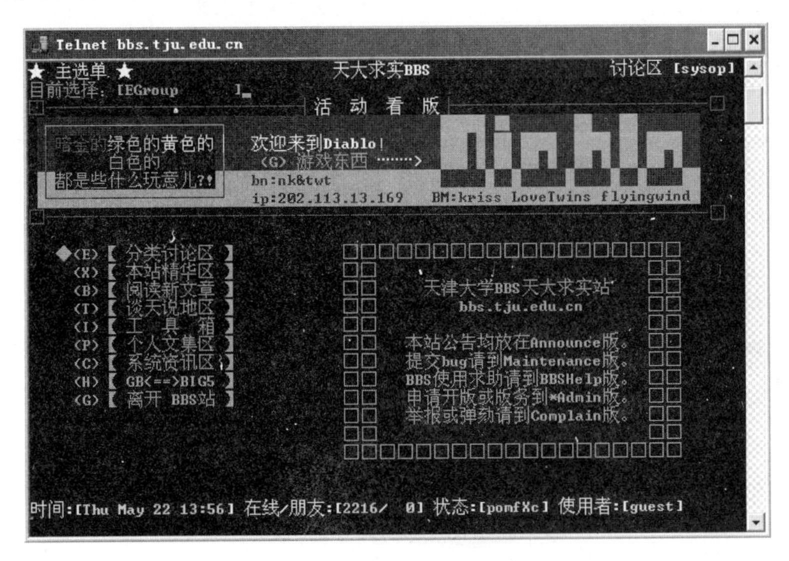

图 8-18 天大求实 BBS

8.3.4 电子邮件

1. 电子邮件的基本概念及协议

电子邮件(E-mail)是 Internet 中使用得最为广泛的一种服务。电子邮件和通过邮局收发的信件从功能上讲没有什么不同，它们都是一种信息的载体，是用来帮助人们进行沟通的工具，只是实现方式有所不同。电子邮件是在计算机上编写，并通过因特网以存储—转发的形式为用户传递邮件。与普通信件相比，电子邮件不仅传递迅速，而且可靠性高，电子邮件与传统邮件相比的优势是方便、快捷、费用低，邮件可以是文本格式、图形和声音等。与普通信件一样，要发送电子邮件，必须知道发送者的地址和接收者的地址。其格式如下：

用户名@电子邮件服务器名

其中，符号@读作英文的 at；@左侧的字符串是用户的信箱名，右侧是邮件服务器的主机名。例如：dxjsjjc2008@tjcu.edu.cn。

在因特网上由很多处理电子邮件的计算机，它们就像是一个个邮局，采用存储—转发方式为用户传递电子邮件，这些计算机就称为电子邮件服务器。在电子邮件系统中有两种服务器，一个是发送邮件服务器(SMTP 服务器)，将电子邮件发送出去，另一个是接收邮件服务器(POP3 服务器)，接收来信并保存。

SMTP(Simple Mail Transfer Protocol，简单邮件传输协议)其作用是将用户编写的电子邮件转交到收件人。POP3(Post Office Protocol Version 3，邮局协议版本 3)的作用

是将发件人编写的电子邮件暂存，直到收件人访问服务器上的电子信箱及接收邮件。通常，SMTP 服务器和 POP 服务器可由同一台计算机担任，即同一台电子邮件服务器既完成发送邮件的任务又能让用户从它那里接收邮件，这时 SMTP 服务器和 POP3 服务器的名称是相同的。

电子邮件系统工作流程如图 8-19 所示。

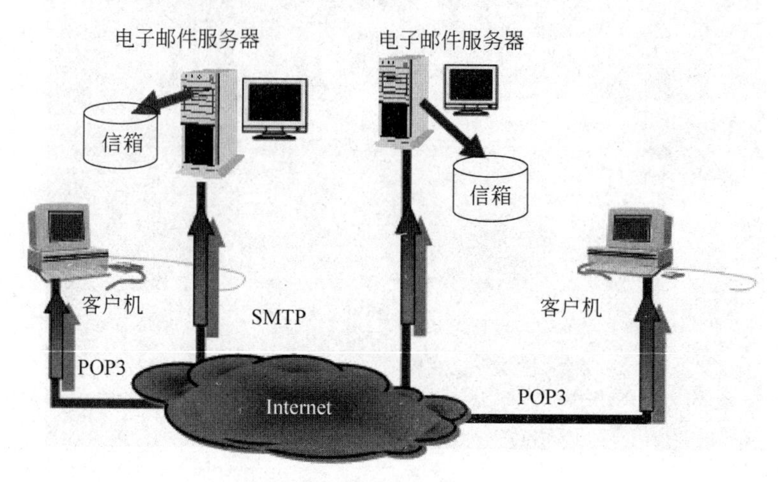

图 8-19　电子邮件系统工作流程图

2. 收发电子邮件

用户首先要向 ISP 申请一个邮箱，由 ISP 在邮件服务器上为用户开辟一块磁盘空间，作为分配给该用户的邮箱，并给邮箱取名，所有发向该用户的邮件都存储在此邮箱中。此外，还有些网站也为用户提供免费或收费的电子邮箱，例如网易、新浪、搜狐、雅虎等。

(1) 免费邮箱的申请。下面以网易 126 免费邮箱为例，简单介绍申请免费邮箱的方法。

首先通过浏览器进入的"网易 126"主页(http://www.126.com)，如图 8-20 所示。在该网页中单击"注册"，进入到注册页面，如图 8-21 所示。输入用户名和出生日期(以便忘记密码时重新取回)，系统验证用户名没有重复可以使用后，进入用户资料填写页面，按照注册向导提示操作，即可完成免费邮箱申请。

(2) 通过 Web 方式收发电子邮件。用户可以通过邮件服务商的网站，利用 Web 方式登录邮箱进行收发邮件的操作。下面以网易 126 免费邮为例，简单介绍通过 Web 方式收发邮件的方法。

首先通过浏览器进入的"网易 126"主页(http://www.126.com)，输入邮箱用户名和密码进入邮箱。如果用户有新收到的邮件，邮箱会提示用户读取邮件。在该页面中单击"收件箱"，可以看到用户收到的邮件列表，单击要阅读的邮件即可打开邮件正文。如果该邮件包含附件，可以单击"下载附件"按钮，将附件下载到本地保存。用户可以单击"回复"按钮来给发件人回信或单击"转发"按钮将该邮件转给其他用户，还可以在该网页中单击

图 8-20　网易 126 免费邮首页

图 8-21　用户注册页面

“写信”按钮，打开撰写新邮件页面，如图 8-22 所示。输入收件人邮箱地址、邮件主题和邮件正文，如果邮件中除一般文字外还包括文本、声音、视频等文件，可以通过“添加附件”方式将文件与邮件一起发送，如图 8-23 所示。信件撰写完毕后，单击“发送”按钮，系统会自动将该邮件发送至收件人电子邮箱。

图 8-22　撰写邮件

图 8-23　发送邮件

习 题 8

一、选择题(多选或单选)

1. 中国将 Internet 称做(　　)。

A. 国际互联网　B. 因特网　C. Novell 网　D. 广域网

2. Modem 所具备的功能是(　　)。

A. 能将模拟信号转换成数字信号　B. 能将数字信号转换成模拟信号

C. 既是输入设备,又是输出设备　D. 能将中文信息转换成英文信息

3. 在 Internet 网站域名中,com 表示(　　)。

A. 商业机构　B. 政府机构　C. 军事机构　D. 娱乐机构

4. 以下正确的 IP 地址是(　　)。

A. 122.34.258.1　B. 128.254.252　C. 202.128.16.1　D. 0.0.0.345

5. WAN 是指(　　)。

A. 广域网　B. 局域网　C. 城域网　D. 校园网

6. 计算机局域网络常采用的拓扑结构是(　　)。

A. 分布式结构　B. 环状结构　C. 总线结构　D. 星状结构

7. 中国的 CERNet 计算机网络是(　　)。

A. 中国公用计算机互联网　B. 中国国家公用经济信息通信网

C. 中国教育科研计算机网　C. 中国国家计算机与网络

8. 计算机网络具备的特点是(　　)。

A. 传输数字信息快捷　B. 资源共享

C. 网络距离短　D. 远程登录

9. 广域网是由(　　)相连而成。

A. 互联网　B. Internet　C. 局域网　D. 城域网

10. 网络接口卡又称做(　　)。

A. 网关　B. 网络适配器　C. 调制解调器　D. 路由器

11. IE 浏览器中的"收藏",收藏的是(　　)。

A. 网页的网址　B. 图片

C. 文字　D. 所有浏览过的网址

12. 基于 TCP/IP 协议的文件传输命令是(　　)。

A. Telnet　B. FTP　C. HTTP　D. ISP

13. IP 地址是使用(　　)个字节表示的。

A. 1　B. 2　C. 4　D. 8

14. 网关的作用是(　　)。

A. 进行协议转换　B. 管理域名

C. 解释 IP 地址　　D. 为 IP 地址起名

15. TCP/IP 协议是一组工业标准协议，它由(　　)组成。

A. 许多协议组成　　B. 两个协议组成

C. TCP 和 IP 协议组成　　C. 一个协议组成

16. 计算机网络诞生于 20 世纪(　　)年代。

A. 50　　B. 60　　C. 70　　D. 80

17. 中国的 ChinaNet 计算机网络是(　　)。

A. 中国公用计算机互联网　　B. 中国国家公用经济信息通信网

C. 中国教育科研计算机网　　D. 中国科技网

18. 计算机网络的共享资源是(　　)。

A. 硬件资源　　B. 软件资源

C. 软件资源和硬件资源　　D. 软、硬件资源和数据与信息资源

19. Internet 的 IP 地址：68.126.221.12 是(　　)类地址。

A. A　　B. B　　C. C　　D. D

20. ISDN 称做(　　)。

A. 综合业务数字网　　B. 公用经济信息通信网

C. 公用计算机互联网　　D. 国家计算机网络

21. 域名中的最高层域名可以是(　　)。

A. 国家名　　B. 机构名

C. 机构名或单位名　　D. 地理名

22. URL 的作用是(　　)。

A. 定位网页的地址　　B. 指定电子邮件地址

C. 定位主机的地址　　D. 定位服务器地址

23. 电子邮件地址为 liming@163.net，其中的 163.net 是(　　)。

A. 电子信箱服务器　　B. 电子邮局

C. IP 地址　　D. 域名

24. 如果给多人同时发送同一邮件，在收件人地址栏中可以写多个人的信箱地址，但各地址之间需要用(　　)分隔。

A. ，　　B. ；　　C. ，或 ；　　D. 空格

25. 使用 IE 快速查找网页上的文字，可以使用 IE 菜单栏中的(　　)命令。

A. 插入　　B. 文件　　C. 编辑　　D. 工具

26. 网页可以保存为(　　)类型文件。

A. 1 种　　B. 2 种　　C. 4 种　　D. 5 种

27. 在 IE 浏览器中设置起始页面地址的方法是(　　)。

A. 选择“查看”|Internet 菜单项

B. 选择“工具”|Internet 菜单项

C. 选择“编辑”|Internet 菜单项

D. 选择“文件”|Internet 菜单项

28. 域名服务器的作用是(　　)。

A. 保存域名　　B. 管理域名

C. 将收到的域名解释为 IP 地址　　D. 为 IP 地址起名

二、简答题

1. 什么是计算机网络?
2. 计算机网络形成的初期,其主要用途是什么?
3. 结合目前 Internet 的应用,举例说明 Internet 的作用。
4. 什么是网络拓扑结构? 常用的拓扑结构有哪几种?
5. IP 地址的作用及表示方法是什么?
6. 域名分几部分? 各部分代表什么?
7. 简述上 Internet 的几种方法。
8. 什么是搜索引擎? 搜索引擎的作用是什么?

第9章

信 息 安 全

本章学习目标:

- 了解信息安全的概念与内容。
- 掌握计算机病毒的定义和特点,以及计算机病毒防护措施和方法。
- 了解网络安全的目标及关键技术。
- 了解信息安全的相关技术。

9.1 信息安全概述

1. 信息安全的定义

目前信息安全还没有一个统一的概念,广义的信息安全定义有3个。

(1) 美国政府信息安全标准的定义是"保护信息系统免受意外或故意的非授权泄露、传递、修改或破坏"。

(2) 中国科学院信息安全国家重点实验室信息安全的定义是"信息安全涉及信息的保密性(Confidentiality)、可用性(Availability)、完整性(Integrity)和可控性(Controllability)。保密性就是保证信息不泄露给未经授权的人;可用性就是保证信息以及信息系统确实为授权使用者所用;完整性就是抵抗对手的主动攻击,防止信息被篡改;可控性就是对信息以及信息系统实施安全监控。综合起来说,就是要保障电子信息的有效性"。

(3) 国际标准化组织ISO信息安全的定义是"为数据处理系统建立和采取的技术和管理的安全保护,保护计算机硬件、软件和数据不因偶然和恶意的原因而遭到破坏、更改和显露"。

随着计算机应用逐渐扩大以及信息内涵的不断丰富,信息安全涉及的领域内涵也越来越广。信息安全不但是保证信息的保密性、完整性、可用性和可控性,并且从主机的安全技术发展到网络体系结构的安全。从单一层次的安全发展到多层次的立体安全。目前,涉及的领域还包括黑客的攻防、网络安全管理、网络安全评估、网络犯罪取证等方面。因此在不会产生歧义时,狭义的信息安全就是计算机网络信息系统安全,简称网络安全。

由于计算机网络具有连接形式多样性、终端发布不均匀性和网络开放性、互联性等特征，使得网络易受到黑客、恶意软件和其他不轨行为的攻击，所以网络信息的安全和保密性是一个至关重要的问题。无论是在局域网还是在广域网系统中，都存在着自然环境和人为等诸多因素的脆弱性和潜在威胁。因而计算机网络系统的安全措施应该是可以全方位地针对各种不同的威胁和脆弱性，才能确保网络信息的保密性、可用性、完整性和可控性。一切影响计算机网络安全的因素和保障计算机网络安全的措施都是网络安全的研究内容。

因此，可以这样总结定义信息安全：信息安全是指信息在产生、传输、处理和存储过程中不被泄露或破坏，确保信息的可用性、保密性、完整性和不可否认性，并保证信息系统的可靠性和可控性。

2. 信息安全的内容

信息安全包括以下 4 个方面的内容。

(1) 实体安全。实体安全是指保护计算机设备、网络设施以及其他媒体免遭地震、水灾、火灾、有害气体和其他环境事故(如电磁污染等)破坏的措施、过程，特别是避免由于电磁泄露产生信息泄露，从而干扰他人或受他人干扰。实体安全包括环境安全、设备安全和媒体安全 3 个方面。

(2) 运行安全。运行安全是指为保障系统功能的安全实现，提供一套安全措施来保护信息处理过程的安全。它侧重于保证系统正常运行，避免因为系统的崩溃和损坏而对系统存储、处理和传输的信息造成破坏和损失。运行安全包括风险分析、审计跟踪、备份与恢复、应急措施 4 个方面。

(3) 数据安全。数据安全即信息本身的安全，是指防止数据财产被故意地或偶然地非授权泄露、更改、破坏或使信息被非法的系统辨识、控制。避免攻击者利用系统的安全漏洞进行窃听、冒充、诈骗等有损于合法用户的行为。数据安全本质上是保护用户的利益和隐私。

(4) 信息安全管理。信息安全管理是指有关的法律法令和规章制度以及安全管理手段，确保系统安全生存和运营

3. 信息安全的基本属性

不管信息入侵者怀有什么样的阴谋诡计，采取什么手段，他们都要通过攻击信息的以下几种安全属性来达到目的。所谓“信息安全”，从技术层面上的含义就是保证在客观上杜绝对信息安全属性的安全威胁，从而保证信息的主人在主观上对信息的本源性放心。信息安全的基本属性包括完整性、可用性、机密性、可控性和不可抵赖性。

(1) 完整性。完整性是指信息在存储、传输和提取的过程中保持不被修改、不乱序和不丢失的特性。一般通过访问控制阻止篡改行为，通过信息摘要算法来检验信息是否被篡改。完整性是数据未经授权不能进行改变的特性，其目的是保证信息系统上的数据处于一种完整和未损的状态。

(2) 可用性。信息可用性指的是信息可被合法用户访问并能按要求顺序使用的特

性，即在需要时就可取用所需的信息。可用性是信息资源服务功能和性能可靠性的度量，是对信息系统可靠性的要求。目前要保证系统和网络能提供正常的服务，除了备份和冗余配置之外，没有特别有效的方法。

(3) 机密性。机密性又称为保密性，是指信息不泄露给非授权的个人和实体，或供其使用的特性。信息机密性针对信息被允许访问对象的多少而不同。所有人员都可以访问的信息为公用信息，需要限制访问的信息一般为敏感信息或秘密，秘密可以根据信息的重要性或保密要求分为不同的密级，如国家根据秘密泄露对国家经济、安全利益产生的影响(后果)不同，将国家秘密分为A(秘密级)、B(机密级)和C(绝密级)3个等级。

(4) 可控性。信息可控性是指可以控制授权范围内的信息流向及其行为方式，对信息的传播及内容具有控制能力。为保证可控性，通常通过握手协议和认证对用户进行身份鉴别，通过访问控制列表等方法来控制用户的访问方式，通过日志记录对用户的所有活动进行监控、查询和审计。

(5) 不可抵赖性。不可抵赖性也叫不可否认性，即防止个人否认先前已执行的动作，其目标是确保数据的接收方能够确信发送方的身份。

9.2 计算机病毒及其防治

随着计算机的发展和普及，计算机系统中的漏洞逐渐显示出来。20世纪90年代末，出现了攻击计算机系统的最可怕的敌人——计算机病毒。计算机病毒是一段可执行的程序代码，它们附着在各种类型的文件上，随着文件从一个用户复制给另一个用户，计算机病毒也开始蔓延开来。计算机病毒具有非授权可执行性、隐蔽性、传染性、潜伏性、破坏性等特点，对计算机信息具有非常大的危害。

9.2.1 计算机病毒基本知识

1. 计算机病毒的定义

病毒一词来源于生物学，生物学病毒的特点是传染性、流行性、寄生性、潜伏性、针对性和衍生性等。我国于1994年2月19日颁布实施的《中华人民共和国计算机信息系统安全保护条例》第二十八条对计算机病毒(Computer Virus)给出了明确的定义。计算机病毒是指编制或者在计算机程序中插入的破坏计算机功能或者破坏数据，影响计算机使用，并且能够自我复制的一组计算机指令或者程序代码。也就是说计算机病毒是一段程序，具有生物病毒的特点，但并不是自然界发展起来的生命体，它们只不过是某些人专门编制出来，具有特定目的和功能的程序或程序代码片段。

计算机病毒既然是计算机程序，它的运行就需要消耗计算机的资源，当然计算机病毒并不一定有破坏力，有些病毒可能是恶作剧，例如计算机感染病毒后，只是显示一条有趣的消息或一幅恶作剧的画面，但是绝大多数计算机病毒是毁坏数据，损害他人利益为目的。

2. 计算机病毒的特征

计算机病毒作为一段程序，与正常的程序一样可以执行，实现一定的功能，达到一定的目的。但计算机病毒一般不是一段完整的程序，而需要附着在其他的程序之上，并且要不失时机地传播和蔓延，所以计算机病毒又具有普通程序所没有的特征。计算机病毒一般具有以下几个特征。

(1) 传染性。传染性是计算机病毒的最基本特征，是指计算机病毒在一定条件下可以自我复制，能对其他文件或系统进行一系列非法操作，并使之成为一个新的传染源。在生物界，病毒通过传染从一个生物体扩散到另一个生物体。在适当的条件下，它可得到大量繁殖，并使被感染的生物体表现出病症甚至死亡。同样，计算机病毒也会通过各种渠道从已被感染的计算机扩散到未被感染的计算机，在某些情况下造成被感染的计算机工作失常甚至瘫痪。与生物病毒不同的是，计算机病毒是一段人为编制的计算机程序代码，这段程序代码一旦进入计算机并得以执行，它就会搜寻其他符合其传染条件的程序或存储介质，确定目标后再将自身代码插入其中，达到自我繁殖的目的。只要一台计算机染毒，如不及时处理，那么病毒会在这台计算机上迅速扩散，其中的大量文件(一般是可执行文件)会被感染。而被感染的文件又成了新的传染源，再与其他计算机进行数据交换或通过网络接触，病毒会继续进行传染。正常的计算机程序一般是不会将自身的代码强行连接到其他程序之上的。而计算机病毒却能使自身的代码强行传染到一切符合其传染条件的未受到传染的程序之上。计算机病毒可通过各种可能的渠道，例如U盘、移动硬盘、计算机网络等去传染其他的计算机。当在一台计算机上发现病毒时，往往曾在这台计算机上用过的存储介质已感染上了病毒，而与这台计算机相联网的其他计算机也许也被该病毒染上了。是否具有传染性，是判别一个程序是否为计算机病毒的最重要条件。

(2) 潜伏性。计算机病毒侵入计算机系统后，一般不会立即发作，而是在满足一定条件后才实施破坏，像定时炸弹一样，让它什么时间发作是预先设计好的。不到预定时间一点都觉察不出来，等到条件具备的时候一下子就爆炸开来，对系统进行破坏。比如著名的"黑色星期五"病毒，在遇到13号的星期五发作；臭名昭著的CIH病毒就发作于每个月的26日。一个编制精巧的计算机病毒程序，进入系统之后一般不会马上发作，可以在几周或者几个月内甚至几年内隐藏在合法文件中，对其他系统进行传染，而不被人发现，潜伏性愈好，其在系统中的存在时间就会愈长，病毒的传染范围就会愈大。潜伏性的第一种表现是指，病毒程序不用专用检测程序是检查不出来的，因此病毒可以静静地躲在磁盘或磁带里存上几天，甚至几年，一旦时机成熟，得到运行机会，就又要四处繁殖、扩散，继续为害。潜伏性的第二种表现是指，计算机病毒的内部往往有一种触发机制，不满足触发条件时，计算机病毒除了传染外不做什么破坏。触发条件一旦得到满足，有的在屏幕上显示信息、图形或特殊标识，有的则执行破坏系统的操作，如格式化磁盘、删除磁盘文件、对数据文件做加密、封锁键盘以及使系统死锁等。

(3) 破坏性。计算机中病毒后，可能会导致正常的程序无法运行，对计算机系统的重要数据、文件、资源等运行进行干扰破坏；计算机病毒的破坏行为体现了病毒的杀伤能力，计算机病毒破坏行为的激烈程度取决于病毒作者的主观愿望和他所具有的技术能量。数以万计不断发展扩张的病毒，其破坏行为千奇百怪，不可能穷举其破坏行为，而且难以做全面的描述。计算机病毒的破坏性主要体现在三大方面：一是破坏文件或数据，造成用户数据丢失或毁损；二是抢占系统或网络资源，造成网络阻塞或系统瘫痪；三是破坏操作系统等软件或计算机主板等硬件，造成计算机无法启动。

(4) 寄生性。计算机病毒的基本特征除具有传染性、破坏性和潜伏性，还具有寄生性。根据计算机病毒的定义，病毒是在计算机程序中插入的具有破坏功能的一组计算机指令或者程序代码。可见计算机病毒程序依附于计算机的其他程序而不能独立存在，当执行这个程序时，病毒就起破坏作用，而在未启动这个程序之前，它是不易被人发觉的。

(5) 隐蔽性。隐蔽性是指计算机病毒的存在、传染和对数据的破坏过程不易为计算机操作人员发现；大部分计算机病毒程序都设计得短小精悍，一般只有几百千字节甚至几十千字节。而且计算机病毒通常都附着在正常程序中或比较隐蔽的地方，如引导扇区或以隐含文件形式出现，目的是不让用户发现它的存在。计算机病毒在潜伏期内并不破坏系统工作，受感染的计算机系统通常仍能正常运行，从而隐蔽计算机病毒的存在，使病毒在不被觉察的情况下，使更多的计算机系统受到感染。

(6) 衍生性。计算机病毒的衍生性是当前计算机病毒出现的新特点，衍生性是从一种流行的计算机病毒产生的几种甚至数十种变种病毒。很多病毒使用高级语言编写，如“爱虫”病毒是脚本语言病毒，“美丽莎”是宏病毒，它们比以往用汇编语言编写的病毒更容易理解和修改，通过分析计算机病毒的结构，可以了解设计者的设计思想和设计目的，从而衍生出各种不同于原版本的新的计算机病毒，也称为变种病毒，这就是计算机病毒的衍生性；变种病毒造成的后果可以比原版本病毒更严重的后果。“爱虫”病毒在十多天就出现了三十几种变种。“美丽莎”也有多种变种，而且此后很多病毒都使用了“美丽莎”病毒的传染机理。这些变种的病毒传染和破坏的机理和母体病毒基本一致，只是改变了病毒的外表表象。

随着计算机软件技术和网络技术的发展，网络时代的病毒有具有很多新的特点，如利用微软漏洞主动传播，主动通过网络和邮件传播，病毒传播速度极快、变种更多；病毒与黑客技术融合，更具有攻击性，危害性更大。

9.2.2 计算机病毒的防治

对于计算机病毒，要树立以预防为主、清除为辅的观念，防患于未然。由于计算机病毒处理过程存在对症下药的问题，即发现病毒后，才能找到相应的杀毒方法，因此具有很大的被动性。而防范计算机病毒，可具有主动性，重点应放在防范上。计算机病毒应该从防范病毒、检测病毒和清除病毒 3 个方面进行防治。

1. 计算机病毒的防范措施

为了最大限度地减少计算机病毒的发生和危害，必须采取必要的防范措施，使病毒的波及范围、破坏作用减到最小。下面给出一些简单有效的计算机病毒预防措施。

(1) 安装使用防病毒卡或防病毒软件。准备一套具有查毒、杀毒及修复系统的工具软件，并定期对软件进行升级、对系统进行查毒。

(2) 尽量不使用U盘、移动硬盘或其他移动存储设备启动计算机，而用本地盘启动计算机。同时尽量避免在无防病毒措施的计算机上使用可移动的存储设备。

(3) 使用新软件时，先用杀毒工具检查，减少中毒机会。

(4) 不要随意借入和借出移动存储设备，在使用借入或返还这些设备时，一定要通过杀毒软件的检查，避免感染病毒，对返还设备，若有干净备份，应重新格式化后再使用。

(5) 使用复杂的安全密码。有许多网络病毒是通过猜测简单密码的方式进行传播的，因此使用复杂的密码，并定期修改密码，可增大计算机的安全系数。

(6) 不要在Internet上随意下载软件。免费的软件是病毒传播的重要途径。如果特别需要，需在下载后进行杀毒，然后再打开或使用。

(7) 不要轻易打开电子邮件的附件。邮件病毒是当前病毒的主流之一，通过电子邮件传播病毒，具有传播速度快、范围广、危害大的特点。较稳妥的办法是先将附件下载保存下来，待杀毒软件检查后再打开。

(8) 经常升级安全补丁。90%的网络病毒是通过系统安全漏洞进行传播的，如红色代码、WannaCry等病毒，所以应定期到相关网站去下载最新的安全补丁。

(9) 使用合理的补丁程序、防病毒软件的安装顺序。新安装操作系统后，需要先调整安全设置，安装补丁程序后再安装防病毒软件。

(10) 定期对重要的资料和系统文件进行备份，数据备份是保证数据安全的重要手段。可以通过比照文件大小、检查文件个数、核对文件名来及时发现病毒，也可以在文件损失后尽快恢复。

(11) 了解和掌握一些计算机病毒常识。这样能够及时发现病毒并采取相应措施，在关键时刻使自己的计算机免受病毒破坏。

2. 计算机病毒的清除

当采取了一些预防措施后，会大大降低计算机系统感染病毒的几率，但不能彻底杜绝感染计算机病毒。由于感染病毒的计算机不仅干扰计算机的正常工作，更严重的是继续传播病毒、泄密、破坏重要数据和干扰网络的正常运行，因此对感染病毒的计算机需要立即采取措施予以清除。清除病毒一般采用手动清除和自动清除。

(1) 手动清除。手动清除方法比较适合专业防病毒人员，他们具有的较高的防病毒专业知识，对计算机病毒形成机理和特征比较熟悉。他们的基本方法是借助工具软件，打开被感染的文件，从中摘出病毒代码，使文件复原。手动清除方法不适合一般用户。

(2) 自动清除。杀毒软件是专门用于对病毒的预防、检测和清除的专用工具。自动清除就是借助专用杀毒软件来清除病毒。用户只要按杀毒软件的操作要求或联机帮助操作就可以轻松杀毒。

3. 杀毒软件的选取和常用杀毒软件

目前计算机病毒肆虐全球，它的数目和种类数不胜数，而与之相对的杀毒软件也在日新月异。对杀毒软件的选取有时让普通用户感到头痛,下面给出一个好的杀毒软件必须具有的特点,供用户选择时作为参考。

(1) 能查杀病毒的数量要多,安全可靠性要强。Internet 的发展使病毒传播的更加迅速,导致病毒的全球化。杀毒软件所能查杀的病毒数量、查毒率应该是反病毒产品的重要指标。除了能查杀的病毒数量足够多之外,还应该要求反病毒产品杀毒时不破坏文件、运行可靠,杀毒时不出现死机现象,既安全又可靠。

(2) 要有实时的反病毒的防火墙技术。实时的防病毒技术就是时刻监视系统运行状况,对病毒传播的各种途径进行严密的封锁,将病毒阻止在操作系统之外。

(3) 病毒软件占有内存量要低。现代的杀毒软件必须具备防火墙技术,要提供实时的监控软件常驻内存。既然常驻内存,就要消耗系统资源,这就要求杀毒软件的代码体积越小越好,特别是实施监控软件内存占有量要低,否则会影响系统的高效运行。

(4) 恢复数据能力要强。一旦病毒发作,杀毒软件应能提供应急恢复功能,修复被破坏的硬盘分区表,然后恢复分区上数据。

(5) 杀毒软件要有及时的升级服务。一款杀毒软件必须和市场紧密衔接,它必须要有及时的病毒库升级,同时能够在短时间内对新的病毒做出反应。同时必须有良好的售后服务,能对客户的合理要求做出正确的回复。

目前,国内外有很多杀毒软件符合上述特点,比较流行的有 360、卡巴斯基、诺顿、瑞星、金山毒霸等,表 9-1 给出了一些著名杀毒软件的网站地址。这些杀毒软件除了能本地杀毒外,还可以利用这些公司在网上提供的在线杀毒服务,只要登录其网站,选择在线杀毒功能,就能查杀本地计算机的病毒。

表 9-1 著名杀毒软件公司的网址

公司名称	软件名称	网址
金山软件股份有限公司	金山毒霸	http://www.duba.net
北京瑞星科技股份有限公司	瑞星	http://www.rising.com.cn
360 公司	360 杀毒	https://www.360.cn/
江民新科技有限公司	KV 3000	http://www.jiangmin.com
北京北信源自动化技术有限公司	VRV	http://www.vrv.com.cn
赛门铁克(Symantec)公司	诺顿(Norton Antivirus)	http://www.symantec.com
卡巴斯基实验室	卡巴斯基(Kaspersky)	http://www.kaspersky.com.cn

对于计算机病毒的防治,不仅是一个设备维护问题,而且是一个合理的管理问题;不仅要有完善的规章制度,而且要有健全的管理体制。所以只要提高认识,加强管理,做到措施到位,才能防患未然,减少病毒入侵后造成的损失。

9.3 网络安全

开放的、自由的、国际化的 Internet 发展给政府机构、企事业单位带来了革命性的改革和开放,使得它们能够利用 Internet 提高办事效率和市场反应能力,以便更具竞争力。

通过 Internet,他们可以从异地取回重要数据,但同时又要面对 Internet 开放带来的数据安全的新挑战和新危险。如何保护企业的机密信息不受黑客和工业间谍的入侵,已成为政府机构、企事业单位信息化健康发展所要考虑的重要问题之一。因而,掌握和了解网络安全知识是十分必要和迫切的。

9.3.1 黑客攻防

1. 黑客攻击手段

黑客攻击手段可分为非破坏性攻击和破坏性攻击两类。非破坏性攻击一般是为了扰乱系统的运行,并不盗窃系统资料,通常采用拒绝服务攻击或信息炸弹;破坏性攻击是以侵入他人计算机系统、盗窃系统保密信息、破坏目标系统的数据为目的。下面介绍 4 种黑客常用的攻击手段。

(1) 后门程序。由于程序员设计一些功能复杂的程序时,一般采用模块化的程序设计思想,将整个项目分割为多个功能模块,分别进行设计、调试,这时的后门就是一个模块的秘密入口。在程序开发阶段,后门便于测试、更改和增强模块功能。正常情况下,完成设计之后需要去掉各个模块的后门,不过有时由于疏忽或者其他原因(如将其留在程序中,便于日后访问、测试或维护)后门没有去掉,一些别有用心的人会利用穷举搜索法发现并利用这些后门,然后进入系统并发动攻击。

(2) 信息炸弹。信息炸弹是指使用一些特殊工具软件,短时间内向目标服务器发送大量超出系统负荷的信息,造成目标服务器超负荷、网络堵塞、系统崩溃等攻击手段。比如向未打补丁的 Windows 系统发送特定组合的 UDP 数据包,导致目标系统死机或重启;向某型号的路由器发送特定数据包致使路由器死机;向某人的电子邮件发送大量的垃圾邮件将此邮箱“撑爆”等。目前常见的信息炸弹有邮件炸弹、逻辑炸弹等。

(3) 拒绝服务。拒绝服务又叫分布式 DoS(Denial of Service)攻击,它是使用超出被攻击目标处理能力的大量数据包消耗系统可用系统、带宽资源,最后致使网络服务瘫痪的一种攻击手段。作为攻击者,首先需要通过常规的黑客手段侵入并控制某个网站,然后在服务器上安装并启动一个可由攻击者发出的特殊指令来控制进程,攻击者把攻击对象的 IP 地址作为指令下达给进程的时候,这些进程就开始对目标主机发起攻击。这种方式可以集中大量的网络服务器带宽,对某个特定目标实施攻击,因而威力巨大,顷刻之间就可以使被攻击目标带宽资源耗尽,导致服务器瘫痪,比如美国明尼苏达大学遭到的黑客攻击就属于这种方式。

(4) 网络监听。网络监听是一种监视网络状态、数据流以及网络上传输信息的管理工具,它可以将网络接口设置在监听模式,并且可以截获网上传输的信息,也就是说,当黑客登录网络主机并取得超级用户权限后,若要登录其他主机,使用网络监听可以有效地截获网上的数据,这是黑客使用最多的方法。但是,网络监听只能应用于物理上连接于同一网段的主机,通常被用做获取用户口令。

2. 防止黑客攻击的技术

防止黑客攻击的技术分为被动防范技术与主动防范技术两类，被动防范技术主要包括：防火墙技术、网络隐患扫描技术、查杀病毒技术、分级限权技术、重要数据加密技术、数据备份和数据备份恢复技术等。主动防范技术主要包括数字签名技术、入侵检测技术、黑客攻击事件响应(自动报警、阻塞和反击)技术、服务器上关键文件的抗毁技术、设置陷阱网络技术、黑客入侵取证技术等。

9.3.2 防火墙的应用

防火墙技术最初是针对 Internet 网络不安全因素所采取的一种保护措施，防火墙是设置在被保护网络和外部网络之间的一道屏障，实现网络的安全保护，以防止发生不可预测的、潜在破坏性的侵入。防火墙本身具有较强的抗攻击能力，它是提供信息安全服务、实现网络和信息安全的基础设施。图 9-1 为防火墙位置示意图。

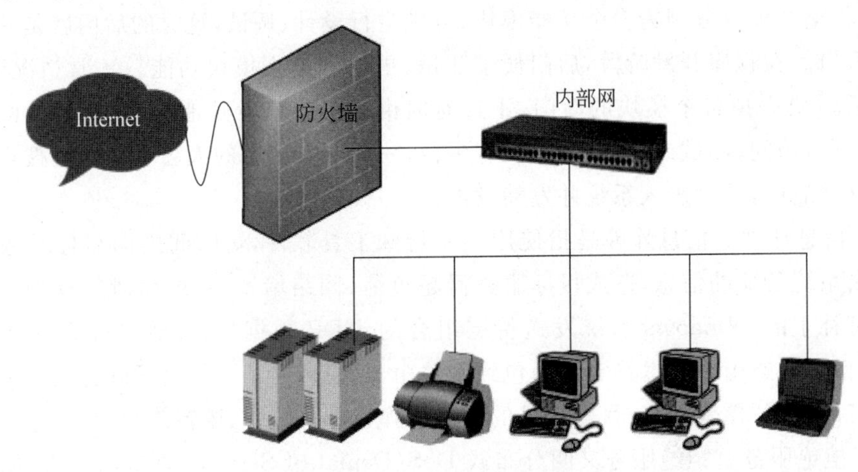

图 9-1 防火墙位置示意图

(1) 防火墙的概念和作用。所谓防火墙指的是一个由软件和硬件设备组合而成、在内部网和外部网之间、专用网与公共网之间的界面上构造的保护屏障，是一种获取安全性方法的形象说法，它是一种计算机硬件和软件的结合，使 Internet(互联网)与 Intranet(内部网)之间建立起一个安全网关，从而保护内部网免受非法用户的侵入。

在网络中，所谓“防火墙”，是指一种将内部网和公众访问网(例如 Internet)分开的方法，它实际上是一种隔离技术。防火墙是在两个网络通信时执行的一种访问控制尺度，它能允许经过“同意”的人和数据进入自己的网络，同时将“不同意”的人和数据拒之门外，最大限度地阻止网络中的黑客来访问自己的网络。换句话说，如果不通过防火墙，公司内部的人就无法访问 Internet，Internet 上的人也无法和公司内部的人进行通信。

防火墙主要由服务访问规则、验证工具、包过滤和应用网关 4 个部分组成，防火墙就是一个位于计算机和它所连接的网络之间的软件或硬件。该计算机流入流出的所有网络通信和数据包均要经过此防火墙。

从防火墙的概念可以看到防火墙的3个方面的特征。

① 网络位置特性：内部网络和外部网络之间的所有网络数据流都必须经过防火墙。

② 工作原理特性：符合安全策略的数据流才能通过防火墙。

③ 先决条件：防火墙自身应具有非常强的抗攻击免疫力。

(2) 防火墙的功能。防火墙的功能主要体现在以下方面。

① 网络的安全屏障功能。限制外部网络用户进入内部网络、过滤掉不安全服务和非法用户。

② 强化网络安全策略功能。通过以防火墙为中心的配置的安全配置方案，能将所有安全软件(口令、加密、身份验证、审计等)配置在防火墙上。

③ 对网络存取和访问进行审计功能。记录通过防火墙所有访问并做日志记录，同时提供网络使用情况统计，发现情况，适当报警，并提供监控的详细信息。

④ 防治内部信息外泄功能。实现内部网络重点段隔离，从而限制了局部重点或敏感网络问题对全局的影响。

⑤ 防御功能。支持电子邮件下载和上载防病毒功能，支撑HTTP、FTP、SMTP等协议层的内容过滤。

⑥ 管理功能。管理员通过集成策略集中管理多个防火墙，包括防火墙身份鉴别、编写防火墙安全规则、配置防火墙安全参数、查看防火墙日志等。

(3) 防火墙的优点。使用防火墙技术具有下面的优点。

① 防火墙对企业内部网实现了集中的安全管理，可以强化网络安全策略，比分散的主机管理更经济易行。

② 防火墙能防止非授权用户进入内部网络。

③ 防火墙可以方便地监视网络的安全性并报警。

④ 防火墙可以作为部署网络地址转换(Network Address Translation)的地点，利用NAT技术，可以缓解地址空间的短缺，隐藏内部网的结构。

⑤ 利用防火墙对内部网络的划分，可以实现重点网段的分离，从而限制安全问题的扩散。

⑥ 由于所有的访问都经过防火墙，防火墙是审计和记录网络的访问和使用的最佳地方。

(4) 防火墙的局限性。防火墙有很多优点，但也有它的局限性，主要表现在以下方面。

① 为了提高安全性，防火墙限制或关闭了一些有用但存在安全缺陷的网络服务，给用户带来使用的不便。

② 目前防火墙对于来自网络内部的攻击还无能为力。

③ 防火墙不能防范不经过防火墙的攻击，例如内部网用户通过SLIP或PPP直接进入Internet。

④ 防火墙对用户不完全透明，可能带来传输延迟、瓶颈及单点失效。

⑤ 防火墙也不能完全防止受病毒感染的文件或软件的传输，由于病毒的种类繁多，如果要在防火墙完成对所有病毒代码的检查，防火墙的效率就会降到不能忍受的程度。

⑥ 防火墙不能有效地防范数据驱动式攻击。

⑦ 作为一种被动的防护手段，防火墙不能防范因特网上不断出现的新的威胁和攻击。

(5) 常用防火墙技术。防火墙有许多形式，有以软件形式运行在普通计算机上的，也有以固件形式设计在路由器之中的。尽管防火墙形式众多，但常用的防火墙技术主要有包过滤型防火墙、状态检测型防火墙和代理型防火墙 3 种。

① 包过滤型防火墙。包过滤防火墙技术是防火墙的基本形式，它工作在网络层，一般在路由器上实现。其技术依据是网络中的分包传输技术，网络上的数据都是以"包"为单位进行传输的，每一个数据包中都会包含一些特定信息，例如数据的源地址、目标地址、TCP/UDP 源端口和目标端口等。防火墙通过读取数据包中的地址信息来判断这些"包"是否来自可信任的安全站点，一旦发现来自危险站点的数据包，防火墙便会将这些数据拒之门外。

包过滤技术的优点是简单实用，实现成本较低，在应用环境比较简单的情况下，能够以较小的代价在一定程度上保证网络系统的安全。但包过滤技术的缺陷也是明显的，有经验的黑客很容易伪造 IP 地址，骗过包过滤型防火墙，防火墙对应用层信息无感知，可能被黑客所攻破。

② 状态检测型防火墙。状态检测防火墙采用基于会话连接的状态检测机制，将属于同一连接的所有数据包作为一个整体的数据流看待，根据连接状态信息，动态地建立和维持一个连接状态表，并将该连接状态表应用到对后续报文的访问控制中去。安全性比包过滤防火墙提高了，因为它可以跟踪和监控连接信息，同时其效率也大大增加，因为一旦建立好连接状态表之后，对于同一连接的后续报文，不用再去逐条匹配规则，可以直接根据连接状态表进行报文的转发。

状态检测型防火墙的特点是能够跟踪 TCP 的连接状态信息，不检查用户数据，需要建立连接状态表，前后报文具有相关性，具有更好的灵活性和安全性，虽然对应用层控制很弱，但对网络层和传输层的保护较强。

③ 代理型防火墙。代理防火墙是一种较新型的防火墙技术，其特点是完全"阻隔"了网络通信流，通过对每种应用服务编制专门的代理程序，实现监视和控制应用层通信流的作用。

代理型防火墙也可以被称为代理服务器，它的安全性要高于包过滤型技术，并已经开始向应用层发展。代理服务器位于客户机与服务器之间，完全阻挡了二者间的数据交流。从客户机来看，代理服务器相当于一台真正的服务器；而从服务器来看，代理服务器又是一台真正的客户机。由于外部系统与内部服务器之间没有直接的数据通道，外部的恶意侵害也就很难伤害到内部网络系统。

代理型防火墙技术优点是安全，缺点是速度慢；它通过代理技术参与到一个 TCP 连接的全过程，其核心技术就是代理服务器技术。

9.4　信息安全技术

信息安全主要包括以下 5 个方面的内容，即需保证信息的保密性、真实性、完整性、未授权复制和所寄生系统的安全性。信息安全本身包括的范围很大，其中包括如何防范商业企业机密泄露、防范青少年对不良信息的浏览、个人信息的泄露等。网络环境下的信息安全体系是保证信息安全的关键，包括计算机安全操作系统、各种安全协议、安全机制（数字签名、消息认证、数据加密等），直至安全系统，如 UniNAC、DLP 等，只要存在安全漏洞便可以威胁全局安全。信息安全是指信息系统（包括硬件、软件、数据、人、物理环境及其基础设施）受到保护，不受偶然的或者恶意的原因而遭到破坏、更改、泄露，系统连续可靠正常地运行，信息服务不中断，最终实现业务连续性。

9.4.1　数据加密技术

数据加密是一门历史悠久的技术，是指通过加密算法和加密密钥将明文转变为密文，而解密则是通过解密算法和解密密钥将密文恢复为明文。它的核心是密码学。

信息保密是信息安全的基本要求和信息安全性的一个重要方面，也是保障信息系统安全的基本服务。保密的目的是防止有人破译机密信息。加密是实现信息的保密性的一个重要手段。信息保密技术是研究对信息进行变换，以防第三方对信息进行窃取、破坏其机密性的技术。一般来说，保密技术主要分为基于密码的保密技术和基于非密码的保密技术。前者分为密码技术，是最常用、最重要的信息保密技术，是信息安全的核心。后者是近年发展起来较为迅速，具有代表性的有信息隐藏技术。

密码是以实现秘密通信为目的。主要内容是围绕着对信息或数据采用若干类秘密的变换，防止第三者对该信息截取后的信息还原。一个密码系统包含着以下 5 要素：明文、密文、加密算法、解密算法、密钥。使用密码技术的核心目的是实现信息或数据的安全应用与安全传输，从密码技术本身所提供的基础功能上讲，可实现数据机密性、数据完整性验证及数据不可抵赖性验证。采用密码技术对信息加密是最常用和有效的安全保护手段，最初主要用于保证数据在存储和传输过程中的保密性。它通过变换和置换等各种方法将被保护信息置换成密文，然后再进行信息的存储或传输，即使加密信息在存储或者传输过程为非授权人员所获得，也可以保证这些信息不为其认知，从而达到保护信息的目的。该方法的保密性直接取决于所采用的密码算法和密钥长度。

根据密钥类型不同可以将密码技术分为两类：对称加密技术（私钥密码体系）和非对称加密技术（公钥密码体系）。在对称加密技术中，数据加密和解密采用的都是同一个密钥，因而其安全性依赖于所持有密钥的安全性。对称加密技术的主要优点是加密和解密速度快，加密强度高，且算法公开，但其最大的缺点是实现密钥的秘密分发困难，在大量用户的情况下密钥管理复杂，而且无法完成身份认证等功能，不便于应用在网络开放的环境中。在公钥密码体系中，数据加密和解密采用不同的密钥，而且用加密密钥加密的数据只有采用相应的解密密钥才能解密,更重要的是从加密密码来求解密密钥十分困难。在实际应用中,用户通常将密钥对中的加密密钥公开(称为公钥),而秘密持有解密密钥(称为私钥)。利用公钥体系可以方便地实现对用户的身份认证,也即用户在信息传输前首先用所持有的私钥对传输的信息进行加密,信息接收者在收到这些信息之后利用该用户向外公布的公钥进行解密,如果能够解开,说明信息确实为该用户所发送,这样就方便地实现了对信息发送方身份的鉴别和认证。在实际应用中,通常将公钥密码体系和数字签名算法结合使用,在保证数据传输完整性的同时完成对用户的身份认证。

密码系统的安全性主要取决于对密钥的保护,因此密钥的管理与安全管理是极为重要的。密钥的管理的目的是维持系统和各实体之间的密钥关系,以抗击各种可能的威胁。密钥的管理是指处理密钥自产生到最终销毁的整个过程,包括系统的初始化,密钥的生成、分发、存储、销毁、保护、丢失等内容。所有的管理过程都是为了使用全过程的安全性和实用性,同时还涉及密钥的行政管理制度和管理人员的素质。密钥管理的最主要过程是密钥的生成和分发。密钥管理的具体要求是密钥难以被非法窃取;在一定条件下即使被窃取了密钥也无用;密钥的分配和更换过程是透明的,用户不必掌握密钥。

目前国际有关的标准化机构都着手制定关于密钥管理的技术标准规范。ISO 与 IEC 下属的信息技术委员会(JTC1)已起草了关于密钥管理的国际标准规范。该规范主要由三部分组成:一是密钥管理框架;二是采用对称技术的机制;三是采用非对称技术的机制。该规范现已进入到国际标准草案表决阶段,并将很快成为正式的国际标准。

9.4.2 数字签名技术

签名主要起到认证、核准和生效的作用。政治、军事、外交等活动中签署文件,商业上签订契约和合同,以及日常生活中从银行取款等事务的签字,传统上都采用手写签名或盖印章。随着信息技术的发展,人们希望通过数字通信网络进行迅速的、远距离的贸易合同的签名,数字或电子签名应运而生。

数字签名是一种信息认证技术。信息认证的目的有两个,一是验证信息的发送者是真正的发送者,还是冒充的;二是验证信息的完整性,即验证信息在传送或存储过程中是否被篡改、重放或延迟等。认证是防止有人对系统进行主动攻击的一种重要技术。

数字签名是公开密钥加密技术的另一类应用。它的主要方式是,报文的发送方从报文文本中生成一个 129 位的散列值(或报文摘要)。发送方用自己的专用密钥对这个散列值进行加密来形成发送方的数字签名。然后,这个数字签名将作为报文的附件和报文一起发送给报文的接收方。报文的接收方首先从接收到的原始报文中计算出 129 位的散列值(或报文摘要),接着再用发送方的公开密钥来对报文附加的数字签名进行解密。如果两个散列值相同,那么接收方就能确认该数字签名是发送方的。数字签名的特点如下。

(1) 不可抵赖,签名者事后不能否认自己签过的名。

(2) 不可伪造,签名应该是独一无二的,其他人无法伪造签名者的签名。

(3) 不可重用,签名是消息的一部分,不能被挪到其他文件上。

从接收者验证签名的方式可将数字签名分为真数字签名和公证数字签名两类。在真数字签名中，签名者直接把签名消息传送给接收者，接收者无须借助第三方就能验证签名。而在公证数字签名中，把签名消息经被称作公证者的可信的第三方发送者发送给接收者，接收者不能直接验证签名，签名的合法性是通过公证者作为媒介来保证的，也就是说接收者要验证签名必须同公证者合作。

数字签名与手写签名的区别：手写签名根据不同的人而变化，而数字签名对不同的消息是不同的，即手写签名因人而异，数字签名因消息而异。手写签名是模拟的，无论何种文字的手写签名，伪造者都容易模仿，而数字签名是在密钥控制下产生，在没有密钥的情况下，模仿者几乎无法模仿出数字签名。

9.4.3 数字证书

数字证书是一种用于身份识别的机制。数字证书不是数字身份证，而是身份认证机构盖在数字身份证上的一个“章”或“印”（或者说加在数字身份证上的一个签名），这一行为表示身份认证机构已认定这个持证人，如图 9-2 所示。

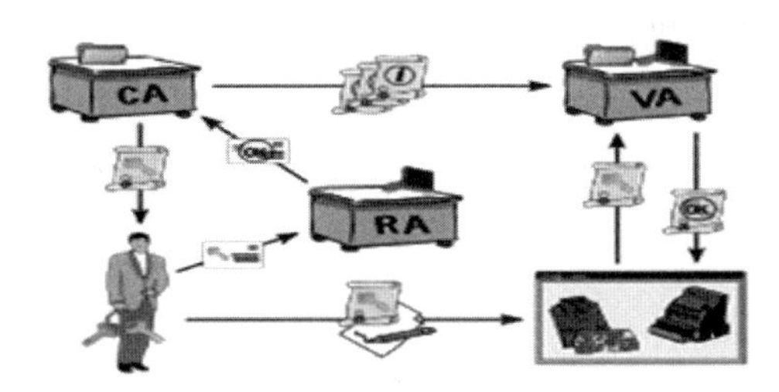

图 9-2 数字证书示意图

习 题 9

一、单选题

1. 与信息相关的四大安全原则是(　　)。
   A. 保密性、访问控制、完整性、不可抵赖性
   B. 保密性、鉴别、完整性、不可抵赖性
   C. 鉴别、授权、不可抵赖性、可用性
   D. 鉴别、授权、访问控制、可用性
2. 密钥交换问题的最终方案是使用(　　)。
   A. 护照　　B. 数字信封
   C. 数字证书　　D. 消息摘要
3. 以下关于 DOS 攻击的描述，正确的是(　　)。
   A. 导致目标系统无法处理正常用户的请求
   B. 不需要侵入受攻击的系统

C. 以窃取目标系统上的机密信息为目的

D. 如果目标系统没有漏洞,远程攻击就不可能成功

4. 密码学的目的是(　　)。

A. 研究数据加密　　B. 研究数据解密

C. 研究数据保密　　D. 研究信息安全

5. 信息安全的基本属性是(　　)。

A. 机密性　　B. 可用性

C. 完整性　　D. 上面3项都是

二、问答题

1. 信息安全的定义和内容是什么?
2. 计算机网络安全产生的原因?
3. 计算机网络安全策略是什么?
4. 计算机的病毒的定义和特征是什么?
5. 如何预防和防治计算机病毒?

附录A

全国计算机等级考试简介

A.1 考 试 大 纲

试点高校网络教育部分公共基础课全国统一考试，旨在遵循网络教育应用型人才的培养目标，针对从业人员继续教育的特点，重在检验学生掌握基础知识的水平及应用能力，全面提高现代远程高等学历教育的教学质量。“计算机应用基础”课程是现代远程教育试点高校网络教育实行全国统一考试的部分公共基础课之一。该课程的考试是一种基础水平检测性考试，考试合格者应达到与成人高等教育本科相应的计算机应用基础课程要求的水平。

A.1.1 考试对象

教育部批准的现代远程教育试点高校网络教育学院和中央广播电视大学“人才培养模式改革和开放教育试点”项目中，自 2004 年 3 月 1 日（含 3 月 1 日）以后入学的本科层次学历教育的学生，应参加网络教育部分公共基础课全国统一考试。

“计算机应用基础”考试大纲适用于所有专业的高中起点与专科起点本科学生。

A.1.2 考试目标

针对全国高校网络教育本科层次所有专业的学生主要通过计算机网络环境进行学习的基本特点，要求参试者从使用的角度了解计算机系统的基础知识，掌握微型计算机操作系统的基本使用方法，了解并掌握文字编辑、电子表格、电子演示文稿、多媒体、网络与 Internet 等基本知识和操作技能，了解信息安全的基础知识。

A.1.3 考试内容与要求

1. 计算机基础知识

1）计算机的基本概念

【考试内容】 计算机的发展过程、分类、应用范围及特点；信息的基本概念。

【考试要求】

(1) 了解计算机的发展过程;

(2) 了解计算机的分类;

(3) 理解计算机的主要特点;

(4) 了解计算机的主要用途;

(5) 了解信息的基本概念。

2) 计算机系统的组成

【考试内容】 计算机系统的基本组成及各部件的主要功能,数据存储的概念。

【考试要求】

(1) 理解计算机系统的基本组成;

(2) 了解硬件系统的组成及各个部件的主要功能;

(3) 理解计算机数据存储的基本概念;

(4) 了解指令、程序、软件的概念以及软件的分类。

3) 信息编码

【考试内容】 数据在计算机中的表示方式。

【考试要求】

(1) 了解数值在计算机中的表示形式及数制转换;

(2) 了解字符编码。

4) 微型计算机的硬件组成

【考试内容】 微型计算机硬件的组成部分。

【考试要求】

(1) 理解微处理器、微型计算机和微型计算机系统的概念;

(2) 了解 CPU、内存、接口和总线的概念;

(3) 理解常用外部设备的性能指标;

(4) 理解微型计算机的主要性能指标。

2. Windows 操作系统及其应用

1) Windows 基本知识

【考试内容】 Windows 操作系统的运行环境及相关知识。

【考试要求】

(1) 了解 Windows 运行环境;

(2) 了解 Windows 桌面的组成;

(3) 理解文件、文件夹(目录)、路径的概念;

(4) 了解窗口的组成;

(5) 了解菜单的约定;

(6) 了解剪贴板概念。

2) Windows 基本操作

【考试内容】 Windows 操作系统的基本操作方法及使用。

【考试要求】

(1) 熟练掌握 Windows 的启动和退出;

(2) 熟练掌握一种汉字输入方法;

(3) 熟练掌握鼠标的使用;

(4) 熟练掌握窗口的基本操作方法;

(5) 熟练掌握菜单的基本操作;

(6) 熟练掌握对话框的操作;

(7) 掌握工具栏、任务栏的操作;

(8) 掌握开始菜单的定制;

(9) 熟练掌握剪贴板的操作;

(10) 熟练掌握快捷方式的创立、使用及删除;

(11) 掌握命令行方式。

3) Windows 资源管理器

【考试内容】 Windows 资源管理器窗口组成及文件夹和文件的管理。

【考试要求】

(1) 了解资源管理器窗口组成;

(2) 熟练掌握文件夹、文件与库的使用及管理。

4) Windows 系统环境设置

【考试内容】 Windows 控制面板的使用。

【考试要求】

(1) 了解控制面板的功能;

(2) 掌握时间与日期的设置;

(3) 掌握程序的添加和删除;

(4) 掌握显示属性的设置。

5) Windows 附件常用工具

【考试内容】 Windows 附件中常用工具的使用。

【考试要求】

(1) 了解磁盘清理、磁盘碎片整理程序等常用系统工具的使用;

(2) 掌握记事本、写字板、计算器、画图等基本工具的简单使用。

3. 文字编辑

1) Word 基本知识

【考试内容】 Word 文档的主要功能和使用。

【考试要求】

(1) 了解 Word 的主要功能;

(2) 掌握 Word 的启动和退出;

(3) 理解 Word 工作窗口的基本构成元素;

(4) 了解 Word 帮助命令的使用。

2）Word 文件操作和文本编辑

【考试内容】 Word 文件的建立、打开与保存和文档的基本编辑操作。

【考试要求】

（1）熟练掌握文档的基本操作；

（2）熟练掌握视图的使用；

（3）熟练掌握文本编辑的基本操作；

（4）熟练掌握剪贴、移动和复制操作；

（5）掌握定位、替换和查询操作；

（6）掌握插入符号的操作。

3）Word 文档格式与版面

【考试内容】 Word 文档格式的编辑。

【考试要求】

（1）熟练掌握字体和段落设置；

（2）了解项目符号和编号；

（3）掌握边框、底纹、页眉和页脚的添加。

4）Word 文档模板与样式

【考试内容】 Word 文档模板与样式的创建和使用。

【考试要求】

（1）掌握样式的建立与使用；

（2）了解模板的概念。

5）Word 表格的建立与编辑

【考试内容】 Word 文档中表格的建立与编辑。

【考试要求】

（1）熟练掌握表格的建立；

（2）掌握表格格式和内容的基本编辑。

6）Word 图形的制作与编辑

【考试内容】 Word 文档中图形的制作与编辑。

【考试要求】

（1）掌握绘制自选图形的操作；

（2）掌握图形元素的基本操作。

7）Word 对象的插入

【考试内容】 Word 文档中对象的插入及图文混排。

【考试要求】

（1）掌握图片的插入；

（2）掌握文本框的插入；

（3）掌握 SmartArt 图形的插入；

（4）掌握屏幕截图操作；

（5）掌握图文混排技术。

8) Word 文档的页面设置和打印

【考试内容】 Word 文档的页面设置和打印。

【考试要求】

(1) 掌握页面设置;

(2) 掌握打印预览、打印基本参数设置和打印输出。

4. Excel 电子表格

1) Excel 基本知识

【考试内容】 Excel 工作簿的建立、保存与打开。

【考试要求】

(1) 了解 Excel 的基本功能和运行环境;

(2) 掌握 Excel 的启动和退出;

(3) 了解 Excel 窗口和工作表的结构;

(4) 掌握 Excel 中的数据类型和数据表示。

2) Excel 工作表的建立与编辑

【考试内容】 Excel 工作表的建立与编辑。

【考试要求】

(1) 掌握单元格地址的表示与使用;

(2) 掌握数据输入和编辑操作;

(3) 熟练掌握单元格的格式设置;

(4) 熟练掌握工作表的基本操作;

(5) 掌握迷你图的使用;

(6) 了解工作表的打印输出。

3) Excel 公式与函数

【考试内容】 Excel 单元格地址的引用,公式与函数的使用。

【考试要求】

(1)熟练掌握公式的使用;

(2)掌握单元格的引用;

(3)掌握常用函数的使用。

4) Excel 数据处理

【考试内容】 Excel 数据的排序、筛选和分类汇总。

【考试要求】

(1) 熟练掌握数据排序;

(2) 掌握数据筛选;

(3) 了解数据的分类汇总。

5) Excel 图表

【考试内容】 Excel 数据图表的建立、编辑与使用。

【考试要求】

(1) 了解图表类型;

(2) 熟练掌握图表的创建;

(3) 掌握图表的编辑。

5. PowerPoint 电子演示文稿

1) PowerPoint 基本知识

【考试内容】 PowerPoint 演示文稿的创建、编辑、动画、播放、保存并发送、打印等基本操作知识。

【考试要求】

(1) 了解 PowerPoint 基本功能和编辑环境;

(2) 了解 PowerPoint 幻灯片元素的概念和操作方法;

(3) 理解 PowerPoint 演示文稿的放映与设置放映方式;

(4) 理解 PowerPoint 演示文稿的存储格式;

(5) 了解 PowerPoint 演示文稿的广播;

(6) 了解 PowerPoint 演示文稿的打印操作;

(7) 了解 PowerPoint 演示文稿的保存和发送操作。

2) PowerPoint 基本操作

【考试内容】 PowerPoint 演示文稿中设计模板的使用及各种对象的创建、编辑、排版和幻灯片放映操作,幻灯片文件的存储、打印和打包的操作。

【考试要求】

(1) 熟练掌握 PowerPoint 新建演示文稿与模板的基本操作;

(2) 熟练掌握幻灯片视图环境、幻灯片版式的选择操作;

(3) 理解演示文稿中文字、表格、图片等幻灯片元素的基本操作;

(4) 了解将幻灯片文本转换为 SmartArt 图形;

(5) 掌握音频、视频元素的基本操作;

(6) 了解幻灯片的剪辑与隐藏的基本操作;

(7) 掌握幻灯片的放映设置与放映操作;

(8) 掌握 PowerPoint 演示文稿的保存、发送与打包操作。

3) PowerPoint 格式操作

【考试内容】 PowerPoint 演示文稿的视图、背景设置、页眉页脚、设计模板与母版设计等格式操作。

【考试要求】

(1) 掌握幻灯片背景的设置操作;

(2) 掌握幻灯片设计模板的操作;

(3) 掌握幻灯片页号、页眉与页脚操作;

(4) 了解幻灯片母版设计及配色方案的基本方法。

(5) 了解幻灯片审阅命令组相关操作。

4）PowerPoint 动画操作

【考试内容】 PowerPoint 演示文稿的动作设置、超链接、自定义动画和效果的基本操作。

【考试要求】

（1）熟练掌握幻灯片自定义动画和动画效果设置操作；

（2）掌握幻灯片高级动画设置与计时控制设置操作；

（3）掌握幻灯片元素的超链接操作；

（4）掌握幻灯片片间切换效果的设置。

6. 计算机网络基础

1）计算机网络的基本概念

【考试内容】 网络的概念、发展、基本拓扑结构、网络协议及网络的组成和功能。

【考试要求】

（1）了解网络的形成与发展；

（2）了解网络按覆盖范围的基本分类；

（3）了解常见的网络拓扑结构；

（4）理解网络协议的基本概念；

（5）了解局域网的功能与特点；

（6）理解局域网的基本组成；

（7）了解广域网的概念和基本组成；

（8）熟练掌握设置共享资源的基本操作。

2）Internet 基本概念

【考试内容】 Internet 的概念、作用、应用和特点，IP 地址、网关、子网掩码、域名的基本概念。

【考试要求】

（1）了解 Internet 的发展历史；

（2）了解 Internet 的作用与特点；

（3）理解 TCP/IP 网络协议的基本概念；

（4）了解 IP 地址、网关和子网掩码的基本概念；

（5）理解域名系统的基本概念；

（6）了解 Internet 的常用服务。

3）网络接入

【考试内容】 局域网、无线网络和拨号网络的使用。

【考试要求】

（1）理解 Internet 的常用接入方式；

（2）掌握通过局域网接入 Internet；

（3）掌握通过无线网络接入 Internet；

（4）掌握通过拨号网络接入 Internet；

(5) 了解通过代理服务器访问 Internet 的方法；
(6) 了解网络检测的简单方法。

7. Internet 的应用

1) IE 浏览器的使用

【考试内容】 文本、超文本、URL、浏览器的概念，Internet Explorer 浏览器的基本操作、信息检索与信息交流。

【考试要求】

(1) 了解文本、超文本、Web 的超文本结构和统一资源定位器 URL 的基本概念；
(2) 熟练掌握 Internet Explorer 打开和关闭；
(3) 熟练掌握浏览网页的基本操作；
(4) 掌握 Internet Explorer 浏览器选项的基本设置；
(5) 熟练掌握 Internet Explorer 浏览器收藏夹的基本使用；
(6) 熟练掌握信息搜索的基本方法和常用搜索引擎的使用；
(7) 了解在 Internet Explorer 浏览器中访问 FTP 站点的基本操作；
(8) 了解博客和 SNS 的使用；
(9) 了解 Web 格式邮件的使用。

2) 电子邮件的使用

【考试内容】 电子邮件的概念、Outlook 的基本操作、邮件管理和联系人的使用。

【考试要求】

(1) 了解电子邮件的基本概念；
(2) 掌握 Outlook 基本参数设置；
(3) 熟练掌握 Outlook 的基本操作；
(4) 掌握 Outlook 电子邮件管理的基本操作；
(5) 掌握 Outlook 联系人的使用。

8. 计算机安全

1) 计算机安全的基本知识和概念

【考试内容】 计算机安全的概念、属性和影响计算机安全的因素。

【考试要求】

(1) 了解计算机安全所涵盖的内容；
(2) 了解计算机安全的属性；
(3) 了解影响计算机安全的主要因素。

2) 计算机安全服务的主要技术

【考试内容】 计算机安全服务技术概念和原理。

【考试要求】

(1) 了解主动攻击和被动攻击的概念和区别；
(2) 了解数据加密、身份认证、访问控制、入侵检测、防火墙的概念；

(3) 了解 Windows 防火墙的基本功能。

3) 计算机病毒的基本知识和预防

【考试内容】 计算机病毒的基本概念、特征、分类、预防、常用防病毒软件和 360 安全卫士的功能。

【考试要求】

(1) 了解计算机病毒的基本知识;

(2) 了解计算机病毒的主要特征;

(3) 了解计算机病毒常见的表现;

(4) 了解计算机病毒和木马的区别;

(5) 了解计算机病毒、木马的预防方法;

(6) 了解典型计算机安全防护软件的功能和常用使用方法。

4) 系统还原和系统更新

【考试内容】 系统还原和系统更新的基本知识。

【考试要求】

(1) 了解系统还原的概念;

(2) 了解系统更新的概念。

5) 网络道德

【考试内容】 网络道德的基本要求。

【考试要求】 理解网络道德的基本要求。

9. 计算机多媒体技术

1) 计算机多媒体技术的基本知识

【考试内容】 多媒体计算机的基本组成、应用和特点。

【考试要求】

(1) 了解计算机多媒体技术的概念以及在网络教育中的作用;

(2) 了解多媒体计算机系统的基本构成和多媒体设备的种类。

2) 多媒体基本应用工具与常用数码设备

【考试内容】 多媒体基本应用工具和常用数码设备的分类与用途。

【考试要求】

(1) 掌握 Windows 画图工具的基本操作;

(2) 掌握使用 Windows 音频工具进行音频播放;

(3) 掌握使用 Windows 视频工具进行视频播放;

(4) 了解常用的数码设备的基本功能。

3) 多媒体信息处理工具

【考试内容】 文件压缩与解压缩的基本概念和 WinRAR 的使用。

【考试要求】

(1) 了解文件压缩和解压缩的基本知识;

(2) 了解常见多媒体文件的类别和文件格式;

（3）掌握压缩工具 WinRAR 的基本操作。

A.2 考试形式

A.2.1 试题结构与题型

试题分为选择题和操作题两大类，其中选择题约占 40%，操作题约占 60%。试题内容比例如下：计算机基础知识和操作系统及其应用约占 30%、文字编辑、电子表格和电子演示文稿约占 35%，计算机网络基础和 Internet 应用约占 25%，信息安全和多媒体基本应用约占 10%。

试卷分数满分为 100 分。

A.2.2 考试方式与时间

考试方式：机考。

考试时间：90 分钟。

A.2.3 考试样卷

一、单选题

1. 世界上第一台电子数字计算机采用的电子器件是(　　)。

A. 大规模集成电路　　B. 集成电路

C. 晶体管　　D. 电子管

2. 将计算机分为巨型机、大中型机、小型机、微型机、工作站等五类的分类标准是(　　)。

A. 计算机处理数据的方式　　B. 计算机使用范围

C. 机器的规模和处理能力　　D. 计算机使用的电子器件

3. 下列描述不属于计算机的主要特点的是(　　)。

A. 通用性强　　B. 具有自动控制能力

C. 晶体管　　D. 无逻辑判断能力

4. 在课堂教学中利用计算机软件给学生演示实验过程。计算机的这种应用属于(　　)。

A. 辅助教学领域　　B. 自动控制领域

C. 数字计算领域　　D. 辅助设计领域

5. 信息是指(　　)。

A. 基本素材　　B. 非数值数据

C. 数值数据　　D. 处理后的数据

6. 组成计算机系统的两大部分是(　　)。

A. 系统软件和应用软件　　B. 主机和外部设备

C. 硬件系统和软件系统　　D. 输入设备和输出设备

7. 时至今日,计算机仍采用程序内存或称存储程序原理,原理的提出者是(　　)。

A. 莫尔　　B. 比尔·盖茨

C. 冯·诺依曼　　D. 科得(E. F. Codd)

8. 计算机的存储器由千千万万个小单元组成,每个小单元存放(　　)。

A. 8 位二进制数　　B. 1 位二进制数

C. 1 位十六进制数　　D. 2 位八进制数

9. 下列 4 种软件中属于系统软件的是(　　)。

A. PowerPoint　　B. Word　　C. UNIX　　D. Excel

10. 计算机内部采用二进制数进行运算、存储和控制。有时还会用到十进制、八进制和十六进制。下列说法错误的是(　　)。

A. "28"不可能是八进制数　　B. "22"不可能是二进制数

C. "AB"不可能是十进制数　　D. "CD"不可能是十六进制数

11. 对正在输入到计算机中的某种非数值型数据用二进制数来表示的转换规则称为(　　)。

A. 编码　　B. 数制转换　　C. 校验码　　D. 汉字编码

12. 关于内存与硬盘的区别,错误的说法是(　　)。

A. 内存与硬盘都是存储设备

B. 内存的容量小,硬盘的容量相对大

C. 内存的存取速度快,硬盘的速度相对慢

D. 断电后,内存和硬盘中的信息均仍然保留着

13. 以微型计算机为中心,配以相应的外围设备、电源和辅助电路,以及指挥微型计算机工作的系统软件,就构成了(　　)。

A. 微处理器　　B. 微型计算机

C. 服务器　　D. 微型计算机系统

14. 不同的显示器的控制电路称为显示卡。它的一个重要指标是(　　)。

A. RAM 容量　　B. ROM 容量　　C. LCD 容量　　D. CRT 容量

15. "32 位微型计算机"中的 32 指的是(　　)。

A. 微型计算机型号　　B. 内存容量

C. 运算速度　　D. 计算机的字长

16. 下面是关于 Windows 7 文件名的叙述,错误的是(　　)。

A. 文件名中允许使用汉字

B. 文件名中允许使用多个圆点分隔符

C. 文件名中允许使用空格

D. 文件名中允许使用竖线(|)

17. 在 Windows 7 中，用鼠标双击窗口的标题栏左端的控制菜单按钮，则(　　)。

A. 最大化窗口　　B. 最小化窗口

C. 关闭窗口　　D. 改变窗口的大小

18. 在 Windows 7 操作过程中，能将当前活动窗口的截图复制到剪贴板中，应同时按下的组合键是(　　)。

A. Esc＋Print Screen　　B. Shift＋Print Screen

C. Alt＋Print Screen　　D. Ctrl＋Print Screen

19. 关于 Windows 7 用户账户说法错误的是(　　)。

A. 支持三种用户账户类型：计算机管理员账户、标准账户和来宾账户

B. 计算机管理员账户可更改所有计算机设置

C. 标准账户只允许用户更改本用户的设置

D. 所有用户账户登录的用户“我的文档”文件夹内容一样

20. Windows 7 中，在选定文件或文件夹后，将其彻底删除的操作是(　　)。

A. 用 Shift＋Delete 键删除

B. 用 Delete 键删除

C. 用鼠标直接将文件或文件夹拖放到“回收站”中

D. 用窗口中“文件”菜单中的“删除”命令

21. 如果 Word 2010 表格中同列单元格的宽度不合适时，可以利用(　　)进行调整。

A. 水平标尺　　B. 滚动条

C. 垂直标尺　　D. 表格自动套用格式

22. 在 Word 2010 文本编辑中，页边距由(　　)设置。

A. “开始”选项卡中的“段落”对话框

B. “开始”选项卡中的“字体”对话框

C. “页面布局”选项卡下的“页面设置”对话框

D. “插入”选项卡下的“页眉”功能按钮

23. Excel 2010 是(　　)。

A. 数据库管理软件　　B. 电子表格软件

C. 文字处理软件　　D. 幻灯片制作软件

24. Excel 2010 主界面窗口中编辑栏上的 fx 按钮用来向单元格插入(　　)。

A. 文字　　B. 数字　　C. 公式　　D. 函数

25. 如果要从一张幻灯片“溶解”到下一张幻灯片，应使用“幻灯片放映”菜单中的命令是(　　)。

A. 动作设置　　B. 预设动画　　C. 幻灯片切换　　D. 自定义动画

26. 在“幻灯片放映”菜单中选择“广播幻灯片”操作，其实现的功能是(　　)。

A. 开始从第一张幻灯片放映

B. 开始从当前的幻灯片放映

C. 开始放映其他的演示文稿

D. 可以与使用 Web 浏览器的远程登录者共同观看改幻灯片的放映实况

27. 下列选项中属于 Internet 专有的特点为(　　)。

A. 采用 TCP/IP 协议　　B. 采用 ISO/OSI 7 层协议

C. 采用 http 协议　　D. 采用 IEEE 802 协议

28. 北京大学和清华大学的网站分别为 www. pku. edu. cn 和 www. tsinghua. edu. cn,以下说法不正确的是(　　)。

A. 它们同属中国教育网

B. 它们都提供 www 服务

C. 它们分别属于两个学校的门户网站

D. 它们使用同一个 IP 地址

29. 下面是某单位主页 Web 地址的 URL,其中符合 URL 格式的是(　　)。

A. http//www. moe. edu. cn　　B. http:www. moe. edu. cn

C. http://www. moe. edu. cn　　D. http:/www. moe. edu. cn

30. "更改默认主页"是在 Internet Explorer 浏览器的选项卡中进行设置,这个选项卡是(　　)。

A. 安全　　B. 连接　　C. 内容　　D. 常规

31. E-mail 地址中@的含义为(　　)。

A. 与　　B. 或　　C. 在　　D. 和

32. 修改 E-mail 账户参数的方法是(　　)。

A. 在"Internet 账户"窗口中选择"添加"按钮

B. 在"Internet 账户"窗口中选择"删除"按钮

C. 在"Internet 账户"窗口中选择"属性"按钮

D. 以上途径均可

33. 360 安全卫士的功能不包括(　　)。

A. 计算机体检　　B. 文字处理　　C. 木马查杀　　D. 清理插件

34. 预防被动攻击最有效的安全技术是(　　)。

A. 入侵检测　　B. 数据加密　　C. 访问控制　　D. 防病毒技术

35. 不可能破坏信息完整性的是(　　)。

A. 病毒的攻击　　B. 黑客的攻击　　C. 窃听　　D. 修改信息

36. 访问控制机制决定(　　)。

A. 用户程序能做什么,以及做到什么程度

B. 联网用户是否有权使用浏览器

C. 单机用户能否打开 Word 文件

D. 单机用户能否使用打印机

37. 下列关于多媒体技术的同步特性的说法中,正确是(　　)。

A. 指多种媒体之间同步播放的特性

B. 指单一媒体播放的特性

C. 指最多两种媒体之间同步播放的特性

D. 指三种媒体之间同步播放的特性

38. 利用 WinRAR 进行解压缩时，以下方法不正确的是(　　)。

A. 一次选择多个不连续排列的文件，然后用鼠标左键拖到资源管理器中解压

B. 一次选择多个连续排列的文件，然后用鼠标左键拖到资源管理器中解压

C. 在已选的一个文件上单击右键，选择相应的菜单选项解压

D. 在已选的一个文件上单击左键，选择相应的菜单选项解压

39. 对声卡不正确的描述是(　　)。

A. 声卡是计算机处理音频信号的 PC 扩展卡

B. 声卡也叫做音频卡

C. 声卡不能完成文字语音转换功能

D. 声卡处理的音频媒体包括数字化声音(Wave)、合成音乐(MIDI)、CD 音频等

40. 下列格式的文件中，"画图"工具不能够处理的文件为(　　)。

A. JPG 文件　　B. GIF 文件　　C. PDF 文件　　D. PNG 文件

二、操作系统应用操作题

请在考生文件夹下进行如下操作：

(1) 将考生文件夹下的 area176 文件夹下的 gui176. doc 文件移动到考生文件夹下；

(2) 在考生文件夹下建立 linux176. ppt 文件；

(3) 将考生文件夹下的 function176. txt 文件在考生文件夹下建立一个快捷方式，快捷方式名为 system176。

三、文字处理操作题

1. 打开考生文件夹下的 Test18. docx 文件，并按照下列要求进行排版：

(1) 设置页面纸张为 16 开(18. 4×26 厘米)，左右页边距 1. 9 厘米，上下页边距 3 厘米；

(2) 设置标题字体为黑体、小二号、蓝色，加单下划线，标题居中；

(3) 在第一自然段第一行中间文字处插入考生文件夹下的"雪花. jpg"剪贴画，设置环绕方式为四周型环绕。

完成以上操作后以原文件名保存在考生文件夹下。

2. 打开考生文件夹下的 Test368. docx 文件，并按照要求完成以下操作：

(1) 将第一行标题改为粗黑体三号居中；

(2) 用符号 Symbol 字符 190 替换字符"＊"；

(3) 正文中的所有中文改为楷体小四号、带单下画线；

(4) 操作完成后以原文件名保存在考生文件夹下。

四、电子表格操作题

请在考生文件夹下进行如下操作：

(1) 建立一个 prac4. xls 工作簿文件，并命名其中的一个工作表标签为 debug1。

(2) 在此工作表上建立和编辑如图 A-1 所示的数据表，输入单元格中的全部数值。

（3）设置标题行中的单元格内容居中、加粗，外粗线内细线加边框；对AA属性列的4个数值设置为货币格式；对AB属性列的4个数值设置为千位分隔格式；对AC属性列的4个数值设置为货币格式，同时应选取货币符号为“$”，小数点位数为3；对AD属性列的4个数值设置为数值格式，同时小数位数应设为2。

AA	AB	AC	AD
¥ 1,234.56	234.90	$304.221	5001.20
¥ -3,300.40	970.00	$554.000	723.45
¥ 66.23	-7,890.30	$2,321.120	9020.30
¥ 200.00	1,250.00	$378.000	450.80

图 A-1　编辑数值数据表

五、演示文稿操作题

打开考生文件夹下的文件PPT2.PPTX，完成如下操作：

（1）在第一张幻灯片后面插入2张空白幻灯片，并设置全部幻灯片的设计样式为“龙腾四海”；

（2）在第一张幻灯片中输入文字标题“龙腾四海”、隶书96号字、将标题框背景用“水滴”纹理填充；

（3）在第二张幻灯片中插入考生文件夹中的图片文件Pic2.jpg，并将图片大小调整为12×18厘米。

完成上述操作后，将该文件以原文件名保存在考生文件夹下。

六、Internet 应用操作题

用IE浏览器打开www.baidu.com网站，并把该网页添加到收藏夹中的“搜索”文件夹。

七、Outlook 操作题

1.在Outlook中，新建一个账户，并设置相应的SMTP和POP3服务器分别为202.112.221.3和202.112.221.5。

2.在Outlook中，打开“收件箱”中主题为“寻物启事”的邮件，在正文处键入“请拾到一串钥匙的同志与我联系，谢谢！”，再将其转发给张丽，并同时抄送给谢红，张丽和谢红的Email地址分别是“zhangli@263.com”，“xiehong@263.com”。

八、计算机多媒体技术操作题

在考生文件夹下有一个newFile.rar压缩文件：

（1）请在该目录下新建一个文件夹newFile；

（2）然后将newFile.rar中的文件解压缩到newFile文件夹中。

A.3 练　习　题

练习 1

1. 微型计算机中，西文字符所采用的编码是(　　)。
   A. EBCDIC 码　　B. ASCII 码　　C. 原码　　D. 反码
2. 下列叙述中，错误的一条是(　　)。
   A. 计算机硬件主要包括主机、键盘、显示器、鼠标器和打印机五大部件
   B. 计算机软件分系统软件和应用软件两大类
   C. CPU 主要由运算器和控制器组成
   D. 内存储器中存储当前正在执行的程序和处理的数据
3. 域名 MH.BIT.EDU.CN 中主机名是(　　)。
   A. MH　　B. EDU　　C. CN　　D. BIT
4. 在微型计算机的配置中常看到“P4 2.4G”字样，其中文字“2.4G”表示(　　)。
   A. 处理器的时钟频率是 2.4GHz　　B. 处理器的运算速度是 2.4
   C. 处理器是 Pentium 4 第 2.4 代　　D. 处理器与内存间的数据交换速率
5. 下列各组软件中，全部属于应用软件的是(　　)。
   A. 程序语言处理程序、操作系统、数据库管理系统
   B. 文字处理程序、编辑程序、UNIX 操作系统
   C. 财务处理软件、金融软件、WPS Office 2010
   D. Word 2010、Photoshop、Windows XP
6. 一个完整的计算机系统就是指(　　)。
   A. 主机、键盘、鼠标器和显示器　　B. 硬件系统和操作系统
   C. 主机和它的外部设备　　D. 软件系统和硬件系统
7. 以下程序设计语言为低级语言的是(　　)。
   A. FORTRAN 语言　　B. Java 语言
   C. Visual Basic 语言　　D. 80x86 汇编语言
8. 20GB 的硬盘表示容量约为(　　)。
   A. 20 亿个字节　　B. 20 亿个二进制位
   C. 200 亿个字节　　D. 200 亿个二进制位
9. 下列叙述中，错误的是(　　)。
   A. 把数据从内存传输到硬盘的操作称为写盘
   B. WPS Office 2010 属于系统软件
   C. 把高级语言源程序转换为等价的机器语言目标程序的过程叫编译
   D. 计算机内部对数据的传输、存储和处理都使用二进制
10. 世界上公认的第一台电子计算机诞生的年代是(　　)。

A. 1943　　B. 1946　　C. 1950　　D. 1951

11. 能直接与 CPU 交换信息的存储器是(　　)。

A. 硬盘存储器　　B. CD-ROM

C. 内存储器　　D. 软盘存储器

12. 组成计算机指令的两部分是(　　)。

A. 数据和字符　　B. 操作码和地址码

C. 运算符和运算数　　D. 运算符和运算结果

13. 以下关于电子邮件的说法,不正确的是(　　)。

A. 电子邮件的英文简称是 E-mail

B. 加入因特网的每个用户通过申请都可以得到一个"电子信箱"

C. 在一台计算机上申请的"电子信箱",以后只有通过这台计算机上网才能收信

D. 一个人可以申请多个电子信箱

14. 下列关于计算机病毒的叙述中,错误的一条是(　　)。

A. 计算机病毒具有潜伏性

B. 计算机病毒具有传染性

C. 感染过计算机病毒的计算机具有对该病毒的免疫性

D. 计算机病毒是一个特殊的寄生程序

15. 在一个非零无符号二进制整数之后添加一个 0,则此数的值为原数的(　　)倍。

A. 4　　B. 2　　C. 1/2　　D. 1/4

16. 把用高级语言编写的源程序转换为可执行程序(.exe),要经过的过程叫做(　　)。

A. 汇编和解释　　B. 编辑和连接　　C. 编译和连接　　D. 解释和编译

17. 微型计算机运算器的主要功能是进行(　　)。

A. 算术运算　　B. 逻辑运算

C. 加法运算　　D. 算术和逻辑运算

18. 调制解调器(Modem)的作用是(　　)。

A. 将数字脉冲信号转换成模拟信号

B. 将模拟信号转换成数字脉冲信号

C. 将数字脉冲信号与模拟信号互相转换

D. 为了上网与打电话两不误

19. 计算机安全是指计算机资产安全,即(　　)。

A. 计算机信息系统资源不受自然有害因素的威胁和危害

B. 信息资源不受自然和人为有害因素的威胁和危害

C. 计算机硬件系统不受人为有害因素的威胁和危害

D. 计算机信息系统资源和信息资源不受自然和人为有害因素的威胁和危害

20. 计算机网络分局域网、城域网和广域网,(　　)属于局域网。

A. ChinaDDN 网　　B. Novell 网

C. ChinaNet 网　　D. Internet

练习 2

1. ROM 中的信息是(　　)。

A. 由计算机制造厂预先写入的

B. 在系统安装时写入的

C. 根据用户的需求,由用户随时写入的

D. 由程序临时存入的

2. 控制器的功能是(　　)。

A. 指挥、协调计算机各部件工作　　B. 进行算术运算和逻辑运算

C. 存储数据和程序　　D. 控制数据的输入和输出

3. 完整的计算机软件指的是(　　)。

A. 程序、数据与相应的文档　　B. 系统软件与应用软件

C. 操作系统与应用软件　　D. 操作系统和办公软件

4. 在计算机指令中,规定其所执行操作功能的部分称为(　　)。

A. 地址码　　B. 源操作数　　C. 操作数　　D. 操作码

5. 度量计算机运算速度常用的单位是(　　)。

A. MIPS　　B. MHz　　C. MB　　D. Mbps

6. 造成计算机中存储数据丢失的原因有(　　)。

A. 病毒侵蚀、人为窃取　　B. 计算机电磁辐射

C. 计算机存储器硬件损坏　　D. 以上全部

7. 下列关于计算机病毒的说法中,正确的一条是(　　)。

A. 计算机病毒是对计算机操作人员身体有害的生物病毒

B. 计算机病毒将造成计算机的永久性物理损害

C. 计算机病毒是一种通过自我复制进行传染的、破坏计算机程序和数据的小程序

D. 计算机病毒是一种感染在 CPU 中的微生物病毒

8. 在下列字符中,其 ASCII 码值最小的一个是(　　)。

A. 空格字符　　B. 0　　C. A　　D. a

9. 将用高级程序语言编写的源程序翻译成目标程序的程序称(　　)。

A. 连接程序　　B. 编辑程序　　C. 编译程序　　D. 诊断维护程序

10. 用高级程序设计语言编写的程序(　　)。

A. 计算机能直接执行　　B. 可读性和可移植性好

C. 可读性差但执行效率高　　D. 依赖于具体机器,不可移植

11. 计算机操作系统的主要功能是(　　)。

A. 对计算机的所有资源进行控制和管理,为用户使用计算机提供方便

B. 对源程序进行翻译

C. 对用户数据文件进行管理

D. 对汇编语言程序进行翻译

12. 目前微型计算机中所广泛采用的电子元器件是(　　)。
A. 电子管　　B. 晶体管
C. 小规模集成电路　　D. 大规模和超大规模集成电路

13. 上网需要在计算机上安装(　　)。
A. 数据库管理软件　　B. 视频播放软件
C. 浏览器软件　　D. 网络游戏软件

14. DRAM 的中文含义是(　　)。
A. 动态随机存储器　　B. 静态随机存储器
C. 双倍速率随机存储器　　D. 数据型随机存储器

15. 用兆赫兹(MHz)来衡量计算机的性能,它指的是(　　)。
A. CPU 的时钟主频　　B. 存储器容量
C. 字长　　D. 运算速度

16. 在一个非零无符号二进制整数之后去掉一个 0,则此数的值为原数的(　　)。
A. 4 倍　　B. 2 倍　　C. 1/2　　D. 1/4

17. 下列叙述中,错误的是(　　)。
A. 计算机系统由硬件系统和软件系统组成
B. 计算机软件由各类应用软件组成
C. CPU 主要由运算器和控制器组成
D. 计算机主机由 CPU 和内存储器组成

18. 以太网的拓扑结构是(　　)。
A. 星状　　B. 总线型　　C. 环状　　D. 树状

19. 10GB 的硬盘表示其存储容量为(　　)。
A. 一万个字节　　B. 一千万个字节　　C. 一亿个字节　　D. 一百亿个字节

20. 下列设备组中,完全属于计算机输出设备的一组是(　　)。
A. 喷墨打印机,显示器,键盘　　B. 激光打印机,键盘,鼠标器
C. 键盘,鼠标器,扫描仪　　D. 打印机,绘图仪,显示器

练习 3

1. 第一台计算机是 1946 年在美国研制的,该机英文缩写名为(　　)。
A. EDSAC　　B. EDVAC　　C. ENIAC　　D. MARK-Ⅱ

2. 计算机指令由两部分组成,它们是(　　)。
A. 运算符和运算数　　B. 操作数和结果
C. 操作码和操作数　　D. 数据和字符

3. 下列选项属于"计算机安全设置"的是(　　)。
A. 定期备份重要数据　　B. 不下载来路不明的软件及程序
C. 停掉 Guest 账号　　D. 安装杀(防)毒软件

4. 如果删除一个非零无符号二进制偶整数后的 2 个 0,则此数的值为原数(　　)。
A. 4 倍　　B. 2 倍　　C. 1/2　　D. 1/4

5. 计算机的系统总线是计算机各部件间传递信息的公共通道，它分(　　)。

A. 数据总线和控制总线　　B. 地址总线和数据总线

C. 数据总线、控制总线和地址总线　　D. 地址总线和控制总线

6. 计算机存储器中，组成一个字节的二进制位数是(　　)。

A. 4　　B. 8　　C. 16　　D. 32

7. 计算机网络中常用的有线传输介质有(　　)。

A. 双绞线、红外线、同轴电缆　　B. 激光、光纤、同轴电缆

C. 双绞线、光纤、同轴电缆　　D. 光纤、同轴电缆、微波

8. 计算机的操作系统是(　　)。

A. 计算机中使用最广的应用软件　　B. 计算机系统软件的核心

C. 微型计算机的专用软件　　D. 微型计算机的通用软件

9. 下列各组软件中，完全属于系统软件的一组是(　　)。

A. UNIX、WPS Office 2010、MS-DOS

B. AutoCAD、Photoshop、PowerPoint 2010

C. Oracle、FORTRAN 编译系统，系统诊断程序

D. 物流管理程序、Sybase、Windows XP

10. 当电源关闭后，下列关于存储器的说法中，正确的是(　　)。

A. 存储在 RAM 中的数据不会丢失

B. 存储在 ROM 中的数据不会丢失

C. 存储在软盘中的数据会全部丢失

D. 存储在硬盘中的数据会丢失

11. 二进制数 011111 转换为十进制整数是(　　)。

A. 64　　B. 63　　C. 32　　D. 31

12. 计算机的技术性能指标主要是指(　　)。

A. 计算机所配备语言、操作系统、外部设备

B. 硬盘的容量和内存的容量

C. 显示器的分辨率、打印机的性能等配置

D. 字长、运算速度、内存容量、外存容量和 CPU 的时钟频率

13. 下列关于计算机病毒的叙述中，正确的一条是(　　)。

A. 反病毒软件可以查、杀任何种类的病毒

B. 计算机病毒是一种被破坏了的程序

C. 反病毒软件必须随着新病毒的出现而升级，提高查、杀病毒的功能

D. 感染过计算机病毒的计算机具有对该病毒的免疫性

14. 微型计算机的硬件系统中，最核心的部件是(　　)。

A. 内存储器　　B. 输入输出设备　　C. CPU　　D. 硬盘

15. 计算机网络的主要目标是实现(　　)。

A. 数据处理　　B. 文献检索

C. 快速通信和资源共享　　D. 共享文件

16. 下列设备组中，完全属于外部设备的一组是(　　)。

A. CD-ROM 驱动器、CPU、键盘、显示器

B. 激光打印机、键盘、CD-ROM 驱动器、鼠标器

C. 内存储器、CD-ROM 驱动器、扫描仪、显示器

D. 打印机、CPU、内存储器、硬盘

17. 下列各类计算机程序语言中，不属于高级程序设计语言的是(　　)。

A. Visual Basic　　B. Visual C++　　C. C 语言　　D. 汇编语言

18. 以下名称是手机中的常用软件，属于系统软件的是(　　)。

A. 手机 QQ　　B. Android　　C. Skype　　D. 微信

19. 下列关于 ASCII 编码的叙述中，正确的是(　　)。

A. 一个字符的标准 ASCII 码占 1B 空间，其最高二进制位总为 1

B. 所有大写英文字母的 ASCII 码值都小于小写英文字母'a'的 ASCII 码值

C. 所有大写英文字母的 ASCII 码值都大于小写英文字母'a'的 ASCII 码值

D. 标准 ASCII 码表有 256 个不同的字符编码

20. 正确的 IP 地址是(　　)。

A. 202.202.1　　B. 202.2.2.2.2

C. 202.112.111.1　　D. 202.257.14.13

练习 4

1. 计算机硬件能直接识别并执行的语言是(　　)。

A. 高级语言　　B. 算法语言　　C. 机器语言　　D. 符号语言

2. 能保存网页地址的文件夹是(　　)。

A. 收件箱　　B. 公文包　　C. 我的文档　　D. 收藏夹

3. 世界上第一台计算机是 1946 年美国研制成功的，该计算机的英文缩写名为(　　)。

A. MARK-Ⅱ　　B. ENIAC　　C. EDSAC　　D. EDVAC

4. 十进制数 121 转换为二进制数为(　　)。

A. 1111001　　B. 111001　　C. 1001111　　D. 100111

5. CPU 主要技术性能指标有(　　)。

A. 字长、运算速度和时钟主频　　B. 可靠性和精度

C. 耗电量和效率　　D. 冷却效率

6. 有一域名为 bit.edu.cn，根据域名代码的规定，此域名表示(　　)。

A. 政府机关　　B. 商业组织　　C. 军事部门　　D. 教育机构

7. 计算机感染病毒的可能途径之一是(　　)。

A. 从键盘上输入数据

B. 随意运行外来的、未经消病毒软件严格审查的软盘上的软件

C. 所使用的软盘表面不清洁

D. 电源不稳定

8. 下列设备组中，完全属于输入设备的一组是(   )。

A. CD-ROM 驱动器，键盘，显示器　　B. 绘图仪，键盘，鼠标器

C. 键盘，鼠标器，扫描仪　　D. 打印机，硬盘，条码阅读器

9. 计算机网络最突出的优点是(   )。

A. 提高可靠性　　B. 提高计算机的存储容量

C. 运算速度快　　D. 实现资源共享和快速通信

10. 1946 年首台电子数字计算机 ENIAC 问世后，冯·诺依曼(John von Neumann)在研制 EDVAC 计算机时，提出两个重要的改进，它们是(   )。

A. 引入 CPU 和内存储器的概念

B. 采用机器语言和十六进制

C. 采用二进制和存储程序控制的概念

D. 采用 ASCII 编码系统

11. 高级程序设计语言的特点是(   )。

A. 高级语言数据结构丰富

B. 高级语言与具体的机器结构密切相关

C. 高级语言接近算法语言不易掌握

D. 用高级语言编写的程序计算机可立即执行

12. 组成 CPU 的主要部件是控制器和(   )。

A. 存储器　　B. 运算器　　C. 寄存器　　D. 编辑器

13. 假设某台式计算机的内存储器容量为 128MB，硬盘容量为 10GB。硬盘的容量是内存容量的(   )。

A. 40 倍　　B. 60 倍　　C. 80 倍　　D. 100 倍

14. 用综合业务数字网(又称一线通)接入因特网的优点是上网通话两不误，它的英文缩写是(   )。

A. ADSL　　B. ISDN　　C. ISP　　D. TCP

15. 已知英文字母 m 的 ASCII 码值为 6DH，那么码值为 4DH 的字母是(   )。

A. N　　B. M　　C. P　　D. L

16. 计算机系统软件中，最基本、最核心的软件是(   )。

A. 操作系统　　B. 数据库管理系统

C. 程序语言处理系统　　D. 系统维护工具

17. 下列软件中，属于系统软件的是(   )。

A. 航天信息系统　　B. Office 2010

C. Windows Vista　　D. 决策支持系统

18. 计算机指令主要存放在(   )。

A. CPU　　B. 内存　　C. 硬盘　　D. 键盘

19. 下列叙述中，正确的是(   )。

A. 内存中存放的是当前正在执行的程序和所需的数据

B. 内存中存放的是当前暂时不用的程序和数据

C. 外存中存放的是当前正在执行的程序和所需的数据

D. 内存中只能存放指令

20. 防火墙是指(　　)。

A. 一个特定软件　　B. 一个特定硬件

C. 执行访问控制策略的一组系统　　D. 一批硬件的总称

练习 5

1. 假设某台式计算机的内存储器容量为256MB,硬盘容量为40GB。硬盘的容量是内存容量的(　　)。

A. 200倍　　B. 160倍　　C. 120倍　　D. 100倍

2. 按电子计算机传统的分代方法,第一代至第四代计算机依次是(　　)。

A. 机械计算机、电子管计算机、晶体管计算机、集成电路计算机

B. 晶体管计算机、集成电路计算机、大规模集成电路计算机、光器件计算机

C. 电子管计算机、晶体管计算机、中小规模集成电路计算机、大规模和超大规模集成电路计算机

D. 手摇机械计算机、电动机械计算机、电子管计算机、晶体管计算机

3. 下列叙述中,正确的是(　　)。

A. 所有计算机病毒只在可执行文件中传染

B. 计算机病毒通过读写软盘或Internet网络进行传播

C. 只要把带毒软盘片设置成只读状态,那么此盘片上的病毒就不会因读盘而传染给另一台计算机

D. 计算机病毒是由于软盘片表面不清洁而造成的

4. 若网络的各个结点通过中继器连接成一个闭合环路,则称这种拓扑结构为(　　)。

A. 总线型拓扑　　B. 星状拓扑　　C. 树状拓扑　　D. 环状拓扑

5. 十进制数101转换成二进制数是(　　)。

A. 01101001　　B. 01100101　　C. 01100111　　D. 01100110

6. 计算机操作系统通常具有的五大功能是(　　)。

A. CPU管理、显示器管理、键盘管理、打印机管理和鼠标器管理

B. 硬盘管理、软盘驱动器管理、CPU的管理、显示器管理和键盘管理

C. 处理器(CPU)管理、存储管理、文件管理、设备管理和作业管理

D. 启动、打印、显示、文件存取和关机

7. 组成一个完整的计算机系统应该包括(　　)。

A. 主机、鼠标器、键盘和显示器

B. 系统软件和应用软件

C. 主机、显示器、键盘和音箱等外部设备

D. 硬件系统和软件系统

8. 一般而言,Internet环境中的防火墙建立在(　　)。

A. 每个子网的内部　　B. 内部子网之间

C. 内部网络与外部网络的交叉点　　　　D. 以上 3 个都不对

9. 在计算机中,每个存储单元都有一个连续的编号,此编号称为(　　)。

A. 地址　　　B. 位置号　　　C. 门牌号　　　D. 房号

10. 下列关于指令系统的描述,正确的是(　　)。

A. 指令由操作码和控制码两部分组成

B. 指令的地址码部分可能是操作数,也可能是操作数的内存单元地址

C. 指令的地址码部分是不可缺少的

D. 指令的操作码部分描述了完成指令所需要的操作数类型

11. 在微型计算机的硬件设备中,有一种设备在程序设计中既可以当做输出设备,又可以当做输入设备,这种设备是(　　)。

A. 绘图仪　　　B. 扫描仪　　　C. 手写笔　　　D. 磁盘驱动器

12. 在所列出的 6 个软件中,属于系统软件的有(　　)。

(1) 字处理软件　　(2) Linux　　(3) UNIX

(4) 学籍管理系统　(5) Windows XP　(6) Office 2010

A. 1、2、3　　　B. 2、3、5　　　C. 1、2、3、5　　　D. 全部都不是

13. 下列各选项中,不属于 Internet 应用的是(　　)。

A. 新闻组　　　B. 远程登录　　　C. 网络协议　　　D. 搜索引擎

14. 一台微型计算机要与局域网连接,必须安装的硬件是(　　)。

A. 集线器　　　B. 网关　　　C. 网卡　　　D. 路由器

15. 下列叙述中,正确的是(　　)。

A. CPU 能直接读取硬盘上的数据

B. CPU 能直接存取内存储器

C. CPU 由存储器、运算器和控制器组成

D. CPU 主要用来存储程序和数据

16. 下列各类计算机程序语言中,(　　)不是高级程序设计语言。

A. Visual Basic　　B. FORTAN 语言　　C. Pascal 语言　　D. 汇编语言

17. 在 ASCII 码表中,根据码值由小到大的排列顺序是(　　)。

A. 空格字符、数字符、大写英文字母、小写英文字母

B. 数字符、空格字符、大写英文字母、小写英文字母

C. 空格字符、数字符、小写英文字母、大写英文字母

D. 数字符、大写英文字母、小写英文字母、空格字符

18. 编译程序的最终目标是(　　)。

A. 发现源程序中的语法错误

B. 改正源程序中的语法错误

C. 将源程序编译成目标程序

D. 将某一高级语言程序翻译成另一高级语言程序

19. 计算机网络中传输介质传输速率的单位是 bps,其含义是(　　)。

A. 字节/秒　　　B. 字/秒　　　C. 字段/秒　　　D. 二进制位/秒

20. 字长是 CPU 的主要性能指标之一，它表示(　　)。

A. CPU 一次能处理二进制数据的位数

B. 最长的十进制整数的位数

C. 最大的有效数字位数

D. 计算结果的有效数字长度

练习 6

1. 要想把个人计算机用电话拨号方式接入 Internet 网，除性能合适的计算机外，硬件上还应配置一个(　　)。

A. 连接器　　B. 调制解调器　　C. 路由器　　D. 集线器

2. 用来控制、指挥和协调计算机各部件工作的是(　　)。

A. 运算器　　B. 鼠标器　　C. 控制器　　D. 存储器

3. 在下列字符中，其 ASCII 码值最小的一个是(　　)。

A. 9　　B. p　　C. Z　　D. a

4. 一个完整的计算机系统应该包含(　　)。

A. 主机、键盘和显示器　　B. 系统软件和应用软件

C. 主机、外设和办公软件　　D. 硬件系统和软件系统

5. Pentium(奔腾)微型计算机的字长是(　　)。

A. 8 位　　B. 16 位　　C. 32 位　　D. 64 位

6. 下列关于世界上第一台电子计算机 ENIAC 的叙述中，(　　)是不正确的。

A. ENIAC 是 1946 年在美国诞生的

B. 它主要采用电子管和继电器

C. 它首次采用存储程序和程序控制使计算机自动工作

D. 它主要用于弹道计算

7. 计算机病毒是指能够侵入计算机系统并在计算机系统中潜伏、传播，破坏系统正常工作的一种具有繁殖能力的(　　)。

A. 流行性感冒病毒　　B. 特殊小程序

C. 特殊微生物　　D. 源程序

8. CPU 的指令系统又称为(　　)。

A. 汇编语言　　B. 机器语言

C. 程序设计语言　　D. 符号语言

9. 办公室自动化(OA)是计算机的一大应用领域，按计算机应用的分类，它属于(　　)。

A. 科学计算　　B. 辅助设计　　C. 实时控制　　D. 数据处理

10. 计算机技术中，下列不是度量存储器容量的单位符号是(　　)。

A. KB　　B. MB　　C. GHz　　D. GB

11. 计算机网络最突出的优点是(　　)。

A. 精度高　　B. 容量大　　C. 运算速度快　　D. 共享资源

12. 显示器的主要技术指标之一是(　　)。

A. 分辨率　　B. 亮度　　C. 彩色　　D. 对比度

13. RAM 的特点是(　　)。

A. 海量存储器

B. 存储在其中的信息可以永久保存

C. 一旦断电,存储在其上的信息将全部消失,且无法恢复

D. 只用来存储中间数据

14. 防火墙用于将 Internet 和内部网络隔离,因此它是(　　)。

A. 防止 Internet 火灾的硬件设施

B. 抗电磁干扰的硬件设施

C. 保护网线不受破坏的软件和硬件设施

D. 网络安全和信息安全的软件和硬件设施

15. 正确的电子邮箱地址的格式是(　　)。

A. 用户名+计算机名+机构名+最高域名

B. 用户名+@+计算机名+机构名+最高域名

C. 计算机名+机构名+最高域名+用户名

D. 计算机名+@ +机构名+最高域名+用户名

16. 操作系统的主要功能是(　　)。

A. 对用户的数据文件进行管理,为用户提供管理文件方便

B. 对计算机的所有资源进行控制和管理,为用户使用计算机提供方便

C. 对源程序进行编译和运行

D. 对汇编语言程序进行翻译

17. 一个计算机操作系统通常应具有(　　)。

A. CPU 的管理、显示器管理、键盘管理、打印机和鼠标器管理等五大功能

B. 硬盘管理、软盘驱动器管理、CPU 的管理、显示器管理和键盘管理五大功能

C. 处理器(CPU)管理、存储管理、文件管理、输入输出管理和作业管理五大功能

D. 计算机启动、打印、显示、文件存取和关机五大功能

18. 把用高级程序设计语言编写的源程序翻译成目标程序(.obj)的程序称为(　　)。

A. 汇编程序　　B. 编辑程序

C. 编译程序　　D. 解释程序

19. 十进制数 64 转换为二进制数为(　　)。

A. 1100000　　B. 1000000　　C. 1000001　　D. 1000010

20. 计算机网络中常用的传输介质中传输速率最快的是(　　)。

A. 双绞线　　B. 光纤　　C. 同轴电缆　　D. 电话线

参考文献

[1] 王移芝,罗四维. 大学计算机基础教程[M]. 北京：高等教育出版社,2014.

[2] 杨振山,龚沛曾. 大学计算机基础[M]. 4版. 北京：高等教育出版社,2014.

[3] 冯博琴,大学计算机基础[M]. 北京：高等教育出版社,2014.

[4] 李秀,等. 计算机文化基础[M]. 5版. 北京：清华大学出版社,2015.

[5] PARSONS J J,OJA D. 计算机文化[M]. 北京：机械工业出版社,2011.

[6] 山东省教育厅. 计算机文化基础[M]. 青岛：中国石油大学出版社,2016.

[7] SILBERSCHATZ,等. 数据库系统概论[M]. 杨冬青,唐世渭,等译. 北京：机械工业出版社,2010.

[8] 周立柱,冯建华,孟小峰,等. SQL Server 数据库原理[M]. 北京：清华大学出版社,2014.

[9] 刘瑞新,等. 计算机组装与维护[M]. 北京：机械工业出版社,2015.

[10] 冯博琴. 大学计算机[M]. 北京：中国水利水电出版社,2015.

[11] 闵东. 计算机选配与维修技术[M]. 北京：清华大学出版社,2014.

[12] 丁照宇,等. 计算机文化基础[M]. 北京：电子工业出版社,2012.

[13] 北京科海培训中心. 新概念 Office 2000 六合一教程[M]. 北京：北京科海集团公司,2011.

[14] 黄逵中,黄泽钧,胡璟. 计算机应用基础教程[M]. 北京：中国电力出版社,2016.

[15] 陈志刚. 大学计算机基础[M]. 长沙：中南大学出版社,2015.

[16] 罗宇,邹鹏. 操作系统教程[M]. 北京：高等教育出版社,2013.

[17] 林宗福. 多媒体技术教程[M]. 2版. 北京：清华大学出版社,2012.

[18] 教育部考试中心. 全国计算机等级考试二级教程——公共基础知识(2008年版)[M]. 北京：高等教育出版社,2017.